# 数字化教材编委会


**主　编**　林美珍　张建海　钱　枫　孔　青

**副主编**　商庆节　贾　晗

**编　者**　（以姓氏笔画为序）

马　良（福建卫生职业技术学院）
马春霓（楚雄医药高等专科学校）
王　乐（安徽中医药高等专科学校）
孔　青（山东医药技师学院）
苏志坚（厦门市中医院）
杨小华（漳州市聚善堂药业有限公司）
李　珍（漳州卫生职业学院）
邹毅辉（漳州卫生职业学院）
张建海（重庆三峡医药高等专科学校）
陈荣珠（漳州卫生职业学院）
林美珍（漳州卫生职业学院）
洪建基（福建省农业科学院亚热带农业研究所）
贾　晗（重庆三峡医药高等专科学校）
钱　枫（安徽中医药高等专科学校）
商庆节（山东医学高等专科学校）

# 出版说明

全国高职高专药学类专业规划教材，第一轮于2015年出版，第二轮于2019年出版，自出版以来受到各院校师生的欢迎和好评。为深入学习贯彻党的二十大精神，落实《国务院关于印发国家职业教育改革实施方案的通知》《关于深化现代职业教育体系建设改革的意见》《关于推动现代职业教育高质量发展的意见》等有关文件精神，适应学科发展和高等职业教育教学改革等新要求，对标国家健康战略、对接医药市场需求、服务健康产业转型升级，进一步提升教材质量、优化教材品种，支撑高质量现代职业教育体系发展的需要，使教材更好地服务于院校教学，中国健康传媒集团中国医药科技出版社在教育部、国家药品监督管理局的领导下，组织和规划了“全国高职高专药学类专业规划教材（第三轮）”的修订和编写工作。本轮教材共包含39门，其中32门为修订教材，7门为新增教材。本套教材定位清晰、特色鲜明，主要体现在以下方面。

## 1. 强化课程思政，辅助三全育人

贯彻党的教育方针，坚决把立德树人贯穿、落实到教材建设全过程的各方面、各环节。教材编写将价值塑造、知识传授和能力培养三者融为一体。深度挖掘提炼专业知识体系中所蕴含的思想价值和精神内涵，科学合理拓展课程的广度、深度和温度，多角度增加课程的知识性、人文性，提升引领性、时代性和开放性，辅助实现“三全育人”（全员育人、全程育人、全方位育人），培养新时代技能型创新人才。

## 2. 推进产教融合，体现职教特色

围绕“教随产出、产教同行”，引入行业人员参与到教材编写的各环节，为教材内容适应行业发展献言献策。教材内容体现行业最新、成熟的技术和标准，充分体现新技术、新工艺、新规范。

## 3. 创新教材模式，岗课赛证融通

教材紧密结合当前实际要求，教材内容与技术发展衔接、与生产过程对接、人才培养与现代产业需求融合。教材内容对标岗位职业能力，以学生为中心、成果为导向，持续改进，确立“真懂（知识目标）、真用（能力目标）、真爱（素质目标）”的教学目标，从知识、能力、素养三个方面培养学生的理想信念，提升学生的创新思维和意识；梳理技能竞赛、职业技能等级考证中的理论知识、实操技能、职业素养等内容，将其对应的知识点、技能点、竞赛点与教学内容深度衔接；调整和重构教材内容，推进与技能竞赛考核、职业技能等级证书考核的有机结合。

## 4. 建新型态教材，适应转型需求

适应职业教育数字化转型趋势和变革要求，依托“医药大学堂”在线学习平台，搭建与教材配套的数字化课程教学资源（数字教材、教学课件、视频及练习题等），丰富多样化、立体化教学资源，并提升教学手段，促进师生互动，满足教学管理需要，为提高教育教学水平和质量提供支撑。

# 前言 PREFACE

《药用植物学》第3版是在第2版的基础上进一步完善，以适应高等职业教育日新月异的改革发展。按照国务院《关于深化现代职业教育体系建设改革的意见》有关要求，落实国务院《关于印发国家职业教育改革实施方案的通知》有关精神，让教材更好地服务于教学相长、文化传承、社会服务，本教材日臻完善。

本教材把立德树人的根本任务贯穿于教材的方方面面，将课程思政、知识传播和能力培养三者融为一体，体现模块化、项目化、任务式的教材内容体系。课程内容分成四个模块、十六个项目、四十七个任务。理实一体、案例教学，既体现学科专业体系，又融合行业企业实践案例（在知识模块中插入思政元素的知识链接、生产案例）。本教材图文并茂，易教易学，并设置【学习目标】【情境导入】【知识链接】【案例分析】【目标检测】等栏目。药用植物代表突出药用部位的特征描述，弱化分类科的特征，突显"药用"特色；将同名异物、同物异名、一物多源等容易混淆的基原植物置于案例分析中加以比较，这将为后续课程的学习奠定良好基础，且为辨识药用植物种类和用药安全、有效、合理起关键作用。

本教材的特色是插图，全部使用彩图，以增强药用植物的直观性，并依托"医药大学堂"在线学习平台，建设与教材配套的数字化课程教学资源（数字教材、教学课件、视频、动画、目标检测），使教材更加智能化、情景化、形象化，同时利用信息化技术手段提升教学效率，为教师教学、学生学习、文化科普搭建线下线上融合平台。

本教材得到同行老师的大力支持并付出艰辛的编写工作，具体如下：前言、绪论、根内部构造的识别、茎内部构造的识别、叶内部构造的识别由林美珍编写；根形态与类型的识别、茎形态与类型的识别、叶形态与类型的识别、花形态与类型的识别由陈荣珠编写；果实和种子形态与类型的识别由王乐编写；植物细胞基本结构的识别、植物组织与维管束的识别由商庆节编写；植物分类概述、识别药用低等植物、识别药用苔藓植物由孔青编写；识别药用蕨类植物、识别药用裸子植物由贾晗编写；被子植物概述、被子植物分类和药用植物由马良编写；识别被子植物离瓣花亚纲由张建海编写；识别被子植物合瓣花亚纲由钱枫编写；识别单子叶植物纲由马春霓编写；实践实训由邹毅辉编写；附录一常用试剂由洪建基编写；附录二野外实习指导由苏志坚编写；附录三国家重点保护药用植物、附录四被子植物门分科检索表由李珍编写；附录五目标检测参考答案由杨小华负责。林美珍、张建海、钱枫统稿，贾晗处理图片，对以上这些老师表示衷心的感谢！

虽然我们反复审阅、修正，以便做得更好，但疏漏、不妥之处在所难免，敬请指正。

编　者

2024年6月

CONTENTS 目录

## 模块二 药用植物显微构造的识别

## 模块三 药用植物种类的识别

## 模块四 实践实训

# 绪　论

PPT

## 一、药用植物学的性质和任务

自然界中植物种类繁多，约 50 万种，许多植物是食品、药品的主要来源。凡具有预防、治疗疾病和对人体有保健功能的植物统称为药用植物。我国是世界上药用植物种类最多、应用历史最悠久的国家之一。全国中药资源普查确定我国中药资源（包括植物类、动物类和矿物类等）共计 12 807 种，其中药用植物约 11 146 种，约占总数 87%，许多著名中药材如冬虫夏草、天麻、甘草、人参、当归、三七、黄连、金银花、雷公藤等都来自植物。药用植物学是利用植物学知识和方法来研究药用植物的形态、构造、分类以及生长发育规律的一门学科。随着中医药事业的发展，药用植物学和中药鉴定、临床效用以及新药源的寻找和开发密切相关。其主要任务如下。

### （一）鉴定中药的原植物种类，确保临床用药安全有效

中药来源十分复杂，加上我国各地用药习惯的差异，存在同名异物、同物异名现象以及同一药材多基源情况较为普遍，甚至出现以伪充真、物种混淆，影响安全用药。如：比利时曾经发生几例女性喝“中药减肥茶”引起肾衰竭的案例。后来我国科研人员在比利时进行药品抽样检查时发现，其药品中的防己均为“广防己”，与“粉防己”相混淆。防己来源为防己科植物粉防己 *Stephania tetrandra* S. Moore 的干燥根，广防己来源为马兜铃科植物广防己 *Aristolochia fangchi* Y. C. Wu ex L. D. Chou et Hwang 的干燥根。由于马兜铃科植物均含有马兜铃酸，会引起肾间质性纤维化，即“马兜铃酸肾病”而引起中毒。又如五加皮有 2 种，南五加皮的植物来源是五加科植物细柱五加 *Acanthopanax gracilistylus* W. W. Smith 的根皮，无毒；北五加皮的植物来源是萝藦科植物杠柳 *Periploca sepium* Bge. 的根皮，有毒，二者不同。

**1. 同名异物**　全国各地使用的大青叶植物来源各异，除《中华人民共和国药典》规定的大青叶正品为十字花科植物菘蓝 *Isatis indigotica* Fort. 的干燥叶外，东北习惯用蓼科植物蓼蓝 *Polygonum tinctorium* Ait. 的叶，华南、四川习用爵床科植物马蓝 *Strobilanthes cusia*（Nees）O. Ktze. 的叶，江西、湖南、贵州、甘肃则习用马鞭草科植物草大青 *Clerodendrum cyrtophyllum* Turcz. 的叶。这几种植物的叶入药都称“大青叶”。又如中药贯众，在全国同名为“贯众”的植物有 9 科 17 属 49 种及变种，均为蕨类植物，当作中药贯众使用的有 5 科 25 种。

**2. 同物异名**　如巴戟天植物来源为茜草科植物巴戟天 *Morinda officinalis* How. 的干燥根，在不同时期不同的药物著作，同为巴戟天其名称不同。巴戟天始载于《神农本草经》，俗名三蔓草。《中药大辞典》收载的巴戟天，别名鸡眼藤、黑藤钻、糠藤、三角藤。《本草图经》记录巴戟天别名巴吉天、戟天。《中药志》中的巴戟天别名鸡肠风、猫肠筋、兔儿肠。《中药材手册》则名为兔子肠，《日华子本草》则称之不凋草。因此，鉴定中药原植物种类对保证药材品质和用药安全具有重要意义，是药用植物学的首要任务。

**知识链接**

#### 我国特殊的药用植物

许多中药材由于具有特定种质、特定产区、特有生产技术或加工方法而生产的品质上等、疗效优

良的药材，被称为“道地药材”，如“四大怀药”指：河南的地黄、山药、牛膝、菊花，“四大南药”指：槟榔、益智、砂仁、巴戟天，“四大北药”指：当归、黄芪、党参、大黄。但有些植物剧毒，危及人的生命，如“四大毒草”是指：胡蔓藤（钩吻）、洋金花、羊角拗、马钱子。

### （二）调查研究药用植物资源，合理利用及开发药物

我国有丰富的药用植物资源，利用植物亲缘关系远近与所含化学成分相似关系的规律寻找新的药物资源。20 世纪 50 年代在云南找到降压药萝芙木 *Rauvolfia verticillata*（Lour.）Baill.，取代了进口蛇根木 *R. serpentina* Benth. 生产降压灵。近年来，在广西、云南找到了可供生产血竭的剑叶龙血树 *Dracaena cochinchinensis*（Lour.）S. C. Chen，解决了国内生产血竭的资源空白问题。从本草记载治疗疟疾的黄花蒿 *Artemisia annua* L. 中分离得到抗疟成分青蒿素；从红豆杉科植物红豆杉属多种植物的茎皮、根皮及枝叶中得到紫杉醇，发现具有较好的抗肿瘤作用等。如何使药用植物资源得到合理的开发、利用和可持续发展，保护野生植物资源和濒危药用植物，使野生中药材转为家种栽培，实现中药材规范化种植和产业化生产是药用植物学的重要任务。

### （三）利用植物生物技术，选育优良品种和保护濒危物种

生物技术是 20 世纪 60 年代发展起来的新兴技术，包括细胞工程、基因工程、酶工程、发酵工程等。植物细胞具有全能性，即利用植物体的一部分组织甚至一个细胞，在合成培养基中无菌条件下可分化成完整的植株。如用幼芽、叶、节、胚的一部分等为外植体培养成完整植株，用人参花药培养，20 天可产生愈伤组织，愈伤组织形成后 25～30 天，转入分化培养基中，40 天后渐次长成植株，以缩短培育时间。在综合开发和合理利用药用植物资源过程中，有的植物自然繁殖率低（如番红花、贝母），有的生长周期长（如人参、黄连），有的资源少（如铁皮石斛、金线莲），有的因病毒危害而退化（如太子参、地黄、菊花），这给药用植物的引种、育种和扩大生产带来困难，这些问题可采用离体保护、组织培养和快速繁殖来解决。利用植物细胞的全能性可扩大优良品种生产和保存濒危物种种质；利用生物技术方法进行脱毒和育种，提高药用植物有效成分含量；利用 DNA 重组技术产生具有特定性状的转基因植物。

## 二、药用植物学的发展简史和发展趋势

我国药用植物学的发展有着悠久的历史，历代本草类著作有 400 多部，记载了大量药用植物和天然药物知识，代表性的著作如下。

（1）3000 年前，《诗经》记载 200 多种植物，其中约 100 种为药用植物。

（2）公元 1—2 世纪，汉代《神农本草经》收载药物 365 种，其中 237 种为植物药，是现存最早的本草著作。

（3）公元 500 年，梁代陶弘景所著《本草经集注》载药 730 种，多数为植物药。

（4）公元 659 年，唐代苏敬等人所编著的《新修本草》载药 844 种，是我国第一部国家药典。

（5）公元 1082 年，宋代唐慎微著《证类本草》《经史证类备急本草》载药 1746 种，为最早、最完整的药学著作。

（6）公元 1578 年，明代李时珍编撰《本草纲目》载药 1892 种，其中 1100 种植物药，他首先试用生态学分类法，把药用植物分为木部、果部、草部、谷部、菜部。

（7）公元 1765 年，清代赵学敏编著《本草纲目拾遗》收载药用植物 921 种。

（8）公元 1848 年，清代吴其濬编著《植物名实图考》及《植物名实图考长编》记载植物药 2552 种，附有精确的绘图及形态描述、产地、生长环境与性味、用途等方面的记载。

（9）1953—1965 年，出版《中国药用植物志》共 9 册，收载药用植物 450 种。

（10）1959—1994 年，出版修订《中药志》共 5 册，其中 637 种植物药。

（11）1976 年、1978 年，我国出版《全国中草药汇编》上、下册，收载植物药 2074 种。

（12）1977 年，出版《中药大辞典》上、下册及附编，载药 5767 种，植物药 4773 种。

（13）《中华人民共和国药典》是国家的药品法典，它规定了药品的来源、质量要求和检验方法，是中药鉴定的法定依据。

这些著作是我国中药和药用植物学研究和发展的成果，可作为我们学习、工作和研究的参考文献。

随着生物科学的迅速发展，药用植物学各分支学科以及医学、药学、化学等学科的相互渗透，细胞工程、基因工程等生物技术和方法也应用于药用植物研究，特别是利用 DNA 重组技术产生具有特定有效成分的转基因药用植物，将是药用植物学的发展趋势。

## 三、药用植物学的学习内容和学习方法

《药用植物学》是中药学专业、中药制药专业和中药材生产与加工专业等专业基础课，学习内容主要包括：药用植物器官形态与类型的识别；药用植物显微构造的识别；药用植物种类的识别；实践实训。这些知识与后续课程如中药鉴定学、中药化学、中药学、生药学、药用植物栽培学等密切相关。同时，药用植物学又是一门实践性很强的学科，学习时必须理论联系实际，做到以下几点。

**1. 培养兴趣，重视实践** 学习药用植物学最关键问题是识别植物种类。植物随时可见，只要培养兴趣，对照彩图和标本，抓住植物的主要识别特征，区别相似植物，如：粉防己与广防己，木通、关木通与川木通，牛膝与川牛膝，人参与西洋参，木香与川木香、青木香、土木香，香加皮与五加皮，麦冬与山麦冬，半夏与水半夏，石斛与铁皮石斛，金钱草与小金钱草、连钱草、广金钱草、江西金钱草，白花蛇舌草与水线草，金银花与山银花，红花与西红花，蒲黄与松花粉，砂仁与土砂仁，北五味子与南五味子，决明子与绿豆，白豆蔻、草豆蔻、红豆蔻、肉豆蔻等植物种类的不同；同时重视野外实践，调查当地的药用植物资源，采集标本，检索分类，就能较好地鉴别药用植物类群。

**2. 注意观察，系统比较** 观察和比较是学习药用植物学行之有效的方法，“有比较才有区别”，对容易混淆的概念名词、显微构造等比较其异同点。如：块根与块茎，叶刺、枝刺与皮刺，茎卷须与叶卷须，锯齿缘与牙齿缘，披针形叶片与椭圆形叶片，对生叶序与羽状复叶，伞形花序与伞房花序，肉穗花序与穗状花序，聚合果与聚花果，草酸钙针晶与柱晶，髓射线与维管射线，纹孔、气孔与皮孔，表皮与周皮，根被与根皮，根的构造与茎的构造，双子叶植物纲与单子叶植物纲等，这些概念名词的比较有利于知识的掌握。

**3. 理实一体，育训并举** 教材中的理论知识以及老师讲课的内容比较抽象，所以同学应该加强实践实训，学会观察解剖植物器官，识别植物器官类型及变态类型，学会使用光学显微镜观察植物细胞及后含物，观察植物组织的显微特征及根、茎、叶的内部构造，学会制作表皮制片、粉末制片和徒手切片，学会采集和制作植物蜡叶标本，学会使用被子植物分科检索表，识别常用药用植物 220 种以上。

## 目标检测

### 简答题

1. 四大毒草是什么？何为“四大南药”与“四大北药”？“四大怀药”又是指什么？
2. 日常生活中你所见到的植物哪些是药用植物？列举10种。
3. 你认为学好药用植物学的主要方法是什么？

（林美珍）

# 模块一 药用植物器官形态与类型的识别

## 学习目标

**知识目标**

**1. 掌握** 根、茎、叶、花、果实、种子的形态特征和类型；花冠和花序的类型。

**2. 熟悉** 根、茎、叶的变态类型；花的组成，雄蕊、雌蕊、胎座及胚珠类型；果实的形态和构造。

**3. 了解** 花程式。

**能力目标**

1. 学会描述植物器官的形态特征。
2. 能识别植物器官类型与变态类型。
3. 具备鉴别根与根状茎，果实与种子的能力。

**素质目标**

1. 树立崇德向善、诚实守信，践行社会主义核心价值观。
2. 培养爱国情怀，树立中医药文化自信；培养良好的职业道德和敬业精神。

# 项目一 根形态与类型的识别

PPT

## 情境导入

**情境：** 印度诗人泰戈尔说：根是地下的枝，枝是空中的根。埋在地下的树根使树枝产生了果实，却并不要求什么回报。

**思考：** 1. 埋在地下的都是根，长在地上的都是茎，对吗？
2. 所有的植物都会开花，结果，产生种子，是吗？

在高等植物中，种子植物的植物体一般由根、茎、叶、花、果实和种子构成，其中根、茎、叶具有吸收、制造、运输和贮藏营养物质等功能，称为营养器官；花、果实、种子具有繁殖后代延续种族的功能，称为繁殖器官。植物器官之间在生理上和结构上有明显的差异，又彼此间密切联系，相互协调，构成一个完整的植物体。

## 任务一 根的类型与根系

根是植物重要的营养器官，通常生长在土壤中，具有向地性、向水性和背光性。根具有吸收、输导、固着、支持、贮藏和繁殖等作用。植物生活所需要的水分及无机盐，主要由根从土壤中吸收，并通过输导组织运送到地上部分。

根一般呈圆柱形，愈向下愈细，并可向周围分枝而形成复杂的根系。根无节与节间，一般不生芽、叶和花，这是与茎的重要区别。很多药用植物以根或根连带茎入药，如何首乌为块根，甘草、丹参、黄芪为圆柱根，人参、三七、当归为圆锥根等。

## 一、根的类型

根据生长部位，可分为主根、侧根和纤维根。主根是指由胚根直接发育而形成的根，侧根是从主根侧面生出的支根；而纤维根则是在侧根上生出的次一级侧根。

从发生起源可分为定根和不定根。主根、侧根和纤维根都是直接或间接起源于胚根，有固定的生长部位，称为定根；不定根是从植物的茎、叶或其他部位生长而出没有固定着生位置的根。

## 二、根系的类型

一株植物所有地下根的总和称之为根系。根系分为两种类型（图 1－1）。

**1. 直根系** 主根发达，主根和侧根有明显区别的根系称为直根系。直根系一般入土较深，大多数双子叶植物和裸子植物具有直根系，如人参、甘草、桔梗等。

**2. 须根系** 如果植物的主根不发达或早期枯萎，由其茎基部的节上长出许多大小、长短相仿的不定根，没有主根与侧根的显著区别，簇生成胡须状，称为须根系。须根系入土较浅，一般单子叶植物的根系是须根系，如水稻、小麦、莎草、麦冬等。

**图 1－1 根系的类型**

a. 直根系；b. 须根系

1. 主根；2. 侧根；3. 纤维根

# 任务二 根的变态

有些植物的根在长期进化过程中，由于适应生活环境的变化，其形态构造发生了可遗传的变异，称根的变态。常见的变态根有以下几种主要类型：

## 一、贮藏根

根的一部分或全部因贮藏营养物质而呈肉质肥大状，称为贮藏根。贮藏根依据其来源及形态的不同，可分为肉质直根和块根。肉质直根主要由主根发育而成，一株植物上仅有一个肉质直根，其上部具有胚轴和节间很短的茎。肉质直根形状不一，呈圆锥状的，如人参、白芷、桔梗等；呈圆柱状的，如甘草、丹参等；呈圆球状的，如芜菁。块根由侧根或不定根膨大而形成，因此在一株植物上可形成多个块根，其组成不含茎和胚轴部分。块根在外形上通常呈纺锤形或块状。如麦冬、何首乌、百部等均为块根（图1-2）。

**图1-2　变态根的类型（一）**

1. 圆锥根（人参）；2. 圆球根（芜菁）；3. 纺锤根（麦冬）；4. 块根（何首乌）

## 二、支持根

有些植物自茎基部产生一些不定根深入土中，以增强支撑茎的力量，这样的根称为支持根，如玉米、薏苡、甘蔗、高粱等。

## 三、攀援根

有些攀援植物在茎上生出不定根，使植物攀附于石壁、墙垣、树干或其他物体而使植物体向上生长，这种根称为攀援根，如常春藤、薜荔、络石等。

## 四、气生根

自茎上产生的一些不定根，不伸入土壤里，而是生长在空气中，称为气生根。气生根具有在潮湿空气中吸收和贮藏水分的能力，如石斛、吊兰、榕树等。

## 五、寄生根

一些植物产生的不定根伸入寄主植物体内吸收水分和营养物质，以维持自身的生活，这种根称为寄生根。如菟丝子、列当、桑寄生、槲寄生等植物（图1-3）。

## 六、水生根

水生植物的根漂浮于水中呈须状，称水生根，如浮萍、睡莲、菱等。

1 2 3 4

**图 1-3 变态根的类型（二）**

1. 支持根（玉米）；2. 攀援根（爬山虎）；3. 气生根（榕树）；4. 寄生根（菟丝子）

**知识链接**

### 人参与伪品

人参为五加科植物人参 *Panax ginseng* C. A. Mey. 的干燥根。人参根如人形，被称为“千草之灵，百药之长”的神草，是驰名中外的名贵药材。人参主根圆柱形或纺锤形，上部有疏浅断续的粗横纹及明显的纵纹，下面常有侧根及多数细长的纤维根，细根上常有不明显的细小疣状突起，习称“珍珠点”，顶端根茎（芦头）结节状，根茎上具不定根（艼）和稀疏的凹窝状茎痕（芦碗）。性温，味甘、微苦。具有大补元气，复脉固脱，益肺生津等功效（图 1-4）。

在中药材商品中，以商陆、栌兰、华山参、沙参等植物根冒充人参，这是伪品，属于违法行为。我们应该遵纪守法、崇德向善、诚实守信，保证中药质量和用药的安全有效。

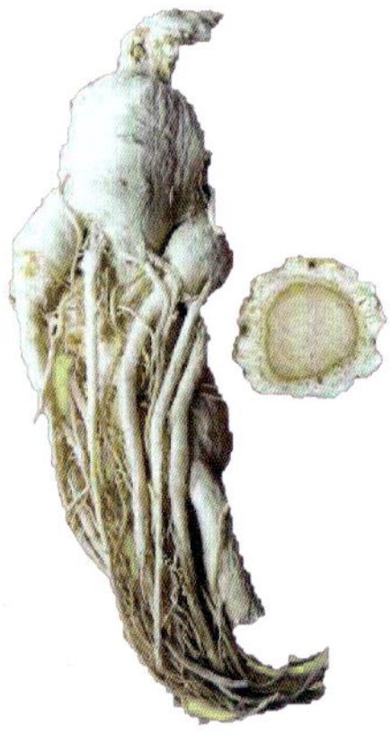

**图 1-4 人参**

（陈荣珠）

# 项目二 茎形态与类型的识别

PPT

## 情境导入

情境：大自然中的大树，经过风吹雨打，依然屹立于天地之间。

思考：1. 你们见过哪几种植物的茎？

2. 植物的茎与根有什么区别？

种子植物的茎起源于种子中幼胚的胚芽，有时还加上部分下胚轴，除少数生于地下以外，一般生长于地上的营养器官。主茎顶端具顶芽，能使茎无限向上生长，同时节上产生腋芽，腋芽也称侧芽，腋芽萌发产生枝条，枝条上又可产生顶芽和腋芽，重复产生分枝，如此发展下去就形成了植物体的整个地上部分。

茎具有输导、支持、贮藏和繁殖等生理功能。许多中药材来源于植物的地上茎，如杜仲、沉香、苏木、鸡血藤、木通、肉桂、黄柏、通草等，有些来源于植物的地下茎如生姜、山药、半夏、黄精、贝母、天麻等。

## 任务一 茎的形态特征

### 一、茎的外部形态

植物茎一般为圆柱形；但有的植物茎呈四棱柱形，如唇形科植物薄荷、益母草的茎；也有的呈三棱形，如莎草科植物香附、荆三棱的茎；还有的呈扁平形，如仙人掌的茎。茎的中心通常是实心的，但也有些植物的茎是空心的，如小茴香、芹菜、南瓜等。薏苡、竹、水稻、小麦等禾本科植物的茎，具有明显的节和节间，且节间是中空的，而节却是实心的，特称为秆。

### 二、茎的外形特征

植物茎的顶端有顶芽，叶腋（叶柄和茎之间的夹角处）有腋芽。茎上着生叶和腋芽的部位称节，节与节之间称节间。具节和节间是茎的主要形态特征，节上还生有叶、花、果实；而根无节和节间之分，且根上不生叶，这是根和茎在外形上的主要区别。

多年生木本植物的茎枝上还分布有叶痕、托叶痕、芽鳞痕、维管束痕和皮孔等形态特征。叶痕是叶脱落后留在茎上的疤痕，根据各节上叶痕的数目和排列方式，可以判断叶在茎枝上的着生情况；托叶痕是托叶脱落后留下的疤痕；芽鳞痕是包被芽的鳞片脱落后留下的疤痕；维管束痕是叶痕中的点状小突起；皮孔是茎枝表面突起的小裂隙，常呈浅褐色，是植物体与外界进行气体交换的又一通道。不同植物中这些痕迹常有差异，可作为鉴别植物的依据（图 1－5）。

一般植物的茎节仅在叶着生的部位稍微膨大，有些植物的茎节特别明显，呈膨大的环，如牛膝、石竹、高粱等；也有些植物茎节处比节间细，如藕。各种植物节间的长短也不一致，长的可达几十厘米，如竹、南瓜等；短的还不到一毫米，叶由茎生出呈莲座状，如蒲公英、车前、紫花地丁等。

着生叶和芽的茎称为枝条，有些植物具有两种枝条，一种节间比较长，称长枝，另一种节间很短，称短枝。短枝着生在长枝上，能开花结果，所以又称果枝，如苹果、梨、银杏等。

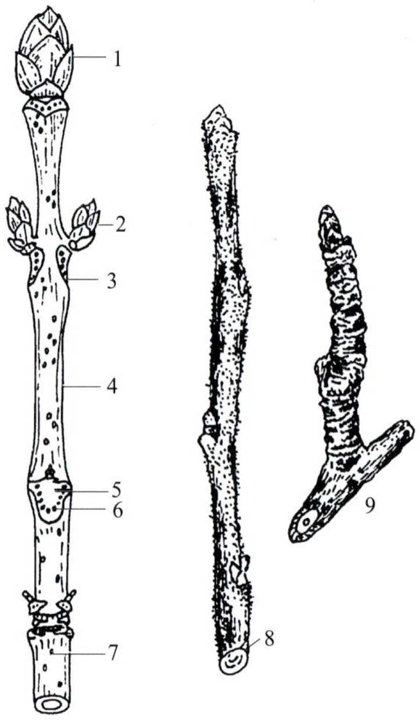

图1－5 茎的外形

1. 顶芽；2. 腋芽；3. 叶痕；4. 节间；5. 节；6. 维管束痕；7. 皮孔；8. 长枝；9. 短枝

# 任务二 茎的类型

## 一、按茎的质地分类

**1. 木质茎** 质地坚硬，木质部发达的植物茎称木质茎。具木质茎的植物称木本植物。常分为乔木、灌木和木质藤本。

（1）乔木 高度在5米以上，具有明显的主干，下部分枝少称乔木，如厚朴、杜仲、水松等（图1－6）。

（2）灌木 高度常在5米以下，无明显主干，在近基部处生出数个丛生的枝干称灌木，如紫荆、夹竹桃等（图1－6）。在灌木中高度在1米以下的，称小灌木，如六月雪。若介于木本和草本之间，仅茎基部木质化的称亚灌木或半灌木，如牡丹、草麻黄等。

（3）木质藤本 茎细长，木质坚硬，常缠绕或攀附它物向上生长，如葡萄、木通、鸡血藤等。

木本植物全为多年生植物。其叶在冬季或旱季脱落的，分别称落叶乔木、落叶灌木、落叶藤本；反之在冬季或旱季不落叶的分别称常绿乔木、常绿灌木、常绿藤本，常绿木本植物常在春季进行换叶。

**2. 草质茎** 质地柔软，木质部不发达的植物茎称草质茎。具草质茎的植物称草本植物。常分为一年生草本、二年生草本、多年生草本和草质藤本。

（1）一年生草本 植物从种子萌发到枯萎死亡是在一年内完成的称一年生草本，如红花、马齿苋等。

（2）二年生草本 植物种子在第一年萌发，到第二年才枯萎死亡，生长发育过程在二年内完成的称二年生草本，如萝卜、菘蓝等。

（3）多年生草本 植物生长发育过程超过二年的称多年生草本。其中地上部分每年都枯萎死亡，而地下部分仍保持生命力，能再长新苗的称宿根草本，如人参、黄连、七叶一枝花、天南星等；而植物地上部分多年不枯死保持常绿的称常绿草本，如麦冬、万年青等。

（4）草质藤本 茎细长，草质柔弱，常缠绕或攀附它物而生长称草质藤本。如党参、丝瓜、扁豆、牵牛等。

**3. 肉质茎** 茎质地柔软、多汁、肉质肥厚的称肉质茎，如仙人掌、芦荟、垂盆草等。

## 二、按茎的生长习性分类

**1. 直立茎** 不依附它物，直立生长于地面的茎，如厚朴、杜仲、水杉、女贞等。

**2. 缠绕茎** 细长，自身不能直立，常缠绕它物作螺旋状生长的茎，如五味子、忍冬等呈顺时针方向缠绕；牵牛、马兜铃等呈逆时针方向缠绕；何首乌、猕猴桃则无一定缠绕方向（图1－6）。

**3. 攀援茎** 细长，自身不能直立，而依靠攀援结构攀附它物生长的茎，如丝瓜、栝楼、葡萄的攀援结构是茎卷须；豌豆的攀援结构是叶卷须；爬山虎的攀援结构是吸盘；茜草、葎草的攀援结构是刺；络石、薜荔的攀援结构是不定根（图1－6）。

**4. 匍匐茎**　细长柔弱，平铺于地面蔓延生长，节上生有不定根的茎，如连钱草、积雪草、草莓等（图1－6）。

**5. 平卧茎**　细长柔弱，平铺于地面蔓延生长，节上没有不定根的茎，如蒺藜、马齿苋、地锦等（图1－6）。

图1－6　茎的类型

1. 乔木（水松）；2. 灌木（夹竹桃）；3. 缠绕茎（何首乌）；
4. 攀援茎（络石）；5. 平卧茎（马齿苋）；6. 匍匐茎（连钱草）

# 任务三　茎的变态类型

茎的变态可分为地下茎变态和地上茎变态两大类。

## 一、地下茎变态

地下茎和根类似，但仍具有茎的特征，其上有节和节间，退化的鳞叶及顶芽、侧芽等，可与根相区分。常见的类型如下（图1－7）。

**1. 根状茎**　又称根茎，常横卧地下，节和节间明显，节上生有不定根和退化的鳞片叶，具顶芽和侧芽。根状茎的形态及节间的长短随植物而异，如芦苇、白茅、鱼腥草等根茎细长；有的短粗呈团块状，如白术、姜、川芎等；有的具明显的茎痕，如黄精。

**2. 块茎**　肉质肥大呈不规则块状，与块根相似。但有很短或不明显的节间，节上有芽，叶退化成鳞片状或早期枯萎脱落。如天麻、半夏、马铃薯等。

**3. 球茎**　肉质肥大呈球形或扁球形，具明显的节和缩短的节间，节上有较大的膜质鳞叶；顶芽发达，腋芽常生于茎的上半部；基部具有不定根。如慈菇、荸荠、芋头等。

**4. 鳞茎** 呈球形或扁球形。茎极度缩短成盘状称鳞茎盘，盘上生有肉质肥厚的鳞叶。鳞茎盘上节很密集，顶端有顶芽，鳞叶腋内有腋芽，基部生有不定根。有的鳞茎鳞叶阔，内层被外层完全覆盖，称有被鳞茎，如洋葱；有的鳞茎鳞叶狭，呈覆瓦状排列，内层不能被外层完全覆盖，称无被鳞茎，如百合、贝母等。

图 1-7 地下茎的变态

1. 根状茎（姜）；2. 根状茎（黄精）；3. 块茎（半夏）；4. 球茎（荸荠）；5. 有被鳞茎（洋葱）；6. 无被鳞茎（百合）

**知识链接**

### 块根与块茎的区别

何首乌的药用部位是块根，天麻的药用部位是块茎，有何区别？

何首乌块根呈纺锤形或团块状，表面红棕色或红褐色，凹凸不平，有不规则的纵沟和致密皱纹，并有横长皮孔及细根痕；无环节、无顶芽及侧芽。

天麻块茎呈椭圆形或长条形，表面有由潜伏芽排列而成的横环纹多轮，顶端有红棕色至深棕色鹦嘴状的顶芽或残留茎基；另一端有圆脐形疤痕。

在药材药用部位鉴别过程中，我们应该从形态特征、显微鉴定等多方面进行，以确保其符合药品标准的相关规定，临床用药的安全有效。

## 二、地上茎变态

地上茎的变态类型如图 1-8 所示。

**1. 叶状茎** 也称叶状枝，是由植物的茎或枝变为绿色扁平的叶状或针形叶状，具有叶的功能，易被误认为叶，如竹节蓼、仙人掌、天门冬等。

**2. 刺状茎** 植物的枝条变为刺状，常粗短坚硬不分枝，也称枝刺，如酸橙、山楂、木瓜等。但皂荚的刺常分枝。刺状茎生于叶腋，可与叶刺相区别。金樱子、月季、玫瑰茎上的刺是由表皮细胞突起形成，无固定的生长位置，并容易脱落，称为皮刺，有别于刺状茎。

**3. 茎卷须** 常见于具攀援茎的植物，其枝条变成卷须，柔软卷曲，多生于叶腋，如栝楼、南瓜、丝瓜等。但葡萄的茎卷须是由顶芽变成的，而后腋芽代替顶芽继续发育，使茎成为合轴式生长，茎卷须则被挤到叶柄对侧。

**4. 钩状茎** 由茎的侧枝变态而成，位于叶腋。呈钩状，坚硬，短而粗，不分枝，如钩藤。

**5. 小块茎和小鳞茎**　有些植物的腋芽常形成小块茎，形态与块茎相似，如山药、黄独的零余子（珠芽）；有的植物叶柄上的不定芽也形成小块茎，如半夏；有些植物在叶腋或花序处由腋芽或花芽形成小鳞茎，如卷丹腋芽形成小鳞茎，洋葱、大蒜花序中花芽形成小鳞茎。小块茎和小鳞茎均有繁殖作用。

**6. 假鳞茎**　附生的兰科植物茎，其基部肉质膨大，呈块状或球状的部分，称假鳞茎，如石豆兰、石仙桃、羊耳蒜等。

图 1-8　地上茎的变态

1. 叶状茎（天门冬）；2. 刺状茎（皂荚）；3. 茎卷须（葡萄）；
4. 钩状茎（钩藤）；5. 小鳞茎（大蒜花序）；6. 小块茎（山药的珠芽）

（陈荣珠）

# 项目三　叶形态与类型的识别

PPT

## 情境导入

**情境**：日常生活中，我们可看到不同植物的叶片具有不同的形状，有的呈圆形、有的呈心形、有的呈掌状。有句谚语，世界上不可能有两片完全相同的叶子，是真的吗？

**思考**：1. 如何描述叶片的形态？

2. 何谓单叶与复叶？

## 任务一　叶的组成和形态

叶是植物进行光合作用、制造有机养料的重要营养器官，具有向光性。叶还有气体交换和蒸腾作用。除此之外，有的植物叶具有贮藏，如百合、贝母的肉质鳞叶等；尚有少数植物叶具繁殖作用，如秋海棠、落地生根叶等。

药用的叶有枇杷叶、桑叶、艾叶等，也有的叶只以某一部位入药，如黄连的叶柄基部入药，称剪口连，全叶柄入药称千子连等。

### 一、叶的组成

叶由叶片、叶柄和托叶三部分组成。三者俱全的叶称完全叶，如桃、梨、桑的叶；缺少其任何一部分者，则称为不完全叶，如女贞、柴胡的叶无托叶，莴苣、荠菜的叶无叶柄，台湾相思树的叶既没有叶片，也无托叶，仅由叶柄扩展成叶片状。有些植物的托叶较早脱落，称托叶早落，留有托叶痕（图1－9）。

**图1－9　叶的组成**

1. 叶片；2. 叶柄；3. 腋芽；4. 托叶；5. 叶舌（水稻）；6. 叶耳；7. 叶鞘

**1. 叶片**　叶片是叶的主要部分，一般为绿色的扁平体，分上表面（腹面）和下表面（背面）。叶片的形状、叶尖、叶基、叶缘等因种类的不同表现出极大的多样性。叶片中的维管束形成叶脉，在叶内起输导和支持作用。

**2. 叶柄** 叶柄是连接叶片与茎的部分，常圆柱形、半圆柱形或扁圆柱形，上表面（腹面）多凹陷形成沟槽。植物种类不同，叶柄的功能和形状也不同，有些水生植物的叶柄有膨胀的气囊，支持叶片浮于水面，如菱、水浮莲；有的叶柄基部有膨大的关节，称为叶枕，能调节叶片的位置，如含羞草；有的叶柄能围绕各种物体螺旋状地扭曲，有攀缘作用，如旱金莲；有的叶片退化，叶柄变态成叶片状，以代行叶片的功能，如台湾相思树（除幼苗时期外）。

有些植物的叶柄基部或全部扩大成鞘状，称叶鞘。叶鞘部分或全部包裹着茎杆，加强茎的支持作用，或保护茎的居间分生组织和腋芽，如前胡、当归、白芷等伞形科植物叶的叶鞘，是由叶柄基部扩大形成；淡竹叶、芦苇、小麦等禾本科植物的叶鞘，是由叶的基部相当于叶柄的部位扩大形成的。禾本科植物，除叶鞘外，在叶鞘与叶片相接处的腹面还有一膜质的突起物，称为叶舌。叶舌能使叶片向外伸展，可更多地接受阳光，同时可以防止水分和真菌、昆虫等进入叶鞘内。在叶舌的两旁，另有一对从叶片基部边缘伸出的耳状突出物，称为叶耳。叶耳、叶舌的有无、大小及形状，是识别禾本科植物的重要依据。如水稻有膜质的叶舌和叶耳，而稗草没有，由此可将二者区分。

某些植物的叶不具叶柄，叶片直接着生在茎上，称为无柄叶，如石竹叶。有些无柄叶的叶片基部包围在茎上，称抱茎叶，如苦荬菜叶。如果无柄叶的基部或对生无柄叶的基部彼此愈合并被茎所贯穿，称贯穿叶，如元宝草叶。

**3. 托叶** 托叶是叶柄基部的附属物，通常成对生于叶柄基部的两侧。托叶的形状和作用是多种多样的。有的与叶柄愈合成翅状，如玫瑰、蔷薇；有的托叶细小呈线状，如梨、桑；有的托叶呈卷须状，如菝葜；有的托叶呈刺状，如刺槐；有的托叶较大呈叶片状，如豌豆；有的托叶形状和大小与叶片几乎一样，只是托叶的腋内无腋芽，如茜草；有些植物的托叶边缘愈合成鞘状，包围着茎节的基部，称托叶鞘，如何首乌、辣蓼等（图1－10）。

**图1－10 托叶的类型**

1. 豌豆（叶状托叶）；2. 土茯苓（托叶卷须）；3. 刺槐（托叶刺）；4. 辣蓼（托叶鞘）

## 二、叶片的形态

叶片的形态多样，随植物种类不同而异，一般同一种植物叶的形态是比较稳定的，有时也有差异，在分类上常作为鉴别植物的依据。

**1. 叶形** 叶片的形状是根据叶片的长度和宽度的比例，以及最宽部位的位置来确定。常见的叶片形状有针形、条形、披针形、椭圆形、卵形、心形、肾形、圆形、剑形、戟形等。

以上为叶片的基本形状，在叙述叶形时也常用“长”“广”“倒”等字放在前面，如长椭圆形、广卵形、倒心形等。除此之外，还有很多其他形状的叶片。如蓝桉树老枝上的叶为镰刀形，杠板归的叶为三角形，车前草的叶为匙形，银杏叶为扇形，葱叶为管形等。另有许多植物的叶是两种形状的综合，如卵状椭圆形，椭圆状披针形等（图1－11，图1－12）。

**2. 叶缘** 即叶片的边缘。当叶片生长时，叶的边缘若生长速度均一，结果叶缘平整，为全缘叶；如果边缘的生长速度不均，有的部位较强烈，而另一些部位缓慢或很早就停止，使叶缘不平整，则呈现各种不同的形态。常见的叶缘有：①全缘，即叶片周边无任何缺刻或锯齿，如女贞、樟叶；②波状，即叶缘起伏如波浪，如茄、白栎；③锯齿状，即叶缘具向上倾斜的锐齿，齿的两边不等，如茶、月季叶；④牙齿状，即叶缘具尖锐的齿，齿端向外，齿的两边相等，如地榆、桑；⑤重锯齿，叶缘的齿缘上又有小锯齿，如郁李、樱桃；⑥圆齿状，即叶缘具钝圆的齿，如连钱草、洋地黄（图1－13）。

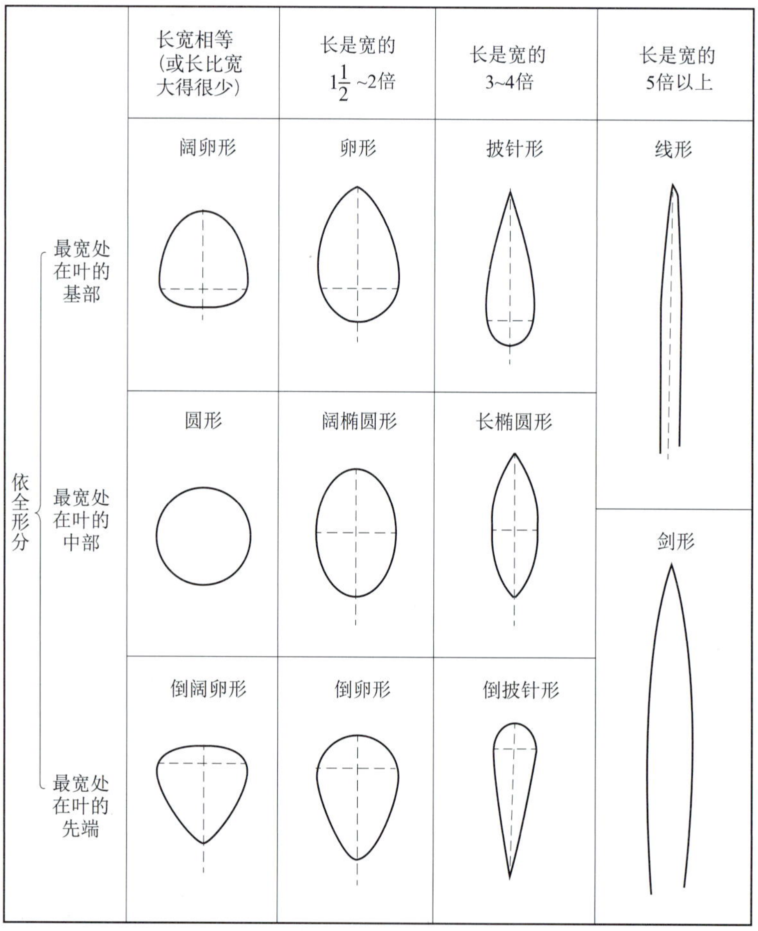


图1－11 叶片形状图解

图 1-12 叶片的形状

1. 针形；2. 披针形；3. 矩圆形；4. 椭圆形；5. 卵形；6. 圆形；7. 倒披针形；8. 倒卵形；9. 条形；10. 匙形；11. 扇形；12. 镰刀形；13. 肾形；14. 菱形；15. 楔形；16. 倒心形；17，18. 小提琴形；19. 三角形；20. 心形；21. 鳞形

图 1-13 叶缘的形态

1. 全缘；2. 浅波状；3. 深波状；4. 皱波状；5. 钝齿状；6. 锯齿状；7. 细锯齿状；8. 牙齿状；9. 睫毛状；10. 重锯齿状；11. 缺刻状；12. 条裂；13. 浅裂；14. 深裂

**3. 叶尖** 即叶片的顶端。常见的形状有：渐尖，如何首乌叶；圆形，如细辛叶；钝形，如厚朴叶；急尖，如金樱子叶；倒心形，如酢浆草叶；还有截形、微凹、微缺等（图 1-14）。

**4. 叶基** 即叶片的基部。常见的形状有多种，其中圆形、钝形、急尖、渐尖等与叶尖相似，所不同的是出现在叶片基部。此外还有：心形，如紫荆叶；楔形，如一叶荻、悬铃木叶；渐狭，如车前、一枝黄花叶等（图 1-15）。

**5. 叶脉** 叶脉为贯穿于叶肉内的维管束，是叶内的输导和支持结构。叶脉维管组织通过叶柄与茎内的维管组织相连接。叶片上最粗大的叶脉称主脉，主脉的分枝称侧脉，其余较细小的称为细脉。叶脉在叶片上呈各种有规律性的分布，其分布形式称脉序。脉序主要有以下三种类型（图 1-16）。

（1）网状脉序　叶片上有一条或几条明显的主脉，侧脉和细脉分枝形成网状。网状脉序是双子叶植物的叶脉特征。网状脉序又分羽状网脉和掌状网脉。其中有一条明显的主脉，侧脉自主脉两侧分出，似羽毛状，细脉仍交织呈网状，为羽状网脉，如枇杷叶、夹竹桃叶等；有的由叶基部分出多条较粗大的叶脉，呈辐射状伸向叶缘，细脉再多级分枝也连结成网，为掌状网脉，如紫荆叶、蓖麻叶、葡萄叶等。

（2）平行脉序　各条叶脉近似于平行分布，是大多数单子叶植物的叶脉特征。其中各叶脉自基部平行发出直达叶尖的，称直出平行脉，如竹、玉米叶等；叶片较宽而短，各叶脉从基部平行发出，彼此逐渐远离，稍作弧状，最后在叶尖汇合，称弧形脉，如百部、玉簪叶等；各叶脉均自叶片基部以辐射状分出，称射出平行脉，如棕榈、蒲葵叶等；若有显著的中央主脉，侧脉垂直于主脉，彼此平行，直达叶缘，称侧出平行脉或横出平行脉，如芭蕉、美人蕉叶等。

少数单子叶植物，如薯蓣、天南星科植物的叶是网状脉序，但单子叶植物无论是平行脉序或网状脉序，其叶脉末梢绝大多数都是连结在一起的，没有游离的脉梢，这一点与双子叶植物的叶脉相区别。

（3）叉状脉序　即每条叶脉均为多级二叉分枝，是较原始的脉序，在蕨类植物中普遍存在，而在种子植物中少见，如银杏等。

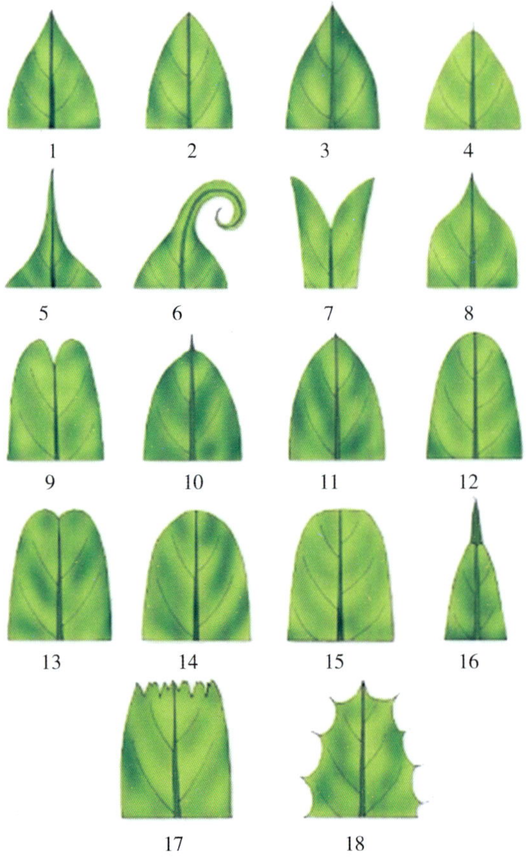


**图1－14　叶尖的形态**

1. 渐尖；2. 急尖；3. 突尖；4. 芒尖；5. 尾尖；6. 卷须状；7. 二裂；8. 锐尖；9. 凹缺；10. 短尖；11. 凸尖；12. 钝形；13. 微凹；14. 圆形；15. 截形；16. 刺尖；17. 撕裂状；18. 刺齿

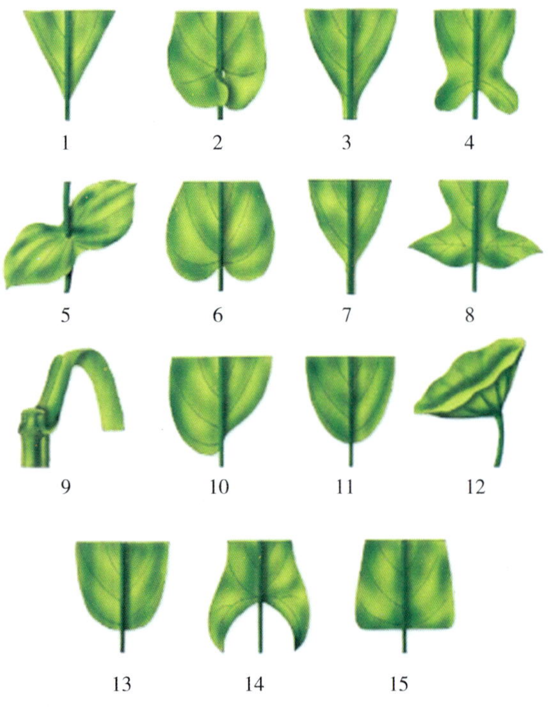


**图1－15　叶基的形态**

1. 楔形；2. 抱茎；3. 渐狭；4. 有耳；5. 贯穿；6. 心形；7. 下延；8. 戟形；9. 舌状；10. 偏斜；11. 圆钝；12. 盾状；13. 圆形；14. 箭形；15. 平截

**6. 叶片的质地**　一般常见的有下列几种：膜质，叶片薄而半透明，如半夏的叶；干膜质，叶片薄、干燥而脆，不呈绿色，如麻黄的鳞片叶；草质，叶片柔软而较薄，似纸张样，如薄荷、藿香叶等；革质，叶片坚韧而较厚，略似皮革，如枇杷、山茶的叶；肉质，叶片肥厚多汁，如虎耳草、景天、马齿苋叶等。

图 1－16　脉序的类型

1. 羽状网脉；2. 掌状网脉；3. 直出平行脉；4. 射出平行脉；5. 横出平行脉；6. 弧形脉；7. 叉状脉

## 三、叶片的分裂

植物的叶片常是全缘的或仅叶缘具齿或细小缺刻，但有些植物的叶片叶缘缺刻深而大，形成分裂状态，常见的叶片分裂有羽状分裂、掌状分裂和三出分裂等三种。依据叶片裂隙的深浅不同，一般又可分为浅裂、深裂和全裂（图 1－17）。

**1. 浅裂**　裂隙深度不超过或约至整个叶片宽度的四分之一，如药用大黄、南瓜。

**2. 深裂**　裂隙深度超过整个叶片宽度的四分之一，如唐古特大黄、荆芥。

**3. 全裂**　裂隙深度几乎达到主脉或叶柄顶部，如大麻、白头翁。有些植物的叶片具有大小深浅不规则的裂片时，称为缺刻状，如菊叶。

# 任务二　单叶与复叶

根据叶柄上叶片的数量可将叶分为单叶和复叶。

**图 1－17　叶片的分裂**

1. 羽状全裂；2. 羽状浅裂；3. 羽状深裂 ；4. 掌状全裂；5. 掌状浅裂；
6. 掌状深裂；7. 三出全裂；8. 三出浅裂；9. 三出深裂

## 一、单叶

一叶柄上只生一叶片，称单叶，如枇杷、女贞的叶。

## 二、复叶 微课

一叶柄上生有两片以上叶片，称复叶。复叶的叶柄称为总叶柄，总叶柄上着生叶片的轴状部分称叶轴，复叶上的每片叶，称小叶，其叶柄称小叶柄。

从来源看，复叶是由单叶的叶片分裂而成的，即当叶裂片深达主脉或叶基并具叶柄时，就形成了复叶。全裂的单叶与小叶柄不明显的复叶之间有差异，即全裂叶各裂片之间的裂隙底部总是有或多或少的叶片缘。

根据小叶的数目和在叶轴上排列的方式不同，复叶有以下四种类型（图 1－18）：

**1. 羽状复叶**　叶轴长，多数小叶排列在叶轴的两侧呈羽毛状，称为羽状复叶。

（1）奇数羽状复叶　指叶轴顶部只具一片小叶的羽状复叶，其侧生小叶可互生或对生，如槐、蔷薇的叶等。

（2）偶数羽状复叶　指叶轴顶部具有两片小叶的羽状复叶，如落花生、决明的叶等。

（3）二回羽状复叶　指叶轴作一次羽状分枝，形成许多侧生小叶轴，在每一小叶轴上又形成二级羽状复叶。二回羽状复叶中的第二级羽状复叶（即小叶轴连同其上的小叶）称羽片，其小叶轴称羽轴。如云实、合欢的叶等。

（4）三回羽状复叶　指叶轴作两次羽状分枝，第二级羽状复叶亦称羽片和羽轴，第三级羽状复叶称小羽片和小羽轴。如南天竹、苦楝的叶。

**2. 掌状复叶**　叶轴缩短，三片以上的小叶着生在叶轴的顶端呈掌状展开，称为掌状复叶，如人参、五加的叶。

**3. 三出复叶**　叶轴上着生三片小叶，称为三出复叶。若顶生小叶有柄，二枚侧生小叶着生在叶轴顶端以下，称羽状三出复叶，如大豆、胡枝子的叶。若顶生小叶无柄，三枚小叶均着生在叶轴顶端，称掌状三出复叶，如酢浆草、苜蓿的叶。

**4. 单身复叶**　可能是由三出复叶退化形成的一种特殊形态的复叶，即叶轴顶端只有一片发达的小叶，侧生小叶退化，作翼（翅）状附着于叶轴的两侧，使整个外形看起来好像是一单叶，但顶生小叶与叶轴连接处有明显的关节，与真正的单叶相区别，故称为单身复叶，如柚、橙、柑、桔、代代的叶。

**图 1－18　复叶的类型**

1. 单身复叶；2. 掌状复叶；3. 奇数羽状复叶；4. 偶数羽状复叶；5. 二回偶数羽状复叶；
6. 三回奇数羽状复叶；7. 羽状三出复叶；8. 掌状三出复叶

复叶易与生有单叶的小枝相混淆，识别时要弄清叶轴和小枝的区别。复叶与具单叶的小枝的主要区别是：复叶的叶轴先端没有顶芽，小叶的叶腋内没有侧芽，仅在总叶柄腋内有腋芽，小叶与叶轴一般构成一平面，落叶时整个复叶由叶轴处脱落，或小叶先脱落，然后叶轴脱落；而小枝的先端有顶芽，每一单叶的叶腋内均有侧芽，单叶与小枝常成一定角度（叶镶嵌），小枝一般不脱落，只有叶脱落。

## 任务三　叶　序

叶在茎上着生的次序，称叶序。叶序有四种基本类型，即互生叶序、对生叶序、轮生叶序、簇生叶序（图 1－19）。

图1－19 叶序

1. 交互互生；2. 二列互生；3. 簇生；4. 交互对生
5. 二列对生；6. 轮生；7. 莲座状叶丛；8. 成束簇生

## 一、互生叶序

互生叶序指在茎枝的每一茎节上只生一片叶，各叶片交互而生，常沿着茎枝作螺旋状排列。如桃、桑、柳等植物的叶序。

## 二、对生叶序

对生叶序指在茎枝的每一茎节上相对着生二片叶，有的与相邻的两叶呈十字排列称交互对生，如薄荷、忍冬、龙胆叶等植物的叶序；有的对生叶均排列于茎的两侧称二列状对生，如小叶女贞、水杉等植物的叶序。

## 三、轮生叶序

轮生叶序指在茎枝的每一茎节上着生三或三片以上的叶，并排成轮状的叶序，如夹竹桃、栀子、直立百部等植物的叶序。

## 四、簇生叶序

两片或两片以上的叶成簇状着生在节间极为缩短的短枝上所形成的叶序。如银杏、落叶松等植物的叶序。

有些植物的茎极为短缩，节间不明显，叶生茎基，似从根上生出，称基生叶，如荠菜、毛茛等；基生叶成莲座状的称莲座状叶丛，如蒲公英、车前的叶丛等。

同一植物可以同时存在两种或两种以上的叶序，如桔梗的叶序有互生、对生和三叶轮生，栀子的叶序也有对生和三叶轮生。

## 任务四　叶的变态

叶的变态种类很多，常见的主要有以下几种（图1－20）。

### 一、苞片

着生于花或花序下面的变态叶，称苞片。其中围于花序外围的一至多层苞片合称为总苞，总苞中的各个苞片称总苞片；花序中每朵小花的花柄上或花萼下的苞片称小苞片。苞片一般较小，一至多数，排成一轮或数轮，常呈绿色，也有较大而呈各种颜色的。总苞的形状和轮数的多少，常为种属鉴别的特征。如菊科植物头状花序的总苞由多数绿色的总苞片组成，如向日葵；天南星科植物的肉穗花序外面，常围有一片大形的总苞片，称为佛焰苞，如天南星、马蹄莲；鱼腥草花序下的总苞是由四片白色的花瓣状总苞片组成。

### 二、鳞叶

特化或退化成鳞片状的叶，称为鳞叶。鳞叶有肉质和膜质二类：肉质鳞叶，肥厚，能贮藏丰富的养料，可供次年发芽、开花用，也可供人食或药用，如百合、贝母、洋葱等鳞茎上的肥厚鳞叶；膜质鳞叶，菲薄，干燥而脆，常呈褐色，是退化的叶，常生于球茎、根茎的节上，如麻黄的叶、洋葱鳞茎外层的包被，以及慈菇、荸荠球茎上的鳞叶等。

### 三、叶刺

叶片或托叶变态成刺状，称叶刺，起保护作用或适应干旱环境，如小檗、仙人球的刺，是叶退化而成；刺槐、酸枣的刺是由托叶变态而成；红花、枸骨上的叶是由叶缘、叶尖变态而成。根据刺的来源及生长位置的不同，可以与刺状茎或皮刺相区别。

### 四、叶卷须

由叶片或托叶变态成纤细的卷须，称叶卷须，可借以攀援他物，如豌豆的卷须是由复叶顶端的小叶变态而成，菝葜的卷须是由托叶变态而成。

### 五、叶状柄

叶柄特化成叶片状，称叶状柄，以代替叶片行使叶片的功能，如台湾相思树（除幼苗时期外）叶片退化，而叶柄扩展成扁平的披针形或镰刀形的叶状柄。

### 六、捕虫叶

食虫植物的叶，其叶片形成囊状、盘状或瓶状等捕虫结构，上有许多能分泌消化液的腺毛或腺体，并有感应性，当昆虫触及时，立即能自动闭合或靠黏液将昆虫捕获，再被消化液所消化。如捕蝇草、猪笼草的叶。

图 1－20　叶的变态

1. 总苞（红掌）；2. 叶状柄（台湾相思树）；3. 刺状叶（仙人掌）；4. 捕虫叶（猪笼草）

**知识链接**

### 叶的变态——物竞天择

植物变态叶是自然选择的结果。植物叶片因功能改变而在形态和结构上也发生相应变化的叶子，这些变化有助于植物适应特定的生存环境，如仙人掌的叶刺和槐的托叶刺，这些刺可以减少水分散失，并抵御动物侵害；又如豌豆的叶卷须，用于攀援，协助植物向上生长，弥补了茎枝细弱、支持力不足的弱点；洋葱和百合的鳞片叶，有助于植物储存营养和水分；这些变态叶的形态和功能多样性是物竞天择，反映了植物对环境的适应能力。

（陈荣珠）

书网融合……

微课

# 项目四　花形态与类型的识别

PPT

## 情境导入

**情境：** 春的使者，各种五彩缤纷的花儿争奇斗艳地绽放，有的花刚探出头来，含苞待放；有的花展开了花瓣，像个害羞的小姑娘；还有的含着花蕊，像亭亭玉立的少女翩翩起舞。

**思考：** 1. 你见过哪些花？

2. 哪些花能药用？

花是种子植物所特有的繁殖器官，其源自于茎尖的花原基。种子植物通过开花、传粉、受精形成果实，产生种子，繁衍后代。

花的形态结构特征比较稳定，变异较小，因此掌握花的形态特征，对研究植物分类、中药材的原植物鉴别及花类药材的鉴别等有着重要的意义。

许多植物的花可供药用，有的用花序，如菊花、红花、旋覆花、款冬花；有的是花蕾，如丁香、辛夷、槐花、金银花；有的是已开放的花，如洋金花、闹羊花；有的是花的某部分，如西红花是柱头，松花粉、蒲黄是花粉等。

## 任务一　花的组成与形态

花通常是由花梗、花托、花萼、花冠、雄蕊群及雌蕊群组成，是节间极缩短适应生殖的一种变态枝。花梗是连接茎的小枝，花托是节间缩短的枝端，两者主要起支撑作用；花萼、花冠、雄蕊群和雌蕊群着生于花托上，都是变态的叶。雄蕊群和雌蕊群是花中最重要的部分，执行生殖功能。花萼和花冠又合称花被，具有引诱昆虫传粉和保护等作用（图1－21）。

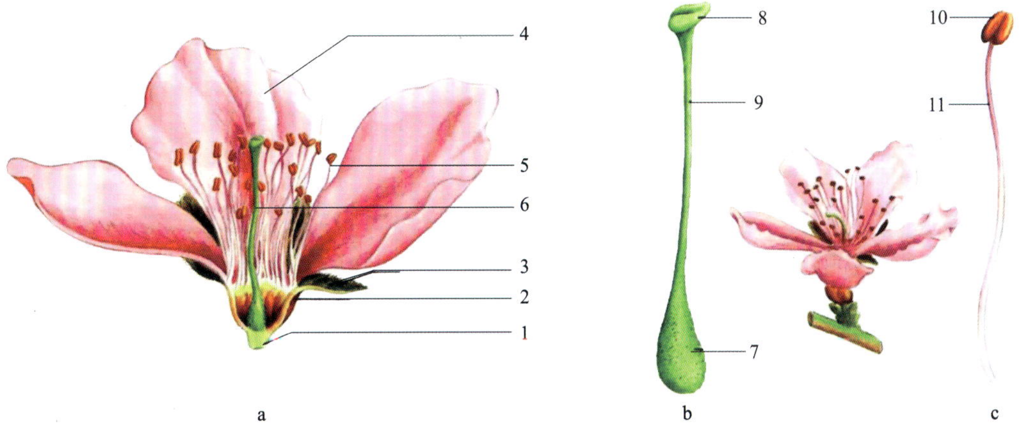


**图1－21　花的组成**

a. 花的纵剖面；b. 雌蕊；c. 雄蕊

1. 花梗；2. 花托；3. 花萼；4. 花冠；5. 雄蕊群；6. 雌蕊群；7. 子房；8. 柱头；9. 花柱；10. 花药；11. 花丝

## 一、花梗

花梗又称花柄，起连接与支持花的作用，也有输导作用。花梗常为绿色柱状，粗细、长短因植物种类而异。有的很长，如莲等；有的很短，甚至无花柄，如地肤、车前等。

## 二、花托

花梗顶端稍膨大的部分为花托，花萼、花冠、雄蕊群和雌蕊群着生其上。花托的形状随植物种类而异。一般呈平坦或稍凸起的圆顶状；有的显著增大、凸起，呈圆锥状或圆头状，如悬钩子、草莓等；有的特别延长，呈圆柱状，而花被、雄蕊及雌蕊都螺旋式的排列在柱状花托的周围，如木兰、厚朴等；也有的凹陷，呈杯状或瓶状，花被及雄蕊着生于花托的周缘，雌蕊生底部，如桃、玫瑰等；还有个别植物的花托形态比较特殊，如莲的花托膨大，呈倒圆锥状，常称莲蓬；有些植物在花托顶部形成肉质增厚部分，呈平坦垫状、环状或裂瓣状等，称为花盘，如卫矛、芸香等。

## 三、花被

**1. 花萼** 生于花的最外层，通常呈绿色叶片状。花萼是由一定数目的萼片所组成，不同类别的植物数目不同。有些植物的萼片彼此分离，称离生萼，如毛茛、萝卜；有些植物的萼片互相连合，称合生萼，如丹参、地黄等，合生萼下部的连合部分称萼筒或萼管，上部分离的部分称萼齿或萼裂片。有的植物萼筒一侧向外凸出形成一细管状或囊状物，称为距，如旱金莲、凤仙花等。一般花凋谢后，花萼也枯萎或脱落；有的在花开放之前即脱落，称早落萼，如虞美人、白屈菜等；也有的花瓣凋落后仍不脱落，并随着果实增大，称为宿萼，如柿、辣椒等。

花萼通常排成一轮，有的在花萼之下还有一轮萼状物，称为副萼，如木槿、棉花等。若花萼大而鲜艳呈花冠状，称瓣状萼，如乌头、铁线莲等。有些植物的花萼变态成半透明的膜质，如牛膝、鸡冠花等。菊科多种植物的花萼变态成冠毛，如蒲公英、旋复花等。

**2. 花冠** 花冠是一朵花中所有花瓣的总称，为花中最显眼的部分，常具鲜艳的颜色，位于花萼的内侧，并与其交互排列。花冠只有一轮的花，称单瓣花；花冠有2至多轮的花，称重瓣花。有的花瓣彼此分离，称离瓣花冠，如毛茛、玉兰等；有的花瓣互相连和，称合瓣花冠，如牵牛、桔梗等。具有离瓣花冠的花称离瓣花，具有合瓣花冠的花称合瓣花。合瓣花下部连合部分称花冠筒，上部分裂部分称花冠裂片，花冠筒与宽展部分的交界处称喉。

有些植物的花瓣基部也可形成囊状或管状的距，如紫花地丁、延胡索等。还有少数植物在花冠或花被上生有瓣状的附属物，称副花冠，如中国水仙等。

有些植物的花冠常形成特定的形态，常见的有以下几种类型（图1-22）：

（1）十字形花冠　花瓣4枚，分离，上部外展呈十字形，称十字花冠，如菘蓝、白菜、芥菜等十字花科植物。

（2）蝶形花冠　花瓣5枚，分离，排列似蝴蝶，上面的一枚位于最外方且最宽大，称旗瓣；侧面的两片较小，称翼瓣；最下面的两片上部常互相连接，并弯曲呈船前的龙骨状，称龙骨瓣。具有蝶形花冠的花称蝶形花，如黄芪、甘草等豆科植物。

（3）唇形花冠　花冠下部连合成筒状，上半部成二唇状，上面由两枚裂片连合成上唇，下面3枚裂片连合成下唇，具有唇形花冠的花称唇形花，如益母草、黄芩、薄荷、丹参等唇形科植物。

（4）管状花冠　又称筒状花冠，花冠合生，花冠筒较细长，其花称管状花或筒状花，如漏芦、野菊花等菊科植物的盘花。

（5）舌状花冠　花冠下部连合成短管，上部开裂，并向一侧平展成舌状，其花称舌状花，如紫菀、蒲公英等菊科植物。

（6）高脚碟状花冠　花冠下部细长管状，上部水平展开呈碟状，如长春花、迎春花等。

（7）钟状花冠　花冠筒宽而较短，上部裂片外展，形如古钟，如党参、风铃草等。如花冠筒更短阔，称杯状花冠，如柿树、铃兰等。

（8）壶状或坛状花冠　花冠筒靠下部分胀大成圆形或椭圆形，上部收缩成一短颈，顶部裂片向外展，如君迁子、石楠等。

（9）漏斗形花冠　花冠筒较长，自下而上渐粗，上部外展似漏斗状，如甘薯、牵牛等。

（10）辐状或轮状花冠　花冠筒甚短而广展，裂片亦向四周开展，如龙葵、茄、枸杞等茄科植物。

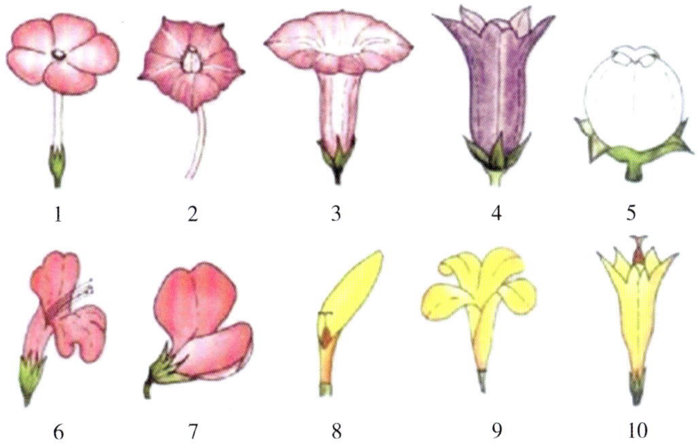


图 1－22　花冠的类型

1. 高脚碟状花冠；2. 轮状花冠；3. 漏斗状花冠；4. 钟状花冠；5. 坛状花冠；
6. 唇形花冠；7. 蝶形花冠；8. 舌状花冠；9. 十字形花冠；10. 管状花冠

**3. 花被的卷迭式**　花瓣或花被在花芽内有不同的排列方式，其排列形式及关系称花被卷迭式，不同的植物种类具有不同的花被卷叠式，常见的有：

（1）镊合状　花被各片边缘彼此靠近，但互不覆盖，排成一圈，如桔梗、葡萄。若镊合状花被的边缘微向内弯称内向镊合，如沙参；若各片边缘微向外弯称外向镊合，如蜀葵。

（2）旋转状　花被各片边缘依次相互压覆成回旋状，即花瓣的一边覆盖着相邻花瓣的一边，如夹竹桃、栀子的花冠。

（3）覆瓦状　花被各片边缘彼此覆盖，但有一片完全在外，一片完全在内，如三色堇、山茶。若有两片完全在外，两片完全在内，称重覆瓦状，如桃、杏等的花冠。

## 四、雄蕊群

雄蕊群是一朵花中全部雄蕊的总称。雄蕊的数目一般与花瓣同数或为其倍数，最少的只有 1 枚雄蕊，如京大戟、姜、白芨，有的为花瓣数的两倍以上，多达数十或百枚以上，如桃金娘科植物等。数目在 10 枚以上的称雄蕊多数。

**1. 雄蕊的组成**　典型的雄蕊由花丝和花药两部分组成。着生于花被内方的花托上或贴生于花冠上。

（1）花丝　为雄蕊下部细长的柄状部分，其上部生花药；有的成扁平状，如草乌；有的上部分叉，如某些桦树；有的被毛或腺体，如樟等；有的特别发达，为花中最显著的部分，如合欢；也有的特别短小，以至不易分辨，如细辛、半夏等。

（2）花药　为花丝顶端膨大的囊状体，一般为稍扁的椭圆形或近球形，常黄色。花药通常由四个或二个花粉囊或药室组成，分为左右两半，中间由药隔相连。雄蕊成熟时，花药自行裂开，散发出花粉粒。

花药在花丝上着生的方式有多种类型（图1－23），花药的底部着生在花丝的顶端，称底着药或基着药，如茄、莲等；花药背部近中间部分着生于花丝上，称背着药，如马鞭草、杜鹃等；花药横向着生于花药顶端，与花丝成丁字状，称丁字着药或横着药，如卷丹、石蒜等；花药下部叉开，上部连合与花丝相连而成个字状，称个字着药或叉着药，如地黄、泡桐等；两个半药向左右两边完全分离平展，与花丝成垂直状，称平着药或广歧着药，如一些唇形科植物。花药背部完全附着在花丝上，称全着药，如紫玉兰等。

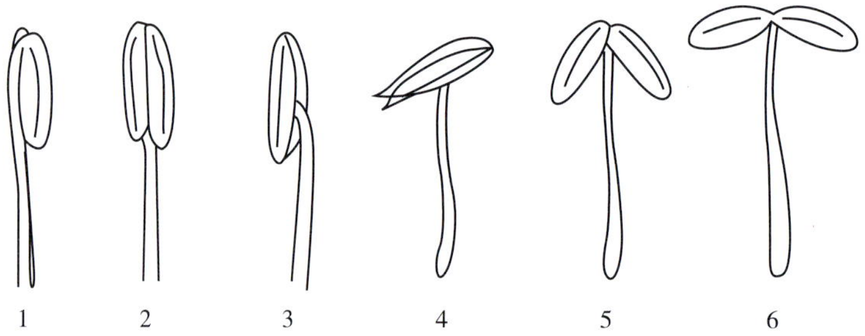


图1－23　花药着生的方式

1. 全着药；2. 基着药；3. 背着药；4. 丁字着药；5. 个子着药；6. 广歧着药

**2. 雄蕊的类型**　植物种类不同，花中雄蕊的数目、形态及排列方式也不同，常见的雄蕊类型如下（图1－24）：

（1）单体雄蕊　所有雄蕊的花丝愈合在一起，连成筒状，而花药分离，如棉、蜀葵等。

（2）二体雄蕊　所有雄蕊的花丝分别连成二束，花药彼此分离，如大豆、甘草等共有10枚雄蕊，其中9枚连成一体，另外1枚分离；如延胡索、紫堇等有6枚雄蕊，每3枚连在一起，成为二束。

（3）多体雄蕊　雄蕊多数，花丝分别连合成多束，如金丝桃、酸橙等。

（4）聚药雄蕊　所有雄蕊的花药互相连合，而花丝彼此分离，如向日葵、蒲公英等菊科植物。

（5）二强雄蕊　雄蕊4枚，其中两枚较长，两枚较短，如薄荷、益母草等。

（6）四强雄蕊　雄蕊6枚，排成两轮，外轮两枚较短，内轮4枚较长，为十字花科植物的雄蕊特征。如萝卜、芥菜等。

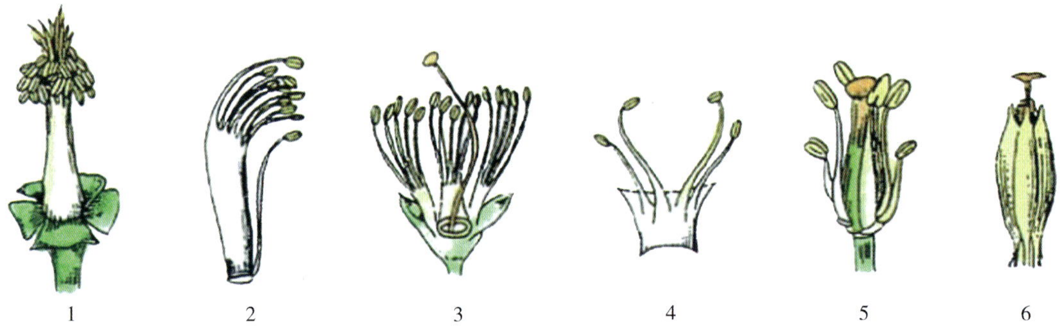


图1－24　雄蕊的类型

1. 单体雄蕊；2. 二体雄蕊；3. 多体雄蕊；4. 二强雄蕊；5. 四强雄蕊；6. 聚药雄蕊

还有些植物的花中部分雄蕊不具花药，或仅留痕迹，称不育雄蕊或退化雄蕊，如鸭跖草等；有的植物雄蕊发生变态，没有花丝与花药的区别而呈艳丽颜色的花瓣状，如姜、美人蕉等；还有少数植物全部雄蕊的花丝变态成瓣状，如花唐松草。

**知识链接**

### 花粉粒与物种鉴定

花粉粒的形态多种多样，有圆球形，如红花、南瓜；有椭圆形，如萱草；有呈略三角形，如丁香，还有四边形、五边形等。

大多数植物的花粉粒彼此分离，但有些植物的花粉粒集合在一起，形成复合花粉粒，其中四合花粉粒比较常见，但有些植物的花粉粒粘连在一起形成花粉块，如萝摩科、兰科等。

花粉粒具有两层壁，其表面具有多种多样的雕纹或疣状突起、刺、网纹等，还存在萌发孔或萌发沟。花粉粒的形状、大小、外壁雕纹、萌发孔（沟）的数目和分布常作为鉴别花类药材和植物科、属、种的特征，以保证中药材基源植物的正确性，确保临床用药安全有效，保证中药材的质量。

## 五、雌蕊群

雌蕊群是一朵花中全部雌蕊的总称，位于花的中心。

**1. 雌蕊的组成**　雌蕊是由子房、花柱、柱头三部分组成。子房是雌蕊基部膨大的囊状部分，其底部着生于花托上，有圆球形、椭圆形、卵形、圆锥形、三角锥形等形状，表面平或具棱沟、光滑或被毛。花柱是连接子房与柱头的部分，植物种类不同花柱形态也各异，如玉米的花柱细长如丝，莲的花柱很短，而罂粟、木通没有花柱；也有的花柱插生于纵向深裂的子房基底，称花柱基生，如丹参、益母草等唇形科植物；还有少数植物的雄蕊与花柱合生成柱状体，称合蕊柱，如马兜铃、春兰等。柱头位于花柱的顶端，其形态变化较大，有头状、棒状、圆盘状、羽毛状、分枝状等形态，表面多不光滑，能分泌黏液，有利于花粉的固着和萌发。少数植物的柱头膨大呈瓣状，如马蔺、藏红花等。

花柱和柱头除在形态上有不同变化外，其结构都比较简单，而子房结构较复杂。

**2. 雌蕊的类型**　雌蕊是由心皮构成的，心皮是一种适应生殖的变态叶。心皮通过边缘内卷愈合形成雌蕊，心皮的边缘相当于叶缘部分，愈合后的合缝线称腹缝线，心皮背面中间相当于中脉部分称背缝线，胚珠常生于腹缝线上。根据构成雌蕊的心皮数目以及是否连合，雌蕊分为以下类型（图1-25）：

**图1-25　雌蕊的类型**

1. 单雌蕊；2. 离生心皮雌蕊；3. 二心皮复雌蕊；4、5. 三心皮复雌蕊

（1）单雌蕊　一朵花中只有1个雌蕊，且由1个心皮构成，如杏、大豆等。

（2）离生心皮雌蕊　一朵花中由多数离生的心皮构成的雌蕊，如八角茴香、毛茛、覆盆子、五味子等。

（3）复雌蕊　一朵花中由2个或2个以上心皮彼此连合构成一个雌蕊，称为复雌蕊，也称合生心皮雌蕊。如连翘、龙胆等是2心皮的复雌蕊；蓖麻、石斛等是3心皮的复雌蕊；白松、柳兰等是4心皮的复雌蕊；风仙花、亚麻等是5心皮的复雌蕊；罂粟、马兜铃、柑、桔等则是5个以上心皮的复雌蕊。组成复雌蕊的心皮数可以由柱头或花柱的分裂数、子房上的主脉数以及子房室数等来确定。

有少数植物的雌蕊退化或发育不全，在花中仅留一残迹，不能执行生殖功能，称为退化雌蕊或不育雌蕊，如桑的雄花中即常有退化雌蕊残迹。

**3. 子房的位置**　由于花托的形状不同，子房在花托上着生的位置及其与花被、雄蕊之间的关系也不同，常有以下三种类型（图1-26）：

（1）子房上位　花托扁平或凸起，子房仅底部与花托相连，花萼、花冠和雄蕊群均着生在子房下方的花托上，称子房上位。具子房上位的花称为下位花，如百合、毛茛、葡萄等。若花托中央下凹，略呈杯状，子房底部着生于杯状花托的中心，但四周不与花托愈合，花的其他部分着生在杯状花托的边缘，此为子房上位周位花，如桃、梅等。

（2）子房下位　子房全部生于凹陷的花托内，并与花托完全愈合，称子房下位。花的其他部分着生在子房上方，这类花称上位花，如人参、当归等。

（3）子房半下位　子房下半部与凹陷的花托愈合，上半部外露，称子房半下位。花的其他部分着生于花托的边缘，这类花也为周位花，如马齿苋、桔梗等。

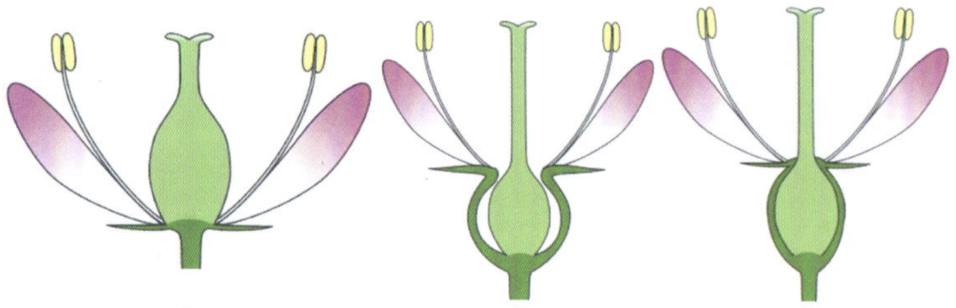


**图1-26　子房的位置（简图）**

1. 子房上位下位花；2. 子房上位周位花；3. 子房下位上位花

**4. 子房的室数**　子房外壁称子房壁，壁内的小室称子房室，子房室的数目依雌蕊的种类不同而异，单雌蕊、离生心皮雌蕊的子房只有一室，称为单室子房；复雌蕊的子房有的仅心皮边缘相互连接而围成1个子房室，有的连接后又向内卷入，在子房的中心彼此相互结合，形成隔膜，把子房分隔成与心皮数目相同的子房室；此外还有少数植物在发育过程中由胎座产生假隔膜，将子房室完全或不完全地分隔为2室，如某些茄科植物等。

**5. 胎座的类型**　胚珠在子房内的着生部位称胎座，一般有以下几种类型（图1-27）：

（1）边缘胎座　1心皮的单室子房，胚珠沿腹缝线的边缘着生，如甘草、黄芪等。

（2）侧膜胎座　合生心皮雌蕊，子房一室，胚珠着生于相邻两心皮的腹缝线上，如南瓜、紫花地丁、龙胆等。

（3）中轴胎座　合生心皮雌蕊，子房2至多室，胚珠着生于心皮边缘向子房中央愈合的中轴上，如百合、柑、桔梗等。

（4）特立中央胎座　合生心皮雌蕊，子房一室，子房室底部隆起一个游离柱状突起，胚珠着生于柱状突起上，如石竹、报春花、车前等。

（5）顶生胎座　单室子房内，胚珠一个着生在顶部，如桑、杜仲等。

（6）基生胎座　单室子房内，胚珠一个着生在基部，如胡桃、向日葵等。

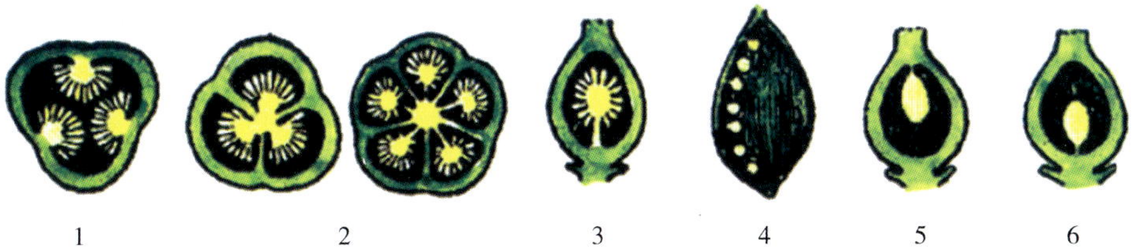


图 1－27　胎座的类型

1. 侧膜胎座；2. 中轴胎座；3. 特立中央胎座；4. 边缘胎座；5. 顶生胎座；6. 基生胎座

**6. 胚珠的构造及类型**　胚珠是将来发育成种子的部分，着生在子房室内的胎座上。

（1）胚珠的构造　胚珠一般呈椭圆状或近球状，有一短柄，称珠柄，与胎座相连，维管束从胎座通过珠柄进入胚珠。大多数被子植物胚珠的外面具有两层珠被，外层称外珠被，内层称内珠被。裸子植物及少数被子植物只具有一层珠被，如胡桃科植物。还有极少数植物不具珠被，如檀香科、蛇菰科植物。珠被之内为珠心，珠心的中央是胚囊。成熟的胚囊有 1 个卵细胞、2 个助细胞、3 个反足细胞和 1 个中央细胞（2 个极核）等，常称为七细胞八核胚囊。珠被并不完全闭合，顶端有一小孔，称珠孔，受精时花粉管经此到达珠心。珠被、珠心基部和珠柄汇合处称合点。

（2）胚珠的类型　胚珠在生长时，由于珠柄和其他各部分生长速度不同，使珠柄与珠孔、合点的相对位置不同，而形成以下几种类型（图 1－28）：

①直生胚珠：胚珠各部分均匀生长，胚珠直立，珠柄较短位于下端，珠孔位于上端，珠柄、合点及珠孔三者在一条直线上，称直生胚珠，如三白草科、胡椒科及蓼科植物等。

②横生胚珠：胚珠生长时，一侧生长较快，另一侧生长较慢，珠柄在下，整个胚珠横列，合点、珠心、珠孔在一条直线上约与珠柄垂直，如玄参科、茄科中的某些植物。

③弯生胚珠：胚珠的下半部分生长较均匀，但上半部一侧生长较快，另一侧生长较慢，生长快的一侧向慢的一侧弯曲，珠孔也弯向珠柄，整个胚珠近肾形，如十字花科及豆科中的某些植物等。

④倒生胚珠：胚珠一侧生长快，一侧生长慢，胚珠向生长慢的一侧弯转约达 180°，使胚珠倒置，珠孔靠近珠柄，而合点在上端，珠孔与合点的连接线与珠柄大体平行。珠柄很长并与珠被愈合，形成一条明显的脊线称珠脊。这是大多数被子植物最常见的胚珠类型，如蓖麻、百合等。

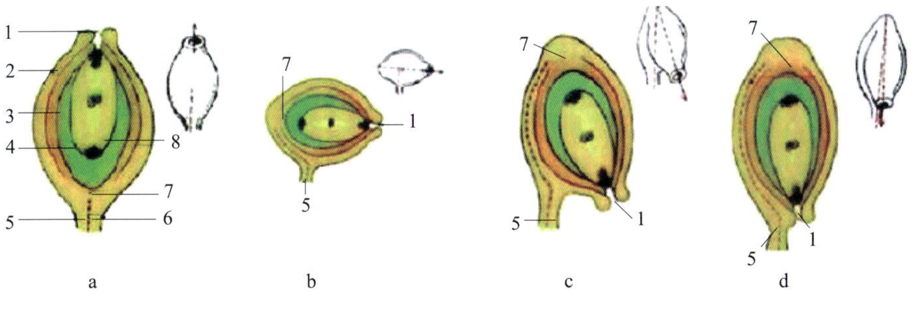


图 1－28　胚珠的类型

a. 直生胚珠；b. 横生胚珠；c. 弯生胚珠；d. 倒生胚珠

1. 珠孔；2. 外珠被；3. 内珠被；4. 珠心；5. 珠柄；6. 珠脊；7. 合点；8. 胚囊

## 任务二　花的类型

被子植物的花具有丰富的多样性，常划分为以下几种主要类型。

## 一、完全花和不完全花

花萼、花冠、雄蕊群和雌蕊群均具备的花称完全花，如桔梗、桃等；缺少其中一部分或几部分的花称不完全花，如桑、南瓜等。

## 二、重被花、单被花和无被花

具花萼和花冠的花称重被花，例如萝卜、玫瑰、栝楼、党参等；花萼和花冠不分化的花称单被花，不少单被花颜色鲜艳、花被瓣状，如玉兰花为白色，白头翁为紫色等；花萼及花冠均不存在时，称无被花或裸花，这种花常具苞片，如杜仲、胡椒、杨、柳等。

## 三、两性花、单性花和无性花

一朵花中既有雄蕊又有雌蕊，称两性花，如木兰、牡丹、桔梗、贝母等。仅有雄蕊或仅有雌蕊的花称单性花，其中只有雄蕊的花称雄花，只有雌蕊的花称雌花；对于单性花植物，雄花和雌花生长在同一植株上，称雌雄同株或单性同株，如胡桃、蓖麻、冬瓜等；雄花、雌花分别生长在不同的植株上，称雌雄异株或单性异株，如桑、银杏、杨、柳等；只具雄花的植株称雄株，只具雌花的植株称雌株。若在同一植株上既有两性花，也有单性花或在同种的不同植株上分别具有单性花或两性花的现象称为杂性，单性花与两性花同时存在于同一植株上的称为杂性同株，如朴树；单性花与两性花分别存在于不同的植株上的称杂性异株，如臭椿、葡萄。还有些植物，花中的雄蕊和雌蕊都退化或发育不全，称无性花或中性花，又称不育花，如八仙花花序周围的花，小麦小穗顶端的花等。

## 四、辐射对称花、两侧对称花和不对称花

花被各片形态大小近似，通过花的中心有两个以上的对称面，这种花称为辐射对称花，也称整齐花，如桃、毛茛、荠菜、百合等；若花被各片形态有较大差异，通过花的中心只能作一个对称面的花，称两侧对称花，也称不整齐花或左右对称花，如扁豆、薄荷、石斛等；通过花的中心不能作出对称面的花称不对称花，如美人蕉、缬草等。

# 任务三　花程式

为了简化对花的文字描述，用字母、数字和符号来表示花的性别、对称性以及各部分的组成、数目、排列方式和彼此关系的式子称花程式。

一般用花各部拉丁名的第一个字母大写来代表花各部代号，K 为花萼，C 为花冠，P 为花被，A 为雄蕊，G 为雌蕊。花各部的数目直接用数字 1、2、3……写在代表字母的右下方来表明，数目在 10 个以上或不定数以“∞”表示，如退化或不存在时以“0”表示。若某部分互相连合以“（）”表示，不加括号则表示分离；若某部分由数轮组成，则在每轮数字间加上“+”；G 之上划“—”，表示子房下位，G 之下划“—”，表示子房上位，G 之上和下均划“—”时表示子房半下位，G 右下方有三个数字，分别表示心皮数、子房室数和每室胚珠数，数字间用“:”相连。“*”表示辐射对称的整齐花，“↑”表示左右对称的不整齐花，“♀”表示雌花，“♂”表示雄花，“⚥”表示两性花，两性花也可不表示。例如：

桑的花程式为：♂ $P_4A_4$；♀ $P_4\underline{G}_{(2:1:1)}$

表示桑为单性花。雄花花被4枚，分离，雄蕊4枚，分离；雌花花被4枚，分离，雌蕊子房上位，2心皮合生，子房1室，胚珠1枚。

百合的花程式为：⚥ $* P_{3+3}A_{3+3}\underline{G}_{(3:3:\infty)}$

表示百合为两性花，辐射对称，花被6枚，呈两轮排列，每轮3枚，分离；雄蕊6枚，呈两轮排列，每轮3枚，分离；子房上位，3心皮合生，子房3室，每室胚珠多数。

桔梗的花程式为：⚥ $* K_{(5)}C_5A_5\overline{G}_{(5:5:\infty)}$

表示桔梗花为两性花，辐射对称，花萼5枚，合生；花瓣5枚，分离；雄蕊5枚，分离；子房下位，5心皮合生，子房5室，每室胚珠多数。

扁豆的花程式为：⚥ $\uparrow K_{(5)}C_5A_{(9)+1}\underline{G}_{(1:1:\infty)}$

表示扁豆为两性花，两侧对称，花萼5枚，合生；花瓣5枚，分离；雄蕊10枚，其中9枚连合，1枚分离，二体雄蕊；子房上位，1心皮，子房1室，每室胚珠多数。

# 任务四　花　序

被子植物的花，有的是单朵花生于枝的顶端或叶腋处，称单生花，如玉兰、牡丹、木槿等。但大多数植物的花按一定方式有规律地排列在花枝上形成花序。故，花序是指花在花枝上排列的方式和开放的顺序。

花序的主轴称花序轴或花轴，又称总花梗，花序轴可以不分枝或再分枝成小花轴。花序上的花称小花，小花的柄称小花柄，小花柄及总花梗下面的苞片分别称小苞片和总苞片。无叶的总花梗称花葶。

根据花在花轴上的排列方式和开花的顺序，花序常分成无限花序和有限花序二大类。

## 一、无限花序

开花期内，花序轴顶端可以继续伸长，产生新的花蕾。开花顺序是从花序轴基部向顶端依次开放。如果花序轴缩短，小花密集，则从边缘向中心开放，这种花序称无限花序。根据花序轴有无分枝，又分为两类。花序轴不分枝的为简单花序，花序轴有分枝的为复合花序。

**1. 总状花序**　花序轴细长，其上着生许多花柄近等长的小花，如油菜、刺槐等。

**2. 穗状花序**　花序轴细长，但小花无柄，螺旋状着生于花轴的周围，如车前、牛膝等。

**3. 葇荑花序**　花序轴柔软，整个花序下垂，小花无柄，且为单性、单被或无被等不完全花。花后常整个花序脱落，如胡桃的雄花序、杨、柳等。

**4. 肉穗花序**　花序轴肉质粗大成棒状，其上密生多数无柄的单性小花。花序外面常具一大型苞片，称佛焰苞，故此花序也称佛焰花序，是天南星科植物的特征。如天南星、马蹄莲、半夏等。

**5. 伞房花序**　小花花柄不等长，下部长，向上逐渐缩短，花序上的小花几乎排在同一水平面上，如绣线菊、山楂等。

**6. 伞形花序**　花序轴缩短，在总花梗的顶端生有多数花柄近等长的小花，呈放射状排列，整个花序形如张开的伞，如刺五加、人参等五加科植物。

**7. 球穗花序**　穗状花序的轴短缩，并具多数大型苞片，整个花序近球状，如啤酒花（忽布）、葎草的雌花序。

**8. 头状花序**　花序轴顶端极缩短，膨大成头状或盘状，其上密生多数无柄小花，外围生有多数苞片组成的总苞，如菊花、紫菀、向日葵等菊科植物。

**9. 隐头花序** 花序轴膨大内凹成中空囊状体，内壁密生多数无柄单性小花，仅留一小孔与外方相通，如无花果、榕树等。

以上各花序的花轴不分枝，为简单花序类。也有一些无限花序的花轴具分枝，形成复花序。常见的有复总状花序，又称圆锥花序，长的花序轴具分枝，每一分枝为一总状花序，下部分枝较长，上部的渐短，花序呈圆锥状，如南天竹、槐树等。复穗状花序，花序轴具分枝，每一分枝为一穗状花序，如小麦、玉米的雄花序。复伞形花序，花序轴的顶端丛生若干长短相等的分枝，每一分枝各呈一个小伞形花序，如柴胡、白芷等。复伞房花序，花序轴的顶端生若干呈伞房状排列的小伞房花序，如花楸属。复头状花序，由许多小头状花序组成的头状花序，如蓝刺头（图1－29）。

**图1－29 无限花序的类型**

1. 总状花序（油菜）；2. 穗状花序（车前）；3. 柔荑花序（杨）；4. 肉穗花序（马蹄莲）；5. 伞房花序（梨）；6. 伞形花序（人参）；7. 隐头花序（无花果）；8. 头状花序（野菊花）；9. 圆锥花序（大叶女贞）；10. 复穗状花序（小麦）

## 二、有限花序

有限花序又称聚伞花序，花序轴顶端由于顶花先开放，而限制了花序轴的继续生长，开花的顺序是从上向下或从内向外开放。根据花序轴上端的分枝情况又分为下面几种类型（图1－30）。

**1. 单歧聚伞花序**　花序轴顶端生一朵花，先开放，而后在其下方主轴一侧发出一侧枝，同样顶生一小花，如此连续分枝多次，称单歧聚伞花序。如果花序轴下分枝均向同一侧排列，称螺旋状聚伞花序，如附地菜、勿忘我等。如果花序轴下分枝成左右交替排列，称蝎尾状聚伞花序，如射干、唐菖蒲等。

**2. 二歧聚伞花序**　花序轴顶花先开放，而后在其下主轴两侧各发出等长的侧枝，每个分枝以同样的方式继续开花和分枝，如此连续分枝多次，称二歧聚伞花序。若花序轴、小聚伞的小轴及小花柄均很短，小花密集，称密伞花序，如剪夏罗、紫茉莉等。若小轴及小花柄短到几近无柄，小花密集如头状，称团伞花序，如山茱萸属、假卫矛属中的一些植物。

**3. 多歧聚伞花序**　花序轴顶花先开放，在顶花下花序轴周围同时发出三个以上分枝，侧轴比主轴长，每一侧枝又以同样方式分枝，称多歧聚伞花序。若花序轴下生有杯状总苞，则称杯状聚伞花序（大戟花序），如大戟、甘遂等大戟科植物。

**4. 轮伞花序**　有些植物在对生叶的叶腋处，各具一个多花的密伞花序，呈轮状排列于茎的周围，称轮伞花序，如益母草、薄荷等唇形科植物。

此外，有的植物的花序既有无限花序又有有限花序的特征，称混合花序，如葡萄、七叶树的花序轴呈无限式，但生出的每一侧枝为有限的聚伞花序，特称为聚伞圆锥花序或聚伞花序圆锥状。

**图 1-30 有限花序的类型**

1. 蝎尾状聚伞花序（唐菖蒲）；2. 螺旋状聚伞花序；3. 二歧聚伞花序（大叶黄杨）；
4. 多歧聚伞花序（泽漆）；5. 轮伞花序（益母草）；6. 轮伞花序（黄花鼠尾草）

（陈荣珠）

# 项目五　果实和种子的形态与类型的识别

PPT

## 情境导入

**情境**：瞧！这里果实累累：红彤彤的苹果，高高挂满枝头的柿子，一串串晶莹剔透的葡萄，还有那黄橙橙的梨，娇艳欲滴的桃子，笑得裂开嘴的石榴……以及沉甸甸笑弯了腰的稻穗，那是“杂交水稻之父”袁隆平等植物学家们不畏荆棘、勇攀科技的结晶。

**思考**：1. 桃和苹果的果肉来源相同吗？

2. 石榴籽那么多，我们吃的部分是什么？

## 任务一　果实的组成与形态

果实是被子植物特有的繁殖器官，花受精后由雌蕊的子房或连同其相连部位发育形成的特殊结构。狭义的果实指子房发育成的果皮，广义的果实包括果皮和胚珠发育而成的种子。果皮有保护种子和散布种子的作用。

花经过传粉和受精后，花的各部分变化显著，如花萼、花冠大多脱落，雄蕊及雌蕊的柱头、花柱先后枯萎，子房逐渐膨大而发育成果实，胚珠发育形成种子。这种只由子房发育而来的果实称为真果，如桃、枸杞等；而有些植物除子房外，花的其他部分如花托、花萼或花序轴等参与果实的形成，这种果实称为假果，如苹果、梨、山楂、南瓜、菠萝等。

### 一、果实与种子的区别

果实和种子是两种不同器官，但在药品流通中未严格区分，常常果实和种子一起入药，称果实与种子类药材。有的以整个果实入药，如五味子、枸杞子、金樱子、覆盆子、栀子、女贞子、使君子、蛇床子、蔓荆子、苍耳子等；有的以果皮入药，如陈皮、橘红，有的以果实维管束入药，如橘络、丝瓜络；有的以种子入药，如决明子、马钱子、千金子、大风子、牵牛子、天仙子、木鳖子等。

### 二、果实的外形特征

果实由果皮和种子构成，果皮通常可分为三层，由外向内分别为外果皮、中果皮和内果皮。有的果实可明显观察到三层果皮，如桃、柑、橘等；有的果实果皮分层不明显，如向日葵、扁豆等。果皮的构造、颜色、各层果皮的发达程度，随植物种类的不同而有所差异。一般外果皮较薄而坚韧，表面常具毛茸（如桃）、蜡被（如柿）、刺（如曼陀罗）、瘤突（如荔枝）等。中果皮一般较厚，占果实的大部分，在各类果实中变化较多，有的肉质肥厚，如李、桃、葡萄等，有的中果皮则为干燥膜质，如荠菜等。内果皮多为膜质，有的木质化，如桃、李等，柑橘的内果皮生有充满汁液的肉质囊状毛。总之，果实的特征多种多样，不同的植物有不同的果实类型。

知识链接

**无籽果实与物种保护**

一般而言，果实的形成需要经过传粉和受精作用，但有的植物只经传粉而未受精也能发育成果实，果实无籽，称为单性结实，其所形成的果实称无籽果实。单性结实有自发形成的，称为自发单性结实，如香蕉、柑橘、瓜类等；有的则是通过某种诱导作用而形成的，称为诱导单性结实，如用马铃薯的花粉刺激番茄的柱头，可以形成无籽番茄。

科技进步是一把双刃剑，它既能为人类带来便利和福祉，也可能带来未知的风险和挑战。作为未来的中药材生产工作者，我们不仅要追求科技进步，还要承担起对植物物种的保护和自然生态环境的保护，推动绿色生态环境的可持续发展。

## 任务二　果实的类型

果实的类型很多，一般根据来源、结构和果皮性质的不同，果实可分为单果、聚合果和聚花果三大类。

**1. 单果**　由单雌蕊或复雌蕊发育形成的果实，即一朵花只形成一个果实，称为单果。根据果皮质地不同，单果又分为肉果和干果两类。

（1）肉果　果实成熟时果皮肉质多汁，成熟时不开裂，分为如下几类（图1－31）。

1）浆果：由单雌蕊或复雌蕊的上位或下位子房发育而成，外果皮薄，中果皮和内果皮不易区分，肥厚肉质，含丰富的浆汁，内含一至多粒种子。如葡萄、番茄、枸杞等。

2）核果：多由单雌蕊的上位子房发育而成，外果皮薄，中果皮肉质肥厚，内果皮形成坚硬木质的果核，每核含一粒种子。如桃、李、梅、杏等。

3）梨果：由5心皮复雌蕊的下位子房连同花托和花萼筒发育而成的肉质假果，外面肉质可食用部分主要由花托和花萼发育形成，外果皮和中果皮界线不清，内果皮坚韧，革质或木质，常分隔成5室，每室含2粒种子，是蔷薇科植物特有的果实类型，如苹果、梨、山楂、枇杷等。

4）柑果：由复雌蕊具中轴胎座的上位子房发育而成，外果皮较厚，革质，内含多数油室；中果皮疏松海绵状，具多分枝的维管束（橘络），与外果皮结合，界线不清；内果皮膜质，分隔为多室，内壁生有许多肉质多汁的囊状毛。为芸香科柑橘类植物所特有的果实类型，如橙、柚、橘、柑、桔等。

5）瓠果：由3心皮复雌蕊具侧膜胎座的下位子房连同花托发育而成的假果，花托和外果皮形成坚韧的果实外部，中果皮、内果皮和胎座均肉质，是果实的主要食用部分，为葫芦科植物所特有，如南瓜、冬瓜、西瓜、栝楼等。

（2）干果　果实成熟时果皮干燥，根据果皮开裂与否，可分为裂果和闭果两类。

1）裂果　果实成熟后自行开裂，根据开裂方式不同分为多种。

①蓇葖果：由单心皮或离生心皮单雌蕊发育而来，果实成熟后沿腹缝线或背缝线一侧开裂，如玉兰、杠柳、芍药、淫羊藿等（图1－32）。

②荚果：由单心皮发育形成，成熟时沿腹缝线和背缝线同时裂开成两片，为豆科植物所特有，如扁豆、野葛等。但荚果也有成熟时不开裂的，如紫荆、落花生等；槐的荚果肉质呈念珠状，也不开裂（图1－33）。

图 1－31　肉果的类型

1. 浆果（西红柿）；2. 核果（桃）；3. 柑果（橙）；4. 瓠果（南瓜）；5. 梨果（苹果）

图 1－32　蓇葖果

图 1－33　荚果

③角果：由两心皮合生具侧膜胎座的上位子房发育而成的果实，子房一室，由心皮边缘结合处生出的假隔膜将子房分成两室，种子着生在假隔膜两边，果实成熟时沿两侧腹缝线裂开成两片，假隔膜仍留在果柄上。角果为十字花科植物特有的果实类型，分为长角果和短角果。长角果细长，如油菜、萝卜、野蔊菜（图 1－34）等；短角果宽短，如荠菜、菘蓝、独行菜等（图 1－35）。

图 1－34　长角果（蔊菜）

图 1－35　短角果（荠菜）

④蒴果：由合生心皮的复雌蕊发育而成，子房一至多室，每室含多数种子。蒴果成熟时开裂方式多样，常见的有瓣裂、盖裂、孔裂、齿裂。

瓣裂又称纵裂，即果皮沿纵轴方向开裂。其中，沿腹缝线开裂的称室间开裂，如马兜铃、蓖麻等；沿背缝线开裂的称室背开裂，如紫花地丁、射干等；沿背缝线或腹缝线开裂，但子房间隔壁仍与中轴相连的称室轴开裂，如曼陀罗、牵牛等。

盖裂是指果实中上部环状横裂，果皮呈帽状脱落，如车前、马齿苋等。孔裂是指果实上部或顶端呈小孔状开裂，如罂粟、桔梗等。齿裂是指果实顶端呈齿状开裂，如石竹、王不留行等（图 1-36）。

**图 1-36　蒴果**

1. 马兜铃（室间开裂）；2. 百合（室背开裂）；3. 曼陀罗（室轴开裂）；
4. 孔裂（罂粟）；5. 盖裂（马齿苋）；6. 齿裂（石竹）

2）闭果　果实成熟后，果皮不开裂或分离成几部分，但种子仍被果皮包被，又称为不裂果。常见的闭果有以下几种（图 1-37）：

①瘦果：果皮薄，坚韧或稍硬，内含一粒种子，成熟时果皮与种皮易分离，为闭果中最普通的一种。如向日葵、白头翁、何首乌等。

②坚果：果皮坚硬，内含一粒种子，成熟时果皮与种皮分离，如板栗、榛子等壳斗科植物的果实，坚果成熟时下部附有原花序的总苞，称为壳斗。也有的坚果很小，无壳斗包围，称小坚果，如益母草种子（茺蔚子）等。

③翅果：果皮一端或周边向外延伸成翅状，内含一粒种子，如杜仲、榆、槭、白蜡树等。

④颖果：果皮与种皮愈合，不易分离，果实内含一粒种子，如稻、麦、玉米、薏苡等，为禾本科植物特有的果实。

⑤双悬果：由 2 心皮合生复雌蕊发育而成，果实成熟时分离成两个分果瓣，悬于中央果柄的上端，如小茴香、当归、白芷等伞形科植物的果实。

**2. 聚合果**　由一朵花中的许多离生心皮雌蕊，每个心皮发育成一个小果聚生在同一花托上而形成的果实。根据小果类型不同，又分为聚合蓇葖果，如八角茴香、芍药、厚朴；聚合瘦果，如金樱子、蔷薇、毛茛；聚合核果，如草莓、悬钩子；聚合浆果，如五味子；聚合坚果，如莲等（图 1-38）。

**图 1-37　闭果**

1. 瘦果（向日葵）；2. 坚果（板栗）；3. 翅果（槭）；4. 颖果（玉米）；5. 双悬果（小茴香）

**图 1-38　聚合果**

1. 聚合坚果（莲）；2. 聚合瘦果（毛茛）；3. 聚合浆果（五味子）；
4. 聚合蓇葖果（八角茴香）；5. 聚合核果（草莓）

**3. 聚花果**　又称复果或花序果，是由整个花序发育而成的果实。花序的每朵小花形成一个小果，聚生于花序轴上，成熟后整体脱落。如桑葚由雌花序发育而成，每朵花的子房各发育成一个小瘦果，包藏在肥厚多汁的肉质花被中；菠萝是由多数不孕的花着生在肥大肉质的花序轴上所形成的果实；薜荔的果实是由隐头花序形成，花序轴肉质化并内陷成囊状，囊壁内侧着生多数小瘦果（图 1-39）。

1 2 3

图 1-39 聚花果

1. 桑葚；2. 菠萝；3. 薜荔

**知识链接**

**果实的成长变化**

果实在生长发育过程中，其体积和重量不断增加，最后停止生长，并通过一系列生理生化变化达到成熟。其中，果实的颜色由于表皮细胞中叶绿素分解，胡萝卜素或花青素等积累，由绿色转变为黄、红或橙色等。果实内部因合成醇类、酯类和羧基化合物为主的芳香性物质而散发出香气。同时，果实中原有的单宁、有机酸减少，糖分增多，以致涩、酸减弱，甜味明显增加。此外，果实的另一明显变化则是通过水解酶的作用使胞间层水解，细胞间松散，组织软化。

果实的成熟过程，如同人类的成长历程，需要我们担当责任、保持科学精神，并通过团队合作取得更大的成就。我们是否也能像果实一样，逐渐成熟、释放香气、变得甜美？

# 任务三 种子的形态与类型 微课

种子是所有种子植物特有的繁殖器官，由胚珠发育形成。

## 一、种子的形态特征

种子的形状、大小、色泽、表面纹理等随着植物种类不同而异。种子的形状多样，有球形、类球形、橄榄形、肾形、卵形、圆锥形、多角形等。大小相差悬殊，较大的种子如椰子、银杏、槟榔等，较小的如天麻的种子等。种子的表面通常平滑具光泽，颜色各样，如赤小豆、白扁豆等，但也有的表面粗糙、具皱褶、刺突等，如天南星、车前、太子参等。

## 二、种子的组成部分

种子由种皮、胚和胚乳三部分组成。

**1. 种皮** 位于种子的最外层，由珠被发育而来，有保护胚的作用。通常种皮分为外种皮和内种皮两层，外种皮较坚韧，内种皮一般较薄。在种皮上常可见下列构造：

（1）种脐 为种子成熟后从种柄或胎座上脱落后留下的疤痕，通常为椭圆形或圆形。

（2）种孔　来源于胚珠上的珠孔，为种子萌发时吸收水分和胚根伸出的部位。

（3）合点　即原来胚珠的合点，为种皮上维管束的汇合点。

（4）种脊　来源于胚珠的珠脊，是种脐到合点之间的隆起线。种脊的长短和明显与否，常同胚珠在子房内生长方向不同而异，倒生胚珠的种脊较长，横生胚珠和弯生胚珠的种脊较短，而直生胚珠无种脊。

（5）种阜　有些植物的种皮在珠孔处有一个由珠被扩展成的海绵状突起物，将种孔掩盖，有吸水和帮助种子萌发的作用，如蓖麻、巴豆等。

此外，有些植物的种子在种皮外还有一层假种皮，它是由珠柄或胎座的组织延伸而形成的，假种皮大多为肉质，如荔枝、苦瓜、卫矛等，也有的呈非薄的膜质，如豆蔻、砂仁等。

**2. 胚**　由卵细胞和一个精子受精后发育而成，包藏于种皮和胚乳中，是种子中没有发育的幼小植物体。种子成熟时胚分化形成胚根、胚轴（又称胚茎）、胚芽和子叶四部分。胚根正对着种孔，种子萌发时首先从种孔中伸出，发育成主根；胚轴向上伸长，成为根与茎的连接部分；胚芽为胚顶端未发育的地上枝，在种子萌发后发育成主茎；子叶为胚吸收养料或贮藏养料的器官，占胚的较大部分，在种子萌发出土后可变绿，进行光合作用，但通常在真叶长出后枯萎，单子叶植物具一枚子叶，双子叶植物具两枚子叶，裸子植物具多枚子叶。

**3. 胚乳**　胚乳是极核和一个精子受精后发育而来的，位于胚的周围，呈白色，细胞内含淀粉、蛋白质或脂肪等营养物质，一般较胚发育早，供胚发育时所需的养料。

大多数植物的种子，当胚发育或胚乳形成时，珠心或珠被被胚乳吸收而消失，但也有少数植物的珠心，在种子发育过程中，未被完全吸收，而形成营养组织包围在胚乳和胚的外部，称外胚乳，如肉豆蔻、槟榔、姜、胡椒、石竹等。

## 三、种子的类型

根据种子中胚乳的有无，一般将种子分为两类：

**1. 有胚乳种子**　种子成熟时仍有发达的胚乳，胚乳的养料直到种子萌发时才为胚所用。有胚乳种子的胚体积相对较小，子叶很薄，如蓖麻、大黄、稻等（图1－40）。

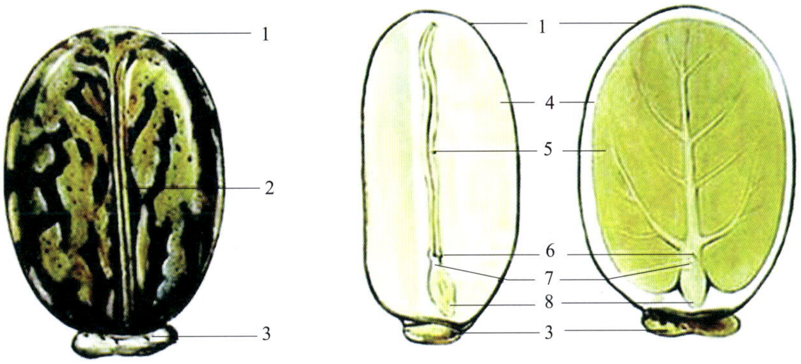


**图1－40　蓖麻种子结构示意图（有胚乳种子）**

1. 种皮；2. 种脊；3. 种阜；4. 胚乳；5. 子叶；6. 胚芽；7. 胚轴；8. 胚根

**2. 无胚乳种子**　种子中胚乳的营养物质在胚发育过程中，被胚所吸收并贮藏于肥厚的子叶中。种子成熟后不存在胚乳或仅残留一薄层，如菜豆、杏仁、南瓜子等（图1－41）。

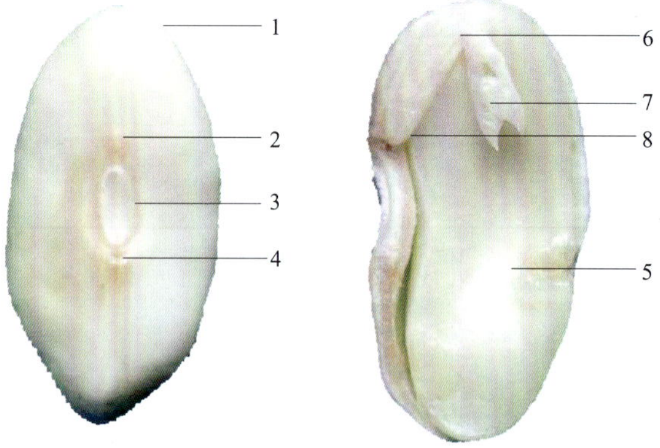


**图 1-41 菜豆种子（无胚乳种子）**

1. 种皮；2. 种孔；3. 种脐；4. 合点；5. 子叶；6. 胚茎；7. 胚芽；8. 胚根

## 案例分析

**案例分析 1-1**

某企业根据生产计划购买西红花，入库检验发现购买的药材是红花而不是西红花。请问红花和西红花是同一个来源吗？花类药材如何区别？

红花

**分析：** 红花与西红花是传统的活血化瘀中药，均具有活血通经，散瘀止痛的功效。红花质优价廉，是常用的大宗中药，西红花又称藏红花，是名贵中药，因药源少，价格昂贵，多以红花代用。为避免用药混乱，需从几个方面加以区别：

1. 基源植物　红花为菊科植物红花 *Carthamus tinctorius* L. 的干燥管状花；西红花为鸢尾科植物番红花 *Crocus sativus* L. 的干燥柱头。

2. 药材性状

（1）红花　为干燥的不带子房的管状花，花皱缩弯曲散乱成团或散在，纤细，单一的花长 1～2cm，基部线形，红黄色或红色，花冠筒细长，先端 5 裂，裂片狭条形，长 5～8mm，雄蕊 5 枚，花药聚合成筒状，黄色，柱头长圆柱形，顶端微分叉。质轻，柔软。气微香，味微苦。花浸入水中，水染成金黄色。

（2）西红花　干红花为弯曲细丝状，暗红色，三分叉，长 2～3cm，基部较窄，向顶端逐渐变宽而略扁平，顶端边缘具不整齐齿状。柱头常单独存在，有时柱头三分叉与一短花柱相连，不见花冠及雄蕊部分。花柱橙黄色。气特异微有刺激性，味微苦。西红花浸入水中，可见橙黄色成直线下降，并逐渐扩散，水被染成黄色，无沉淀物；柱头扩大膨胀呈长喇叭状。

3. 花类药材的鉴别　花类药材通常包括完整的花、花序或花的某一部分。有的以开放完整的花入药，如洋金花、闹羊花；有的是未开放的花蕾，如丁香、金银花、槐花、辛夷等；有的以花序入药，如款冬花、菊花、旋覆花；有的是花的某一部分，如西红花是柱头，玉米须是花柱，松花粉、蒲黄是花粉等。

花类药材，需注意观察萼片、花瓣、雄蕊和雌蕊的数目及其着生位置，形状、颜色、被毛与否、气味等。以花序入药，除单朵花的观察外，还需注意花序类别、总苞片或苞片等。菊科植物还需观察花序托的形状，有无被毛等。如果花序或花很小，肉眼不易辨认清楚，需先将干燥花类药材放入水中浸泡后，解剖观察，并借助于放大镜、解剖镜观察。

**案例分析 1-2**

决明子，别名假绿豆。请问决明子和绿豆是同一来源吗？如何区别？

**分析：** 决明子和绿豆均为豆科植物的种子。但决明子来源于豆科植物决明 *Cassia obtusifolia* L. 和小决明 *Cassia tora* L. 的干燥成熟种子。绿豆来源于豆科植物绿豆 *Phaseolus radiatus* L. 的干燥成熟种子。前者为常用中药，具有清热明目、润肠通便的功效，后者为传统的谷类食材。决明子和绿豆表面均为绿棕色或暗棕色，平滑，形态上有相似之处，因此决明子又有假绿豆之称。但是，两者还是有区别的，决明子呈菱方形或短圆柱形，两端平行倾斜，一端较平坦，另一端斜尖，背腹面各有 1 条突起的棱线，气微，味微苦；而绿豆浑圆，没有突起的棱线，气微味淡（图 1－42）。

图 1－42　决明子

**案例分析 1－3**

据报道，因为土砂仁的价格是砂仁的一半，市场上经常有以假充真现象发生，请问两者如何区别？

砂仁

**分析：** 砂仁为姜科植物阳春砂 *Amomum villosum* Lour.、绿壳砂 *Amomum villosum* Lour. var. *xanthioides* T. L Wu et Senjen 或海南砂 *Amomum longiligulare* T. L. Wu 的干燥成熟果实。呈椭圆形或卵圆形，有不明显的三棱，果皮表面密生刺状突起，基部有果柄，果皮薄而软，内含种子团，种子团外被淡棕色膜质假种皮。土砂仁也称假砂仁或建砂仁、川砂仁，是姜科植物山姜 *Alpiniajaponica* Miq. 或华山姜 *Alpinia chinensis* Rosc. 等植物的种子团。药材多为种子团或散落的种子，表面棕黄色光滑无刺，种子有时不集结成团，不宜作砂仁使用（图 1－43、图 1－44）。

图 1－43　砂仁

图 1－44　土砂仁

（王　乐）

**书网融合……**

微课　　习题

## 目标检测

答案解析

### 一、单选题

1. 人参、党参的根系属于（ ）

A. 直根系　B. 须根系　C. 定根　D. 不定根

2. 菟丝子、肉苁蓉的根属于（ ）

A. 支持根　B. 气生根　C. 寄生根　D. 攀援根

3. 在被子植物分类和鉴定上最主要的依据是（ ）

A. 根　B. 茎　C. 叶　D. 花

4. 百部、何首乌的药用部分为（ ）

A. 块根　B. 块茎　C. 球茎　D. 鳞茎

5. 根与茎在外形上最主要的区别是（ ）

A. 叶痕　B. 皮孔　C. 芽　D. 节和节间

6. 茎细长平卧于地面，节上生有不定根，如连钱草。应为（ ）

A. 缠绕茎　B. 匍匐茎　C. 平卧茎　D. 根状茎

7. 植物的茎木质而细长，常缠绕或攀附它物向上生长，如忍冬、鸡血藤为（ ）

A. 灌木　B. 亚灌木　C. 木质藤本　D. 草质藤本

8. 酸橙、山楂的茎枝上着生坚硬的针刺为（ ）

A. 枝刺　B. 叶刺　C. 皮刺　D. 托叶刺

9. 入药部分为根状茎的植物是（ ）

A. 人参　B. 黄芪　C. 甘草　D. 黄精

10. 百合、贝母为下列哪种变态茎（ ）

A. 鳞茎　B. 球茎　C. 块茎　D. 根状茎

11. 由一个心皮发育而成，成熟后常沿背缝线和腹缝线两面裂开，该果实为（ ）

A. 蓇葖果　B. 荚果　C. 角果　D. 蒴果

12. 玉米、薏苡等禾本科植物的果实为（ ）

A. 坚果　B. 胞果　C. 瘦果　D. 颖果

13. 八角茴香、厚朴等植物的果实为多数小果聚生在花托上而成为（ ）

A. 聚合蓇葖果　B. 聚合瘦果　C. 聚合坚果　D. 聚花果

14. 叶片长为宽的2～3倍，中部最宽，两侧边缘呈弧形，两端渐狭而圆，此叶形为（ ）

A. 条形　B. 披针形　C. 椭圆形　D. 卵形

15. 叶片边缘具有尖锐的齿，齿端向前，齿的两边不等，此叶缘为（ ）

A. 牙齿状　B. 锯齿状　C. 圆齿状　D. 波状

16. 双子叶植物的脉序一般为（ ）

A. 分叉脉序　B. 弧形脉序　C. 网状脉序　D. 直出平行脉

17. 羽状复叶的叶轴作一次羽状分枝，每一分枝上又形成羽状复叶，该复叶应为（ ）

A. 一回羽状复叶　B. 二回羽状复叶　C. 三回羽状复叶　D. 三出复叶

18. 茎枝上的每一节上只生一片复叶，该叶序为（ ）

A. 互生叶序　B. 对生叶序　C. 轮生叶序　D. 簇生叶序

19. 向日葵头状花序下面的变态叶为（　）

A. 鳞叶　B. 花被　C. 小苞片　D. 总苞片

20. 槐、扁豆、甘草等豆科植物的花冠通常是（　）

A. 十字花冠　B. 唇形花冠　C. 蝶形花冠　D. 钟状花冠

21. 益母草、紫苏等唇形植物的雄蕊为（　）

A. 单体雄蕊　B. 二体雄蕊　C. 二强雄蕊　D. 四强雄蕊

22. 子房全部陷入花托中，并与花托愈合，花萼、花冠和雄蕊着生在子房的上端花托边缘，该子房是（　）

A. 子房上位、下位花　B. 子房上位、周位花

C. 子房下位、上位花　D. 子房下位、周位花

23. 由两个心皮连合构成子房一室，胚珠着生在子房内的腹缝线上，此胎座为（　）

A. 特立中央胎座　B. 中轴胎座　C. 侧膜胎座　D. 边缘胎座

24. 百合花中的花萼呈花冠状，且二轮排列，此花为（　）

A. 单瓣花　B. 重瓣花　C. 单被花　D. 重被花

25. 花程式为⚥ $* K_{(5)} C_{(5)} A_5 \underline{G}_{(5:5:\infty)}$，下列说法不正确的是（　）

A. 辐射对称花　B. 整齐花　C. 完全花　D. 重瓣花

26. 花轴较长而不分枝，上面着生许多花，花柄短或无柄的花，该花序为（　）

A. 穗状花序　B. 总状花序　C. 葇荑花序　D. 圆锥花序

27. 五加、人参等植物的花轴顶端着生许多花柄近等长的花，排列呈张开的伞状为（　）

A. 聚伞花序　B. 轮伞花序　C. 伞形花序　D. 伞房花序

28. 花轴顶生一花，以后在花轴上产生一个侧轴，侧轴顶端也生一花，如此方式连续分枝就形成了（　）

A. 单歧聚伞花序　B. 二歧聚伞花序　C. 多歧聚伞花序　D. 轮伞花序

29. 果实的外果皮薄，中果皮肉质肥厚，内果皮木质化而坚硬，内含 1 粒种子，该果实为（　）

A. 梨果　B. 瓠果　C. 核果　D. 坚果

30. 栝楼、丝瓜、南瓜等葫芦科植物的果实一般为（　）

A. 柑果　B. 浆果　C. 梨果　D. 瓠果

31. 豆科植物的果实为（　）

A. 角果　B. 荚果　C. 蓇葖果　D. 核果

32. 胚珠的一侧生长较快，另一侧生长较慢，胚珠全部横向弯曲，合点、珠心和珠孔成一条直线与珠柄垂直，该胚珠为（　）

A. 直生胚珠　B. 倒生胚珠　C. 横生胚珠　D. 弯生胚珠

33. 有胚乳的种子，其营养物质主要贮藏在（　）

A. 胚茎　B. 胚根　C. 子叶　D. 胚乳

34. 龙眼肉为（　）

A. 珠被　B. 子房壁　C. 假种皮　D. 胚乳

35. 由复雌蕊发育而成的果实为（　）

A. 单果　B. 聚合果　C. 聚花果　D. 复果

36. 决明子，营养物质贮藏在（　）中

A. 胚根　B. 胚轴　C. 子叶　D. 胚乳

37. 完整的果实一般包括（ ）

A. 外果皮、中果皮和内果皮　　B. 果皮和种子

C. 果皮、种皮和种子　　D. 种皮、胚和胚乳

38. 种子成熟后，脱离种柄或胎座而留在种皮上的疤痕为（ ）

A. 种脊　　B. 种阜　　C. 种脐　　D. 合点

39. 以种子入药的有（ ）

A. 五味子　　B. 牵牛子　　C. 女贞子　　D. 覆盆子

40. 以果实入药的有（ ）

A. 白果　　B. 杏仁　　C. 砂仁　　D. 薏苡仁

## 二、多选题

1. 根上通常不形成（ ）

A. 茎痕　　B. 侧根　　C. 叶　　D. 芽

2. 由胚根直接或间接发育而来的根是（ ）

A. 定根　　B. 不定根　　C. 须根　　D. 侧根

3. 胚的组成包括（ ）

A. 胚根　　B. 胚茎　　C. 胚芽　　D. 胚乳

4. 茎在外形上区别于根的特征是（ ）

A. 生于土壤中　　B. 有节　　C. 有芽　　D. 生叶

5. 叶的主要功能有（ ）

A. 气体交换　　B. 光合作用　　C. 蒸腾作用　　D. 吸收作用

6. 完全叶组成包括（ ）

A. 叶片　　B. 叶鞘　　C. 叶柄　　D. 托叶

7. 复叶与生有单叶的小枝，其主要区别是（ ）

A. 复叶的叶片多　　B. 复叶的小叶排在一个平面上

C. 小叶无腋芽　　D. 整个复叶一起脱落

8. 下列花冠类型属于离瓣花的是（ ）

A. 唇形花冠　　B. 十字形花冠　　C. 蝶形花冠　　D. 舌状花冠

9. 属于假果的果实有（ ）

A. 浆果　　B. 梨果　　C. 瓠果　　D. 柑果

10. 果实成熟时不开裂的有（ ）

A. 瘦果　　B. 颖果　　C. 角果　　D. 荚果

11. 下列为肉果的是（ ）

A. 瓠果　　B. 核果　　C. 柑果　　D. 梨果

12. 聚花果又称为复果，由花序发育形成，常见的有（ ）

A. 桑葚　　B. 无花果　　C. 八角茴香　　D. 菠萝

## 三、填空题

1. 何首乌的药用部位为______________，天南星的药用部位为________。

2. 大多数双子叶植物的根系类型是________，单子叶植物的根系类型是________。

3. 茎按生长习性分为________、________、________、________、________。

4. 葡萄的卷须由________变态而来，豌豆的卷须由________变态而来；菝葜的卷须由________变态而来。

5. 地上茎变态类型常见的有__________、__________、__________、__________、________、________等。

6. 地下茎变态类型常见的有________、________、________、________。

7. 叶片的顶端称________，基部称________，边缘称________。

8. 禾本科植物的叶柄常扩大成圆筒状包围着茎称________；蓼科植物的托叶称________。

9. 脉序可分为________、________、________三种类型。

10. 复叶有________、________、________、________四种类型。

11. 常见的叶序有________、________、________、________。

12. 确定叶形的原则是____________________________和________________________。

13. 常见的叶变态有________、________、________、________、________和________。

14. 一朵完整的花由________、________、________、________、________、________几部分构成。

15. 雌蕊由________、________、和________三部分组成。

16. 花被是________和________的总称。

17. 某些花序常为某些科、属植物所特有，轮伞花序——__________科；杯状聚伞花序——________科；隐头花序——________科；带总苞的头状花序——________科；肉穗花序——________科；伞形花序——________科；复伞形花序——________科；复穗状花序——________科。

18. 颖果是________科特征，瓠果是________科特征，荚果是________科特征，角果是________科特征。

19. 根据果皮是否肉质多汁，将果实分为________和________两大类，后者根据果实成熟后是否开裂，可以分为________和________两类。

20. 聚合果由________________发育而来，聚花果由______________发育而来。

## 四、名词解释

1. 重被花　　2. 重瓣花　　3. 单体雄蕊　　4. 聚药雄蕊

5. 无限花序　　6. 有限花序　　7. 聚合果　　8. 聚花果

## 五、简答题

1. 如何判断组成雌蕊的心皮数。

2. 概述果实的类型。

# 模块二 药用植物显微构造的识别

## 学习目标

**知识目标**

**1. 掌握** 植物细胞的基本结构和细胞后含物类型及显微特征；保护组织、机械组织、输导组织、分泌组织的显微特征以及在中药鉴定中的意义；维管束类型；根、茎、叶的显微构造。

**2. 熟悉** 细胞壁的特化以及分生组织和薄壁组织的显微特征；根和茎的异常构造。

**3. 了解** 胞间连丝；根尖的构造和茎尖构造。

**技能目标**

1. 学会表皮制片、粉末制片和徒手制片等显微制片技术，光学显微镜的观察方法和植物绘图技术。

2. 能识别草酸钙晶体类型和淀粉粒类型，各种植物组织细胞的显微特征，根、茎、叶的显微构造特点。

**素质目标**

1. 培养学生平等、公正、法制的社会主义核心价值观以及遵纪守法的法治意识和良好的道德品质。

2. 激发学生热爱科学的兴趣和守正创新的科学精神。

# 项目一 植物细胞基本结构的识别

PPT

## 情境导入

**情境：** 英国学者虎克于1665年用自制的显微镜，观察了软木薄片，第一次描述了植物细胞的构造，并首次借用拉丁文“cell”（小室）这个词，来称呼他所观察到的结构。虎克的发现对后期细胞学说的建立和发展具有非常重要的意义。

**思考：** 1. 虎克观察到的细胞是活细胞吗？

2. 虎克观察到的主要是细胞的哪部分结构？

植物细胞是构成植物体的形态结构和生命活动的基本单位。单细胞植物个体只由一个细胞构成，一切生命活动如生长、发育、繁殖等都由一个细胞来完成。高等植物，以及其他大多数植物体是由多细胞构成的，这些细胞相互联系，紧密配合，协调一致，共同完成植物体的生长发育等复杂的生命活动。

植物细胞的形状多种多样，常常随植物种类以及存在部位和功能不同而异。执行支持作用的细胞，其细胞壁常增厚，呈类圆形、纺锤形等；排列疏松的薄壁细胞多呈球形、类圆形和椭圆形；排列紧密的细胞呈多角形或其他形状；执行输导作用的细胞则多呈管状。植物细胞的大小差异很大，单细胞植物的细胞体积较小，常只有几微米（1mm = 1000μm）。植物体内基本组织细胞的体积较大，种子植物的薄壁细胞直径在 20～100μm 之间。贮藏组织细胞的直径可达 1mm。苎麻纤维细胞一般长达 200mm，有的甚至可达 550mm。最长的细胞是无节乳汁管，长达数米至数十米不等。

在研究植物细胞的形状、大小及构造时，常需借助显微镜才能观察清楚。在光学显微镜下观察到的细胞结构，称为显微结构，其有效放大倍数一般小于 1600 倍；在电子显微镜下观察到的细胞结构，称为亚显微结构或超微结构，其计量单位为埃（Å，1μm＝10000Å），有效放大倍数已超过 100 万倍。

各种植物细胞的形状和构造各异，即使是同一个细胞在不同的发育时期，其构造也有变化，所以不可能在一个细胞里看到细胞的一切结构。为了便于学习和掌握细胞的构造，人们将各种植物细胞中的主要构造和形态特征都集中在一个细胞里加以说明，这个细胞称为典型植物细胞或模式植物细胞。

一个典型的植物细胞，外面包围着比较坚韧的细胞壁，细胞壁内的生活物质总称为原生质体，主要包括细胞质、细胞核、质体、线粒体等；此外还含有多种非生命的物质，如后含物和一些生理活性物质（图 2－1）。

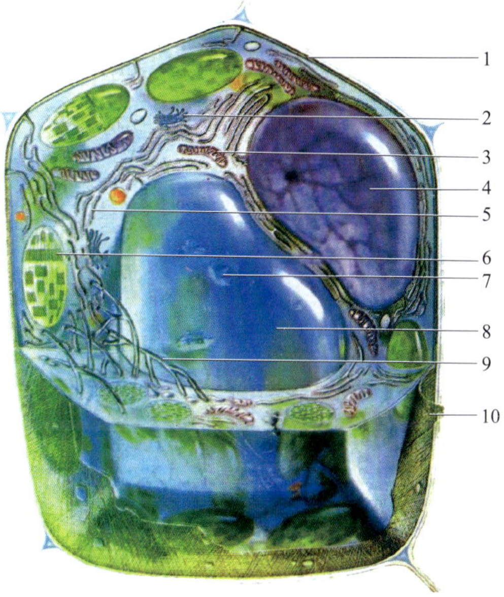


**图 2－1　典型的植物细胞**

1. 细胞膜；2. 高尔基体；3. 线粒体；4. 细胞核；5. 粗糙内质网；6. 叶绿体；7. 晶体；8. 液泡；9. 光滑内质网；10. 细胞壁

**知识链接**

**细胞学说**

德国植物学家施莱登和动物学家施旺于 1838 年提出了细胞学说。认为地球上的一切生物体都是由细胞构成的。这一学说的提出推动了生物学的发展，并为辩证唯物论提供了重要的自然科学依据。但是随着科学技术的发展，科学家对生物和生命的认识逐渐趋于完善，对生物结构和功能的认识更加深入，已经发现了比细胞更小的结构，如非细胞形态的病毒。细胞学说的提出以及非细胞结构病毒的发现均体现了科学家不循规蹈矩，追求真理的创新精神。

## 一、原生质体　微课

原生质体是细胞内有生命物质的总称，它是由细胞质、细胞核、质体、线粒体、高尔基体、核糖体等几部分组成。

### （一）细胞质

细胞质充满在细胞核和细胞壁之间，它的外面包被着细胞膜，细胞膜内是半透明而带黏滞性的胞基质，胞基质中包埋着细胞器。

**1. 细胞膜** 细胞膜也称质膜，是包围在细胞质表面的一层薄膜，通常紧贴细胞壁，因此，在光学显微镜下不易看到。如果将植物细胞放在高渗溶液内，细胞质失水而收缩，与细胞壁发生分离即质壁分离，就可看到细胞膜。细胞膜有两种特性：一是半透性，表现出一种渗透现象；二是选择性，有选择地运输某些营养物质。因此，细胞膜既能选择性地控制物质出入细胞，又能调节细胞的渗透压，还能抵御病菌的侵害，接收和传递外界信息，参与细胞间的相互识别以及调节细胞的生命活动等。

**2. 细胞器** 是细胞基质中具有一定形态结构和特定功能的微小器官。一般认为细胞器包括质体、线粒体、内质网、核糖体、微管、高尔基体、圆球体、溶酶体、微体等。前三者可在光学显微镜下观察到，其余则只能在电子显微镜下看到。

（1）质体 质体是植物细胞所特有的细胞器，它由蛋白质、类脂等成分组成，并含有色素。根据质体所含的色素和功能不同，分为叶绿体、有色体和白色体（图2－2）。

①叶绿体：高等植物的叶绿体多呈球形、卵圆形或扁圆形。在光学显微镜下，叶绿体一般呈颗粒状分布于绿色植物的叶、幼茎、未成熟的果实和花萼等绿色部分的薄壁细胞中。叶绿体中含叶绿素、叶黄素和胡萝卜素，其中叶绿素的含量最多，所以呈绿色。叶绿素是主要的光合色素，因此叶绿体是绿色植物进行光合作用的场所。

②有色体：在细胞中通常呈针形、杆状、圆形、多角形或不规则形状，它所含色素主要是胡萝卜素和叶黄素，由于两者比例不同，故常使植物呈黄色、红色或橙色，如在红辣椒、番茄的果实或胡萝卜根的薄壁细胞里都可以看到有色体。

③白色体：不含色素，常呈圆形、椭圆形或颗粒状，多见于不曝光的组织如块茎、块根等细胞中。白色体与积累贮藏物质有关，它包括合成和贮藏淀粉的造粉体，合成和贮藏蛋白质的蛋白质体，合成脂肪和脂肪油的造油体。

**图2－2 质体的类型**

1. 叶绿体；2. 有色体；3. 白色体

**知识链接**

**质体的转化**

叶绿体、有色体和白色体都是由前质体分化而来，在一定条件下，一种质体可以转变成另一种质体。如发育中的番茄最初含有白色体，见光后白色体转变成叶绿体，所以幼果呈绿色；果实成熟时，叶绿体转变成有色体，使番茄由绿变红。反之，有色体也能转变成其他质体，如胡萝卜的根暴露在地面经阳光照射后变成绿色，这是有色体转化为叶绿体的缘故。

质体的转换体现了植物的生命生存与大自然的和谐适应。

---

（2）线粒体　线粒体在细胞质内多呈粒状、棒状或细丝状的细胞器，比质体小，一般直径为0.5～1.0μm，长1.0～2.0μm，是细胞进行呼吸作用的主要场所。在线粒体内氧化分解糖、脂肪和蛋白质释放出的能量以满足细胞生命活动的需要，同时，线粒体还对物质的合成、盐类的积累等起一定作用。

此外，在植物细胞内还有内质网、核糖体、高尔基体等。

（3）液泡　具有一个大的中央液泡是成熟的植物生活细胞的显著特征，也是植物细胞与动物细胞在结构上的明显区别之一。幼小的细胞中无液泡或液泡不明显，小而分散，随着细胞长大成熟，液泡逐渐增大，并彼此合并成几个大液泡或一个中央大液泡，将细胞质、细胞核和质体等挤向细胞的周边。液泡外有液泡膜把膜内的细胞液与基质隔开。液泡内的细胞液是细胞代谢过程中产生的多种物质的混合液，其主要成分除水外，还有糖类、盐类、生物碱、苷类、单宁、有机酸、挥发油、色素、树脂、结晶等，很多化学成分是中药的有效成分。

### （二）细胞核

除了蓝藻、细菌属于原核生物外，其他植物中的生活细胞都有细胞核，属于真核细胞。一般一个细胞中只具有一个细胞核，但也有多个细胞核的，如乳汁管。细胞核在细胞中所占的大小比例和它的位置、形状随着细胞的生长而变化。幼期细胞的细胞核，在细胞质中占的比例较大，位于细胞质的中央，呈球形；随着细胞的长大，细胞核的体积比例渐次变小，当细胞质被增大了的液泡挤压到细胞的周边时，细胞核也随之被挤压到细胞的一侧，形状变成半球形或圆饼状。

细胞核具有一定的结构，可分为核膜、核液、核仁和染色质四部分。

**1. 核膜**　是细胞质与细胞核的分隔界膜。核膜在光学显微镜下观察只是一层膜，在电子显微镜下观察，可见到由内外两层膜组成。膜上还有许多小孔，称为核孔，核孔对控制细胞核与细胞质之间的物质交换和调节细胞的代谢具有十分重要的作用。

**2. 核液**　核膜内充满着黏滞性较大的液状胶体，称为核液，核仁和染色质分布其中。核液的主要成分是蛋白质、RNA和多种酶，这些物质保证了DNA的复制和RNA的转录。

**3. 核仁**　核仁是细胞核中折光率较强的小球体，有一个或几个，主要由蛋白质和RNA组成，其大小随细胞生理状态不同而变化。核仁是核内RNA和蛋白质合成的主要场所，与核糖体的形成密切相关。

**4. 染色质**　细胞核中容易被碱性染料染色的物质称为染色质，散布在核液中。在不分裂的细胞核中染色质是不明显的，或者可以成为着色深的网状物；当细胞核进行分裂时，染色质聚集成为一些螺旋状的染色质丝，进而形成棒状的染色体。染色质由DNA和蛋白质组成，DNA是遗传的物质基础，所以染色质与植物的遗传密切相关。不同种类植物的染色体数目、形状和大小各不相同，但对某一种植物来说，则是相对稳定的，所以染色体的数目、形状和大小是植物分类鉴定的重要依据之一。

细胞核的主要作用是控制细胞的遗传特性，调控细胞内物质的代谢途径，决定蛋白质的合成等。失去细胞核的细胞将不能正常生长和分裂繁殖，从而导致死亡。同样，细胞核也不能脱离细胞质而孤立生存。

## 二、细胞后含物和生理活性物质

植物细胞的新陈代谢过程中产生多种非生命物质，它们可以在细胞生活的不同时期产生和消失，一类是后含物；另一类是生理活性物质。

### （一）细胞后含物

植物细胞在生活过程中，由于新陈代谢活动，产生各种非生命的物质，统称为后含物。细胞后含物种类很多，有些是可供药用的主要物质，有些是具有营养价值的贮藏物，有些是细胞代谢过程的废物。它们的形态和性质往往随植物种类不同而异，是中药显微鉴定和理化鉴定的重要依据。

**1. 淀粉** 植物细胞中的淀粉以淀粉粒的形式贮存在植物根、块茎和种子等器官的薄壁细胞中。淀粉积累时，先形成淀粉的核心称为脐点，然后环绕脐点继续由内向外，直链淀粉与支链淀粉相互交替层层沉积，由于两者在水中的膨胀度不一，从而显示出折光上的差异，在显微镜下可观察到围绕脐点有许多明暗相间的层纹。如果用乙醇处理，使淀粉脱水，这种层纹也就随之消失。

淀粉粒的形状有圆球形、卵圆球形、长圆球形或多面体等；脐点的形状有颗粒状、裂隙状、分叉状、星状等，有的在中心，有的偏于一端。根据脐点和层纹，淀粉粒分为单粒、复粒、半复粒三种类型。只有一个脐点的淀粉粒称为单粒淀粉；具有两个或多个脐点，每个脐点有各自层纹的称为复粒淀粉；具有两个或多个脐点，每个脐点除了有各自的层纹外，同时在外面被有共同层纹的称为半复粒淀粉。淀粉粒的类型、形状、大小、层纹和脐点常随植物的不同而异，因而可作为中药材显微鉴定的依据。淀粉粒加稀碘液显蓝紫色（图 2-3）。

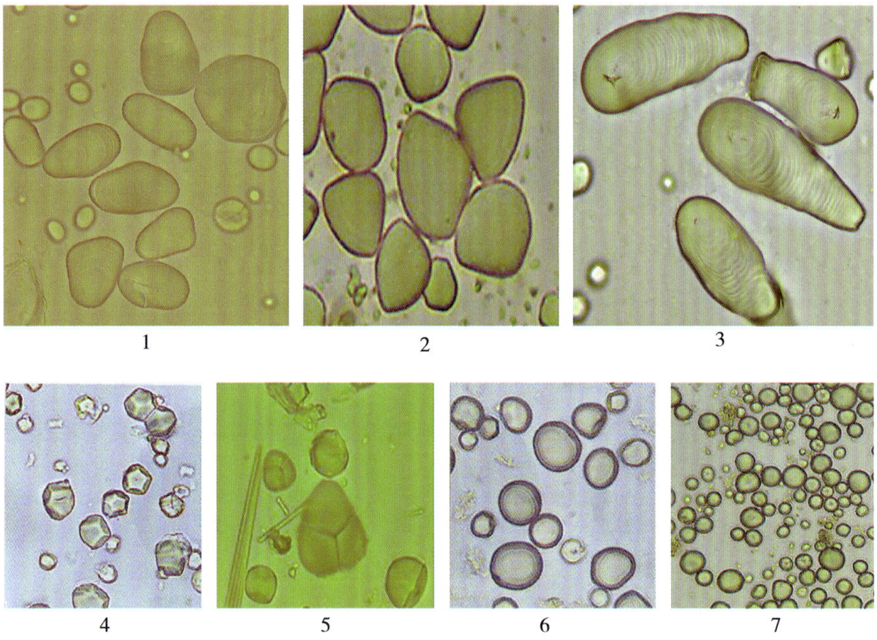


**图 2-3 各种淀粉粒**

1. 马铃薯；2. 姜；3. 藕；4. 葛；5. 半夏；6. 蕨；7. 玉米

**2. 菊糖** 它能溶于水，多存在菊科、桔梗科植物根的细胞里。由于它不溶于乙醇，可将含有菊糖的材料浸于 70% 乙醇中，一周后，做成切片在显微镜下观察，在细胞内可见球状或半球状的菊糖结晶。菊糖遇 25% $\alpha$-萘酚乙醇溶液加浓硫酸显紫红色并溶解。

**3. 蛋白质** 细胞中贮藏的蛋白质是化学性质稳定的无生命物质，它与构成原生质体的活性蛋白质完全不同。它们以结晶体或无定形的小颗粒状态分布在细胞质、液泡、细胞核和质体中。结晶的蛋白质因具有晶体和胶体的二重性，称拟晶体，与真正的晶体相区别。拟晶体有不同的形状，但常呈方形，如马铃薯块茎近外围的薄壁细胞中的拟晶体。无定形的蛋白质常被一层膜包裹成圆球状的颗粒，称糊粉粒。糊粉粒较多地分布于种子的胚乳或子叶细胞中，有时它们集中分布在某些特殊的细胞层，例如小麦等谷类的胚乳最外面的一层或几层细胞，含有大量的糊粉粒，特称糊粉层。另外，在许多豆类种子，如大豆、落花生等子叶的薄壁细胞中，普遍具有糊粉粒，这种糊粉粒以无定形蛋白质为基础，还包含一个或几个拟晶体，成为复杂的形式。蓖麻胚乳细胞中的糊粉粒比较大，其外有一层蛋白质膜，内部无定形的蛋白质基质中除了有蛋白质拟晶体外，还含有环己六醇磷酯的钙或镁盐的球形体。在小茴香胚乳细胞的糊粉粒中还包含有细小草酸钙簇晶。这些贮藏蛋白质遇碘显暗黄色；遇硫酸铜加苛性碱水溶液显紫红色。

**4. 脂肪和脂肪油**　是由脂肪酸和甘油结合而成的酯，也是植物贮藏的一种营养物质，存在于植物各器官，特别是有些植物的种子中含量极其丰富。一般在常温下呈固态或半固态的称脂肪，如乌桕脂，可可豆脂；呈液态的称脂肪油，以小油滴状态分布在细胞质里，有些植物种子含脂肪油特别丰富，如蓖麻、芝麻、油菜等。

脂肪和脂肪油不溶于水，易溶于有机溶剂，遇碱则皂化，遇苏丹Ⅲ溶液显橙红色，遇锇酸变成黑色。有些脂肪油可作食用和工业用，有的供药用，如蓖麻油常用作泻下剂，大风子油用于治疗麻风病，月见草油治疗高脂血症等（图2－4）。

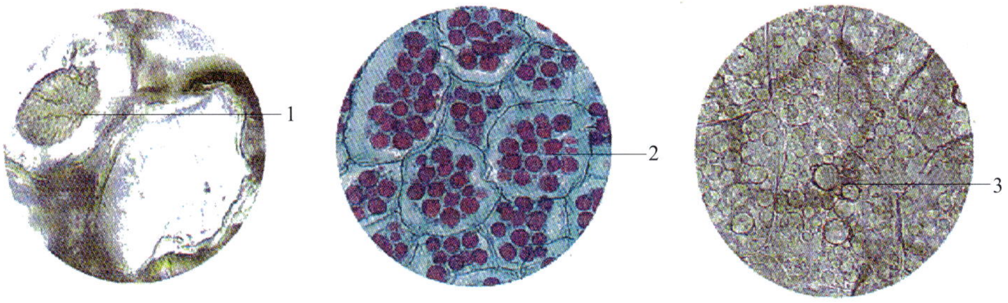


**图2－4　贮藏的营养物质**

1. 桔梗根细胞菊糖；2. 蓖麻胚乳细胞蛋白质；3. 花生胚乳细胞淀粉粒

**5. 晶体**　一般认为晶体是植物细胞生理代谢过程中产生的废物沉积而成。晶体有多种形式，大多数是钙盐晶体，主要积存在液泡中，常见有草酸钙晶体和碳酸钙晶体两种类型。

植物体内草酸钙结晶的形成，被认为有解除对植物的毒害作用。植物器官中，随着组织的衰老，草酸钙结晶也逐渐增多。草酸钙结晶常为无色透明状或暗灰色，并以不同的形态分布在细胞液中，其形状主要有以下几种（图2－5）：

（1）单晶　又称方晶，通常单独存在于细胞中，呈斜方形或正方形、菱形、长方形等，如甘草、黄柏。有时单晶交叉而形成双晶，如莨菪。

（2）针晶　为两端尖锐的针状，在细胞中大多数成束存在，称为针晶束，常存在于黏液细胞中，如半夏、黄精等。有的针晶不规则地散布在薄壁细胞中，如苍术、山药等。

（3）簇晶　由许多菱状晶集合而成，一般呈多角形星状。如大黄、人参等。

（4）砂晶　细小的三角形、箭头状或不规则形，聚集在细胞里。如颠茄、牛膝等植物。

（5）柱晶　呈长柱形，长度为直径的四倍以上。如淫羊藿、射干等鸢尾科植物。

不是所有植物都含有草酸钙晶体，植物的草酸钙晶体又因植物种类不同，其形状、大小和存在位置有所差异，这种特征可作为鉴别中药的依据之一。草酸钙结晶不溶于醋酸，但遇20%硫酸时便溶解并形成硫酸钙针状晶体析出。

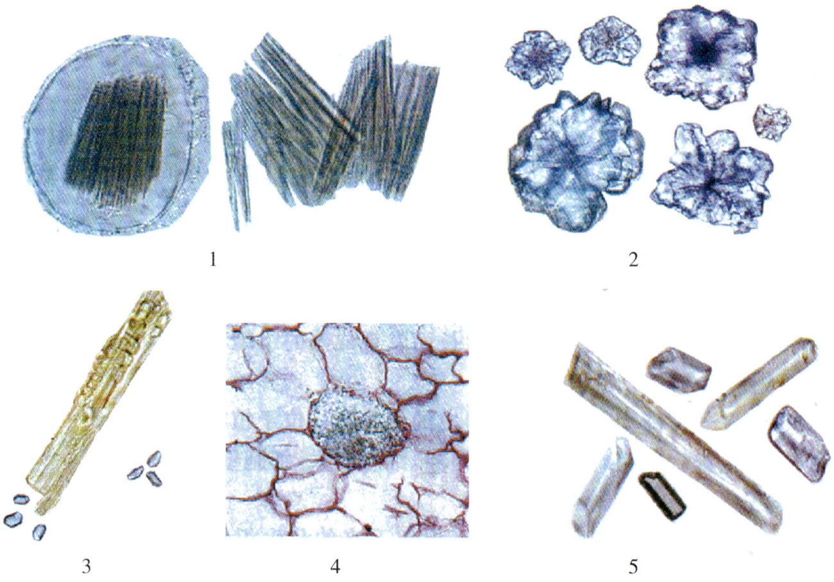


图2-5 草酸钙晶体

1. 半夏针晶束；2. 大黄簇晶；3. 甘草方晶；4. 牛膝砂晶；5. 射干柱晶

碳酸钙结晶多存在于植物叶的表层细胞中，其一端与细胞壁连接，形状如一串悬垂的葡萄，形成钟乳体。钟乳体多存在于爵床科、桑科、荨麻科等植物体中，如穿心莲、大麻、无花果等植物叶的表层细胞中均有。碳酸钙结晶加醋酸则溶解并放出二氧化碳气体，这可与草酸钙结晶相区别（图2-6）。

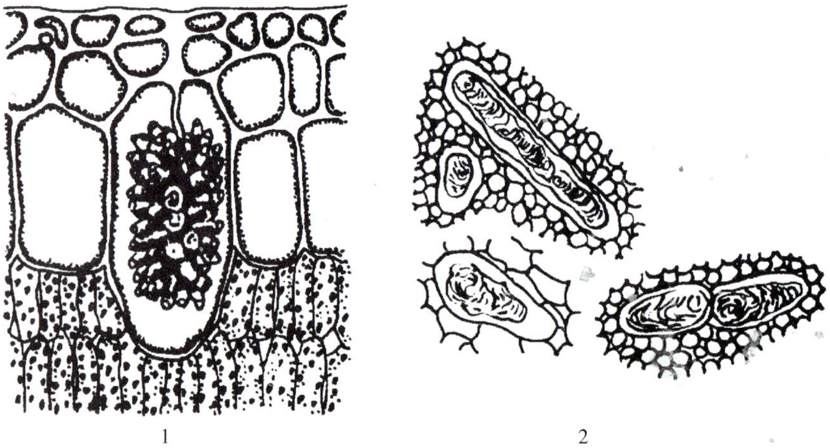


图2-6 碳酸钙晶体

1. 穿心莲叶内的钟乳体（表面图）；2. 无花果叶内的钟乳体（切面图）

### （二）生理活性物质

生理活性物质是一类能对细胞内的生化反应和生理活动起调节作用的活性成分的总称。包括酶、维生素、植物激素、抗生素和植物杀菌素等，它们在植物体内含量甚微，但对植物的生长、发育、代谢等生命活动具有重要作用。

## 三、细胞壁

一般认为细胞壁是由原生质体分泌的非生命物质所构成，具有一定的坚韧性，可使细胞保持一定的形状，起保护细胞的作用。但现已证明，在细胞壁中亦含有少量具有生理活性的蛋白质，它们可能参与细胞壁的生长以及细胞分化时壁的分解过程。细胞壁是植物细胞所特有的结构，与液泡、质体一起构成了植物细胞与动物细胞区别的三大结构特征。

### （一）细胞壁的结构

细胞壁根据形成的先后和化学成分的不同分为三层：胞间层、初生壁和次生壁。

**1. 胞间层**　又称中层，存在于细胞壁的最外面。它是由亲水性的果胶类物质所组成，依靠它使相邻细胞粘连在一起。果胶很容易被酸或酶等溶解，从而导致细胞的相互分离。组织解离法和沤麻的工艺过程就是这个道理，前者是用硝酸和铬酸的混合液浸离，后者是利用细菌的活动产生果胶酶，分解麻纤维的胞间层使其相互分离。

**2. 初生壁**　由原生质体分泌的纤维素、半纤维素和果胶增加在胞间层的内侧，形成初生壁。初生壁一般薄而有弹性，能随细胞的生长而延展。许多植物细胞终生只具有初生壁。

**3. 次生壁**　次生壁是细胞壁停止生长后在初生壁的内侧逐渐积累一些物质，使细胞壁增厚而形成。次生壁的成分除纤维素及少量半纤维素外，常沉积一些木质素等物质。在较厚的次生壁中，一般又分为内、中、外三层，当次生壁逐渐增厚时，有些植物细胞原生质体死亡而形成细胞腔。次生壁可使植物细胞的机械强度大大增加（图 2－7）。

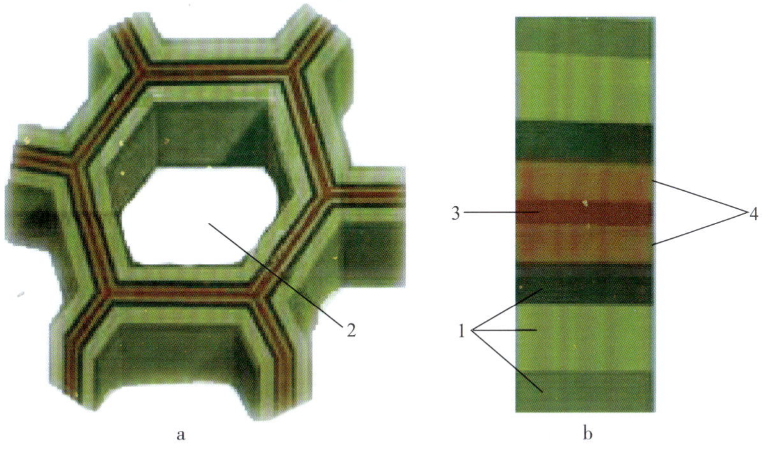


图 2－7　细胞壁的结构

a. 横切面；b. 纵切面

1. 三层的次生壁；2. 细胞腔；3. 胞间层；4. 初生壁

### （二）纹孔

次生壁在加厚过程中并不是均匀增厚，在很多地方留下没有增厚的凹陷，呈圆形或扁圆形的孔状结构，称为纹孔。纹孔的形成有利于细胞间的物质交换。相邻两细胞间的纹孔成对存在，称纹孔对。纹孔对之间的薄膜，称纹孔膜，由细胞膜、胞间层和初生壁构成。纹孔膜两侧围成的空腔，称纹孔腔。由纹孔腔通往细胞壁的开口，称纹孔口。纹孔对有三种类型，即单纹孔、具缘纹孔和半缘纹孔。

**1. 单纹孔**　细胞壁上未加厚的部分，呈圆孔形或扁圆形，纹孔对的中间有纹孔膜。单纹孔多存在于薄壁细胞，韧皮纤维和石细胞中。

**2. 具缘纹孔**　纹孔四周的次生壁向细胞腔内呈架拱状隆起，形成一个圆形的纹孔腔，腔顶端中央的开口即纹孔口，这种结构称具缘纹孔。松柏类裸子植物的管胞，具缘纹孔的纹孔膜中央特别加厚形成纹孔塞。因此，这种具缘纹孔在显微镜下从正面观察，呈三个同心圆，外圈是纹孔腔的边缘，中间一圈是纹孔塞的边缘，内圈是纹孔口的边缘。被子植物的导管具缘纹孔没有纹孔塞，显微镜下观察呈两个同心圆。

**3. 半缘纹孔** 常形成于管胞或导管与薄壁细胞之间。即纹孔对的一边有架拱状隆起的纹孔缘，而另一边形似单纹孔，没有纹孔塞。观察粉末时，半缘纹孔和不具纹孔塞的具缘纹孔难于区别（图 2－8）。

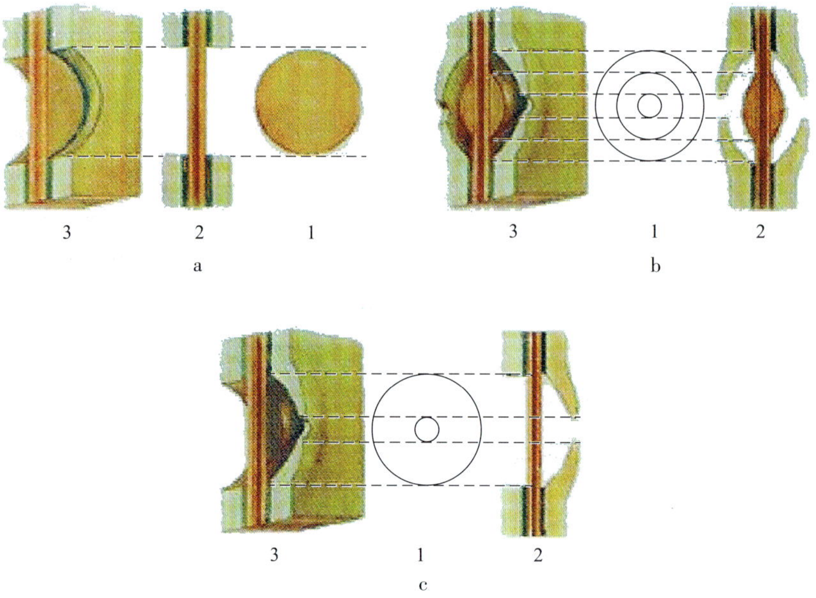


**图 2－8 纹孔的图解**

a. 单纹孔；b. 具缘纹孔；c. 半缘纹孔
1. 表面观；2. 切面观；3. 立体观

### （三）胞间连丝

细胞间有许多纤细的原生质丝穿过初生壁上微细孔眼彼此联系着，这种原生质丝称为胞间连丝。胞间连丝是细胞间的细微通道，水分和小分子物质均可从此通过，使植物体内的细胞相互之间保持生理上的有机联系。胞间连丝一般不明显，有的细胞，由于壁较厚，胞间连丝较明显，可经染色处理后在光学显微镜下观察到，如柿核、马钱子的胚乳细胞（图 2－9）。

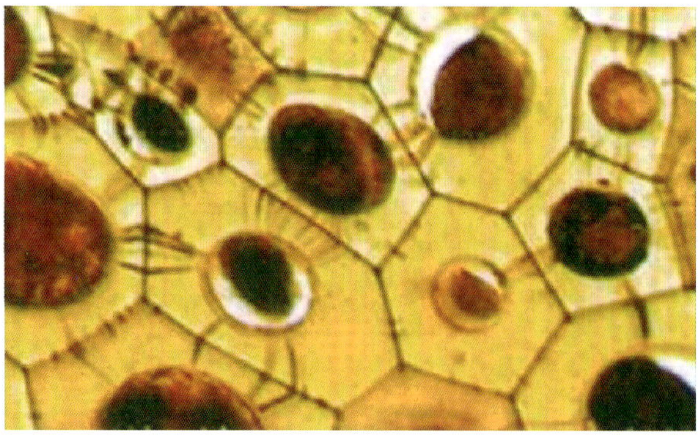

**图 2－9 胞间连丝（柿子）**

### （四）细胞壁的特化

细胞壁主要是由纤维素构成，纤维素遇氯化锌碘液呈蓝紫色。由于环境的影响，生理功能的不同，细胞壁还常常沉积其他物质，以致发生理化性质的变化。常见的有：

**1. 木质化** 细胞壁由于细胞产生的木质素的沉积而变得坚硬牢固，增加了植物支持的能力。当细胞壁增得很厚时，细胞往往死亡，如木纤维、石细胞、导管和管胞等。木质化的细胞壁加间苯三酚溶液，待片刻，再加浓盐酸，显樱红色或红紫色。

**2. 木栓化**　细胞壁内渗入了脂肪性的木栓质而呈木栓化，细胞壁不透水不透气，使细胞内的原生质体与周围环境隔绝而死亡，成为死细胞。但对植物体的内部组织具有保护作用，如树干的褐色外皮就是木栓化细胞组成的木栓组织。栓皮栎的木栓组织特别发达，可作瓶塞用。木栓化细胞壁遇苏丹Ⅲ试液可染成红色或橘红色。

**3. 角质化**　细胞产生的脂肪性角质除填充细胞壁本身外，常在茎、叶或果实的表皮外侧形成一薄层角质层。它可防止水分过度蒸发和微生物的侵害。角质层或角质化细胞壁遇苏丹Ⅲ试液被染成橘红色（图2－10）。

**4. 黏液质化**　细胞壁中的纤维素和果胶质等成分发生变化而成为黏液。黏液质化所形成的黏液在细胞的表面常呈固体状态，吸水膨胀后则成黏滞状态。如车前，亚麻的种子表皮细胞中都具有黏液化细胞。黏液质化的细胞壁遇玫红酸钠醇溶液可被染成玫瑰红色；遇钌红试剂可被染成红色。

**5. 矿质化**　细胞壁中含有硅质或钙质等矿质，增加了细胞壁的硬度，增强了植物的机械支持能力。如木贼茎和硅藻的细胞壁内含有大量硅质。硅质能溶于氟化氢，但不溶于醋酸或浓硫酸。

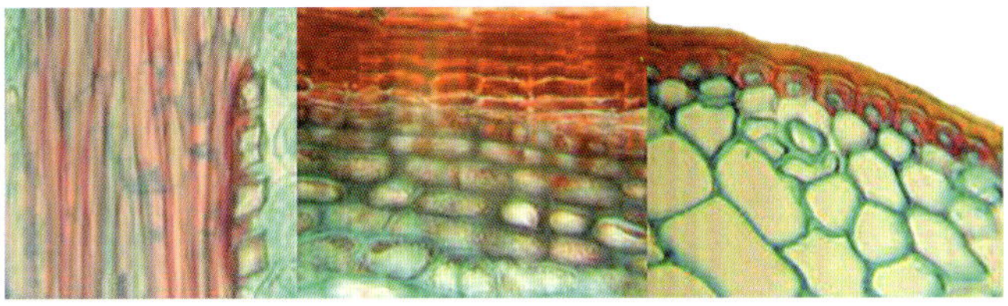

1　　2　　3

**图2－10　细胞壁的特化**

1. 木质化；2. 木栓化；3. 角质化

**知识链接**

### 植物细胞的分裂

植物细胞分裂有两方面的意义：一是增加体细胞的数量，使植物体生长、分化和发育；二是形成生殖细胞，以繁衍后代。单细胞植物以细胞分裂实现繁殖。种子植物从受精卵发育成胚，由胚形成幼苗，再由幼苗生长成为具有根、茎、叶并能开花结果的植物体的过程，都以细胞分裂为前提。植物的生长发育、生殖繁衍与细胞分裂密切相关。

植物细胞的分裂有三种方式：无丝分裂、有丝分裂、减数分裂。在植物的不同部位、不同生长阶段，以不同的细胞分裂方式繁衍生息，延续生命。

（商庆节）

书网融合……

微课

# 项目二　植物组织与维管束的识别

PPT

## 情境导入

**情境**：春笋出土开始拔节的时候，一天一夜可以长高1米，平均每分钟大约可以长高2毫米，有时甚至能听到它生长时拔节的响声。因此人们常常用“雨后春笋”来形容、比喻新生事物大量地涌现出来。再者，有些植物枝叶折断后，常有白色乳汁或红色汁液流出。

**思考**：1. 春笋长高的原因是什么？

2. 植物枝叶折断后流出的汁液从哪儿来？

## 任务一　植物组织

植物在长期进化发展过程中，由于细胞分化，执行不同的生理功能，所以在体内就形成不同形态和构造的细胞群。这些来源相同、形态结构相似、生理功能相同，彼此紧密联系的细胞群称为组织。植物经过细胞分裂、分化后形成各种组织，再由多种组织构成植物的根、茎、叶、花、果实、种子等器官。

植物组织分为分生组织、薄壁组织、保护组织、分泌组织、机械组织和输导组织，后五类组织是由分生组织的细胞分裂、分化而形成的，又统称成熟组织。

### 一、分生组织

植物体内具有持续分裂的能力，能不断产生新细胞，位于植物体生长的部位如茎尖、根尖等的细胞群称为分生组织。一般分生组织的细胞体积小、排列紧密、细胞核大、细胞壁薄、细胞质浓、无明显液泡。

#### 1. 根据分生组织的性质和来源分类

（1）原分生组织　直接来源于种子的胚，位于根、茎的最先端，由一群没有任何分化的终生保持分裂能力的胚性细胞组成。

（2）初生分生组织　由来源于原分生组织衍生出来的细胞所组成，其特点是一方面仍保持分裂能力，另一方面开始分化，可看作是原分生组织到分化成熟组织之间的过渡形式。如茎的初生分生组织的结果，形成茎的初生构造。在茎的初生构造中可分化为三种不同的组织：原表皮层，将来发育成表皮；基本分生组织将来发育成皮层和髓；原形成层，将来发育成维管束的初生部分。

（3）次生分生组织　由已成熟的薄壁组织（如表皮、皮层、髓射线等）经过生理上和结构上的变化，重新恢复分生能力的组织。这些组织在转变过程中，细胞的原生质变浓，液泡缩小，最后恢复分裂功能，成为次生分生组织，包括木栓形成层和维管形成层。

#### 2. 根据分生组织所处的位置分类

（1）顶端分生组织　位于根、茎的顶端，即生长锥，其细胞能长期地保持旺盛的分生能力。由于顶端分生组织细胞的分裂、分化，使根和茎不断伸长。

（2）侧生分生组织 主要存在于裸子植物和双子叶植物根皮和茎皮部分及内侧，形成环状。包括维管形成层和木栓形成层，使根和茎不断地增粗，并形成木栓组织使增粗破坏的表皮细胞得到补充。

（3）居间分生组织 顶端分生组织细胞遗留下来的或由已经分化的薄壁组织重新恢复分生能力而形成的分生组织，但只保持一段时间的分生能力，以后即转成成熟组织。位于植物茎的节间基部、叶的基部、总花柄的顶端以及子房柄等处，属于初生分生组织。它们的活动与植物的居间生长有关，如小麦、水稻的拔节和竹笋节间的伸长；葱、韭菜、蒜等植物叶子的上部被割后下部能继续生长等，都是居间分生组织细胞分裂的结果。

## 二、薄壁组织

薄壁组织又称基本组织。在植物体内分布很广，占有很大的体积，是构成植物体的基础，在植物体内具有同化、贮藏、吸收、通气等功能。薄壁组织细胞常呈圆球形、椭圆形、圆柱形、多面体等形状，细胞壁薄，液泡大，细胞排列疏松，为生活细胞。薄壁组织分化程度较低，具有潜在的分裂能力，在一定条件下可转变为分生组织或进一步分化为其他组织。

根据薄壁组织的细胞结构和生理功能不同，可分为下列几种类型（图2-11）：

**1. 基本薄壁组织** 普遍存在于植物体内部各处，细胞形态多样，呈球形、圆柱形等，细胞体积大，细胞质稀，液泡大，有细胞间隙，主要分布在根、茎的皮层、髓部和髓射线，起填充和联系作用。

**2. 同化薄壁组织** 又称绿色薄壁组织，细胞中有叶绿体，主要存在于叶肉、幼茎、幼果、绿色萼片等处，是绿色植物进行光合作用，制造有机营养物质的主要部位。

**3. 贮藏薄壁组织** 植物光合作用产物的一部分供植物生长，另一部分则积累在薄壁组织中，这种积累营养物质的薄壁组织称为贮藏薄壁组织，多分布于植物的果实、种子、根和根状茎。贮藏薄壁组织细胞内可贮藏蛋白质、脂肪、淀粉、糖、半纤维素、水分等营养物质，例如：蓖麻种子的胚乳中贮存有蛋白质和脂肪油等，柿子、椰枣等种子胚乳细胞壁上贮存有半纤维素，仙人掌茎、芦荟、景天的叶片中有贮水薄壁组织。

**4. 吸收薄壁组织** 主要存在于根尖的根毛区，大量的根毛增加了植物与土壤的接触表面积，能从土壤中吸收水分和无机盐，满足植物生长发育的需要。

**5. 通气薄壁组织** 主要存在于沼泽植物和水生植物中，薄壁组织中的细胞间隙发达，并且互相连接，形成较大空腔或畅通的管道，可以贮存大量空气，有利于空气流通，并对植物起着漂浮和支持作用，如灯心草的茎髓、莲的根状茎等。

此外，有一种特化的薄壁细胞，称为传递细胞，是一种细胞壁向内生长的细胞，有短途运输物质的功能。

**知识链接**

### 传递细胞

传递细胞是 Gunning B. E. S 和 Pate J. S. 在 1968 年提出的，此细胞非木质化的次生壁——部分向内生长，形成许多褶皱，细胞膜紧贴着这样的细胞壁生长，形成“壁-膜器”结构，细胞膜表面积增大，细胞器丰富，有利于物质的吸收和传递。

传递细胞分布广泛，如豆科植物根瘤中的中柱鞘，某些植物的根毛和茎节的木质部薄壁细胞和韧皮部薄壁细胞，菟丝子与寄主植物维管束接触的吸器中，某些植物的胚乳内层细胞，玉米颖果糊粉层的某些特化细胞等处。

传递细胞的存在使植物体的细胞组织更紧密联系，成为和谐生存的统一整体，这给人类社会一个启示：和平共处、和谐统一。

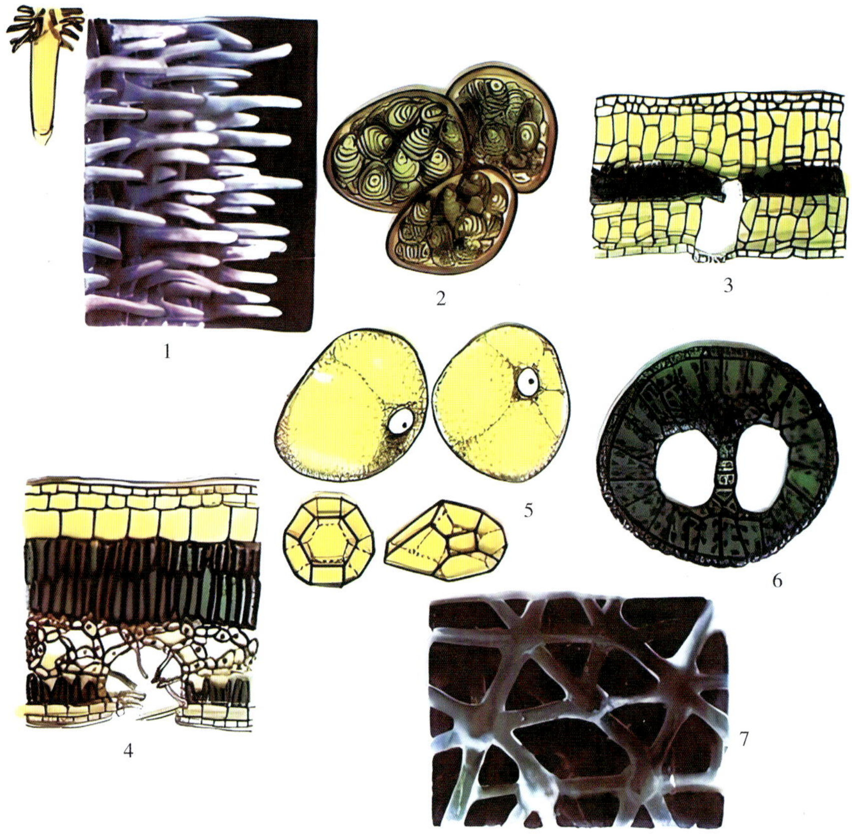


**图 2－11　薄壁组织类型**

1. 吸收组织（根毛）；2. 贮藏组织；3. 贮水组织（秋海棠叶）；4. 同化组织（夹竹桃叶）；5. 薄壁组织；6. 金鱼藻；7. 通气组织（灯心草）

## 三、保护组织 微课

保护组织覆盖在植物体的表面，由一层或数层细胞组成，对植物体起保护作用，防止植物体内水分蒸发、病虫害侵袭和机械损伤。根据来源和结构的不同可以把保护组织分为初生保护组织（表皮）和次生保护组织（周皮）。

**1. 表皮**　多分布于幼嫩器官的表面，通常由一层生活细胞组成。少数植物表皮由 2～3 层细胞组成，形成复表皮，如印度橡胶树叶等。

表皮细胞多呈扁平方形、长方形、多角形或波状不规则形等，排列紧密，无细胞间隙，细胞质薄，有细胞核，液泡大，一般不含叶绿体，常有白色体和有色体，可以贮存花青素、淀粉粒、晶体等。表皮细胞壁的外壁增厚，并常有角质层，有的在角质层外还有蜡被，有的表皮细胞可以特化为表皮的附属物，如毛茸和气孔。毛茸和气孔常作为叶类药材和全草类药材的鉴别依据。

（1）气孔　由两个保卫细胞对合而成，保卫细胞来源于表皮细胞，比一般的表皮细胞小，细胞核明显，有叶绿体，是生活细胞，双子叶植物的保卫细胞呈肾形，单子叶植物的保卫细胞则呈哑铃形（图 2－12）。

气孔常分布在叶片、嫩茎等器官的表面，起控制气体交换和调节水分蒸腾的作用。保卫细胞其细胞壁增厚不均匀，紧靠气孔处的细胞壁较厚，而与表皮细胞相邻的细胞壁较薄，因此当保卫细胞充水膨胀时，气孔张开；当保卫细胞失水萎缩时，气孔闭合。气孔的张开和关闭还受外界环境条件如光照、温度、湿度和二氧化碳浓度等多种因素的影响。

气孔在器官上的分布并不均匀，例如叶片上的气孔较多，茎皮上气孔较少，根上则没有气孔。气孔在同一植物的同一器官上的分布也是不均匀的，例如气孔在薄荷叶的下表面分布较多，而上表面较少。

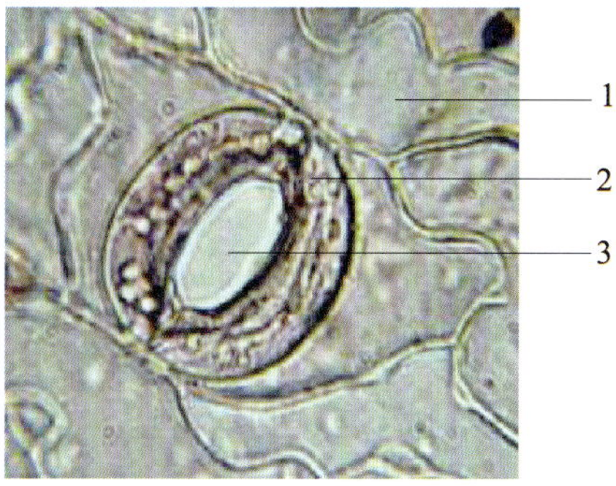


图 2－12　气孔

1. 副卫细胞；2. 保卫细胞；3. 气孔

紧邻保卫细胞的表皮细胞称为副卫细胞。保卫细胞与副卫细胞的排列关系称为气孔轴式，又称为气孔类型。双子叶植物常见的气孔轴式有以下五种（图 2－13）：

①不定式：气孔周围副卫细胞数目不定，其大小基本相同，形状与表皮细胞相似。如桑叶、艾叶、洋地黄叶、枇杷叶等。

②不等式：气孔周围通常有 3～4 个副卫细胞，大小不等，其中一个副卫细胞明显较小。如菘蓝叶、曼陀罗叶、烟草叶等。

③直轴式：气孔周围有 2 个副卫细胞，保卫细胞与副卫细胞的长轴互相垂直。如薄荷叶、紫苏叶、石竹叶等。

④平轴式：气孔周围有 2 个副卫细胞，保卫细胞与副卫细胞的长轴互相平行。如茜草叶、番泻叶、常山叶等。

⑤环式：气孔周围副卫细胞数目不定，一般比表皮细胞小，形状比表皮细胞狭窄，并围绕保卫细胞呈环状排列。如茶叶、桉叶等。

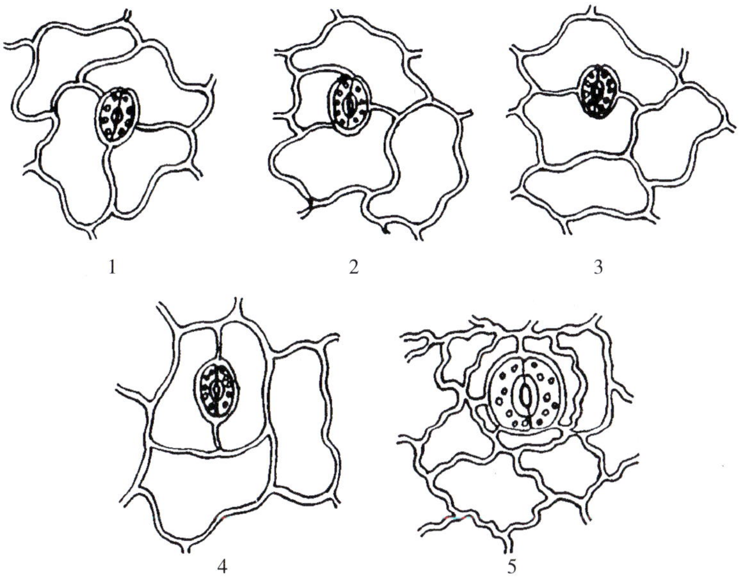


图 2－13　气孔轴式简图

1. 不定式；2. 不等式；3. 直轴式；4. 平轴式；5. 环式

不同植物有不同类型的气孔轴式，而在同一种植物的同一器官上也可能有两种或两种以上的气孔轴式，因此在中药材鉴定时，气孔轴式有鉴别意义。

（2）毛茸　毛茸是表皮细胞特化向外形成的突出物，有保护、减少水分蒸发和分泌等作用。有分泌功能的毛茸称为腺毛，没有分泌功能的毛茸称为非腺毛。

①腺毛：有腺头和腺柄之分，腺头具有分泌功能，由一个或几个分泌细胞组成，呈球形；腺柄没有分泌功能，由一个或多细胞组成。腺毛能分泌挥发油、树脂、黏液、多糖、消化液等物质，其形状多种多样，如薄荷、益母草等唇形科植物叶的表皮上有一种腺毛，腺头由6~8个细胞组成，腺柄短或无腺柄，特称为腺鳞。除此之外，还有一些较特殊的腺毛，如在绵马贯众根状茎、广藿香叶中有一种存在于薄壁组织中的间隙腺毛，食虫植物中存在能分泌多糖和消化液的腺毛等（图2-14）。

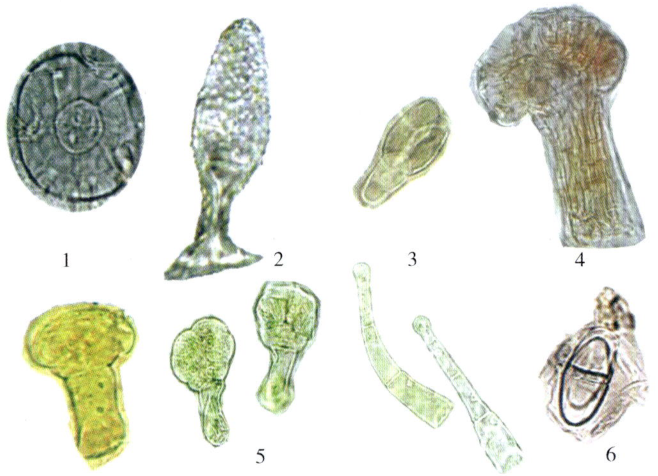


图2-14 各种腺毛

1. 牡荆叶（腺鳞）；2. 灯盏细辛腺毛；3. 车前草腺毛；
4. 玫瑰花腺毛；5. 洋金花腺毛；6. 艾叶腺毛

②非腺毛：无头部和柄部之分，由一至多个细胞组成，顶端常尖狭，不具有分泌功能，只有保护作用。由于组成非腺毛细胞数量、分枝情况、形状不同而有多种类型，如棘毛、分枝毛、星状毛、丁字毛等。不同形态的毛茸，可作为药材鉴定依据（图2-15）。

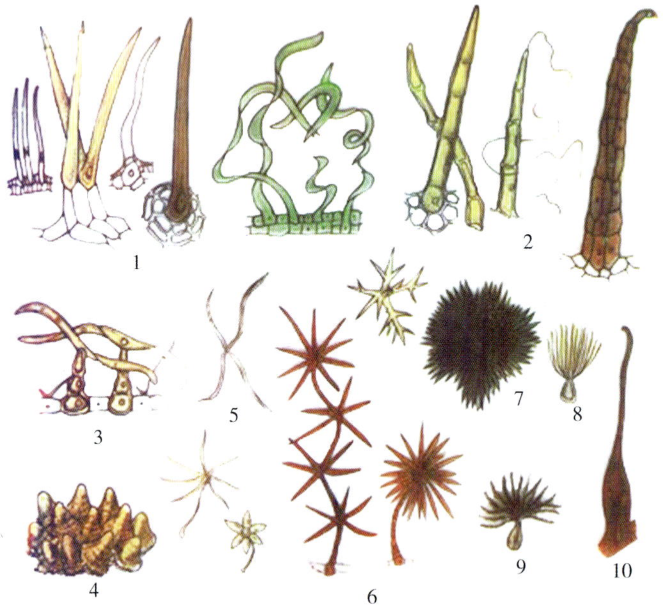


图2-15 各种非腺毛

1. 单细胞非腺毛；2. 多细胞线状毛；3. 艾叶丁字毛；4. 乳突；
5. 星状毛；6. 分枝毛；7. 鳞毛；8. 种缨；9. 冠毛；10. 鳌毛

**2. 周皮**　周皮主要存在于增粗生长的根、茎的表面，是由表皮下的某些薄壁细胞恢复分裂能力后产生木栓形成层，再由木栓形成层分裂产生的复合组织。木栓形成层向外切向分裂产生的细胞扁平、排列整齐紧密、细胞壁较厚常木栓化，构成木栓层；向内分裂分生的薄壁细胞，排列疏松，构成栓内层。植物茎中的栓内层常含有叶绿体，所以又称为绿皮层。木栓层、木栓形成层和栓内层三部分合称为周皮（图2－16）。

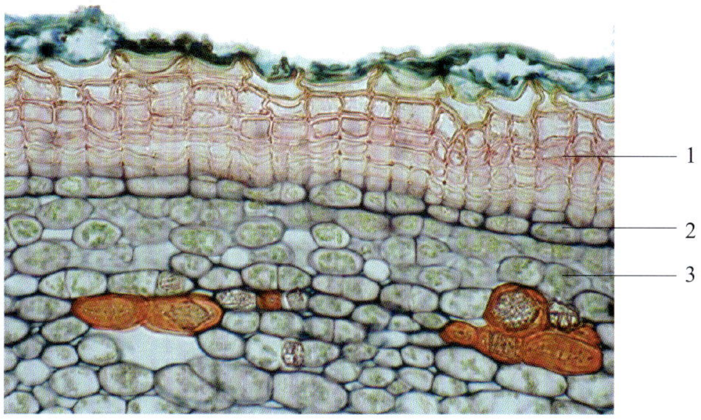


**图2－16　周皮**

1. 木栓层；2. 木栓形成层；3. 栓内层

皮孔是植物茎枝上一些颜色较浅而凸出或下凹的点状物。当周皮形成时，原来位于气孔下方的木栓形成层向外分生许多圆形或类圆形，排列疏松的薄壁细胞，称填充细胞。由于填充细胞的数目不断增多，结果将表皮突破，形成皮孔。皮孔是植物进行气体交换和水分蒸腾的通道。皮孔形状、颜色和分布的密度可作为皮类药材的鉴别特征（图2－17）。

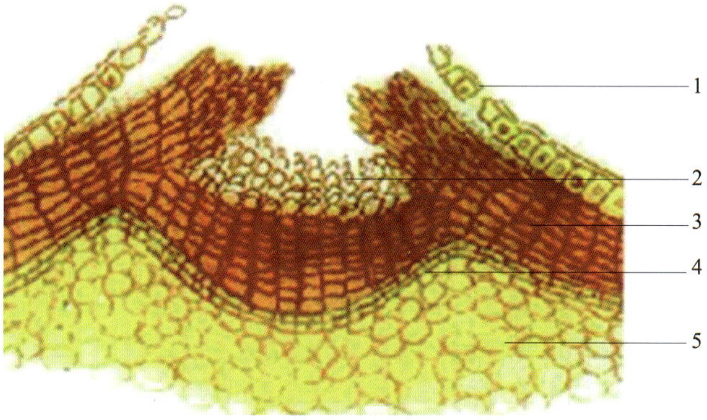


**图2－17　皮孔**

1. 表皮；2. 填充细胞；3. 木栓层；4. 木栓形成层；5. 栓内层

## 四、分泌组织

分泌组织是由具有分泌作用能分泌挥发油、树脂、蜜汁、黏液、乳汁等物质的细胞所组成。分泌组织分泌的特殊物质能防止植物组织腐烂，促进创伤愈合，免受动物侵害，排出或贮积体内代谢废物，还可以引诱昆虫帮助传粉等。很多植物的分泌物可作药用，如乳香、没药、松香、松节油、樟脑、蜜汁以及各种挥发油等。根据分泌组织分布在植物的体表或植物的体内，可分为外部分泌组织和内部分泌组织两大类。

**1. 外部分泌组织**　位于植物的体表，其分泌物直接排出体外，如腺毛和蜜腺等。

（1）腺毛　是具有分泌作用的表皮细胞，腺头覆盖着角质层，腺毛的分泌物积聚在腺头细胞壁和外侧的角质层之间，进而从角质层渗出或角质层破裂后排出。腺毛的分泌物对植物有一定保护作用，例如茅膏菜叶片外的腺毛分泌黏液和酶，从而捕食昆虫。腺鳞是特化的腺毛，常由表皮细胞分化而来。

（2）蜜腺　是能分泌蜜液的腺体，由一层表皮细胞及其下面数层细胞特化而成。腺体细胞的细胞壁比较薄，有很薄的角质层或无，有较浓的细胞质。通过角质层扩散或经腺体表皮上的气孔排出蜜液。蜜腺主要存在于虫媒花，位于花部的称为花蜜腺，如槐花花托上的蜜腺，存在于茎、叶、托叶、花序等花外部称为花外蜜腺，如梧桐叶下的红色小斑，桃叶基部的蜜腺，大戟科植物花序上的杯状蜜腺等。

另外，还有可分泌盐的腺体，由基细胞和柄细胞组成，常存在于滨藜属等一些植物的叶表面。排水器常存在于植物的叶尖和叶缘，由水孔和通水组织构成，可以直接把叶片内部的水直接释放到表面，如马蹄莲叶、油菜叶等。

**2. 内部分泌组织**　存在于植物体内，其分泌物贮存在细胞内或细胞间隙中。按其组成、形态结构和分泌物的不同，可分为以下几种：

（1）分泌细胞　单个散生存在于植物体内，是具有分泌功能的细胞，分泌物积聚于细胞中，细胞体积较大，当分泌物充满时，为死细胞。根据贮藏物质的不同，分泌细胞包括：油细胞，含有挥发油，如肉桂、姜等；黏液细胞，含有黏液质，如白及、半夏等；单宁细胞，如柿子的果肉等；芥子酶细胞，如十字花科植物等。

（2）分泌腔　也称为油室或分泌囊。根据形成和结构可分为溶生式分泌腔和裂生式分泌腔。溶生式分泌腔是许多分泌细胞聚集在一起，随着分泌细胞中分泌物增多，细胞壁破碎溶解，形成腔室，不完整的分泌细胞围绕腔室，分泌物充满于腔室中，如陈皮、桉叶等；裂生式分泌腔是许多分泌细胞彼此分离，胞间隙扩大形成腔室，分泌细胞完整地围绕着腔室，分泌物充满于腔隙中，如当归的根等。

（3）分泌道　是由分泌细胞彼此分离形成的一个长形胞间隙腔道，周围的分泌细胞称为上皮细胞，上皮细胞产生的分泌物贮存于腔道中。根据贮存的分泌物不同可分为树脂道，如人参等；油管，如小茴香等；黏液道或黏液管，如美人蕉等。

（4）乳汁管　是由一种能分泌乳汁的长管状细胞。构成乳汁管的细胞主要是活细胞，通常细胞核多数，细胞质稀薄，分泌的乳汁储存于细胞中。根据乳汁管的结构和发育可以分为有节乳汁管和无节乳汁管两类。前者由许多管状细胞发育连接而成，如菊科、桔梗科、罂粟科等植物的乳汁管；后者由一个细胞构成，这个细胞又称为乳汁细胞，如夹竹桃科、桑科以及大戟科的大戟属等一些植物的乳汁管（图2－18）。

乳汁一般为白色，另外也有黄色或橙色。乳汁成分复杂，主要为糖类、蛋白质、橡胶、生物碱、苷类、酶、单宁等物质，如番木瓜乳汁中有蛋白酶，罂粟乳汁中有止痛的生物碱等。乳汁管具有贮藏和运输营养物质的功能。

## 五、机械组织

机械组织的细胞一般为多角形、细长形或类圆形，细胞壁局部或全面增厚，起支持植物体或增加其巩固性以承受机械压力的作用。根据细胞壁增厚部位和程度不同，机械组织分为厚角组织和厚壁组织。

**1. 厚角组织**　常分布于植物的幼茎、花梗和叶柄中。在表皮下呈环状或束状分布，在茎的棱角处特别发达，如芹菜、益母草等植物。厚角组织的细胞是生活细胞，常含有叶绿体，能进行光合作

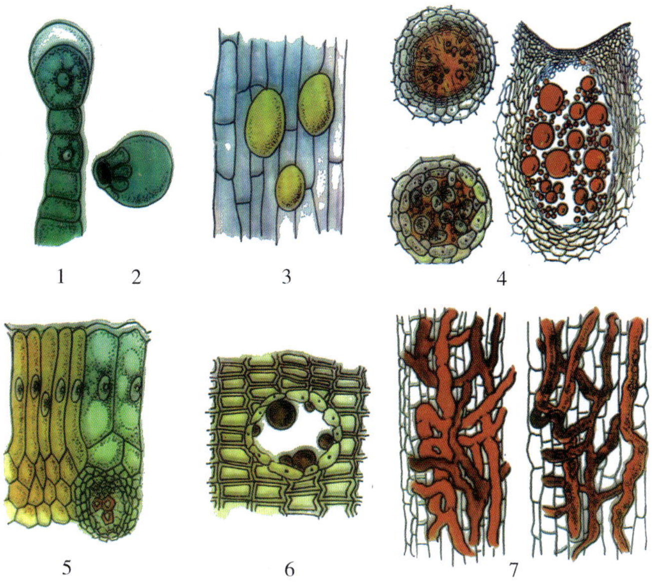


图 2－18　分泌组织

1. 腺毛；2. 腺鳞；3. 分泌细胞；4. 分泌腔；5. 蜜腺；6. 分泌道；7. 乳汁管

用。在横切面上，细胞一般呈多角形，细胞壁不均匀增厚，常在角隅处增厚，故称厚角组织。但也有的在切向壁或靠胞间隙处加厚。细胞壁主要成分是由纤维素和果胶质组成，不含木质素。厚角组织较柔韧，具有一定的坚韧性，又有一定的可塑性和延伸性，既可以支持器官直立，又可以适应器官的迅速生长（图 2－19）。

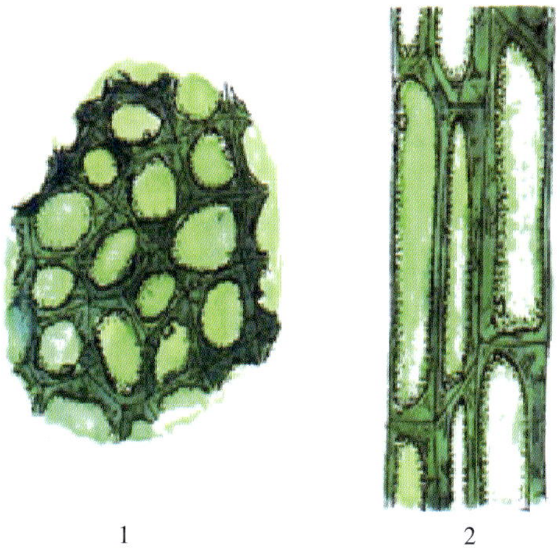


图 2－19　厚角组织

1. 横切面；2. 纵切面

**2. 厚壁组织**　厚壁组织的细胞壁全面增厚，壁上常有层纹和纹孔，细胞壁不同程度木质化，胞腔小，细胞成熟后，成为死细胞。根据细胞形态不同，可分为纤维和石细胞。

（1）纤维　一般为两端尖细的长梭形细胞，细胞壁为纤维素或木质化增厚，胞腔小甚至没有，细胞质和细胞核消失，多为死细胞。纤维通常成束，每个纤维细胞的尖端彼此紧密嵌插而加强巩固性。根据纤维存在部位的不同，分为韧皮纤维和木纤维。分布在韧皮部的纤维称为韧皮纤维，这种纤维一般纹孔及细胞腔较显著，细胞壁增厚的成分主要是纤维素，因此，韧性大，拉力强。如亚麻、苎麻等植物的韧皮纤维很发达。分布在木质部的纤维称为木纤维。木纤维细胞壁极度木质化增厚，细胞腔较小，如川木通。木纤维硬度大，有较强的支持力，但弹性小，易折断。此外，有的纤维，其细胞腔中有横隔膜，称分隔纤维，如姜；有的纤维聚集成束，纤维束外周包围着含草酸钙方晶的薄壁细胞所组成的复合体，称晶鞘纤维或晶纤维，如甘草、黄柏等（图 2－20）。

（2）石细胞　广泛分布于植物体内，其细胞壁明显增厚，均木质化，细胞腔极小，是死细胞，有较强的支持作用。石细胞的形态多样，呈等径方体、椭圆形、类方形、不规则形、分枝状、星状、柱状、骨状等形状。常见于茎、叶、果实和种子中，可单独存在或成群分布于薄壁组织中，或断续成环。例如梨果肉中的石细胞，核桃内果皮的石细胞，五味子种皮的石细胞，巴戟天根中的石细胞，黄柏皮层的石细胞，三角叶黄连髓部的石细胞等。

图2-20 各种纤维

1. 毛诃子纤维；2. 黄芩纤维；3. 晶鞘纤维（左：番泻叶 右：黄柏）；4. 纤维束（厚朴）

由于石细胞的形状变化较大，它是药材鉴定的重要依据之一。如厚朴的分枝状石细胞，黄柏中不规则的石细胞，杏仁中的贝壳状石细胞，五味子中的栅栏状石细胞，山茶叶柄中的长分枝状石细胞，又称为畸形石细胞或支柱细胞，山桃种皮中犹如非腺毛状的石细胞。

此外，还有一些特殊的石细胞，如虎杖根及根茎中的分隔石细胞，这种石细胞腔内有横隔膜；南五味子根皮中的嵌晶石细胞，这种石细胞次生壁外壁嵌有非常小的草酸钙晶体；桑寄生茎和叶等组织中有含晶石细胞，此种石细胞胞腔内有草酸钙方晶，龙胆根的石细胞内有砂晶，紫菀根石细胞内含有簇晶（图2-21）。

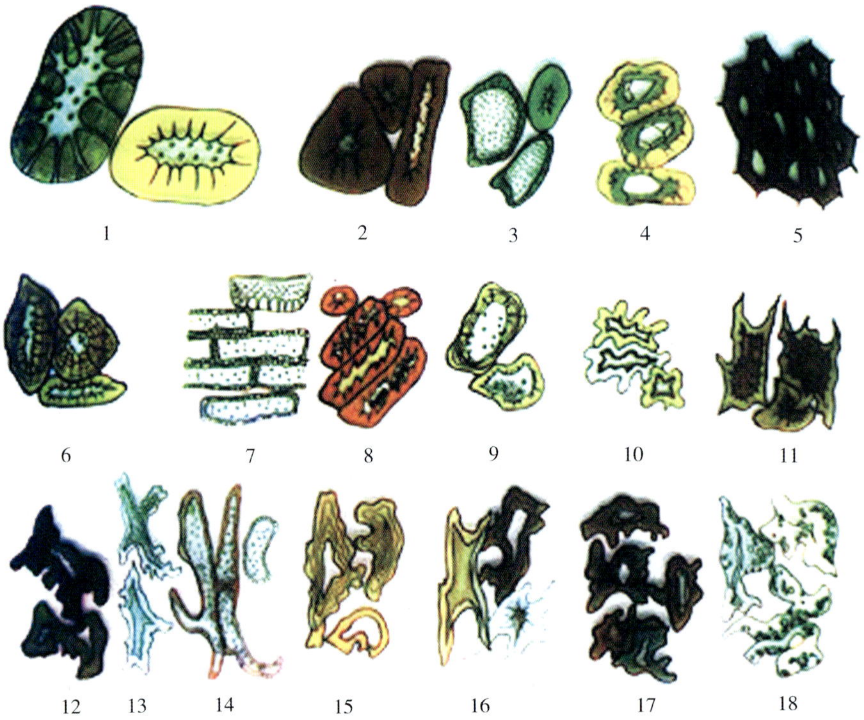

图2-21 各种石细胞

1. 梨；2. 山楂；3. 天花粉；4. 椿根皮；5. 五味子；6. 黄连；7. 麦冬；8. 栀子；9. 苍术；10. 枸杞子；11. 北豆根；12. 土槿皮；13. 茶叶；14. 虎杖；15. 黄柏；16. 厚朴；17. 土荆皮；18. 紫荆皮

## 六、输导组织

输导组织是植物体内运输水分、无机盐和营养物质的细胞群。输导组织的细胞一般呈长管状，上下连接，贯穿于整个植物体。根据内部构造和运输物质的不同，输导组织可分为两类：一类是木质部中的导管与管胞，主要是由下而上输送水分和无机盐；另一类是韧皮部中的筛管、伴胞和筛胞，主要是由上而下输送有机物质。

### 1. 管胞和导管

（1）管胞　是绝大多数蕨类植物和裸子植物的输水组织，同时兼有支持作用。在被子植物的木质部中，如叶柄、叶脉中也有管胞，但数量少。管胞是一种狭长形，口径小，两端偏斜，端壁上不穿孔即相连的细胞壁不消失的管状细胞。管胞次生增厚的细胞壁木质化，形成环纹、螺纹、梯纹、孔纹等类型的纹理。管胞的输导作用是通过相邻管胞侧壁上的纹孔来实现的，其输导能力弱，是一类较原始的输导组织（图2－22）。

（2）导管　是被子植物最主要的输水组织，由多数端壁具穿孔的管状死细胞纵向连接而成，每个管状细胞称导管分子。导管分子的上下两端相接处的横壁溶解消失贯通成大的穿孔，因而输导能力强。导管分子也可通过侧壁未增厚的部分与相邻细胞进行横向输送水分和无机盐。导管在形成过程中，其木质化的次生壁不均匀增厚而形成各种各样的纹理。根据导管发育顺序和导管次生壁增厚的纹理不同，可以分为五种类型（图2－23）。

①环纹导管：木质化增厚的纹理呈环状，增厚的环纹之间仍有薄层的初生壁，有利于导管继续生长。环纹导管直径较小，常见于幼嫩器官，如南瓜、玉米、凤仙花的幼茎中。

②螺纹导管：木质化增厚的纹理呈一条或数条螺旋带状，导管直径也较小，同环纹导管一样，螺纹导管也不妨碍导管生长，常见于植物幼嫩器官中。

③梯纹导管：木质化增厚部分呈横条状，与未增厚的部分相间排成梯状，这种导管分化程度较高，不利于伸长生长，常见于成熟器官，如在葡萄茎、常山根中的梯纹导管。

④网纹导管：木质化增厚的纹理交织成网状，网孔为未增厚的部分，导管直径较大，多存在于成熟器官，如大黄的根及根状茎中。

⑤孔纹导管：管壁几乎全面木质化增厚，未增厚的部分为单纹孔或具缘纹孔。导管直径较大，多存在于植物器官的成熟部位，如甘草根中的导管。

以上只是几种典型的导管类型，实际观察中还可见到一些混合型导管，如环纹－螺纹导管、梯纹－网纹导管等。

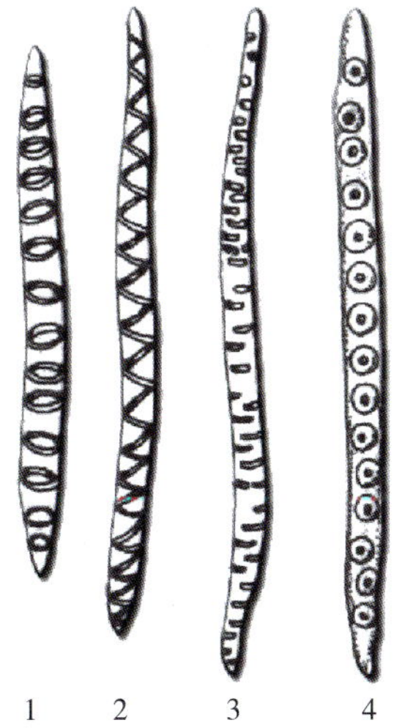


图2－22　管胞类型（左）

1. 环纹管胞；2. 螺纹管胞；3. 梯纹管胞；4. 孔纹管胞

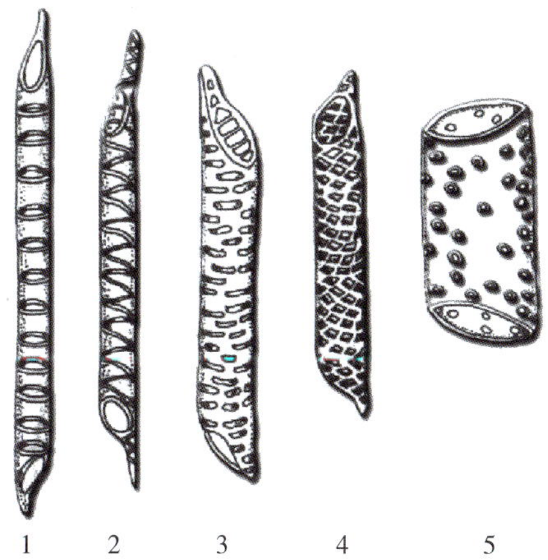


图2－23　导管（右）

1. 环纹导管；2. 螺纹导管；3. 梯纹导管；4. 网纹导管；5. 具缘纹孔导管

**2. 筛胞和筛管、伴胞**

（1）筛胞　存在于裸子植物和蕨类植物的韧皮部中，输送有机物质。筛胞是单个存在的狭长形细胞，直径较小，端壁偏斜，无筛板和伴胞，但是在筛胞侧壁或端壁上有一些凹入的小孔，为筛域。筛胞是生活细胞，其输导能力弱，是一种较原始的输导组织。

（2）筛管　是被子植物主要输送有机物质的组织。它由生活的管状细胞纵向连接而成，每个管状细胞称为筛管分子。相连的筛管分子的横壁特化为筛板，筛板上有许多小孔，称为筛孔，筛孔集中分布的区域为筛域。筛管分子通过两端筛孔里的原生质丝相互联系，这种原生质丝称联络索，有些植物侧壁上也有筛孔，使相邻的筛管分子得以联系。

筛管分子一般生活1～2年，所以老的筛管会被新的筛管所取代，老的筛管成为颓废组织。但是，多年生单子叶植物筛管可以保持长期的输导功能，甚至整个生活期，而一些温带树木，在冬季来临时，形成胼胝体，即在筛板部位形成一些黏稠的碳水化合物，阻塞筛管，使筛管失去运输功能，到翌年春天，堵塞筛板的物质被溶解，筛管恢复运输功能。

（3）伴胞　伴胞和筛管是由同一母细胞纵裂而来。伴胞细长梭形，细胞质浓，细胞核大，常存在于被子植物筛管旁边。伴胞与筛管相邻的壁上有许多纹孔，通过胞间连丝相互联系。伴胞为被子植物所特有，裸子植物和蕨类植物没有伴胞；同时伴胞与筛板一起成为识别筛管分子的特征。烟草韧皮部纵切面如图2－24所示。

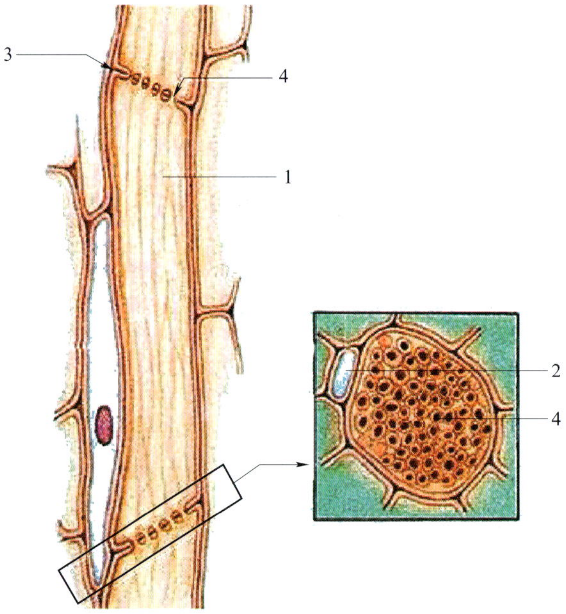


**图2－24　烟草韧皮部（示筛管及伴胞）纵切面简图**

1. 筛管；2. 伴胞；3. 筛板；4. 筛孔

**知识链接**

**植物组织培养**

植物组织培养是把植物某一部分器官、组织或细胞，置于人工合成培养基中，在无菌条件下，使之分裂形成愈伤组织，并进一步分化发育成完整的植株。

组织培养在药用植物生产中具有一定的经济价值。如：培养脱毒的药用植物品系；利用花药培养单倍体；利用细胞原生质融合杂交育种；利用工业法生产途径获取有效的药用成分，科学家利用植物悬浮培养，产生大量次生代谢产物，使人类所需的生物碱、醌类、萜类、甾类、皂苷等成分含量成倍增加。

我国植物组织培养技术研究虽然起步较晚，但在国内植物组培专家的奋起直追下，已经在作物改良、林业育种、药用植物和生态领域取得了令人骄傲的显著成就，并频繁受邀在国际会议上进行主题报告和交流，进一步提升了我国植物组培技术的国际地位和影响力。我国科学家在植物组织培养领域不断探索，勇于创新的科学精神值得大家敬佩和学习。

# 任务二　维管束及其类型

## 一、维管束的组成

维管束是维管植物（包括蕨类植物、裸子植物和被子植物）内部的输导系统，呈束状，贯穿于整个植物体内部，同时还起着支持作用。维管束主要由韧皮部与木质部组成。蕨类植物和裸子植物的木质部主要由管胞和木薄壁细胞组成，韧皮部主要是由筛胞和韧皮薄壁细胞组成；被子植物的木质部主要由导管、管胞、木薄壁细胞和木纤维组成，韧皮部主要由筛管、伴胞、韧皮薄壁细胞和韧皮纤维组成。

裸子植物和双子叶植物的木质部和韧皮部之间有形成层存在，能不断地增粗，这种维管束称之为无限维管束或开放性维管束，蕨类植物和单子叶植物无形成层，这种维管束称之为有限维管束或闭锁性维管束。

## 二、维管束的类型

根据有无形成层，以及维管束中韧皮部与木质部排列方式的不同，将维管束分为下列五种（图2－25）。

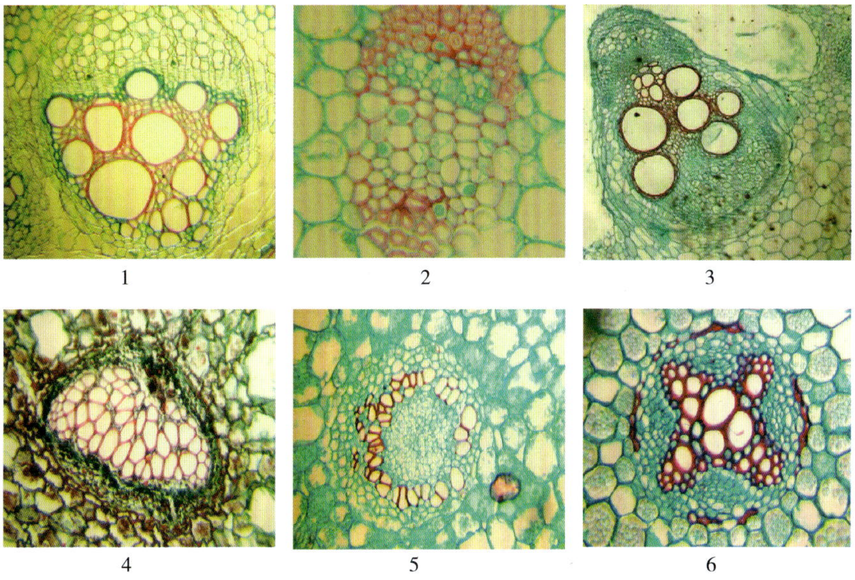


**图2－25　维管束类型详图**

1. 无限外韧型；2. 有限外韧型；3. 双韧型；4. 周韧型；5. 周木型；6. 辐射型

**1. 外韧维管束**　韧皮部位于外侧，木质部位于内侧的维管束。若中间有形成层，维管束可逐年增粗，称无限外韧维管束，如裸子植物和双子叶植物茎中的维管束；若中间无形成层，不能增粗生长，称有限外韧维管束，如大多数单子叶植物茎的维管束。

**2. 双韧维管束** 木质部内外两侧都有韧皮部，外侧形成层明显。常见于夹竹桃科、葫芦科、旋花科、桃金娘科等植物茎中的维管束。

**3. 周韧维管束** 木质部位于中央，韧皮部围绕在木质部周围。常见于禾本科、蓼科、百合科、棕榈科及蕨类某些植物的维管束。

**4. 周木维管束** 韧皮部位于中央，木质部围绕在韧皮部周围。常见于少数单子叶植物根状茎，如莎草科、仙茅科、鸢尾科、百合科和天南星科等植物的维管束。

**5. 辐射维管束** 韧皮部与木质部相间排列呈辐射状，仅见于被子植物根的初生构造。

（商庆节）

书网融合……

微课

# 项目三　根内部构造的识别

PPT

## 情境导入

**情境：** 植物生长离不开根，再坚固的土壤也阻挡不了根向下生长；同时，有些植物的根还能长粗。

**思考：** 1. 植物根的内部构造如何？

2. 植物根是如何生长的？

## 任务一　根尖的纵切面构造

根尖是指从根的顶端到生有根毛的这一部分。根据根尖的外部构造和内部组织分化的不同，将其分为根冠、分生区、伸长区和成熟区四部分（图 2－26）。

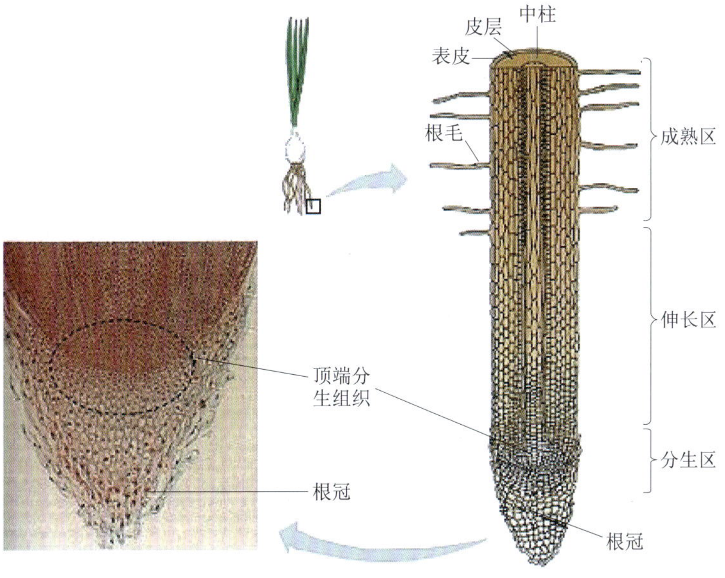


**图 2－26　根尖纵切面**

### 一、根冠

根冠位于根的最先端，是根所特有的组织，略呈圆锥状，像帽套一样包被着生长锥的外围，对根起保护作用。

### 二、分生区

分生区位于根冠的上方或内方的顶端分生组织，呈圆锥状，具有极强的分生能力，又称为生长锥或生长点。分生区的细胞体积小，排列紧密；细胞核大，细胞壁薄，原生质浓；细胞能不断地进行分裂，增加细胞的数量，并经过细胞的进一步生长和分化，逐渐形成根的表皮、皮层和中柱等各种结构。

## 三、伸长区

伸长区位于分生区上方到生有根毛的部分，细胞分裂已逐渐停止，体积扩大，细胞沿根的长轴方向显著延伸，因而称为伸长区。伸长区的细胞除显著伸长外，同时也加速了细胞分化，细胞的形状已开始有了差异，最早的筛管与环纹导管等往往出现在此区域。伸长区细胞的延伸，可使根显著伸长，并不断地向土壤中推进。

## 四、成熟区

成熟区位于伸长区的上方，细胞已停止伸长，且多数已分化成熟，形成了根的初生构造。最外的一层细胞分化为表皮，内层细胞分化为皮层和中柱。成熟区表皮中一部分细胞的外壁向外突出形成根毛，所以又称根毛区。根毛细小，数量多，可增大根的吸收面积，有利于根对水分和无机盐的吸收。

# 任务二　根的初生构造

通过根尖的成熟区做一横切面，可以观察到根的初生构造，从外向内依次为表皮、皮层和维管柱三部分（图2－27）。

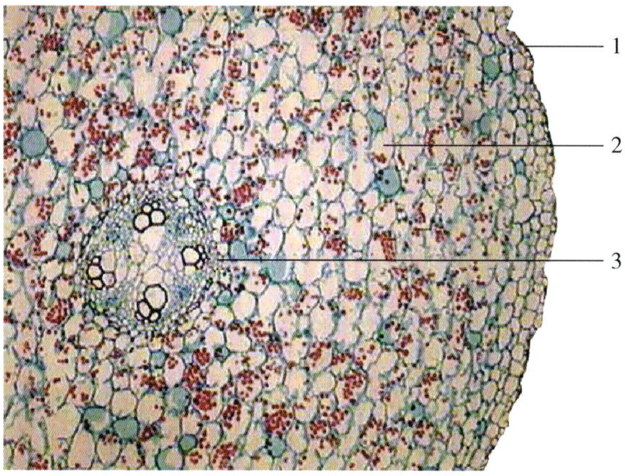


图2－27　双子叶植物根的初生构造

1. 表皮；2. 皮层；3. 维管柱

## 一、表皮

表皮位于根的最外层，为一层扁平的薄壁细胞所组成。细胞排列整齐、紧密，无细胞间隙，细胞壁薄，非角质化，富有通透性，没有气孔，一部分表皮细胞外壁向外突出伸长，形成根毛，扩大了根的吸收面积。

## 二、皮层

皮层位于表皮与维管柱之间，为多层薄壁细胞所组成，细胞排列疏松，细胞间隙大，占幼根绝大部分的面积。皮层可分为外皮层、皮层薄壁组织和内皮层。

**1. 外皮层**　为皮层最外方紧邻表皮的一层细胞，细胞较小，排列整齐、紧密。当根毛受损，表皮受破坏时，外皮层细胞的细胞壁常增厚并木栓化，代替表皮起保护作用。

**2. 皮层薄壁组织**　又称中皮层，位于外皮层内方，由几层至几十层细胞组成，占皮层的绝大部分。细胞多呈类圆形，细胞壁薄，排列疏松，有明显的细胞间隙。有的皮层细胞内贮存有淀粉等后含物，因此，皮层兼有吸收、运输和贮藏作用。

**3. 内皮层**　为皮层最内方的一层细胞，细胞排列整齐、紧密，无细胞间隙，包围在维管柱的外方。内皮层的细胞壁增厚情况特殊，一种是在内皮层细胞的径向壁（侧壁）和上下壁（横壁）上，形成木质化或木栓化的带状增厚，环绕径向壁和上下壁而成一整圈，称为凯氏带。从横切面观察，凯氏带增厚部分呈点状，称凯氏点。另一种是多数单子叶植物和少数双子叶植物幼根的内皮层进一步发育，其径向壁、上下壁和内切向壁显著增厚，只有外切向壁比较薄，从横切面观察，细胞壁增厚部分呈“U”字形。在内皮层细胞壁增厚的过程中，有少数正对初生木质部束顶端的内皮层细胞壁未增厚，称为通道细胞。通道细胞的存在有利于水分和养料的横向运输（图 2－28）。

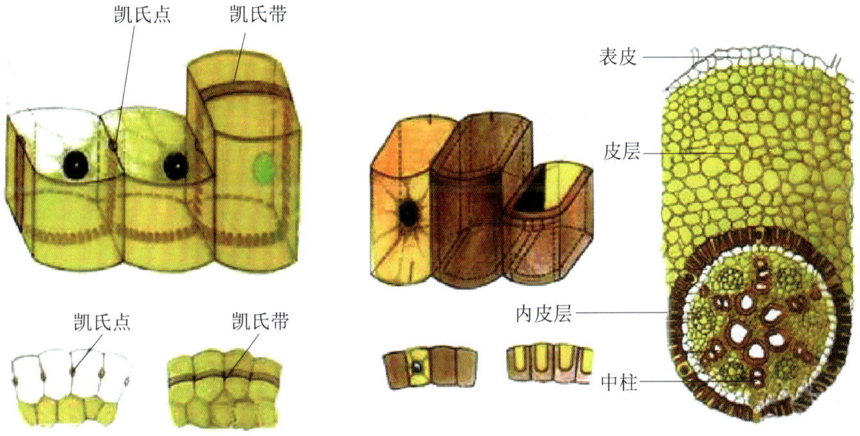


图 2－28　内皮层细胞（示凯氏带）

## 三、维管柱

根的内皮层以内的所有组织，统称为维管柱。包括中柱鞘、初生木质部和初生韧皮部三部分。

**1. 中柱鞘**　在维管柱的最外方，紧贴内皮层，多数由一层薄壁细胞组成。中柱鞘细胞较小，排列紧密，具有潜在的分生能力，在一定时期能产生侧根、不定根、不定芽、乳汁管以及参与形成层和木栓形成层的发生等。

**2. 维管束**　位于根的最内方，由初生木质部和初生韧皮部组成。初生木质部分成数束，呈星角状，与初生韧皮部相间排列；初生韧皮部位于初生木质部外侧凹陷处，形成辐射型维管束。初生木质部由外向内逐渐成熟，这种成熟方式称为外始式。外方先成熟的初生木质部称为原生木质部，内方后分化成熟的木质部称后生木质部。根的初生木质部束数因植物种类而异，如十字花科、伞形科的一些植物和多数裸子植物的根中，只有 2 束初生木质部，称二原型；毛茛科的唐松草属有 3 束，称三原型；葫芦科、杨柳科及毛茛科毛茛属的一些植物有 4 束，称四原型；如果初生木质部束数多于 6，则称为多原型。一般双子叶植物辐射维管束束数较少，为二至六原型，而单子叶植物根的辐射维管束多在六原型以上。被子植物的初生木质部由导管、管胞、木薄壁细胞和木纤维组成；初生韧皮部由筛管、伴胞和韧皮薄壁细胞组成。一般双子叶植物的根，初生木质部一直分化到维管柱的中心，因此没有髓部，少数植物如乌头、龙胆等，其初生木质部不分化到维管柱的中心，因而有髓部。单子叶植物的根，初生木质部一般不分化到中心，中央仍保留未经分化的薄壁细胞，因而有发达的髓部，如百部、麦冬等；也有一些单子叶植物的根，其髓部细胞增厚木化而成为厚壁组织，如鸢尾。

在初生木质部和初生韧皮部之间有数列薄壁组织。这些薄壁组织在根进行次生生长时将恢复分生能力。

**知识链接**

### 凯氏带的发现

凯氏带是由德国植物学家凯斯伯里（Robert Caspary）在1865年发现。凯氏带是植物根部内皮层细胞一种特殊的木质化细胞壁，它通过与内皮层细胞质膜紧密锚定在一起，形成控制植物水分和矿物质扩散的关键屏障，具有极其重要的生物学功能。近期，科学家再次研究发现了水稻中凯氏带与细胞质膜锚定粘连的分子机制，但凯氏带木质素聚合和精准沉积的分子机制仍是一个悬而未决的重大科学问题，值得我们去探索。

# 任务三　根的次生构造

绝大多数蕨类植物和单子叶植物的根，在整个生活期中，一直保持着初生构造。而多数双子叶植物和裸子植物的根，由于能产生次生分生组织，即形成层和木栓形成层，发生了次生增粗生长，形成次生构造。

## 一、形成层的活动及次生维管组织

当根进行次生生长时，位于初生韧皮部内方的薄壁细胞首先恢复分生能力转变为形成层，并逐渐向初生木质部外方的中柱鞘部位发展，使相邻的中柱鞘细胞也开始分化成为形成层的一部分，使片段的形成层连成一个凹凸相间的形成层环。形成层细胞不断进行平周分裂，向内产生次生木质部，加在初生木质部的外方，次生木质部包括导管、管胞、木薄壁细胞和木纤维；向外产生次生韧皮部，加在初生韧皮部的内方，次生韧皮部包括筛管、伴胞、韧皮薄壁细胞和韧皮纤维。次生木质部和次生韧皮部合称为次生维管组织。由于形成层向内分生速度快，次生木质部细胞数目大量增加，使形成层的位置向外推移，因而使凹凸相间的形成层环逐渐转变为圆形。此时，维管束便由初生构造的木质部与韧皮部相间排列的辐射型转变为木质部在内方，韧皮部在外方的外韧型。在韧皮部与木质部之间始终保留着一层具有分生能力的形成层细胞，使根能够持续地进行次生生长。同时，由于新生的次生维管组织总是添加在初生韧皮部的内方，初生韧皮部遭受挤压而被破坏，成为没有细胞形态的颓废组织。因为形成层产生的次生木质部的数量较多，所以粗大的树根主要是木质部（图2－29）。

形成层细胞活动时，在一定部位也分生一些薄壁细胞，这些薄壁细胞沿径向延长，呈放射状排列，贯穿在次生维管组织中，称次生射线或维管射线。其中位于韧皮部的称韧皮射线，位于木质部的称木射线。次生射线具有横向运输和贮藏营养物质的功能。

在根的次生韧皮部中，常有各种分泌组织分布，如马兜铃根（青木香）有油细胞，人参有树脂道，当归有油室，蒲公英根有乳汁管。有的薄壁细胞，包括射线薄壁细胞中常含有淀粉、生物碱、激素、晶体等各种物质。

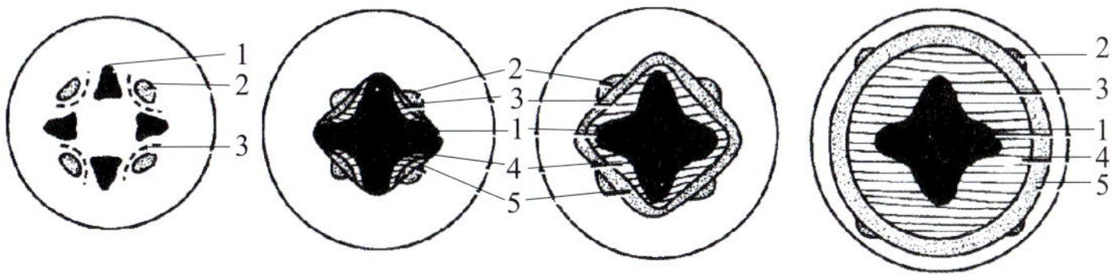


图 2－29　双子叶植物根的次生生长图解

1. 初生木质部；2. 初生韧皮部；3. 形成层；4. 次生木质部；5. 次生韧皮部

## 二、木栓形成层的发生及周皮的形成

根的次生生长使根不断加粗，但表皮及部分皮层因为不能相应加粗而被破坏。此时，由中柱鞘细胞恢复分生能力，产生木栓形成层。木栓形成层向外分生木栓层，向内分生栓内层，三者共同组成周皮。木栓层细胞多呈扁平状，排列整齐紧密，往往多层相迭，细胞壁木栓化，呈褐色。栓内层为数层薄壁细胞，排列较疏松，不含叶绿体，有的植物根的栓内层较发达，有类似于皮层的作用，称次生皮层。周皮形成后，木栓层外方的皮层和表皮被胀破并因得不到水分和营养物质而逐渐枯死脱落。因此，根的次生构造没有表皮和皮层，而为周皮所代替。

最初的木栓形成层产生后，随着根的进一步增粗，老周皮中的木栓形成层逐渐终止活动，其内方的部分薄壁细胞（皮层和次生韧皮部内）又能恢复分生能力，产生新的木栓形成层，进而形成新的周皮。

植物学上的根皮是指周皮，而中药材中的根皮，如地骨皮、牡丹皮、桑白皮、香加皮、五加皮、白鲜皮等，则是指形成层以外的部分，包括韧皮部和周皮。

单子叶植物根中无形成层，不能加粗生长，无木栓形成层，不产生周皮，其保护功能由表皮或外皮层行使。也有一些单子叶植物，如百部、麦冬、石斛等植物的根，表皮常进行切向分裂形成多列细胞，细胞壁木栓化，成为一种无生命的死亡组织，起保护作用，这种组织称为根被。

# 任务四　根的异常构造

在一些双子叶植物根的生长发育过程中，除了正常的次生构造外，还产生一些额外特殊的维管束，称为异型维管束，形成根的异常构造。常见的有以下几种类型。

## 一、同心环状排列的异型维管束

在根的正常维管束形成不久，形成层往往失去分生能力，而相当于中柱鞘部位的薄壁细胞转化成新的形成层，由于此形成层的活动，产生一圈小型的异型维管束。在它的外方，还可以继续产生新的形成层环，再分化成新的异型维管束，如此反复多次，构成同心环状排列的多圈维管束。如苋科的牛膝、川牛膝、商陆科的商陆等。

## 二、附加维管柱

有些双子叶植物的根在正常维管束形成后，皮层或韧皮部中部分薄壁细胞恢复分生能力，产生多个新的形成层环而形成多个大小不等的单独的和复合的异型维管束，即附加维管柱，形成异常构造。如何首乌的块根在横切面上可看到一些大小不一的圆圈状花纹，药材鉴别上称为“云锦花纹”。

## 三、木间木栓

有些双子叶植物的根，在次生韧皮部内也形成木栓带，称为木间木栓。木间木栓通常由次生木质部薄壁组织细胞分化形成。如黄芩老根中央常见木栓环，新疆紫草根中央也有木栓环带，甘松根中的木间木栓环包围一部分木质部和韧皮部而把维管柱分隔成 2～5 个束（图 2－30）。

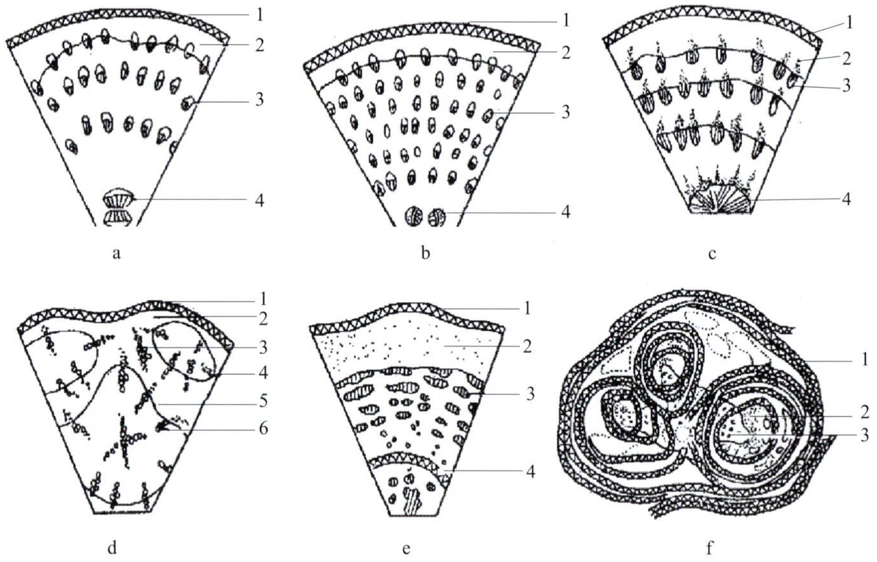


**图 2－30　根的异常构造简图**

a. 牛膝；b. 川牛膝；c. 商陆　1. 木栓层；2. 皮层；3. 异型维管束；4. 正常维管束
d. 何首乌　1. 木栓层；2. 皮层；3. 单独维管束；4. 复合维管束；5. 形成层；6. 木质部
e. 黄芩　1. 木栓层；2. 皮层；3. 木质部；4. 木间细胞环
f. 甘松　1. 木栓层；2. 韧皮部；3. 木质部

（林美珍）

# 项目四　茎内部构造的识别

PPT

## 情境导入

**情境：**我们有时见到一些百年大树，粗大的树干中央已经腐朽成空洞，但树梢仍然郁郁葱葱，俗语“树不怕空心，就怕剥皮”。

**思考：**1. 树为什么不怕空心？

2. 树为什么怕剥皮？

## 任务一　茎尖的构造

种子植物的主茎起源于种子内幼胚的胚芽，主茎上的侧枝则由主茎上的侧芽（腋芽）发育而来。无论主茎或侧枝，一般在其顶端均具有顶芽，能保持顶端生长的能力，使植物体不断长高。

茎尖是指主茎或枝条的顶端部分，其结构与根尖基本相似，即由分生区（生长锥）、伸长区和成熟区三部分组成。所不同的是茎尖顶端没有根冠样的结构，而是由幼小的叶片包围着几个小突起，这些小突起分别称叶原基和腋芽原基，以后分别发育成叶和腋芽，其次茎成熟区的表皮不形成根毛，却常有气孔和毛茸等附属物（图2－31）。

由生长锥分裂出来的细胞逐渐分化为原表皮层、基本分生组织和原形成层等初生分生组织，这些分生组织细胞继续分裂分化，所形成的构造即为茎的初生构造。

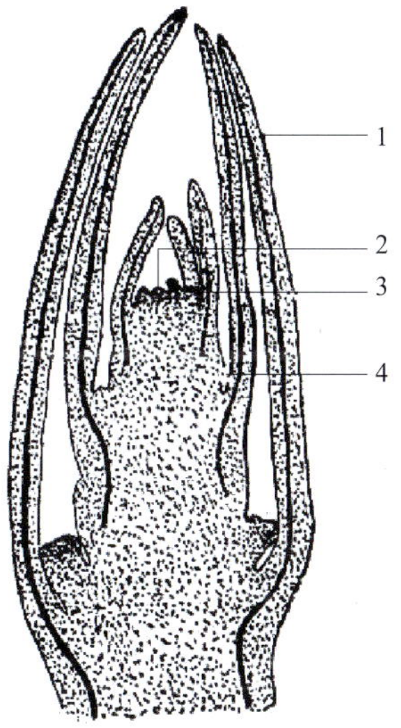


**图2－31　忍冬芽的纵切面**

1. 幼叶；2. 生长锥；
3. 叶原基；4. 腋芽原基

## 任务二　双子叶植物茎的初生构造

通过茎的成熟区作一横切面，可观察到茎的初生构造。从外到内可分为表皮、皮层和维管柱三部分（图2－32）。

**1. 表皮**　位于茎的最外层，由一层扁平、排列整齐而紧密的细胞组成。表皮细胞的外壁较厚，常具有角质层或蜡被，有的表皮上还有气孔、毛茸或其他附属物。

**2. 皮层**　位于表皮内方，是表皮与维管柱之间的部分，由多层薄壁细胞构成。茎的皮层一般不如根的皮层发达，仅占茎中较小的部分。细胞常为多面体，球形或椭圆形，细胞壁薄，排列疏松，具细胞间隙；靠近表皮的细胞常含叶绿体，故嫩茎一般呈绿色。有些植物近表皮部位常具有厚角组织，以增强茎的韧性，其中有的呈环状，如葫芦科和菊科的一些植物；有的聚集在茎的棱角处，如薄荷、益母草、芹菜等植物；有些植物在茎的皮层中还有纤维束、石细胞群或分泌组织，如向日葵、黄柏、桑等。

茎的内皮层通常不明显，所以皮层与维管区域之间无明显界限。少数草本植物的皮层最内一层细胞含有大量淀粉粒，特称淀粉鞘，如蚕豆、蓖麻等。

**3. 维管柱** 维管柱是皮层以内所有组织的总称，包括初生维管束、髓和髓射线，占茎的较大部分。

（1）初生维管束 是茎的输导系统，位于皮层的内方，呈环状排列，包括初生韧皮部、束中形成层和初生木质部三部分。初生韧皮部位于维管束的外侧，由筛管、伴胞、韧皮薄壁细胞和韧皮纤维组成，分化成熟的方向与根相同，由外向内，为外始式。初生韧皮纤维常成群分布于韧皮部外侧，可增强茎的韧性。初生木质部位于维管束的内侧，由导管、管胞、木薄壁细胞和木纤维组成，其分化成熟的方向与根相反，由内向外，为内始式。束中形成层位于初生韧皮部与初生木质部之间，由1～2层具分生能力的细胞组成，能分裂产生大量细胞，使茎不断增粗生长。

（2）髓射线 位于各个初生维管束之间的薄壁细胞区域，外连皮层，内接髓部，细胞常径向延长，在横切面上呈放射状排列，称髓射线，也称初生射线，具横向运输和贮藏的作用。一般草本植物的髓射线较宽，而木本植物的髓射线则较窄。

（3）髓 位于茎的中央，被初生维管束围绕。主要由体积较大的薄壁细胞组成，细胞排列疏松，有明显的胞间隙，常含有淀粉粒或晶体。有些植物的髓部呈局部破坏，形成一系列片状的横隔，如胡桃、猕猴桃；也有些植物茎的髓部在发育过程中逐渐消失而形成髓腔，使茎中央呈现中空，如连翘、芹菜、南瓜等。有些植物茎的髓部最外层有一些紧密小型的、细胞壁较厚的环髓带细胞包围着髓部，如椴树。

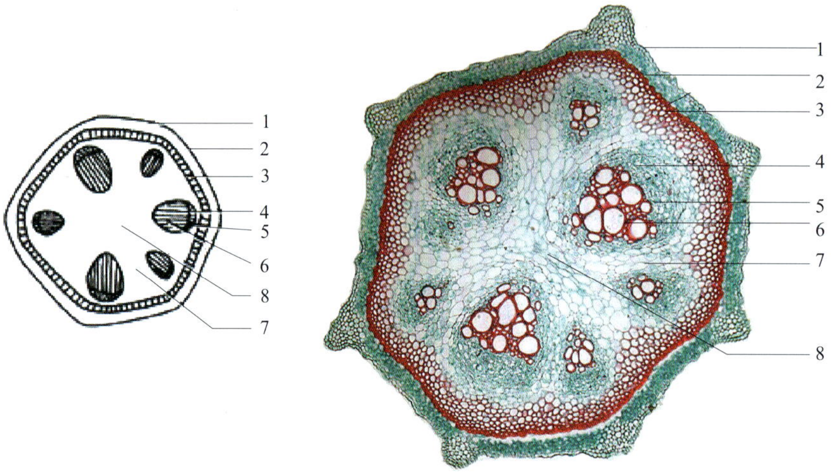


**图2－32 双子叶植物茎（马兜铃）的初生结构（左简图，右详图）**

1. 表皮；2. 皮层；3. 纤维；4. 韧皮部；5. 束中形成层；6. 木质部；7. 髓射线；8. 髓

# 任务三 双子叶植物茎的次生构造

## 一、双子叶植物木质茎的次生构造

大多数双子叶植物茎在初生构造形成后，由于维管形成层和木栓形成层的分裂活动，随之进行次生生长，产生次生结构，使茎不断加粗。木本植物的生活周期长，次生生长可持续多年，故次生构造特别发达。

**1. 形成层活动及次生结构** 在植物茎开始次生生长时，靠近束中形成层的髓射线薄壁细胞恢复分生能力，转变为束间形成层，并与束中形成层连接，形成一个形成层圆环。

大部分形成层细胞略呈纺锤形，称纺锤原始细胞；少部分形成层细胞近于等径，称射线原始细胞。当形成层成为一完整环后，纺锤原始细胞即开始进行切向分裂，向内产生次生木质部细胞，向外产生次生韧皮部细胞；射线原始细胞则向内向外分裂产生次生射线。

在次生生长中，形成层细胞具有强烈的分生能力，束中形成层产生的次生木质部添加在初生木质部的外方；向外产生的次生韧皮部添加在初生韧皮部的内方，并将初生韧皮部向外推移。同时，形成层中的射线原始细胞也不断产生次生射线薄壁细胞，贯穿于次生木质部和次生韧皮部中，形成横向的联系组织，位于韧皮部的称为韧皮射线，位于木质部的称为木射线，二者合称维管射线。通常产生的次生木质部细胞比次生韧皮部细胞数量多得多，因此，横切面观，次生木质部比次生韧皮部大得多。次生韧皮部由筛管、伴胞、韧皮纤维、韧皮薄壁细胞和韧皮射线组成；次生木质部由导管、管胞、木纤维、木薄壁细胞和木射线组成。而束间形成层一部分形成薄壁细胞，延长髓射线，另一部分分裂分化产生新的维管组织，所以木本植物茎维管束之间距离会变窄。藤本植物茎次生生长时，束间形成层不分化产生新的维管组织，故藤本植物的次生构造中维管束之间距离较宽，如海风藤。

形成层的分裂活动受一年四季环境气候变化的影响。生长在温带和亚热带的植物，其维管形成层的活动具有周期性。春季，气候温和，雨量充沛，形成层活动旺盛，所形成的次生木质部细胞体积大，细胞壁薄，质地较疏松，色泽较浅，称为早材或春材；到了秋季，气温下降，雨量稀少，形成层活动逐渐减弱，所产生的细胞体积小壁厚，质地紧密，颜色较深，称为晚材或秋材。同一年中早材和晚材是逐渐转变的，没有明显的界限。但是，当年的秋材与次年的春材之间却界限明显，形成一圆环，称为年轮。通常每年1个年轮，因此根据树干基部的年轮数目，可以推断出树木的年龄。但也有些植物一年形成2~3个年轮，这是由于形成层有节律的活动，每年有几个循环的结果，这些年轮称假年轮。

在多年生木质茎的次生木质部横切面上，靠近形成层的部分颜色较浅，质地松软，称边材。边材具有输导作用。而中心部分，颜色较深，质地坚硬，称心材。由于心材中常常积累一些代谢产物，如单宁、树脂、树胶和各种色素等化学成分，因此茎木类药材多为心材，如沉香、降香、檀香、苏木等，均以心材入药。

要充分地了解茎的次生结构及鉴定茎木类药材，常采用三种切面，即横切面、径向切面和切向切面，以便进行比较观察。①横切面：是与茎的纵轴垂直所作的切面，从切面上可见年轮呈同心环状，所见射线为纵切面，呈放射状排列，可观察到射线的长度和宽度。两射线间的导管、管胞、木纤维和木薄壁细胞等，呈大小不一、细胞壁厚薄不等的类圆形或多角形。②径向切面：是通过茎的直径所作的纵切面。可见年轮呈垂直平行的带状，射线则横向分布，与年轮成直角，可观察到射线的高度和长度。一切纵长细胞如导管、管胞、木纤维等均为纵切面，呈长管状或梭形，其长度和次生壁的增厚纹理都很清楚。③切向切面：是不通过茎的中心而垂直于茎的半径所作的纵切面。可见射线为横切面，细胞群呈纺锤形，作不连续的纵行排列。可观察到射线的宽度和高度以及细胞列数和两端细胞的形状。所见到的导管、管胞和木纤维等细胞的形态、长度及次生壁增厚的纹理等都与其径向切面相似（图2－33）。

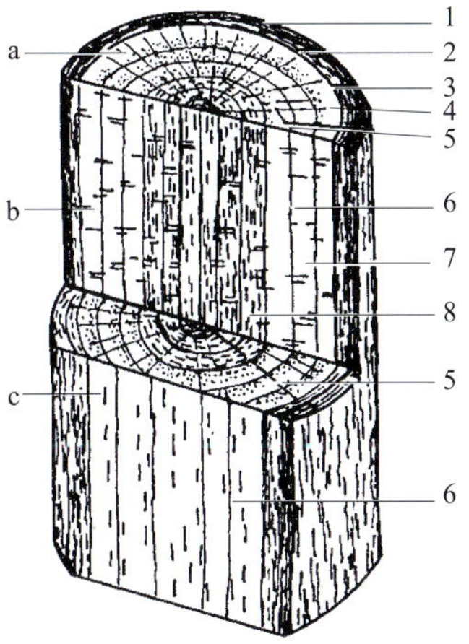


**图2－33　木材的三种切面**

a. 横切面；b. 径向切面；c. 切向切面

1. 外树皮；2. 内树皮（韧皮部）；3. 形成层 4. 木质部；5. 射线；6. 年轮；7. 边材；8. 心材

在木材的三个切面中，射线的形状最为突出，可作为判断切面类型的重要依据。

**2. 木栓形成层活动及周皮**　形成层的活动产生大量组织细胞，使茎不断增粗生长，但已分化成熟的表皮细胞一般不能相应增大和增多，从而失去了保护功能。此时，植物茎就由表皮细胞或皮层薄壁细胞也可能是韧皮薄壁细胞恢复分生能力，转化为木栓形成层。木栓形成层向外产生木栓层，向内产生栓内层，栓内层为生活细胞组成，细胞中常含有叶绿体。木栓层、木栓形成层和栓内层共同组成周皮，以代替表皮行使保护作用（图2－34）。

当新周皮形成后，其外方所有的组织，由于水分和营养物质供应的终止，相继死亡，这些老周皮及其被新周皮隔离的颓废组织的综合体，称为落皮层。狭义的树皮即落皮层；广义的树皮是指维管形成层以外的所有组织，包括历年产生的周皮、皮层和次生韧皮部等。多数皮类药材，如肉桂、黄柏、厚朴、杜仲、秦皮、合欢皮等，均指广义的树皮。在茎的皮层、次生韧皮部薄壁细胞中除含有糖类、油脂等营养物质外，有的还含有鞣质、橡胶、生物碱、皂苷、挥发油等，具有一定的药用价值，如杜仲、黄柏、肉桂、厚朴等茎皮类药材。

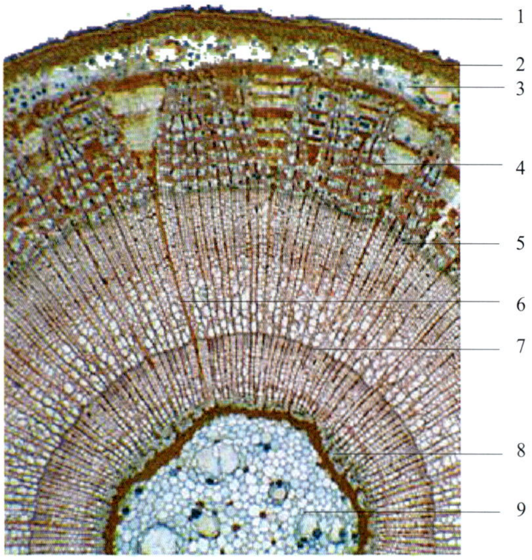


图2－34　双子叶植物（椴木）茎的次生构造

1. 表皮；2. 周皮；3. 皮层；4. 韧皮部；5. 形成层；6. 髓射线；7. 年轮；8. 初生木质部；9. 髓

## 二、双子叶植物草质茎的构造

双子叶植物草质茎的生长期较短，次生生长有限，次生构造不发达，木质部面积小，质地柔软，与双子叶植物木质茎相比有以下特点（图2－35）：

（1）最外面仍由表皮起保护作用，表皮上常具有角质层、蜡被、气孔及毛茸等附属物。表皮下方的细胞中含叶绿体，因此草质茎常呈绿色，具有光合作用的能力。

（2）表皮下常有厚角组织，有的排列成环状，有的聚集在棱角处。

（3）多数无限外韧维管束呈环状排列，有些植物仅具束中形成层，没有束间形成层，还有些植物不仅没有束间形成层，束中形成层也不明显。

（4）髓部发达，髓射线较宽，有的髓部中央破裂形成空洞。

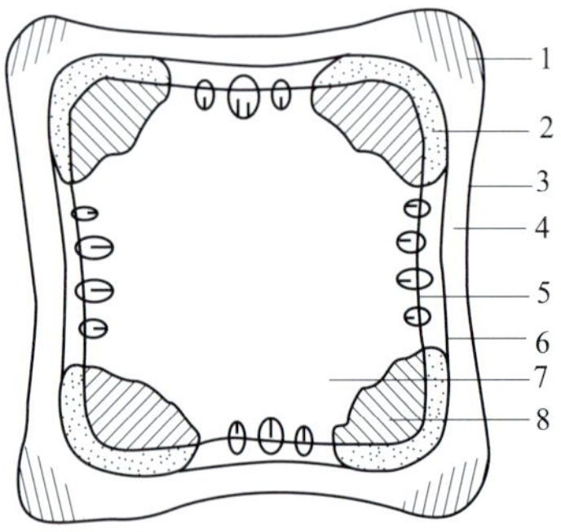


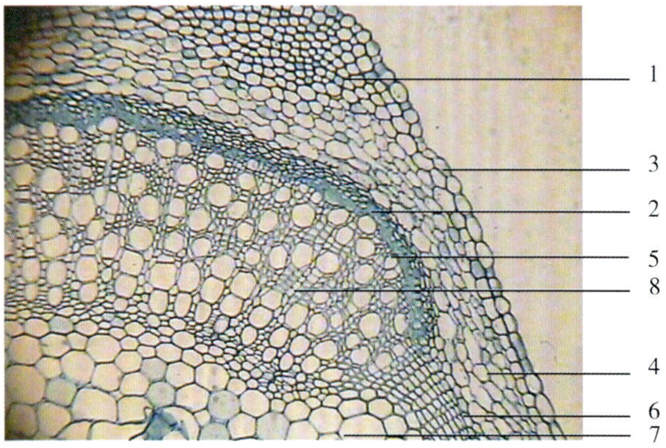


图2－35　薄荷茎横切面图（左简图，右详图）

1. 厚角组织；2. 韧皮部；3. 表皮；4. 皮层；5. 形成层；6. 内皮层；7. 髓；8. 木质部

## 三、双子叶植物根状茎的构造

双子叶植物根状茎一般指草本双子叶植物根状茎，其构造与地上茎类似，有以下特点（图2－36）：

（1）根状茎表面常为木栓组织，有的植物木栓组织中分布有木栓石细胞，如苍术、白术等；少数植物具有表皮或鳞叶。

（2）皮层中常有根迹维管束和叶迹维管束斜向通过。

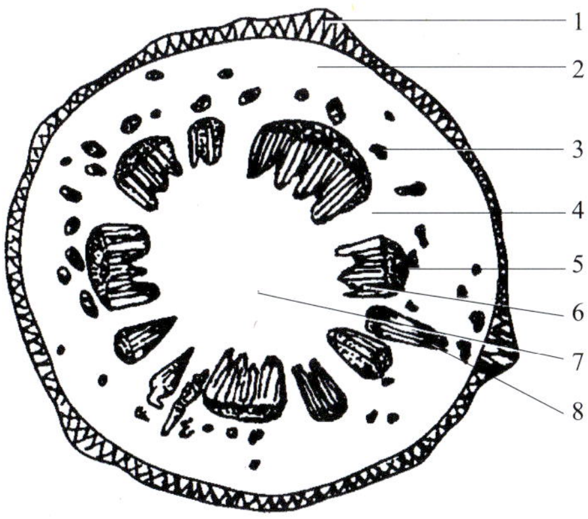


**图 2－36　黄连根状茎横切面简图**

1. 木栓层；2. 皮层；3. 石细胞群；4. 射线
5. 韧皮部；6. 木质部；7. 根迹维管束；8. 髓

（3）维管束为无限外韧型，呈环状排列。束间形成层明显的植物，其形成层呈完整的环状；但有的植物束间形成层不明显。

（4）髓射线较宽，中央有明显的髓部。

（5）薄壁组织发达，细胞中多含有贮藏物质；机械组织一般不发达，仅皮层内侧有时具有纤维或石细胞。

## 四、双子叶植物茎及根状茎的异常构造

某些双子叶植物茎或根状茎除了能形成正常的维管构造以外，通常有部分薄壁细胞还能恢复分生能力，转化成非正常形成层。该形成层的活动所产生的维管束即为异型维管束，所形成的构造即为异常构造。常见的异常构造如下。

**1. 髓部的异常维管束**　如大黄根状茎的横切面上，除正常的维管束外，髓部有许多星点状的异型维管束，其形成层呈环状，外侧是由几个导管组成的木质部，内侧为韧皮部，射线呈星芒状排列，习称星点。此外，胡椒科植物海风藤茎的横切面上，除正常排成环状的维管束外，髓部还有 6～13 个异型维管束散在（图 2－37，图 2－38）。

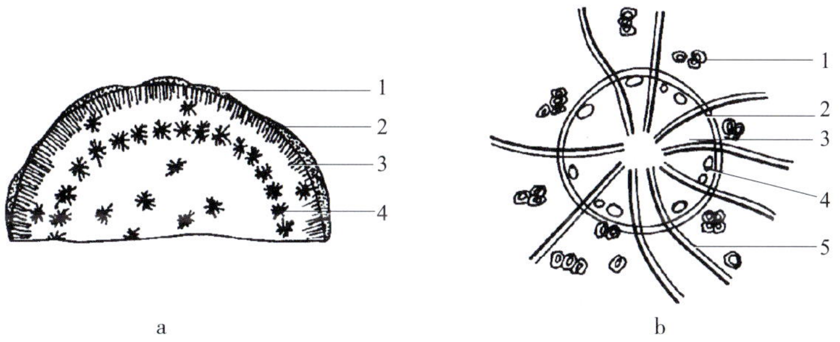


**图 2－37　大黄根状茎横切面简图**

a. 掌叶大黄：1. 韧皮部；2. 形成层；3. 木质部；4. 星点
b. 星点简图：1. 导管；2. 形成层；3. 韧皮部；4. 黏液腔；5. 射线

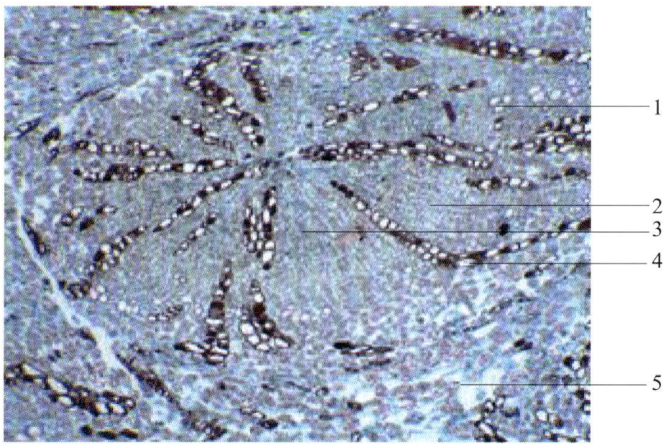


**图 2－38　大黄根状茎星点详图**

1. 导管；2. 形成层；3. 韧皮部；4. 射线；5. 髓

**2. 同心环状排列的异常维管组织**　在某些双子叶植物茎内，初生生长和早期次生生长都正常。当正常的次生生长发育到一定阶段，次生维管柱的外围又形成多轮呈同心环状排列的异常维管组织。如鸡血藤、常春油麻藤茎。

**3. 木间木栓** 某些植物的根状茎薄壁细胞恢复分生能力形成新的木栓形成层，并呈环状包围一部分韧皮部和木质部，把维管柱分隔为数束，如甘松的根状茎。

# 任务四　单子叶植物茎和根状茎的构造

## 一、单子叶植物茎的构造特点

单子叶植物茎和根状茎只有初生构造而没有次生构造，不能进行次生生长，与双子叶植物茎在组织构造上有所不同。

（1）单子叶植物茎一般无形成层和木栓形成层，除少数热带单子叶植物，如龙血树、芦荟等外，一般终生只具有初生构造，没有次生构造，不能无限增粗生长。

（2）茎的最外面通常由一列表皮细胞起保护作用，不产生周皮。禾本科植物茎秆的表皮下方，往往有数层厚壁细胞分布，以增强支持作用。

（3）表皮以内为基本薄壁组织和星散分布于其中的有限外韧型维管束，因此没有皮层、髓和髓射线之分。多数禾本科植物茎的中央部位萎缩破坏，形成中空的茎秆（图2－39）。

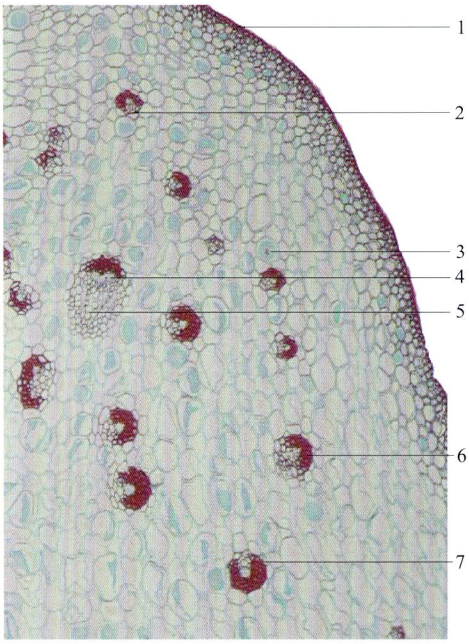


**图2－39　石斛茎横切面详图**

1. 表皮；2. 维管束；3. 针晶束；4. 韧皮部；5. 木质部；6. 纤维群；7. 硅质块

## 二、单子叶植物根状茎的构造特点

（1）根状茎的表面仍为表皮或木栓化的皮层细胞起保护作用。少数植物有周皮，如射干、仙茅等。

（2）皮层常占较大体积，其中常有细小的叶迹维管束存在，薄壁细胞内含有大量营养物质。维管束散在，多为有限外韧型，如白茅、姜黄、高良姜等；少数为周木型，如香附；有的则兼有有限外韧型和周木型两种维管束，如石菖蒲（图2－40）。

（3）内皮层大多明显，具凯氏带，因而皮层与维管组织区域有明显的分界，如姜、石菖蒲等。

也有的内皮层不明显，如玉竹、知母、射干等。

（4）有些植物根状茎在皮层靠近表皮部位的细胞形成木栓组织，如姜；有的皮层细胞转变为木栓化细胞，形成所谓“后生皮层”，以代替表皮行使保护功能，如藜芦。

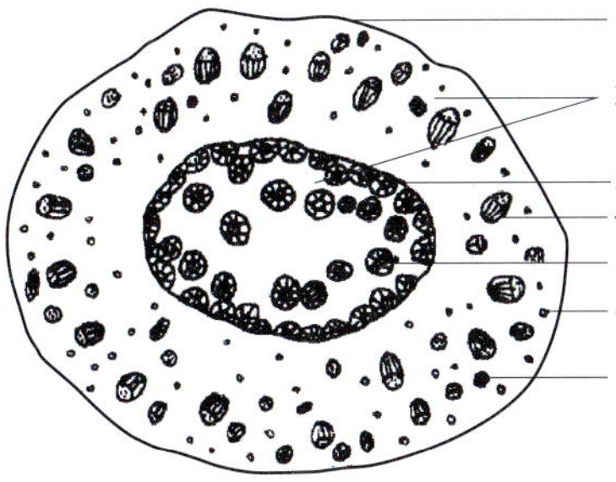

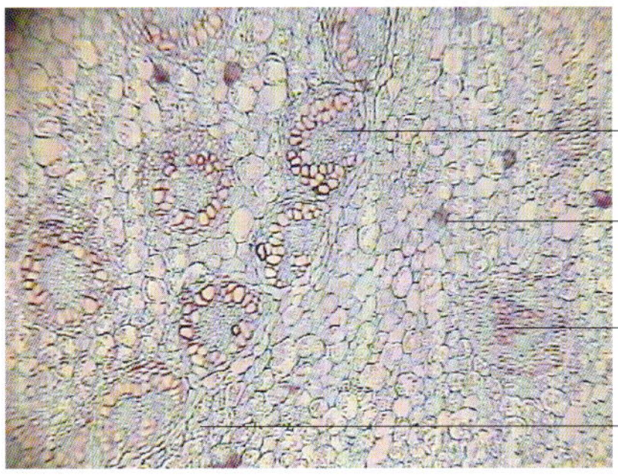


**图 2-40　石菖蒲根状茎横切面图**

左简图：1. 表皮；2. 薄壁组织；3. 内皮层；4. 叶迹维管束；5. 周木维管束；6. 油细胞；7. 纤维束
右详图：1. 周木维管束；2. 油细胞；3. 叶迹维管束；4. 内皮层

## 任务五　裸子植物茎的构造

裸子植物茎均为木质，因此它的构造与木本双子叶植物茎相似，但有区别点：

（1）次生木质部主要由管胞、木薄壁细胞和射线细胞所组成，如柏科、杉科；或无木薄壁细胞，如松科；除麻黄科和买麻藤科以外，裸子植物均无导管。

（2）次生韧皮部是由筛胞、韧皮薄壁细胞组成，无筛管、伴胞和韧皮纤维。

（3）松柏类植物茎的皮层、韧皮部、木质部及髓部，甚至髓射线中常有树脂道。

**知识链接**

### 蕨类植物根茎的构造特点

蕨类植物根茎的最外层，多为厚壁性的表皮及下皮细胞，基本薄壁组织比较发达。维管柱的类型有的是原生中柱，仅由管胞组成的木质部位于中央，韧皮部位于四周，外有中柱鞘及内皮层，如海金沙；有的是双韧管状中柱，木质部呈圆筒状，其内外侧都有韧皮部及内皮层，中心为基本薄壁组织，如金毛狗脊；有的为网状中柱，每一分体中柱为周韧维管束，在薄壁细胞间隙中生有单细胞间隙腺毛，内含分泌物，如绵马贯众。

蕨类植物是最古老的陆生植物。在生物发展史上，35000 万年到 27000 万年的泥盆纪晚期到石炭纪时期，是蕨类最繁盛的时期，为当时地球上的主要植物类群。二叠纪末由于地球温度上升，水湿度减少，蕨类植物的维管柱输送能力弱，导致大量绝灭，因此，我们要保护生态环境，保护珍稀植物。

（林美珍）

# 项目五　叶内部构造的识别

PPT

## 情境导入

**情境：** 我们常常歌颂绿叶的品格：甘于奉献、不求回报。绿叶为人类和动物的生存提供有机物、制造氧气、净化空气、美化环境、保护生态。

**思考：** 1. 绿叶有什么特殊的构造可让它为人类奉献？

2. 绿叶的腹面与背面的颜色一致吗？

## 任务一　双子叶植物叶片的构造

叶主要由叶片和叶柄组成，叶柄的构造与茎相似，由表皮、皮层和维管组织三个部分组成，横切面常呈半月形、圆形、三角形等。叶片为绿色的扁平体，分为上下两面，上面称为腹面，下面称为背面。叶片的形态多种多样，但其内部构造基本包括：表皮、叶肉和叶脉。

### 一、表皮

表皮覆盖在整个叶片的最表面，位于叶片腹面的称上表皮，位于背面的称下表皮。表皮通常由一层生活细胞组成，也有少数植物，叶片表皮系由多层细胞组成，称之为复表皮，如夹竹桃具有 2～3 层细胞组成的复表皮，印度橡胶树叶具有 3～4 层细胞组成的复表皮。表皮细胞中一般不含叶绿体。大多数双子叶植物叶片的表皮细胞顶面观，呈不规则形，侧壁（径向壁）往往凹凸不齐，细胞之间彼此紧密嵌合，除气孔外没有细胞间隙。横切面观，表皮细胞呈方形或长方形，外壁较厚，具角质层，有些植物在角质层外面，还有一层不同厚度的蜡被。角质层起着保护作用，可以控制水分蒸腾，防止病菌侵入，但对于喷洒的药液也有不同程度的吸收能力。

叶片的表皮上分布着许多气孔，气孔与两个保卫细胞共同组成气孔器。各种植物气孔的数目、位置和分布是不同的，这与生态条件密切相关，也是生药显微鉴定的辅助依据之一。一般植物下表皮的气孔较多，如薄荷、洋地黄等植物的叶；也有些植物，气孔只分布于下表皮，如小檗、旱金莲、苹果叶等；还有些植物的气孔只分布在下表皮的局部区域，如夹竹桃叶的气孔，仅存在凹陷的气孔窝内；浮水植物的气孔只分布于上表皮，如莲、睡莲叶等；沉水叶一般没有气孔。

有些植物叶的表皮上常常有形态与结构各异的毛茸，如非腺毛、腺毛等。毛茸的有无和毛茸的类型因植物种类而异，是植物分类及叶类药材显微鉴定的重要特征。

### 二、叶肉

叶肉位于上表皮与下表皮之间，其细胞中含有大量的叶绿体，是绿色植物进行光合作用的主要场所，因而它属于同化基本组织。许多双子叶植物的叶片，叶肉可分为栅栏组织和海绵组织两部分。

**1. 栅栏组织**　位于上表皮之下，细胞呈长圆柱形，排列整齐紧密，细胞的长轴与上表皮相垂直，细胞间隙小，呈栅栏状。细胞内含有大量叶绿体，使叶片上表面的颜色较深，其光合作用效能也比较强。各种植物叶肉中栅栏组织细胞排列的层数，可作为叶类药材鉴别的特征。

**2. 海绵组织** 位于栅栏组织与下表皮之间，由一些近圆形或不规则形的薄壁细胞构成，细胞间隙较大，排列疏松，呈海绵状；细胞内所含的叶绿体比栅栏组织少，所以叶片下表面的绿色较浅。

叶肉组织在上表皮和下表皮的气孔处常有较大的空隙，称孔下室。这些空隙与栅栏组织和海绵组织的细胞间隙相通，构成叶片的通气组织，并通过气孔与外界相通，有利于内外气体交换和光合作用。

有些植物叶肉组织中，含有分泌腔，如桉叶；有的含有各种单个分布的石细胞，如茶叶；还有的在薄壁细胞中常含有结晶体，如曼陀罗叶中的砂晶，金线莲叶片中的针晶等。

## 三、叶脉

叶脉主要由维管束和机械组织组成，在叶肉中呈束状结构，并通过叶柄中的维管束与茎的维管束相连，其维管束的构造和叶柄的维管束也大致相同，木质部位于腹面，韧皮部位于背面。在木质部和韧皮部之间有形成层，但其活动时间较短，只产生少量的次生组织。在维管束的上、下方常有多层机械组织，尤其下方的机械组织更为发达，因此，主脉和大的侧脉在叶片的背面常形成显著的突起。随着侧脉越分越细，其构造也越趋简化。先是形成层消失，然后机械组织逐渐减少，甚至完全没有，木质部和韧皮部的组成分子数目也逐渐减少，到达脉梢时，木质部仅有1～2个螺纹管胞，韧皮部仅有短狭的筛管分子和增大的伴胞，甚至由长型的薄壁细胞完成输导作用（图2－41）。

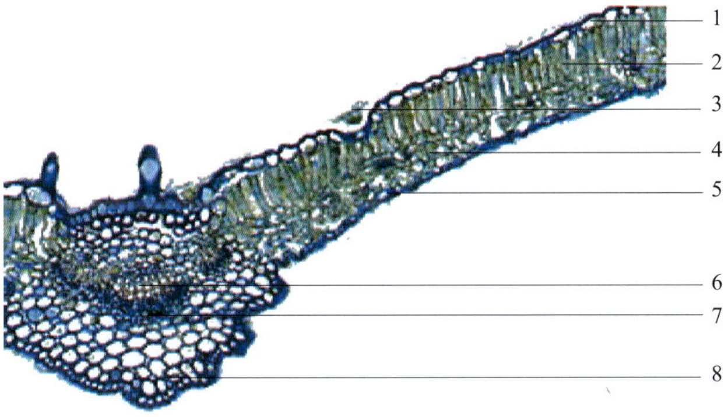


**图2－41 薄荷叶横切面详图**

1. 上表皮；2. 栅栏组织；3. 腺毛；4. 海绵组织；
5. 下表皮；6. 木质部；7. 韧皮部；8. 厚角组织

如薄荷叶那样，叶片两面有腹背色泽差异，叶肉有栅栏组织和海绵组织的分化，栅栏组织位于上表皮的下方，且不通过主脉，海绵组织位于下表皮的上方，这种叶称两面叶或异面叶。

但有些植物如单子叶植物淡竹叶，叶肉没有栅栏组织和海绵组织的分化，或有分化，但栅栏组织位于上、下表皮的内方，且栅栏组织通过主脉如番泻叶，这种叶则称等面叶。

叶片主脉部位的上下表皮内方，一般为厚角组织和薄壁组织，而无栅栏组织和海绵组织。但有些植物在主脉的上方有一层或几层栅栏组织，与叶肉中的栅栏组织相连接，如番泻叶、石楠叶，形成叶类药材的鉴别特征。

# 任务二 单子叶植物叶片的构造

单子叶植物的叶多为等面叶，在内部构造上同样分为表皮、叶肉和叶脉三部分，现以禾本科植物淡竹叶为例加以说明。

## 一、表皮

表皮细胞大小不等成行排列，外壁角质化，并含硅质，在上表皮有一些特殊大型的薄壁细胞，其液泡大，横切面观察细胞排列略呈展开的扇形，称为泡状细胞。当气候干燥时，叶片蒸腾作用失水过多，泡状细胞收缩，使叶片卷曲呈筒状；当气候湿润时，蒸腾作用减少，泡状细胞吸水膨胀，使叶片伸展。由于泡状细胞与叶片的卷曲和伸展有关，因此又称之为运动细胞。上下表皮均有毛茸和数目近相等的气孔分布，气孔成行排列，由2个狭长的呈哑铃状的保卫细胞组成，保卫细胞外侧连接近圆三角形的副卫细胞。

## 二、叶肉

由于禾本科植物叶片生长多呈直立状态，两面受光条件相近，因此，叶肉中栅栏组织和海绵组织的分化不明显，属于等面叶。叶肉细胞或呈典型的薄壁细胞状，或细胞壁向内凹陷，呈折叠状、分叉状或具臂状等。

## 三、叶脉

禾本科植物的叶脉为平行脉，中脉明显粗大，维管束中无形成层，为有限外韧型，木质部导管呈倒“V”字形排列，其下方为韧皮部。在较大维管束的下方与下表皮内侧有厚壁组织，维管束周围有1~2层纤维组成维管束鞘，以增强叶片的支持作用。维管束鞘可作为禾本科植物分类上的特征（图2-42）。

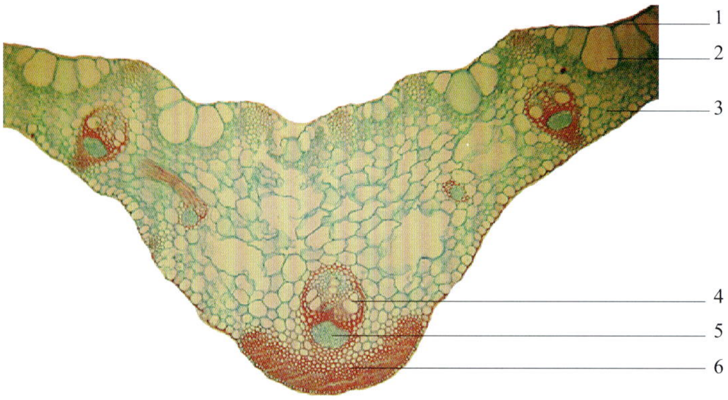


**图2-42 淡竹叶片的横切面详图**

1. 上表皮；2. 泡状细胞；3. 叶肉细胞；4. 木质部；5. 韧皮部；6. 纤维群

**知识链接**

### 气孔指数、栅表比、脉岛数

同一株植物单位面积（$mm^2$）上的气孔数目，称为气孔数。气孔数有很大的差异，然而同种植物叶的单位面积上气孔数与表皮细胞的比例则是恒定的，称气孔指数。

叶肉中栅栏细胞与表皮细胞之间有一定的关系。一个表皮细胞下的平均栅栏细胞数目称为栅表比，同种植物的栅表比是恒定的，可用来区别不同种植物的叶。

叶片中最末端细小的叶脉所包围的叶肉组织为一个脉岛。大多数双子叶植物的脉岛中有叶脉的自由末梢突入，而单子叶植物的脉岛中则无自由末梢，由此可区分双子叶植物与单子叶植物的叶。每单位面积（$mm^2$）中的脉岛个数称为脉岛数。同种植物单位面积叶中脉岛的数目通常是恒定的，可作为鉴定的依据。

叶类药材以及全草类药材可通过气孔指数、栅表比、脉岛数来鉴定其基源植物，以确保中药材质量。

## 案例分析

### 案例分析 2-1

比利时曾经发生几例女性喝“中药减肥茶”引起肾衰竭患者，我国科研人员在比利时进行药品抽样检查时发现，其处方中药减肥茶中的防己均为“广防己”，与“粉防己”相混淆。请你从性状鉴定、显微鉴定将两者加以区别。

防己

**分析：**

#### 一、粉防己

1. 基原植物　防己来源为防己科植物粉防己 *Stephania tetrandra* S. Moore 的干燥根。《名医别录》记载“防己生汉中川谷”集散于汉口而得名汉防己。主产浙江、安徽、湖北、湖南等地。性味功效：性寒，味苦。祛风止痛，利水消肿。

2. 性状鉴别　粉防己呈不规则圆柱形、半圆柱形或块片状，常屈曲不直，结节状，形如猪大肠，长 5 ~ 10cm，直径 1 ~ 5cm。表面淡灰黄色，弯曲处有深陷的横沟。质坚实而重，断面平坦，灰白色，富粉性，有稀疏的放射状纹理，显车轮纹状（图 2-43）。

3. 显微鉴别　根横切面：①木栓层已除去或有残留，细胞黄棕色。②皮层细胞切向延长，有石细胞群散在，石细胞类方形或多角形，壁稍厚。③韧皮部束明显，形成层成环。④木质部导管稀少，断续排列成放射状，导管旁有木纤维，射线较宽，中心可见初生木质部。薄壁细胞充满淀粉粒，并可见细小草酸钙柱晶及方晶，长约 10μm（图 2-44）。

图 2-43　粉防己外形图

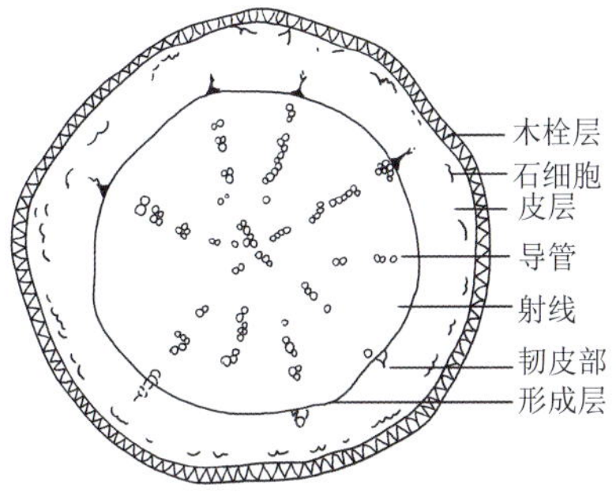


图 2-44　粉防己横切面简图

#### 二、广防己

1. 基源植物　广防己来源为马兜铃科植物广防己 *Aristolochia fangchi* Y. C. Wu ex L. D. Chou et S. M. Hwang 的干燥根。主产广东、广西。性味功效：性寒，味苦、辛。祛风镇痛，清热利水。马兜铃科植物均含有马兜铃酸，引起肾间质性纤维化，即“马兜铃酸肾病”而引起肾衰竭，国外称“中草药肾病”。

2. 性状鉴别　广防己呈圆柱形或半圆柱形，略弯曲，弯曲处有横沟，直径 1.5 ~ 4.5cm。表面未去尽粗皮者多呈灰棕色，粗糙，去尽栓皮者呈淡黄色。质坚硬，不易折断，断面粉性，有明显的车轮纹理（图 2－45）。

3. 显微鉴别　根横切面：①落皮层较厚，有4～5条木栓层带。②栓内层为薄壁细胞，含草酸钙簇晶，内侧有石细胞环带。③韧皮部射线宽广；筛管群皱缩；有草酸钙簇晶及石细胞散在。形成层成环。木质部射线宽20～30列细胞；导管单个或2～3个成群，直径45～220μm；木纤维位于导管旁。④中心部有异型复合维管束，其韧皮部位于内方。薄壁细胞含淀粉粒（图 2－46）。

图 2－45　广防己外形图

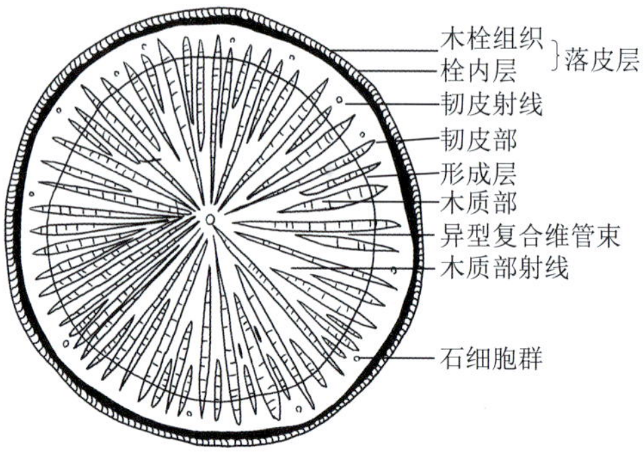


图 2－46　广防己横切面简图

（林美珍）

书网融合……

习题

答案解析

## 目标检测

### 一、单项选择题

1. 大黄粉末制片，所观察的晶体为（　）
   A. 方晶　B. 针晶　C. 簇晶　D. 砂晶
2. 加间苯三酚溶液和浓盐酸，呈红色或紫红色的细胞壁特化为（　）
   A. 木质化　B. 木栓化　C. 角质化　D. 矿质化
3. 有两个或多个脐点，每个脐点有自己的层纹环绕外，还有共同的层纹，此淀粉粒为（　）
   A. 单粒　B. 复粒　C. 双粒　D. 半复粒
4. 植物细胞除原生质体外，起保护作用的特有结构是（　）
   A. 细胞壁　B. 细胞膜　C. 液泡膜　D. 核膜
5. 甘草粉末的草酸钙晶体为（　）
   A. 方晶　B. 针晶　C. 簇晶　D. 砂晶
6. 植物体中，细胞壁明显增厚，在植物体中起支持和巩固作用的细胞群是（　）
   A. 分生组织　B. 输导组织　C. 保护组织　D. 机械组织

7. 植物组织中，细胞体积小，细胞核较大，没有明显的液泡和质体，该细胞群是（　）
A. 分生组织　B. 保护组织　C. 薄壁组织　D. 分泌组织
8. 既是保护组织又是分泌组织，为（　）
A. 非腺毛　B. 腺毛　C. 形成层　D. 木栓层
9. 显微镜下观察姜根状茎切片，可见淡黄色油滴是（　）
A. 油室　B. 油管　C. 油道　D. 油细胞
10. 下列构造哪一个不是保护组织（　）
A. 表皮　B. 周皮　C. 根皮　D. 根被
11. 在植物茎的木质部中，可见到厚壁组织的是（　）
A. 韧皮纤维　B. 木纤维　C. 导管　D. 筛管
12. 保护组织中，可作为某些植物或叶类药材鉴别的附属物有（　）
A. 毛茸　B. 表皮　C. 木栓　D. 周皮
13. 蕨类植物和裸子植物运输有机物质的主要组织是（　）
A. 导管　B. 管胞　C. 筛管　D. 筛胞
14. 单子叶植物茎中的维管束是（　）
A. 无限外韧型　B. 有限外韧型　C. 周韧型　D. 周木型
15. 双子叶植物根的初生构造中，维管束类型为（　）
A. 无限外韧型　B. 有限外韧型　C. 双韧型　D. 辐射型
16. 下列哪类植物初生构造中有髓射线和髓部（　）
A. 单子叶植物茎　B. 双子叶植物茎　C. 单子叶植物根　D. 双子叶植物根
17. 年轮是哪类植物次生构造特征之一（　）
A. 单子叶植物草质茎　B. 单子叶植物根状茎
C. 双子叶植物木质茎　D. 双子叶植物草质茎
18. 茎皮（树皮）药材指的是（　）
A. 形成层以外的所有组织　B. 落皮层
C. 表皮　D. 周皮
19. 以根皮入药的应为（　）
A. 厚朴　B. 肉桂　C. 五加　D. 紫荆
20. 观察气孔类型时，主要取叶的哪一部分（　）
A. 上表皮　B. 下表皮　C. 叶肉　D. 叶脉
21. 凯氏带为根的初生构造上哪一部分的细胞特征（　）
A. 外皮层　B. 中皮层　C. 内皮层　D. 中柱鞘
22. 导管壁绝大部分增厚，未增厚处多为具缘纹孔，少为单纹孔。此为（　）
A. 环纹导管　B. 螺纹导管　C. 网纹导管　D. 孔纹导管
23. 在被子植物筛管分子的旁边，常伴生一个或多个细长梭形的薄壁细胞为（　）
A. 管胞　B. 筛胞　C. 伴胞　D. 填充细胞
24. 用半夏粉末制作装片时，观察晶体应滴加（　）
A. 蒸馏水　B. 水合氯醛　C. 碘液　D. 苏丹Ⅲ
25. 使用光学显微镜时，视野太暗，可（　）
A. 转换高倍镜　B. 聚光器向下移动　C. 聚光器向上移动　D. 虹彩光圈缩小
26. 显微镜下，可见马铃薯块茎淀粉粒中大多数为（　）
A. 复粒　B. 半复粒　C. 单粒　D. 双粒

27. 裸子植物木质部中，主要的输导组织是（　）
A. 导管　B. 管胞　C. 筛管　D. 筛胞
28. 被子植物韧皮部中，主要的输导组织是（　）
A. 导管　B. 管胞　C. 筛管　D. 筛胞
29. 构成植物体的基本单位是（　）
A. 细胞　B. 组织　C. 器官　D. 胚
30. 下列结构中与中药材显微鉴定关系最密切的是（　）
A. 质体　B. 晶体　C. 线粒体　D. 染色体
31. 植物细胞所特有的细胞器是（　）
A. 细胞壁　B. 质体　C. 细胞核　D. 淀粉粒
32. 以茎皮入药的植物是（　）
A. 地骨皮　B. 香加皮　C. 秦皮　D. 牡丹皮
33. 双子叶植物茎在次生生长过程中，形成层细胞不断产生径向延长的薄壁细胞，贯穿于次生木质部和次生韧皮部中，形成一种横向联系的组织，该组织称（　）
A. 木栓形成层　B. 形成层　C. 髓射线　D. 维管射线
34. 真蕨类植物叶柄的维管束为（　）
A. 双韧型　B. 外韧型　C. 周韧型　D. 周木型
35. 双子叶植物茎不断加粗主要是由于（　）
A. 周皮的不断增厚和圆周的不断扩大　B. 初生组织的形成
C. 形成层和木栓形成层细胞的分裂活动　D. 髓射线和维管射线的不断延长
36. 气孔周围的副卫细胞数目不定，其大小基本相同，与其他表皮细胞形状相似，为（　）
A. 平轴式　B. 直轴式　C. 不等式　D. 不定式
37. 下列哪些植物茎不形成次生构造（　）
A. 双子叶植物木质茎　B. 双子叶植物草质茎
C. 双子叶植物根状茎　D. 单子叶植物茎
38. 下列哪一器官的构造无髓部（　）
A. 双子叶植物初生根　B. 双子叶植物初生茎
C. 单子叶植物初生根　D. 单子叶植物初生茎
39. 显微镜使用完毕后，以下操作不正确的是（　）
A. 物镜对准通光孔　B. 竖直反光镜
C. 镜筒下降　D. 竖直镜身
40. 在果实的内果皮中，常可见到的机械组织为（　）
A. 运动细胞　B. 填充细胞　C. 石细胞　D. 保卫细胞
41. 下列组织中的细胞为活细胞的是（　）
A. 木纤维　B. 韧皮纤维　C. 导管　D. 筛管
42. 在观察双子叶植物叶片构造中，不含叶绿体的细胞为（　）
A. 保卫细胞　B. 表皮细胞　C. 海绵组织　D. 栅栏组织
43. 呼吸作用的主要场所是（　）
A. 叶绿体　B. 有色体　C. 白色体　D. 线粒体
44. 大黄根状茎横切面上的星点是（　）
A. 初生维管束　B. 次生维管束　C. 异型维管束　D. 辐射维管束

45. 淀粉粒、菊糖、草酸钙晶体均为（　）
A. 细胞营养物　B. 细胞废弃物　C. 细胞后含物　D. 细胞生理物质
46. 南瓜茎中的维管束为（　）
A. 有限外韧型　B. 双韧型　C. 周韧型　D. 周木型
47. 陈皮、橘叶中贮藏挥发油的分泌组织是（　）
A. 油细胞　B. 油室　C. 油管　D. 油道
48. 双子叶植物草质茎不形成（　）
A. 维管束　B. 髓　C. 髓射线　D. 年轮
49. 下列构造是初生保护组织的是（　）
A. 根被　B. 根皮　C. 周皮　D. 树皮
50. 下列对叶的构造描述，错误的是（　）
A. 叶的表皮细胞含有叶绿体
B. 由 2 个保卫细胞构成气孔
C. 保卫细胞和副卫细胞的排列关系称气孔类型
D. 异面叶有栅栏组织和海绵组织的分化

## 二、填空题

1. 植物细胞结构中，后含物的__________和__________与中药材的显微鉴定有关。

2. 细胞壁的结构从外向内包括__________、__________和__________三层。细胞壁明显增厚的细胞群是__________；具缘纹孔的纹孔膜中央特别加厚，形成__________，显微镜下正面观察呈现三个同心圆，外圈是__________，中间一圈是__________，内圈是__________的边缘。

3. 周皮形成时，位于气孔内的__________向外分生许多排列疏松的类圆形薄壁细胞称__________，它的产生可将表皮突破形成__________。

4. 被子植物的次生木质部由__________、__________、__________和__________等细胞组成；次生韧皮部由__________、__________、__________和__________等细胞组成。

5. 次生分生组织包括__________和__________；顶端分生组织存在于根尖、茎尖的__________部位，根据分生组织的性质和来源属于__________。

6. 植物细胞结构中，进行光合作用的细胞器是__________；胡萝卜块根中呈橙红色的质体是__________；紫鸭跖草细胞核周围的质体是__________。

7. 表皮属于__________组织；根被属于__________组织；木栓属于__________组织。

8. 当归的根贮存挥发油的分泌腔称为__________，其起源方式多属于__________；小茴香果实中贮藏挥发油的分泌道称__________。

9. 多数双子叶植物的叶，在内部构造上有分化，外部形态上也有区别，这种叶称为__________，其构造包括__________、__________和__________。

10. 显微镜下，可见南瓜茎的维管束类型为__________；在南瓜茎横切制片上，筛孔所在的位置为__________，其旁边较小的三角形细胞是__________。

11. 石菖蒲根状茎有两种类型的维管束，分别为__________和__________。

12. 植物细胞与动物细胞的区别是植物细胞所具有__________、__________和__________。

13. 输导组织包括木质部中的__________和__________以及韧皮部中__________、__________和__________。

14. 根据分生组织所处的位置不同，分为__________、__________和__________。

15. 根尖从根的最先端到生有根毛部分依次包括__________、__________、__________、__________四部分。

## 三、名词解释

1. 模式植物细胞　2. 填充细胞　3. 通道细胞　4. 运动细胞
5. 纹孔　6. 气孔　7. 皮孔　8. 植物组织
9. 凯氏带　10. 髓射线　11. 维管射线　12. 气孔轴式
13. 异面叶　14. 等面叶　15. 年轮

## 四、简答题

1. 以图解形式说明模式植物细胞的构造。
2. 为什么说细胞后含物中的淀粉粒和草酸钙晶体是中药材显微鉴别的主要依据?
3. 举例说明维管束的类型。
4. 请绘出双子叶植物根的初生构造简图，并标注各部分的结构名称，写出其构造特点。
5. 请比较双子叶植物根与单子叶植物根的显微构造区别。
6. 以马兜铃为例，绘出双子叶植物茎的初生构造简图，标注各部分名称，写出其构造特点。
7. 请分析双子叶植物草质茎的构造特点。
8. 请分析单子叶植物茎和根状茎的构造特点。
9. 以薄荷为例描述双子叶植物异面叶的构造。
10. 以禾本科植物为例写出单子叶植物叶片的构造特点。

# 模块三 药用植物种类的识别

## 学习目标

**知识目标**

**1. 掌握** 植物分类等级单位、命名方法和分类系统；被子植物门的主要特征及双子叶植物纲和单子叶植物纲的区别。

**2. 熟悉** 低等植物及苔藓植物、蕨类植物、裸子植物的主要特征；药用植物种类的识别特征和药用部位。

**3. 了解** 被子植物药用植物种类较多的科特征。

**技能目标**

1. 学会使用被子植物门分科检索表。
2. 能识别常用药用植物种类约220种。
3. 能根据一些识别特征判断该种植物所属的分类科。

**素质目标**

1. 通过调查药用植物资源，培养爱国情怀和文化自信，践行社会主义核心价值观，热爱与传承中药传统文化，保护和发展中国药用植物资源。

2. 通过药用植物种类的识别，树立质量意识、环保意识、法律意识、信息素养。

3. 通过药用植物相似种、混淆种的鉴别，培养严谨求实、精益求精的科学精神和严谨求实的科学态度。

# 项目一 植物分类概述

PPT

## 情境导入

**情境：**卡尔·林奈出生于瑞典，他从小就非常热爱花草树木，痛恨没有系统、杂乱无章的事物。林奈探索和研究4000多种植物，在探索过程中，他发现许多植物都有共同的雄性和雌性特点，把它们归为一类，再把相似的种类合在一起组成更大的类。林奈把繁殖器官的不同作为植物分类的依据，他的分类体系在《自然系统》一书中发表，一直沿用。

**思考：**1. 林奈的分类系统有几个等级？

2. 林奈采用什么方法把同物异名、成千上万的植物建立秩序，避免不同国家不同语言的混乱？

植物分类学是研究植物界不同类群的起源、亲缘关系以及进化发展规律的学科。药用植物分类学是采用植物分类学的原理和方法，对有药用价值的植物进行分类鉴定、研究和合理开发利用的科学。

植物分类学的目的、任务可归纳为以下四点。

**1. 分类群的描述与命名** 运用植物形态学、解剖学等学科的知识，对不同植物个体间的异同进行比较研究，将类似的个体归为“种”一级的分类群，对其加以记述，并确定学名。这是植物分类学的最基本的任务。

**2. 探索“种”的起源与进化** 借助植物生态学、植物地理学、古植物学、生物化学、遗传学、分子生物学以及计算机科学等的研究成果及方法，探索“种”的起源与进化，从而推定属、科、目等大分类群的系统地位。

**3. 建立自然分类系统** 根据对植物各类群间亲缘关系的研究，确定其系统发生地位，以确立所属的属、科、目、纲、门等大的分类等级，从而建立反映植物系统发生规律的自然分类系统。

**4. 编写植物志** 运用植物分类学的知识，根据不同的需要对某地区、某类用途或分类群的植物进行采集、鉴定、描述，然后按照分类系统，编写成相应的植物志，为保护、开发植物提供参考。

中药学专业群学习植物分类学的主要目的就是利用这门学科的知识和方法来识别药用植物，准确地区分近似种类，科学地描述其特征，澄清名实混乱，深入发掘和扩大中药资源。掌握植物分类的知识和方法，有益于中药原植物的鉴定，对中药研究、生产、资源开发和临床安全有效用药均具重要意义。

# 任务一 植物分类的单位

植物分类的单位，是根据植物之间类似的程度、亲缘关系的远近分成若干个等级，并以此建立一个完整的植物界分类系统，以便于识别、研究和利用植物。植物分类的主要等级有：界、门、纲、目、科、属、种。将整个植物界的各种类别按其大同之点归为若干门，各门中就其不同点分别设若干纲，再据更细的相异点分纲，在纲下分目、目下分科、科再分属、属下分种。现将常用分类等级列于表3-1。

**表3-1 植物界分类单位表**

| 中文 | 英文 | 拉丁文 |
|---|---|---|
| 界 | Kingdom | Regnum |
| 门 | Division | Divisio (Phylum) |
| 纲 | Class | Classis |
| 目 | Order | Ordo |
| 科 | Family | Familia |
| 属 | Genus | Genus |
| 种 | Species | Species |

在各等级单位之间，有时因范围过大包含种类过多，不能完全包括其特征或系统关系，而有必要再增设一级时，一般在各等级后设立亚级单位，如亚门、亚纲、亚目、亚科、亚属、亚种等，也有的在某等级前或后加一等级，如在科与属间，常增设族、亚族，在属与种间常增设组、亚组及系等。

门的拉丁名词尾一般加-phyta；纲的拉丁名词尾加-opsida或-eae，但藻类为-phyceae，菌类为-mycetes；目的拉丁名词通常加-ales；科的拉丁名词尾一般加-aceae，但由于历史上惯用已久，有八个科经国际植物学会决定为保留科名，其拉丁词尾为-ae，这些科是十字花科Cruciferae、豆科Leguminosae、藤黄科Guttiferae、伞形科Umbelliferae、唇形科Labiatae、菊科Compositae、禾本科Gramineae、棕榈科Palmae。

**种** 是生物分类的基本单位。是具有一定的自然分布区、一定的形态特征和生理特性的生物类群，在同一种中的各个个体具有相同的遗传性状，彼此交配（传粉受精）可以产生能育的后代，种是生物进化和自然选择的产物。

种以下还有亚种、变种、变型3个分类单位。

**亚种**　一般认为是一个种内的类群，在形态上多少有变异，并具有地理分布上、生态上或季节上的隔离，这样的类群即为亚种。属于同种内的两个亚种，不分布在同一地理分布区内。

**变种**　是一个种在形态上多少有变异，而变异比较稳定，它的分布范围（或地区）比亚种小得多，并与种内其他变种有共同的分布区。

**变型**　是一个种内有细小变异，如花冠或果实的颜色，毛被情况等，且无一定分布区的个体。

**品种**　只用于栽培植物的分类上，在野生植物中不使用品种这一名词，因为品种是人类在生产劳动中培养出来的产物，具有经济意义较大的变异，如色、香、味，形状、大小，植株高矮和产量等的不同，药用植物中如地黄的品种有金状元、新状元、北京 1 号等。姜的品种有竹根姜和白姜等。药材中一般称的品种，实际上既指分类学上的“种”，有时又指栽培的药用植物品种。

现以甘草为例示其分类等级如下：

界　植物界 Regnum vegtabile

门　被子植物门 Angiospermae

纲　　双子叶植物纲 Dicotyledoneae

目　　　豆目 Leguminosales

科　　　　豆科 Leguminosae

亚科　　　　蝶形花亚科 Papilionoideae

属　　　　　甘草属 *Glycyrrhiza*

种　　　　　　甘草 *Glycyrrhiza uralensis* Fisch

## 任务二　植物的命名

植物的种类繁多，且随着各个国家语言和文字的不同，各有其习用的植物名称。即使在一个国家内，同一植物在各地区也各有其不同的名称，因而出现同物异名，同名异物现象，造成了识别和利用植物的障碍。

为了交流、识别和利用植物的便利，“国际植物命名法规”规定植物的种名采用统一的科学名称，简称“学名”，用两个拉丁词表述，即林奈 1753 年提倡使用的“双名法”。如果采用其他文字的语音时，必须使之拉丁化。种名的第一个词是“属”名，是学名的主体，必须是名词，用单数第一格，且第一个字母必须大写；第二个词是“种加词”，是形容词或者是名词的第二格，第一个字母不大写。如形容词作种加词时必须与属名（名词）同性同数同格。最后附定名人的姓名或其缩写，且第一个字母必须大写。如：

| | | | |
|---|---|---|---|
| **1. 荔枝** | *Litchi* | *chinensis* | Sonn |
| | （属名） | （种加词） | （定名人姓名缩写） |
| **2. 掌叶大黄** | *Rheum* | *palmatum* | L. |
| | （属名） | （种加词） | （定名人姓名缩写） |
| **3. 桔梗** | *Platvcodon* | *grandiflorum* | A. DC. |
| | （属名） | （种加词） | （定名人姓名缩写） |

种以下的分类单位，在学名中通常用缩写，如亚种用 subsp. 或 ssp. 、变种用 var. 、变型用 f. 等表示。如此学名由属名 + 种加词 + 亚种（变种或变型）加词组成，如：①紫花地丁 *Viola philippicd* Cav. ssp. *munda* W. Beck. 。②山里红 *Crataegus pinnatifida* Bge. var. *major* N. E. Br. 。

# 任务三　植物的分类方法及系统

人们在长期的生活实践和生产斗争中观察各种植物的形态、构造、生活史和生活习性等，积累了很多知识，并进一步加以研究比较，找出它们的共同点和不同点。把很多具有共同点的种类归并成一个类群，又根据它们的差异分成若干不同的种类，按照等级顺序排列就形成分类系统。

植物的分类系统可以分为人为分类系统、自然分类系统两类。人为分类系统仅就形态、习性、用途上的不同进行分类，往往用一个或少数几个性状作为分类依据，而不考虑亲缘关系和演化关系。如我国明朝的李时珍（1518—1593）所著的《本草纲目》，就依据植物的外形及用途分为草部、木部、谷菽部、果部、蔬菜部等5个部；瑞典的林奈根据雄蕊的有无、数目及着生情况分为24纲，其中1～23纲为显花植物（如一雄蕊纲、二雄蕊纲等）、第24纲为隐花植物，这种分类系统叫做生殖器官分类系统。上述二个系统，都是人为的分类系统。

自然分类系统或称系统发育分类系统，它力求客观地反映出自然界生物的亲缘关系和演化发展。现代被子植物的自然分类系统常用的有两大体系。一个是以德国植物学家恩格勒（A. Engler）和勃兰特（K. Prantl）为代表的系统，另一个是英国植物学家哈钦松（J. Hutchinson）为代表的系统。此外，较为著名的还有前苏联的塔赫他间系统和美国的柯朗奎斯特系统。本书对药用植物分门及其排列顺序，是依据修改过的恩格勒系统，分门别类如图所示。

- 植物界
  - 低等植物
    - 藻类植物
      - 裸藻门
      - 绿藻门
      - 轮藻门
      - 金藻门
      - 甲藻门
      - 褐藻门
      - 红藻门
      - 蓝藻门
    - 菌类植物
      - 细菌门
      - 黏菌门
      - 真菌门
    - 地衣植物——地衣植物门
  - 高等植物
    - 苔藓植物——苔藓植物门
    - 蕨类植物——蕨类植物门
    - 种子植物
      - 裸子植物门
      - 被子植物门
        - 双子叶植物纲
        - 单子叶植物纲

药用植物分门及其排列顺序

# 任务四　植物分类检索表的编制和应用

植物分类检索表是鉴定植物种类的工具。它是采用二歧归类的方法编制，即根据植物形态特征

（以花和果实的特征为主）进行比较，抓住重要的相同点和不同点对比排列而成的。

应用检索表鉴定植物时。首先要搞清楚被鉴定植物的各部特征，尤其是花的构造要仔细地解剖和观察，然后用分门、分纲、分目、分科、分属、分种依次顺序进行检索，直到正确鉴定出来为止。

常见的检索表有分门、分科、分属和分种检索表，某些植物种类较多的科，在科以下还有分亚科和分族检索表，如菊科、兰科。

检索表的编排形式有定距式、平行式和连续平行式三种，现以植物分门的分类为例，介绍定距式和平行式两种。

### （一）定距检索表

将相对立的特征，编为同样号码，分开间隔在一定距离处，依次进行检索直到查出所要鉴定的对象为止。

1. 植物体无根、茎、叶的分化，没有胚胎 ………… 低等植物
　2. 植物体不为藻类和菌类所组成的共生体。
　　3. 植物体内有叶绿素或其他光合色素，自养 ………… 藻类植物
　　3. 植物体内无叶绿素或其他光合色素，异养 ………… 菌类植物
　2. 植物体为藻类和菌类所组成的共生体 ………… 地衣植物
1. 植物体根、茎、叶的分化，有胚胎 ………… 高等植物
　　　4. 植物体有茎、叶而无真根 ………… 苔藓植物
　　　4. 植物体有茎、叶也有真根。
　　　　5. 不产生种子，用孢子繁殖 ………… 蕨类植物
　　　　5. 产生种子，用种子繁殖 ………… 种子植物

### （二）平行检索表

将相对立的特征，编为同样号码紧紧并列，而每一条文之后还注明下一步依次查阅的号码或所需要鉴定的对象。

1. 植物体无根、茎、叶的分化，没有胚胎（低等植物）
1. 植物体有根、茎、叶的分化，有胚胎（高等植物）
2. 植物体为藻类和菌类所组成的共生体 ………… 地衣植物
2. 植物体不为藻类和菌类所组成的共生体 ………… 3.
3. 植物体内有叶绿素或其他光合色素，为自养生活方式 ………… 藻类植物
3. 植物体内无叶绿素或其他光合色素，为异养生活方式 ………… 菌类植物
4. 植物体有茎、叶而无真根 ………… 苔藓植物
4. 植物体有茎、叶也有真根 ………… 5.
5. 不产生种子，用孢子繁殖 ………… 蕨类植物
5. 产生种子，用种子繁殖 ………… 种子植物

（孔　青）

# 项目二 识别药用低等植物

PPT

## 情境导入

**情境**：“绿水青山就是金山银山”，水的碧绿离不开水中的水藻。水藻翠绿如画，丝绒状摇曳在清澈见底的水中，每一个细胞都散发出生命的光芒。它们在水中轻轻摇曳，优美的舞姿仿佛在诠释着大自然的韵律。

**思考**：1. 水藻包括哪些植物？

2. 你见过无根、茎、叶分化的植物吗？

## 任务一 低等植物的主要特征

低等植物包括藻类、菌类和地衣类植物。它们的共同特征是：植物体构造简单，有单细胞的或多细胞组成群体，植物体没有根、茎、叶的分化。繁殖器官是单细胞的，合子（受精卵）直接发育成新的植物体，不经胚的阶段。

## 任务二 藻类植物

### 一、藻类植物概述

藻类是最低等的植物类群，植物体构造简单，没有根、茎、叶的分化。藻体形状和类型多样，大小差异也很大，单细胞的如小球藻、衣藻等，多细胞呈丝状的如水绵、刚毛藻等，多细胞呈叶状的如海带、甘紫菜等，多细胞呈树枝状的如海蒿子、石花菜等。

藻类植物的细胞内含有叶绿素等光合作用色素，能进行光合作用，营自养生活方式，是自养植物。还含有其他色素如藻蓝素、藻红素、藻褐素等，因此，不同种类的藻体呈现不同的颜色。各种藻类通过光合作用制造的养分，以及所贮藏的营养物质是不同的，如蓝藻贮存的是蓝藻淀粉、蛋白质颗粒；绿藻贮存的是淀粉、脂肪；褐藻贮存的是褐藻淀粉、甘露醇；红藻贮存的是红藻淀粉等。

藻类的繁殖方式有营养繁殖、无性生殖和有性生殖等。营养繁殖是细胞分裂或植物体断裂等。无性生殖产生孢子，产生孢子的一种囊状结构细胞称孢子囊，孢子不结合，直接长成一个新个体。有性生殖产生配子，产生配子的一种囊状结构细胞称配子囊，在一般情况下，配子必须结合成为合子，由合子萌发长成新个体，或由合子产生孢子再长成新个体。

藻类植物约有3万种，世界各地均有分布。大多数生活于水中，少数生活于潮湿的土壤、树皮、石头上。有些海藻可能在零下数十度的南、北极或终年积雪的高山上生活，也有些蓝藻能在高达85℃的温泉中生活，还有的藻类能与真菌共生，形成共生复合体——地衣。

## 二、常见药用藻类植物

根据藻类细胞所含色素、贮藏物，以及植物体的形态构造、繁殖方式、鞭毛的有无、数目及着生位置、细胞壁成分等方面的差异，一般将藻类分为八个门。现仅就与药用以及在分类系统上关系较大的蓝藻门、绿藻门、红藻门和褐藻门等进行简述。

**1. 蓝藻门**　蓝藻是一类原始的低等植物，单细胞或由多细胞组成的群体或丝状体，细胞内无真正的细胞核或没有定形的核，在细胞原生质中央含有核质。核质无核膜和核仁的结构，但有核的功能，其中含有 DNA，在电镜下可以见到呈颗粒状或纤维细网状，为原始核，称原核，此类细胞称原核细胞，在进化上比真核细胞原始，因此蓝藻在植物进化系统研究上有着极其重要的地位。蓝藻细胞无质体，色素分散在原生质中，其中含有光合色素。蓝藻的光合色素主要是叶绿素、胡萝卜素和藻蓝素，此外，还含有藻黄素和藻红素，因此藻体多呈蓝绿色，稀呈红色。贮藏营养物质是蓝藻淀粉和蓝藻颗粒体。细胞壁由三到四层构成。绝大多数蓝藻的细胞壁外面都有一层胶质，称胶质鞘，其成分为果胶酸和黏多糖。

蓝藻主要进行营养繁殖，少数蓝藻可产生孢子进行无性繁殖。

蓝藻约有 150 属，1500 种，分布很广，主要生活在淡水中，海水中也有。

**【药用植物】** **葛仙米** *Nostoc commune* Vauch. 由许多球形细胞组成不分枝的丝状体，形如念珠状。丝状体外面有一个共同的胶质鞘，形成片状或团块状的胶群体。在丝状体上相隔一定距离产生一个异形胞，异形胞壁厚，与营养细胞相连的内壁为球状加厚，称节球。在两个异形胞之间，或由于丝状体中某些细胞的死亡，将丝状体分成许多小段，每小段形成藻殖段（连锁体）。异形胞和藻殖段的产生，有利于丝状体的断裂和繁殖。分布于各地，生于湿地或地下水位较高的草地上。民间习称“地木耳”，可供食用和药用。能清热，收敛，明目。

**2. 绿藻门**　绿藻有单细胞体、群体、多细胞丝状体、多细胞叶状体等类型。细胞内具有真核，有核膜、核仁。具叶绿体，形状多样，有的呈杯状，有的为环带状、螺旋带状、星状、网状等，叶绿体中所含的光合色素为叶绿素、胡萝卜素、叶黄素等。贮藏的营养物质是淀粉，多贮存于蛋白核的周围。细胞壁分两层，内层主要是纤维素组成，外层为果胶质，常常黏液化。

绿藻的繁殖方式有营养繁殖、无性生殖和有性生殖三种。营养繁殖在单细胞藻类依靠细胞分裂，产生各种孢子，多细胞丝状体靠断裂下来的片段，再长成独立的个体；无性生殖形成单细胞的孢子囊，产生游动孢子或不动孢子；有性生殖有同配生殖、异配生殖和卵配生殖，极少为接合生殖。

绿藻是藻类植物中最大的一门，约有 350 属，5000～8000 种。多分布于淡水中，有些分布于陆地阴湿处，有些生于海水中，有的与真菌共生成地衣。

**【药用植物】** **蛋白核小球藻** *Chlorella pyrenoidosa* Chick. 单细胞，细胞球形或卵圆形，不能自由游泳，能随水浮沉，细胞小，细胞壁薄，细胞质内含有一个近似杯状的色素体（载色体）和一个淀粉核。小球藻只能无性繁殖，繁殖时，原生质体在壁内分裂 1～4 次，产生 2～16 个不能游动的孢子。这些孢子和母细胞一样，只不过小一些，称似亲孢子。孢子成熟后，母细胞壁破裂散于水中，长成与母细胞同样大小的小球藻。小球藻分布很广，多生于小河、沟渠、池塘中。藻体富含蛋白质，过去被用于治水肿、贫血。

**石莼** *Ulva lactuca* L. 由二层细胞构成的膜状体，黄绿色，边缘波状，基部有多细胞的固着器。无性生殖产生具有四条鞭毛的游动孢子；有性生殖产生具有 2 条鞭毛的配子，配子结合成合子，合子直接萌发成新个体。由合子萌发的植物体，只产生孢子，称孢子体。由孢子萌发的植物体，只产生配子，称配子体。这两种植物体在形态构造上基本相同，只是体内细胞的染色体数目不同而已。由于两种植物体大小一样，所以石莼的生活史是同形世代交替。分布于浙江至海南岛沿海。供食用，称“海白菜”，能软坚散结、清热祛痰、利水解毒。

**3. 褐藻门** 褐藻都是多细胞植物体，是藻类植物中高级的一类，藻体大小差异大，小的仅几个细胞组成，大的体长可达数十米至数百米。有的呈丝状、叶状或树枝状，构造复杂的组织分化成表皮、皮层和髓部。褐藻载色体内含有叶绿素、胡萝卜素和多种叶黄素。由于胡萝卜素和叶黄素含量最大，因此，使植物体常呈褐色。贮藏营养物质为褐藻淀粉、甘露醇、油类等。细胞壁外层为褐藻胶，内层为纤维素。

繁殖方式基本与绿藻相似。

褐藻约有250属1500种，绝大部分生活在海水中。从潮间带一直分布到低潮线下约30米处，是构成海底“森林”的主要类群。

**【药用植物】海带** *Laminaria japonica* Aresch. 为多年生的大型褐藻，整个植物体分为三个部分：根状分枝的固着器、基部细长的带柄和叶状带片。海带的孢子体一般长到第二年的夏末秋初，带片两面的一些细胞发展成为棒状的单室孢子囊，囊内的孢子母细胞经过减数分裂和有丝分裂，产生孢子，孢子成熟后散出，附在岩石上萌发成极小的丝状体即雌雄配子体，雄配子体细胞较小，数目较多，多分枝，分枝顶端的细胞发育成精子囊，每囊产生一个游动精子，雌配子体细胞较大，数目较少，不分枝，顶端的细胞膨大成为卵囊，每囊产生一卵，留在卵囊顶端，游动精子与卵结合成合子，合子逐渐发育成新的孢子体，几个月内即长成大型的海带。海带的孢子体和配子体是异型的，其世代交替称异型世代交替。分布于辽宁、河北、山东沿海。现人工养殖已扩展到广东沿海，产量居世界首位。海带除食用外，作昆布入药，能消痰、软坚、利水、消肿，还能用于治疗缺碘性甲状腺肿大等疾病（图3-1）。

**4. 红藻门** 红藻门植物体绝大多数是多细胞的丝状体、叶状体、树枝状等，少数为单细胞或群体。细胞壁两层，内层由纤维素构成，外层为果胶质构成。光合作用色素有藻红素、叶绿素、叶黄素和藻蓝素等，一般藻红素占优势，故藻体呈紫色或玫瑰红色。贮藏营养物质为红藻淀粉和红藻糖。

红藻繁殖有营养繁殖、无性生殖和有性生殖。营养繁殖在单细胞种类以细胞分裂方式进行；无性生殖产生不动孢子；有性生殖是卵式生殖。

红藻约有558属，3740余种，绝大多数分布于海水中，固着于岩石等物体上。

**【药用植物】鹧鸪菜（美舌藻）** *Caloglossa lepricurii*（Mont.）J. Ag 属红藻门、红叶藻科，藻体丛生矮小，全株长1~4cm，鲜时紫红色，干后变黑扁平而狭窄，呈不规则的叉状分枝，枝端分叉处生长球状孢子囊，各分枝的分叉点生长假根，借以固着在海中岩石上。主产浙江至广东沿海各地。全草有驱虫、化痰、消积的作用（图3-2）。

图3-1 海带

图3-2 美舌藻

**石花菜** *Gelidium amansii* Lamouroux. 扁平直立，丛生，四至五次羽状分枝，小枝对生或互生。紫红色或棕红色。分布于渤海、黄海、台湾北部。可供提取琼胶（琼脂）用于医药、食品和作细菌培养基。石花菜亦可食用，入药有清热解毒和缓泻作用。

**甘紫菜** *Porphyra tenera* Kjellm. 薄叶片状，卵形或不规则圆形，通常高 20～30cm，宽 10～18cm，基部楔形、圆形或心形，边缘多少具皱褶，紫红色或微带蓝色。分布于辽东半岛至福建沿海，并有大量栽培。全藻供食用。入药能清热利尿，软坚散结，消痰。

药用植物还有**海人藻** *Digenea simplex*（Wulf.）C. Ag.，全藻能驱蛔虫、鞭虫、绦虫等。

# 任务三　菌类植物

菌类植物包括细菌门、黏菌门和真菌门，与药用关系密切的是真菌门。

## 一、真菌的特征

真菌有细胞壁、细胞核，没有质体，不含叶绿素，不能进行光合作用制造养料，营养方式是异养的。异养方式多样，凡从活的动植物体上吸收养分的称寄生；从死的动植物体或其他无生命的有机物中吸取养分的称腐生；从活的有机体吸取养分，同时又提供该活体有利的生活条件，从而彼此间互相受益、互相依赖的称共生。

真菌的细胞壁主要由几丁质和纤维素组成。贮藏的营养物质是肝糖、油脂和菌蛋白，而不含淀粉。

真菌除少数种类是单细胞外，绝大多数是由纤细、管状的菌丝构成的。菌丝分枝或不分枝，组成一个菌体的全部菌丝称为菌丝体。真菌的菌丝在正常生活条件下，一般是很疏松的，但在环境条件不良或繁殖的时候，菌丝相互紧密交织在一起形成各种不同的菌丝组织体。常见者如引起木材腐烂的担子菌的菌丝纠结成绳索状，外形似根，称根状菌索。有些真菌的菌丝密集成颜色深、质地坚硬的核状体，称菌核，小的形如鼠粪，大的比人头还大，如茯苓，菌核是度过不良环境的休眠体。很多高等真菌在生殖时期形成有一定形状和结构、能产生孢子的菌丝组织体，称子实体。子实体的形态多样，如蘑菇的子实体伞状，马勃的子实体近球形。容纳子实体的菌丝褥座状结构，称子座，子座是从营养阶段到繁殖阶段的一种过渡形式，如冬虫夏草菌从蝙蝠蛾科昆虫的幼虫尸体上长出的棒状物就是子座，子座形成以后，其上产生许多子囊壳即子实体，子囊壳中产生子囊和子囊孢子。

真菌的繁殖方式有营养繁殖、无性生殖和有性生殖三种。营养繁殖有菌丝断裂繁殖、分裂繁殖和芽生孢子繁殖；无性生殖产生各种类型的孢子，如孢囊孢子、分生孢子等，孢囊孢子是在孢子囊内形成的不动孢子，分生孢子是由分生孢子梗的顶端或侧面产生的一种不动孢子；有性生殖方式复杂多样，有同配生殖、异配生殖、接合生殖、卵式生殖。通过有性生殖也产生各种类型的孢子，如子囊孢子、担孢子等。

真菌数量很多，约有 64200 种，我国已知约有 8000 种。分布广，从热带到寒带，从大气到水流，从沙漠、淤泥到冰川地带的土壤，从动植物活体到它们的尸体均有真菌的踪迹。

根据真菌生殖方式的不同，将真菌分为 5 个亚门，即鞭毛菌亚门、接合菌亚门、子囊菌亚门、担子菌亚门、半知菌亚门，药用较广的是子囊菌亚门和担子菌亚门。

## 二、常见药用真菌

子囊菌亚门是真菌中种类最多的一个亚门，全世界有2720属，28650种，除少数低等子囊菌为单细胞外，绝大多数有发达的菌丝，菌丝具有横隔，并且紧密结合成一定的形状。

子囊菌的无性生殖发达，有裂殖、芽殖、或形成各种孢子，如分生孢子、节孢子、厚垣孢子（厚壁孢子）等。有性生殖产生子囊，内生子囊孢子，这是子囊菌亚门的最主要特征。除少数原始种类，子囊裸露不形成子实体外，如酵母菌。绝大多数子囊菌都产生子实体，子囊包于子实体内。子囊菌的子实体又称子囊果。子囊果的形态是子囊菌分类的重要依据，常见以下3种类型：①子囊盘，子囊果盘状、杯状或碗状；②子囊壳，子囊果呈瓶状或囊状，先端有一细小开口；③闭囊壳，子囊果完全闭合成球形，无开口。子囊在子囊果中通常排列成为一层，中间往往杂生不产生孢子的菌丝，称隔丝。子囊和隔丝共同成为子实层。

**【药用植物】冬虫夏草** *Cordyceps sinensis*（Berk.）Sacc. 是麦角菌科冬虫夏草菌寄生于蝙蝠蛾科昆虫幼体上的子座及幼虫尸体的复合体。其子囊孢子为多细胞的针状物，由子囊散出后分裂成小段，侵入昆虫的幼虫体内，萌发并蔓延伸展，破坏虫体内部的结构，把虫体变成充满菌丝的僵虫，冬季形成菌核，夏季自幼虫体的头部长出棍棒状的子座，子座上端膨大，近表面生有许多子囊壳，壳内生有许多长形的子囊，每个子囊具2~8个子囊孢子，子囊孢子细长、有多数横隔，它从子囊壳孔口散射出去，又继续侵入其他幼虫。冬虫夏草主产我国西南、西北，分布在海拔3000米以上的高山草甸上。带子座的菌核（僵虫）即药材冬虫夏草，含虫草酸，能补肺益肾、止血化痰（图3-3）。

**图3-3 冬虫夏草**

1. 菌体的全形，上部为子座，下部为已死的幼虫；
2. 子座的横切面观；3. 子囊壳（子实体）；4. 子囊及子囊孢子

担子菌亚门全世界有1100属，16000余种。都是由多细胞的菌丝体组成的有机体，菌丝具横隔膜。在整个发育过程中，产生两种形式不同的菌丝：一种是由担孢子萌发形成具有单核的菌丝，称为初生菌丝；另一种是通过单核菌丝的接合，核不结合而保持双核状态，这种菌丝称为次生菌丝。次生菌丝双核时期相当长，这是担子菌的特点之一。担子菌最大特点是形成担子和担孢子。在形成担子和担孢子的过程中，菌丝顶端细胞壁上生出一个喙状突起，突起向下弯曲，形成一种特殊的结构，称锁状联合，在锁状联合的过程中，细胞内二核经过一系列的变化由分裂到融合，形成一个二倍体（2n）的核，此核经二次分裂，其中一次为减数分裂，于是产生4个单倍体（n）子核。这时顶端细胞膨大成为担子，担子上生出4个小梗，4个小核分别各移入小梗内，发育成4个担孢子。产生担孢子的结构复杂的菌丝体称担子果，为担子菌的子实体。其形态、大小，颜色各不相同，有伞状、扇状、球状、头状、笔状等形状。

**茯苓** *Poria cocos*（Fries）Wolf. 属多孔菌科。菌核近球形、椭圆形、或不规则块状，大小不一；表面粗糙，呈瘤状皱缩，灰棕色或黑褐色；内部白色或略带粉红色，由无数菌丝及贮藏物质聚集而成。子实体无柄，平伏于菌核表面，呈蜂窝状，厚3～10mm，幼时白色，成熟后变为浅褐色，孔管单层，管口多角形至不规则形，孔管内壁着生棍棒状的担子，担孢子长椭圆形到近圆柱形，壁表平滑，透明无色。全国大部分地区均有分布，现多栽培。寄生于赤松、马尾松、黄山松等的根上。菌核入药，能利水渗湿、健脾宁心（图3－4）。

**灵芝** *Ganoderma lucidum*（Leyss ex Fr.）Karst. 属多孔菌科，为腐生真菌。子实体木栓质，由菌盖和菌柄组成。菌盖（菌帽）半圆形或肾形，初黄色后渐变成红褐色，外表有漆样光泽，具环状棱纹和辐射状皱纹，菌盖下面有许多小孔，呈白色或淡褐色，为孔管口。菌柄生于菌盖的侧方。孢子卵形，褐色，内壁有无数小疣。我国许多省区有分布，生于栎树及其他阔叶树木桩上。多栽培。子实体入药，能补气安神，止咳平喘（图3－5）。

图3－4　茯苓

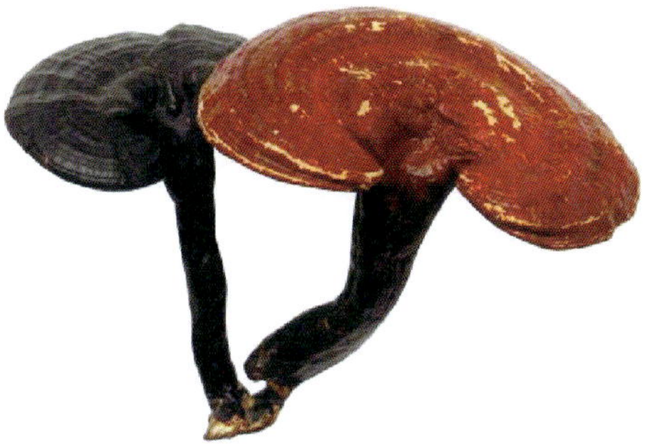

图3－5　灵芝

# 任务四　地衣植物

地衣是一类特殊的生物有机体，它是由一种真菌和一种藻类高度结合的共生复合体。组成地衣的真菌绝大多数为子囊菌，少数为担子菌。组成地衣的藻类是蓝藻和绿藻。蓝藻中常见如念珠藻属，绿藻有共球藻属、桔色藻属等。真菌是地衣体的主导部分。

地衣中的藻类光合作用制造的营养物质供给整个植物体使用，菌类则吸收水分和无机盐，为藻类提供进行光合作用的原料。

## 一、地衣植物的形态

地衣的形态可分为3种类型：①壳状地衣，植物体为具各种颜色的壳状物，菌丝与树干或石壁紧贴，因此不易分离，如茶渍衣、文字衣；②叶状地衣，植物体扁平叶片状，有背腹性，以假根或脐固着在基物上，易采下，如石耳、梅花衣；③枝状地衣，植物体树枝状、丝状，直立或悬垂，仅基部附着在基物上，如石蕊、松萝等。

地衣约有500属，2600种。它们分布极为广泛，从南北两极到赤道，从高山到平原，从森林到荒漠，都有分布。地衣对营养条件要求不高，能耐干旱，生长在瘠薄的峭壁、岩石、树皮上或沙漠地上。地衣分泌的地衣酸，可腐蚀岩石，对土壤的形成起着开拓先锋的作用。

## 二、常见药用地衣植物

**【药用植物】松萝（节松萝、破茎松萝）***Usnca diffracta* Vain. 属于菘萝科。植物体丝状，长 15～30cm，二叉分枝，基部较粗，分枝少，先端分枝多。表面灰黄绿色，具光泽，有明显的环状裂沟，横断面中央有韧性丝状的中轴，具弹性，由菌丝组成，其外为藻环，常由环状沟纹分离或成短筒状。菌层产生少数子囊果，子囊果盘状，褐色，子囊棒状，内生 8 个椭圆形子囊孢子。分布全国大部分省区，生于深山老林树干上或岩壁上。含有菘萝酸、环萝酸、地衣聚糖。菘萝酸具有抗菌作用。全草入药，能止咳平喘、活血通络、清热解毒。

同属植物**长松萝（老君须）***U. longissima* Ach. 全株细长不分枝，长可达 1.2m，两侧密生细而短的侧枝，形似蜈蚣。分布和功用同上种（图 3－6）。

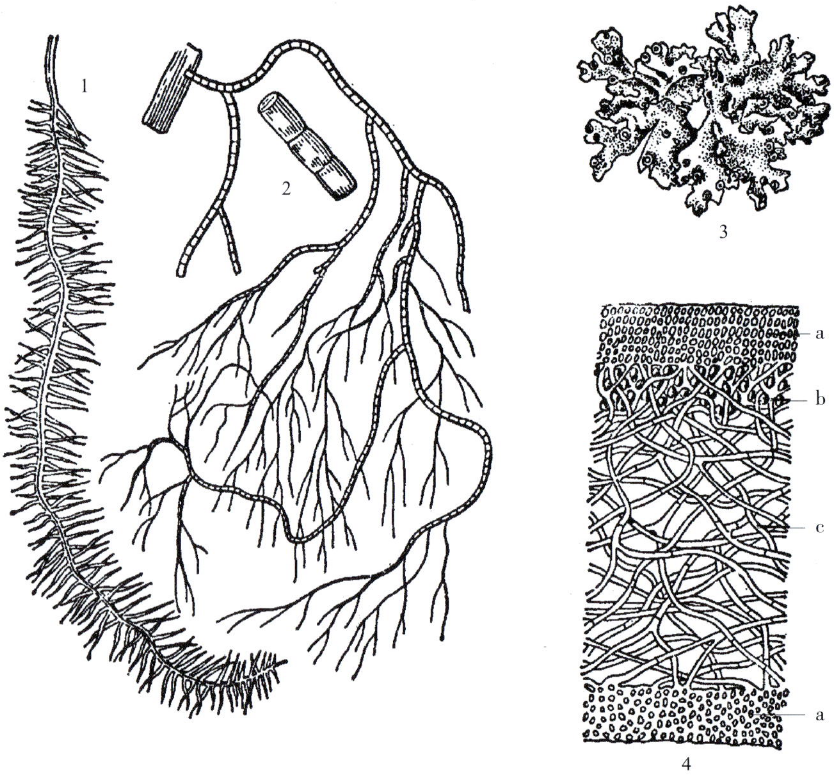


**图 3－6 地衣**

1. 枝状地衣（长松罗）；2. 枝状地衣（松罗）；3. 叶状地衣；4. 梅花地衣的横切面
a. 表层紧密的菌丝结构；b. 藻类细胞；c. 疏松的菌丝

（孔 青）

# 项目三　识别药用苔藓植物

PPT

## 情境导入

**情境：** 也许你曾在阴暗潮湿的环境或渗水的石面或残垣断壁的古城墙上看到绿绒绒的苔藓，感慨生命的顽强和生生不息，它被誉为世界上最原始的高等植物，也被誉为监测空气污染程度的指示植物和科学研究上的模式植物。

**思考：** 1. 苔藓为什么被认为是最原始的高等植物？

2. 你见过的苔藓植物有哪些？

## 任务一　苔藓植物的主要特征

苔藓植物是自养植物，有假根和似茎叶的分化。茎内组织分化水平不高，仅有皮部和中轴的分化，没有真正的维管组织。叶多数是由一层细胞组成，既能进行光合作用，也能直接吸收水分和养料。苔藓植物一般较小，通常看到的植物体（配子体）大致可分成两种类型：一种是苔类，保持叶状体的形状；另一种是藓类，开始有类似茎叶的分化。

苔藓植物在有性生殖时，在配子体（n）上产生多细胞构成的精子器和颈卵器。颈卵器的外形如瓶状，上部细狭称颈部，中间有 1 条沟称颈沟，内有一列颈沟细胞，下部膨大称腹部，中间有 1 个大型的卵细胞。精子器产生精子，精子有两条鞭毛可借水游到颈卵器内与卵结合，卵细胞受精后成为合子（2n），合子在颈卵器内发育成胚。胚依靠配子体的营养发育成孢子体（2n），孢子体不能独立生活，寄生在配子体上。孢子体最主要部分是孢蒴，孢蒴内的孢原组织经多次分裂再经减数分裂，形成孢子（n），散出后，在适宜的环境中萌发成新的配子体。

在苔藓植物的生活史中，从孢子萌发到形成配子体，配子体产生雌雄配子，这一阶段为有性世代；从受精卵发育成胚，由胚发育形成孢子体的阶段称无性世代。有性世代和无性世代互相交替完成世代交替。

胚的分化是植物界系统演化中的重要阶段，从苔藓植物始出现胚的构造，至蕨类和种子植物均为有胚植物，称高等植物。苔藓植物的配子体，能进行光合作用，制造有机物质，能独立生活，在世代交替中处于主导地位。而孢子体不能独立生活，寄生在配子体上，这是苔藓植物与其他高等植物明显不同的特征之一（图 3 -7）。

苔藓植物一般生长在阴暗潮湿的环境中，是从水生到陆生的过渡类型。

苔藓植物含有多种化合物，如脂类、烃类、脂肪酸、萜类、黄酮类等。现已知全国约有 9 科，50 多种可供药用。

## 任务二　常见药用苔藓植物

**【药用植物】** **地钱** *Marchantia polymorpha* L. 属于苔纲，地钱科。植物体为绿色扁平二分叉有背腹

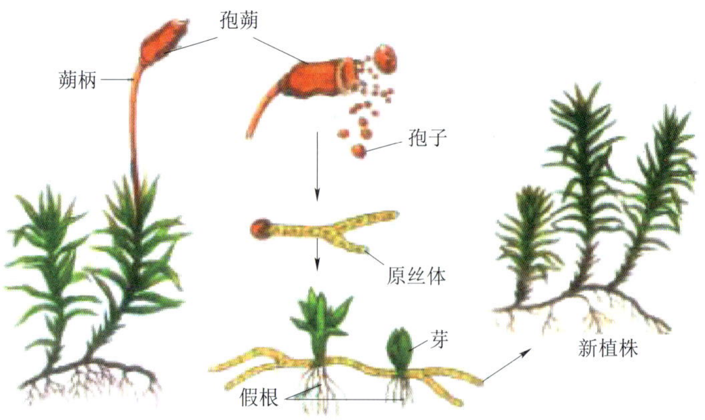


图3-7 苔藓植物的无性繁殖

之分的叶状体，在背面可见表皮上有气室和气孔，腹面具紫色鳞片及假根。

地钱的无性繁殖：一种是由叶状体凹陷处的生长点不断地向前生长和分叉，后面老的叶状体逐渐死去；另一种是在叶状体上面产生胞芽杯，胞芽杯中有胞芽，胞芽成熟落地，萌发成新的叶状体。

地钱的有性生殖：地钱是雌雄异株，在雌配子体上产生伞状的雌器托，其上倒悬着颈卵器。雄配子体上产生盘状的雄器托，上生精子囊，精子囊内产生螺旋状具二根鞭毛的精子，精子在有水的条件下，游入颈卵器与卵结合。受精卵在颈卵器内发育成胚，由胚长成孢子体即苔蒴（包括球形的孢蒴、蒴柄和基足），苔蒴依附在配子体上。孢子成熟，借弹丝弹出，先萌发成原丝体，再发展成为叶状的配子体。

全国各地分布，生于阴湿土壤和岩石上。全草入药，能清热解毒、祛瘀生肌，可治黄疸性肝炎（图3-8）。

**大金发藓（土马骔）** *Polytrichum commune* L. ex Hedw. 属于藓纲，金发藓科。植物体（配子体）常丛集成大片群落。幼时深绿色，老时呈黄褐色。有茎、叶分化；茎直立，下部有多数假根；鳞片状叶丛生于茎上部，中肋突出，由几层细胞构成，叶缘则由一层细胞构成，叶基部鞘状。雌雄异株，颈卵器和精子器分别生于雌雄配子体茎顶。早春，精子器中的成熟精子，在水中游动，与颈卵器中的卵细胞结合，成为合子，合子在颈卵器中发育成胚，由胚发育成孢子体。孢子体的基足伸入颈卵器中，吸收营养；蒴柄长；孢蒴四棱柱形，孢蒴内形成大量孢子，孢子萌发成原丝体，原丝体上的芽长成配子体（即植物体）。全国均有分布于阴湿的山地及平原。全草入药，能清热解毒，凉血止血（图3-9）。

图3-8 地钱

图3-9 大金发癣

（孔 青）

# 项目四　识别药用蕨类植物

PPT

## 情境导入

**情境：**唐代诗人储光曦（约 706—703）在《吃茗粥作》诗中写道："淹留膳茗粥，共我饭蕨薇。"表现了作者和友人饮茶吃粥，以蕨薇为菜的闲适生活。元代诗人方回（1227—1305）在《舟行青溪道中入歙十二首》诗中也写道"蕨拳欲动茗抽芽，节近清明路近家。"表现出作者在归家途中，见到拳曲的蕨类幼叶和茶叶嫩芽时的喜悦心情。

**思考：**1. 你见过蕨类拳曲的幼叶吗？

2. 哪些蕨类可以作蔬菜吃呢？除了作为蔬菜，蕨类植物还有其他的价值吗？

## 任务一　蕨类植物的主要特征

微课 1

蕨类植物是具有维管组织的高等植物，因其具有独立生活的配子体和孢子体而不同于其他高等植物。蕨类植物无性生殖产生孢子，有性生殖器官具有精子器和颈卵器。但其孢子体远比配子体发达，并有根、茎、叶的分化和较为原始的维管系统，这些特征又和苔藓植物不同。此外，蕨类植物因产生孢子，不产生种子，而不同于种子植物。因此，蕨类植物是介于苔藓植物和种子植物之间的一群植物，它较苔藓植物进化，而较种子植物原始，既是高等的孢子植物，又是原始的维管植物。

**1. 蕨类植物的孢子体**　蕨类植物孢子体发达，有根、茎、叶的分化，大多数的蕨类植物为多年生草本，仅少数为一年生。

（1）根　通常为不定根，形成须根状。

（2）茎　大多数为根状茎，匍匐生长或横走。茎上通常被有膜质鳞片或毛茸，鳞片上常有粗或细的筛孔，毛茸有单细胞毛、腺毛、节状毛、星状毛等。

（3）叶　蕨类植物的叶多从根状茎上长出，有簇生、近生或远生的，幼叶拳曲。根据叶的起源及形态特征，可分为小型叶和大型叶两种。小型叶没有叶隙和叶柄，仅具 1 条不分枝的叶脉，如石松科、卷柏科、木贼科等植物的叶。大型叶具叶柄和叶片，有分枝的叶脉，如真蕨类植物的叶，有单叶和复叶两类。

蕨类植物的叶根据功能又可分成孢子叶和营养叶两种。孢子叶是指能产生孢子囊和孢子的叶，又称能育叶；营养叶仅能进行光合作用，不能产生孢子囊和孢子，又称不育叶。有些蕨类植物的孢子叶和营养叶不分，既能进行光合作用，制造有机物，又能产生孢子囊和孢子，叶的形状也相同，称同型叶，如粗茎鳞毛蕨、石韦等；另外，在同一植物体上，具有两种不同形状和功能的叶，即营养叶和孢子叶，称异型叶，如荚果蕨、槲蕨、紫萁等。

（4）孢子囊　在小型叶蕨类植物中，孢子囊单生于孢子叶的近轴面叶腋或叶的基部，通常很多孢子叶紧密地或疏松地集生于枝的顶端形成球状或穗状，称孢子叶球或孢子叶穗，如石松和木贼等。大型叶蕨类不形成孢子叶穗，孢子囊也不单生于叶腋处，而是由许多孢子囊聚集成不同形状的孢子囊群或孢子囊堆，生于孢子叶的背面或边缘。孢子囊群有圆形、长圆形、肾形、线形等形状，孢子囊群常有膜质盖，称为囊群盖。孢子囊的细胞壁由单层或多层细胞组成，在细胞壁上有不均匀的增厚形成环带。环带的着生位置多种形式，如顶生环带、横行环带、斜行环带、纵行环带等，这些环带对于孢子的散布有重要作用（图 3－10）。

**图 3－10　蕨类植物的孢子囊群及囊群盖的主要类型**

1. 孢子囊群线形，无盖；2. 孢子囊群圆形，无盖；3. 囊群盖条形；4. 囊群盖肾形；5. 囊群盖圆盾形；6. 囊群盖马蹄形；7. 囊群盖杯形；8. 囊群盖球形；9. 囊群盖漏斗形；10. 囊群盖蚌壳形；11. 不连续肾形的假囊群盖；12. 连续的条形假囊群盖

（5）孢子　孢子的形态大小相同，称孢子同型；孢子大小不同，有大孢子和小孢子的区别，称孢子异型。产生大孢子的囊状结构称大孢子囊，产生小孢子的称小孢子囊，大孢子萌发形成雌配子体，小孢子萌发形成雄配子体。无论是同型孢子还是异型孢子，均可分为两面形、四面形或球状四面形等三种。

**2. 蕨类植物的配子体**　蕨类植物的孢子成熟后散落在适宜环境里萌发成一片细小的呈各种形状的绿色叶状体，称为原叶体，这就是蕨类植物的配子体。大多数蕨类植物的配子体生于潮湿的地方，具背腹性，能独立生活。当配子体成熟时大多数在同一配子体的腹面产生有性生殖器官，即精子器和颈卵器。精子器内生具鞭毛的精子，颈卵器内有一个卵细胞，精卵成熟后，精子由精子器逸出，以水为媒介进入颈卵器内与卵结合，受精卵发育成胚，由胚发育成孢子体。

**3. 蕨类植物的生活史**　蕨类植物具有明显的世代交替，从单倍体的孢子开始，到配子体上产生精子和卵，这一阶段为单倍体的配子体世代（有性世代），从受精卵开始，到孢子体上产生的孢子囊中孢子母细胞在减数分裂之前，这一阶段为二倍体的孢子体世代（无性世代）这两个世代有规律地交替完成其生活史（图 3－11）。

蕨类植物和苔藓植物的生活史最大不同有两点：一是孢子体和配子体都能独立生活；二是孢子体发达，配子体弱小，生活史中孢子体占优势，为异型世代交替。

蕨类植物约有 12000 种，广布于全世界，尤以热带、亚热带最丰富。我国有 61 科 223 属约 2600

种。已知可以药用的有39科300余种。

蕨类植物的化学成分复杂，研究和应用越来越广，主要包括有生物碱类、酚类化合物、黄酮类、甾体及三萜类化合物和其他成分。

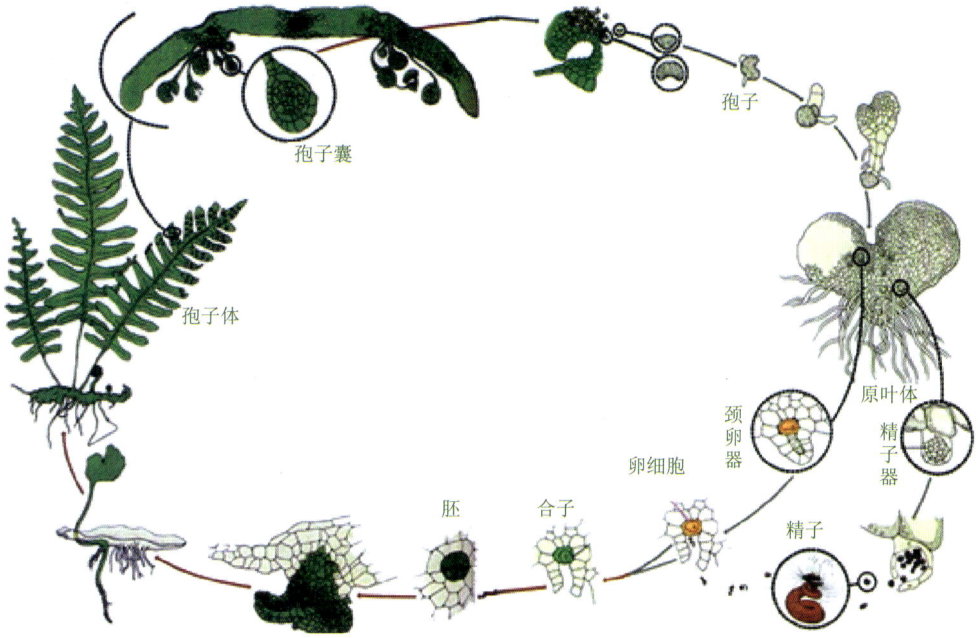


图3－11　蕨类植物的生活史

## 任务二　常见药用蕨类植物

### 1. 石松科 Lycopodiaceae

【形态特征】①陆生或附生草本。②根不发达；茎二叉分枝。③叶小型，单叶，有中脉，螺旋状或轮状排列。④孢子叶穗顶生于茎端，孢子囊肾状，横卧于叶腋内；孢子同型。

本科有6属75种，广布热带与亚热带。我国有6属14种，分布于华东、华南、华中及西南大部分省区。

【药用植物】石松 *Lycopodium japonicum* Thunb. 多年生草本，匍匐茎蔓生，直立茎高30cm左右，二叉分枝。叶小，线状钻形，螺旋状排列。孢子枝高出营养枝。孢子叶聚生枝顶，形成孢子叶穗，孢子叶穗长2～5cm，单生或2～6个着生于孢子枝顶端，孢子囊肾形，孢子为三棱状锥形。分布于东北、内蒙古、河南及长江流域以南地区。生于林下阴坡的酸性土壤上。全草入药，称“伸筋草”；能祛风除湿，舒筋活络（图3－12）。

图3－12　石松

1. 植株；2. 孢子叶和孢子囊；3. 孢子

### 2. 卷柏科 Selaginellaceae

【形态特征】①陆生草本植物。②茎通常背腹扁平，横走。③叶小型，单叶，有中脉，腹面基部有一叶舌，舌状或扇状，通常在成熟时即脱落。④孢子叶穗四棱柱形或扁圆形。孢子囊异型，单生于叶腋之基部。孢子异型，大孢子囊内含大孢子4枚，小孢子囊内含小孢子多数，均为球状四面形。

本科仅1属约700种，主产热带地区。我国有1属69种，各地均有分布。

【药用植物】**卷柏** *Selaginella tamariscina* (Beauv.) Spring 多年生直立草本，全株莲座状，干燥时枝叶向顶上卷缩。主茎短，下生多数须根，上部分枝多而丛生。叶鳞片状，有中叶（腹叶）与侧叶（背叶）之分，覆瓦状排成4列。孢子叶穗着生枝顶，四棱形，孢子囊圆肾形，孢子异型，孢子有大小之分。全国分布。生向阳山地或岩石。全草入药，称"卷柏"，生用能活血通经，卷柏炭可化瘀止血（图3-13）。

图3-13 卷柏

### 3. 木贼科 Equisetaceae

图3-14 木贼

1. 植株；2. 孢子叶穗

【形态特征】①多年生草本。②根状茎横走，茎细长，直立，节明显，节间常中空，分枝或不分枝，表面粗糙，富含硅质，有多条纵脊。③叶小，鳞片状，轮生，基部连合成鞘状。④孢子叶盾形，在小枝顶端排成穗状，孢子圆球形，表面着生十字形弹丝4条。

本科仅1属约30种，除大洋洲外，世界各地均有分布。中国有1属9种，主产于东北、华北、内蒙古和长江流域各省。

【药用植物】**木贼** *Equisetum hyemale* L. 多年生草本。茎直立，单一不分枝、中空，有明显的节和节间，有纵棱脊20~30条，棱脊上疣状突起2行，极粗糙。叶鞘基部和鞘齿成黑色两圈。孢子叶穗生于茎顶，长圆形，孢子同型。分布于东北、华北、西北、四川等省区。生于山坡湿地或疏林下。干燥地上部分入药，称"木贼"，能疏散风热，明目退翳（图3-14）。

### 4. 紫萁科 Osmundaceae

【形态特征】①多年生草本，根茎粗短直立，无鳞片。②叶片幼时被有棕色腺状绒毛，老时光滑，一至二回羽状，叶脉分离，二叉分枝。③孢子囊生于强度收缩变形的孢子叶羽片边缘，孢子囊顶端有几个增厚的细胞，自腹面纵裂；孢子为圆球状四面形。

本科有5属约20种，其中紫萁属特产于北半球，另外两属（*Todea* 和 *Leptopteris*）特产于南半球。中国有3属8种，主产于西南地区。

【药用植物】**紫萁** *Osmunda japonica* Thunb. 多年生草本。根状茎短块状，有残存叶柄，无鳞片。叶丛生，二型，幼时密被绒毛，营养叶三角状阔卵形，顶部以下二回羽状，小羽片披针形至三角状披针形，叶脉叉状分离；孢子叶小羽片狭窄，卷缩成线形，沿主脉两侧密生孢子囊，成熟后枯死。分布于秦岭以南温带及亚热带地区，生于山坡林下、溪边、山脚路旁酸性土壤中。根状茎及叶柄残基入药，能清热解毒，止血杀虫（图3-15）。

### 5. 海金沙科 Lygodiaceae 微课2

【形态特征】①陆生缠绕植物；根状茎横走，有毛，无鳞片。②叶轴细长，缠绕着生，羽片1~2回，二叉状或1~2回羽状复叶，近二型，不育叶羽片通常生于叶轴下部，能育叶羽片生于上部。③孢子囊生于能育叶羽片边缘的小脉顶端，排成两行，成穗状；孢子囊梨形，横生短柄上；环带顶生；孢子四面形。

本科只有1属，分布于全世界热带和亚热带。中国现有10种，分布较广。

【药用植物】海金沙 *Lygodium japonicum*（Thunb.）Sw. 缠绕草质藤本。根茎横走。叶二型，能育叶羽片卵状三角形，不育叶羽片三角形，2～3回羽状，小羽片2～3对；孢子囊穗生于孢子叶羽片的边缘，排列成流苏状；孢子表面有疣状突起。分布于长江流域及南方各省区。生于山坡灌木丛中。干燥成熟孢子入药，称“海金沙”，能清利湿热，通淋止痛（图3-16）。

图3-15　紫萁

1. 植株；2. 孢子叶穗

图3-16　海金沙

1地下茎；2. 不育叶；3. 孢子叶；4. 孢子囊群

### 6. 蚌壳蕨科 Dicksoniaceae 微课3

【形态特征】①植株高大，小树状，主干粗大，或短而平卧，密被金黄色长柔毛，无鳞片。②叶片大，3～4回羽状，革质；叶脉分离；叶柄长而粗。③孢子囊群生于叶背面，囊群盖两瓣开裂，形似蚌壳状，革质；孢子囊梨形，环带稍斜生，有柄；孢子四面形。

本科有5属，分布于世界热带。中国仅有1属1种，蚌壳蕨科为国家二级重点保护野生植物（国务院1999年8月8日批准）。

【药用植物】金毛狗脊 *Cibotium barometz*（L.）J. Sm. 植株呈树状，高2～3m，根状茎粗壮，木质，密生黄色有光泽的长柔毛，状如金毛狗。叶片三回羽状分裂，末回小羽片狭披针形；侧脉单一，或二分叉，孢子囊群生于小脉顶端，每裂片1～5对，囊群盖二瓣裂，呈蚌壳状。分布于我国南部及西南部。生于山脚沟边及林下阴湿处酸性土壤中。根状茎入药，称“狗脊”，能补肝肾，强腰膝，祛风湿（图3-17）。

### 7. 凤尾蕨科 Pteridaceae

【形态特征】①陆生草本。②根状茎直立或横走，外被有关节毛或鳞片。③叶同型或近二型，叶片1～2羽状分裂，稀掌状分裂，叶脉分离；有柄。④孢子囊群生于叶背边缘或缘内。囊群盖膜质，由变形的叶缘反卷而成，线形，向内开口；孢子囊有长柄；孢子四面形或两面形。

本科有13属约300种，分布于全世界。我国有3属100种，分布于全国各地。已知药用的有1属21种。

【药用植物】井栏边草 *Pteris multifida* Poir. 多年生常绿草本。根状茎直立，密生浓褐色的绒毛，质硬而短，顶端有钻形黑色鳞片。叶二型，簇生，草质；能育叶长卵形，一回羽状，除基部一对叶有柄外，其余各对基部下延，在叶轴两侧形成狭羽，羽片或小羽片条形；不育叶的羽片或小羽片较宽，边缘有不整齐的尖锯齿。孢子囊群线形，沿叶边连续分布。分布于我国华东、中南、西南等地区。全草入药，称“凤尾草”，能清热，利湿，解毒（图3－18）。

图3－17　金毛狗脊

1. 根状茎；2. 羽状复叶；3. 孢子叶

图3－18　井栏边草

1. 植株；2. 孢子叶

8. 鳞毛蕨科 Dryopteridaceae

【形态特征】①陆生，中小型植物。②根状茎直立或短而斜生，稀横走，连同叶柄多被鳞片。③叶轴上面有纵沟，叶片1至多回羽状。④孢子囊群背生或顶生于小脉，囊群盖盾形或圆形，有时无盖。孢子两面形，表面有疣状突起或有翅。

本科约14属1200余种，分布于世界各洲，但主要集中于北半球温带和亚热带高山地带。中国有13属共472种，分布全国各地，尤以长江以南最为丰富。

【药用植物】粗茎鳞毛蕨 *Dryopteris crassirhizoma* Nakai 多年生草本。根状茎直立，连同叶柄密生棕色大鳞片。叶簇生，2回羽裂，裂片紧密，短圆形，圆头，叶轴上被有黄褐色鳞片。侧脉羽状分叉，孢子囊群分布于叶片中部以上的羽片上，生于小脉中部以下，每裂片1～4对，囊群盖肾圆形，棕色。分布于东北、华北等地。生于林下潮湿处。根状茎及叶柄残基入药，称“绵马贯众”，能清热解毒，止血，杀虫（图3－19）。

图3－19　粗茎鳞毛蕨

9. 水龙骨科 Polypodiaceae

【形态特征】①陆生或附生；根状茎横走，被鳞片。②叶同型或二型；叶柄与根状茎有关节相连；单叶，全缘或羽状半裂至一回羽状分裂；网状脉。③孢子囊群圆形或线形，或有时布满叶背，无囊群盖；孢子囊梨形或球状梨形；孢子两面形。

本科约有40余属，广布于全世界，但主要产于热带和亚热带地区。中国有25属，现有272种，主产于长江以南各省区。已知药用的有18属86种。

【药用植物】石韦 *Pyrrosia lingua*（Thunb.）Farw. 多年生草本，高10～30cm。根状茎横走，密生褐色针形鳞片。叶远生，叶片披针形，下面密被灰棕色星状毛；叶柄基部有关节。孢子囊群在侧脉间紧密而整齐地排列，初为星状毛包被，成熟时露出。无囊群盖。分布于长江以南各省，生于岩石或树干上。叶入药，称“石韦”，能利尿通淋，清肺止咳（图 3－20）。

**槲蕨** *Drynaria roosii* Nakaike，多年生草本。根状茎肉质横走，密生钻状披针形鳞片，边缘流苏状。叶二型，营养叶棕黄色，革质，卵圆形，羽状浅裂，无柄，覆瓦状叠生在孢子叶柄的基部；孢子叶绿色，长椭圆形，羽状深裂，裂片 7～13 对，基部裂片缩短成耳状；叶柄短，有狭翅。孢子囊群圆形，生于叶背主脉两侧，各成 2～3 行，无囊群盖。分布于中南、西南地区及台湾、福建、浙江等省。附生于岩石或树上。根状茎入药，称“骨碎补”，能疗伤止痛，补肾强骨；外用可消风祛斑（图 3－21）。

**图 3－20　石韦**

1. 植株；2. 孢子叶

**图 3－21　槲蕨**

（贾　晗）

**书网融合……**

微课 1　　微课 2　　微课 3

# 项目五　识别药用裸子植物

PPT

## 情境导入

**情境：** 裸子植物是原始的种子植物，其发生发展历史悠久。最初的裸子植物出现在古生代，在中生代至新生代它们是遍布各大陆的主要植物。后来经过冰川时期而保留下来，并繁衍至今。据统计，全世界生存的裸子植物约有850种，隶属于79属和15科，中国的裸子植物有10科34属约250种，分别为世界现存裸子植物科、属、种总数的66.6%、41.5%和29.4%，是世界上裸子植物最丰富的国家，因此，中国有“裸子植物故乡”的美誉。

**思考：** 1. 裸子植物为什么被称为“原始的种子植物”？

2. 你认识哪些裸子植物？

裸子植物同苔藓植物和蕨类植物，都属于颈卵器植物，又是能产生种子的高等植物，是介于蕨类和被子植物之间的维管植物。裸子植物的胚珠外面没有子房包被，所形成的种子是裸露的，没有果皮包被，故名裸子植物。因能产生种子，与被子植物合称为种子植物。

裸子植物最早出现于距今约3亿5千万年前的泥盆纪，繁盛于古生代末期的二叠纪至中生代的白垩纪早期。现存裸子植物广布世界各地，特别是北半球亚热带高山地区及温带至寒带地区，常形成大面积的森林。

裸子植物现存5纲12科71属，约800余种，其中银杏、水杉、榧树、红豆杉、银杉、金钱松、侧柏等都是第三纪的孑遗植物，被称为“活化石”植物。我国裸子植物资源丰富，种类繁多，共有11科41属300余种，是世界上裸子植物种类最多、资源最丰富的国家。其中已知药用的裸子植物有10科25属100余种。

裸子植物的化学成分，主要有黄酮类，生物碱类，萜类及挥发油、树脂等。

## 任务一　裸子植物的主要特征

微课1

**1. 植物体（孢子体）发达**　多为乔木、灌木，稀为亚灌木（如麻黄）或藤本（如买麻藤），大多数是常绿植物，极少为落叶性（如银杏、金钱松）；茎内维管束环状排列，有形成层及次生生长，但木质部仅有管胞，而无导管（除麻黄科、买麻藤科外），韧皮部有筛胞而无伴胞。叶为针形、条形、鳞片形，极少为扁平形的阔叶。根发达。

**2. 胚珠裸露，产生种子**　花被常缺，仅麻黄科、买麻藤科有类似于花被的盖被（假花被），雄蕊（小孢子叶）聚生成小孢子叶球（雄球花），雌蕊的心皮（大孢子叶）呈叶状而不包卷形成子房，丛生或聚生成大孢子叶球（雌球花），胚珠裸生于心皮的边缘，经过传粉、受精后发育成种子，种子外无子房形成的果皮包被，故称裸子植物，这是与被子植物的主要区别。

**3. 配子体非常退化，完全寄生在孢子体上**　雄配子体是萌发后的花粉粒，由2个退化原叶体细胞、1个管细胞和1个生殖细胞组成。雌配子体是由胚囊及胚乳组成，近珠孔端产生颈卵器，颈卵器埋于胚囊中，仅有2～4个颈壁细胞露在外面，颈卵器内有1个卵细胞和1个腹沟细胞，无颈沟细胞，比蕨类植物的颈卵器更为退化。

**4. 具多胚现象**　大多数的裸子植物具多胚现象，这是由于1个雌配子体上的几个或多个颈卵器的卵细胞同时受精，形成多胚，或者由于1个受精卵在发育过程中，发育成原胚，再由原胚组织分裂为几个胚而形成多胚。

## 任务二　常见药用裸子植物

### 1. 苏铁科 Cycadaceae

**【形态特征】**①常绿木本植物，树干粗短，常不分枝，植物体呈棕榈状。②叶大，革质，多为一回羽状复叶，螺旋状排列于树干上部。③雌雄异株；雄球花为一木质小孢子叶球，直立，具柄，单生于茎顶，由多数的鳞片状或盾形的雄蕊（小孢子叶）构成，每个雄蕊下面遍布多数球状的一室花药（小孢子囊），小孢子（花粉粒）发育所产生的精子有多数纤毛；大孢子叶叶状或盾状，丛生于茎顶。④种子核果状，有3层种皮；胚乳丰富。

图3－22　苏铁

本科有9属100余种，分布于西南、华南、华东等地。药用的有苏铁属4种。

**【药用植物】苏铁（铁树）** *Cycas revoluta* Thunb. 常绿乔木，树干圆柱形，直立，不分枝，密被宿存的叶基和叶痕。羽状复叶螺旋状排列，聚生于茎顶，基部两侧有刺；小叶片约100对，条形，边缘向下反卷。雌雄异株；雄球花圆柱状，上面生有许多鳞片状小孢子叶，每个小孢子叶下面着生许多花粉囊（小孢子囊），常3～4枚聚生；大孢子叶密被黄褐色绒毛，上部羽状分裂，下部柄状，柄的两侧各生1～5枚近球形的大孢子囊。种子核果状，成熟时红棕色。分布于我国南方，各地常有栽培。大孢子叶和种子（有毒）能理气止痛，益肾固精；叶能收敛，止痢；根能祛风活络，补肾。苏铁种子和茎顶部树心有毒，用时宜慎（图3－22）。

### 2. 银杏科 Ginkgoaceae 微课2

**【形态特征】**①落叶乔木，枝有长枝和短枝之分。②单叶，扇形，具柄，长枝上的叶螺旋状散生，常2裂，短枝上的叶丛生，常具波状缺刻。③球花单性，雌雄异株，生于短枝上，雄球花呈葇荑花序状，雄蕊多数，各具2药室，花粉粒萌发时产生2个多纤毛的精子；雌球花极为简化，有长柄，柄端生两个杯状心皮，裸生2个直立胚珠，常只1个发育。④种子核果状，外种皮肉质，成熟时橙黄色，中种皮骨质，白色，内种皮纸质，棕红色，胚乳丰富，子叶2枚。

本科仅有1属1种。我国特产，主产于辽宁、山东、河南、湖北、四川等省。

**【药用植物】银杏（白果、公孙树）** *Ginkgo biloba* L. 形态特征与科同。银杏是裸子植物中最古老的"活化石"，具有多纤毛的精子，胚珠里面有适应精子游动的花粉腔，这种原始性状证明了高等植物的祖先是由水生过渡到陆生的。

银杏的种子（白果）供食用（多食有毒），种仁能敛肺定喘，止带浊，缩小便。叶中提取的总黄酮能扩张动脉血管，改善微循环，用于治疗冠心病（图3－23）。

### 3. 松科 Pinaceae

**【形态特征】**①常绿乔木，稀灌木。②叶针形或条形，在长枝上螺旋状排列，在短枝上簇生。③花单性，雌雄同株，雄球花穗状，雄蕊多数，各具2药室，花粉粒外壁两侧突出成翼状的气囊；雌球花由多数螺旋状排列在大孢子叶轴上的珠鳞（心皮）组成，珠鳞在结果时称种鳞。每个珠鳞的腹

图 3－23　银杏

1. 着雄花的枝；2. 着雌花的枝；3. 种子；4. 种子横切面

面有两个胚珠，背面有 1 片苞片，称苞鳞；苞鳞与珠鳞分离。④多数种鳞和种子聚成木质球果；种子通常具单翅；具胚乳，有子叶 2～15 枚。

本科有 10 属，230 余种，我国有 10 属，约 113 种，全国各地均有分布。已知药用 8 属，48 种。

本科植物常有树脂道，含树脂和挥发油。

**【药用植物】** **马尾松** *Pinus massoniana* Lamb. 常绿乔木。树皮下部灰棕色，上部棕红色，小枝轮生。在生长枝上叶为鳞片状，在短枝上叶为针状，2 针一束，细长而柔软，长 12～20cm，树脂道 4～7 个，边生。雄球花生于新枝下部，淡红褐色；雌球花常 2 个生于新枝顶端。种鳞的鳞盾菱形，鳞脐微凹。球果卵圆形或圆锥状卵形，成熟后褐色。种子长卵圆形，具单翅，子叶 5～8 枚。分布于我国淮河和汉水流域以南各地，西至四川、重庆、贵州和云南。生于阳光充足的丘陵山地酸性土壤。树干可割取松脂和提取松节油（图 3－24）。

马尾松全株均可入药。节（松节）能祛风燥湿、活络止痛；树皮能收敛生肌；叶能祛风活血、明目安神、解毒止痒；花粉（松花粉）能收敛、止血；松球果（松塔）用于风痹、肠燥便秘；松子仁能润肺滑肠；树脂蒸馏提取的挥发油即松节油，外用于肌肉酸痛、关节痛，又为合成冰片的原料；树脂即松香，能燥湿祛风、生肌止痛。

同属药用植物还有：**油松** *P. tabulaeformis* Carr.，叶 2 针一束，粗硬，长 10～15cm；树脂道约 10 个，边生；鳞盾肥厚隆起，鳞脐有刺尖；为我国特有树种，分布于我国北部及西部，生于干燥的山坡上。**金钱松** *Pseudolarix kaempferi* Gord.，落叶乔木，有长枝和短枝之分，长枝上的叶螺旋状散生，短枝上的叶 15～30 簇生，叶片条形或倒披针状条形，辐射平展，秋后呈金黄色，似铜钱。雌雄同株，雄球花数个簇生于短枝顶端，雌球花单生于短枝顶端，苞鳞大于珠鳞；球果当年成熟，成熟时种鳞和种子一起脱落，种子具翅。分布于我长江流域以南各省区，喜生于温暖、多雨的酸性土山区；根皮或近根树皮入药称土荆皮，能杀虫、止痒。用于疥癣瘙痒。

### 4. 柏科 Cupressaceae

**【形态特征】** ①常绿乔木或灌木。②叶交互对生或三叶轮生，常为鳞片状或针状，或同一树上兼有二型叶。③雌雄同株或异株。雄球花单生于枝顶，椭圆状球形，雄蕊交互对生，每雄蕊具 2～6 花药；雌球花球形，有数对交互对生的珠鳞，珠鳞与苞鳞结合，各具 1 至多数胚珠。珠鳞镊合状或覆瓦状排列。④球果木质或革质，有时浆果状。种子具胚乳，子叶 2 枚。

本科有 22 属，约 150 种，分布于南北两半球。我国有 8 属，29 种，分布于南北各地。已知药用

图3－24　马尾松

有6属，20种。

本科植物常含树脂、挥发油。

【药用植物】侧柏（扁柏）*Platycladus orientalis*（L.）Franco 常绿乔木，小枝扁平，排成一平面，伸展。鳞片叶交互对生，贴生于小枝上。球花单性，同株。球果单生枝顶，卵状矩圆形；种鳞4对，扁平，覆瓦状排列，有反曲的尖头，熟时开裂，中部种鳞各有种子1～2枚。种子卵形，无翅。分布几遍全国，常有栽培，为我国特产树种。枝叶（侧柏叶）能凉血、止血。种子（柏子仁）能养心安神，润肠通便（图3－25）。

图3－25　侧柏

1. 果枝；2. 种子

**5. 红豆杉科 Taxaceae**

【形态特征】①常绿乔木或灌木。②叶披针形或针形，螺旋状排列或交互对生，基部扭转成2列，下面沿中脉两侧各具1条气孔带。③球花单性异株，稀同株，雄球花常单生或呈穗状花序状，雄蕊多数，具3～9个花药，花粉粒无气囊，雌球花单生或成对，胚珠1枚，生于苞腋，基部具盘状或漏斗状珠托。④种子浆果状或核果状，包被于肉质的假种皮中。

本科有5属，23种，主要分布于北半球。我国有4属，12种。已知药用3属，10种。

【药用植物】**榧树** *Torreyagrandis* Fortune ex Gord. 常绿乔木，树皮条状纵裂，小枝近对生或轮生。叶螺旋状着生，扭曲成2列，条形，坚硬革质，先端有刺状短尖，上面深绿色，无明显中脉，下面淡绿色，有2条粉白色气孔带。雌雄异株；雄球花单生叶腋，圆柱状，雄蕊多数，各有4个药室，雌球花成对生于叶腋。种子椭圆形或卵形，成熟时核果状，为珠托发育的假种皮所包被，淡紫红色，肉质。分布于江苏、浙江、安徽南部、福建西北部、江西及湖南等省，为我国特有树种，常见栽培。种子（榧子）可食，能杀虫消积、润燥通便。

同科植物入药的还有：红豆杉 *Taxus chinensis*（Pilger）Rehd.，叶用于治疥癣，种子（血榧）用于治疗小儿疳积，蛔虫病，茎皮含紫杉醇有抗癌作用（图3－26）。

图3－26 欧洲红豆杉

1. 雌球花枝；2. 果枝；3. 种子

### 6. 三尖杉科（粗榧科）Cephalotaxaceae

【形态特征】①常绿乔木或灌木。②叶条形或条状披针形，交互对生或近对生，在侧枝上基部扭转而成2列，叶上面中脉凸起，下面有白色气孔带两条。③球花单性异株，稀同株。雄球花有雄花6～11，聚生成头状，腋生，基部有多数螺旋状排列的苞片，雄蕊4～16，各具2～4个药室，花粉粒球形，无气囊；雌球花有长柄，生于小枝基部的苞片腋处，有数对交互对生的苞片，每苞片基部生2枚胚珠，仅1枚发育。④种子核果状，包埋于由珠托发育成的肉质假种皮中，基部有宿存苞片，外种皮质硬，内种皮薄膜质，有胚乳，子叶2片。

本科仅有三尖杉属 *Cephalotaxus* 1属，我国有10种，分布于黄河以南及西南各省区。已知药用9种，其中以三尖杉和中国粗榧常见，是提取三尖杉生物碱的资源植物。

【药用植物】**三尖杉** *Cephalotaxus fortunei* Hook. 常绿乔木，树皮红褐色，片状脱落，小枝对生，细长稍下垂。叶螺旋状着生，排成二列，线形，稍镰状弯曲，长5～10cm，中脉在叶面突起，叶背中脉两侧各有1条白色气孔带。雄球花8～10聚生成头状，生于叶腋，每个雄球花有雄蕊6～16，生于一苞片上。雌球花有长梗，生于小枝基部，有数对交互对生的苞片，每苞片基部生2枚胚珠。种子核果状长卵形，熟时紫色。分布陕西南部、甘肃南部、华东、华南、西南地区。生于山坡疏林、溪谷湿润而排水良好之处。种子能润肺、消积、杀虫（图3－27）。

图3－27 三尖杉

### 7. 麻黄科 Ephedraceae 微课3

【形态特征】①小灌木或亚灌木，小枝对生或轮生，节明显，节间有细纵槽，茎的木质部内有导管。②鳞片状叶，对生或轮生于节上。③球花单性异株。雄球花由数对苞片组合而成，每苞中有雄花1朵，每花有2～8雄蕊，每雄蕊具2花药，花丝合成一束，雄花外包有假花被，2～4裂；雌球花由多数苞片组成，仅顶端的1～3苞片内生有雌花，雌花具顶端开口的囊状，革质的假花被，包于胚珠外；胚珠1，具1层珠被，珠被上部延长成珠被（孔）管，自假花被开口处伸出。④种子浆果状，假花被发育成革质假种皮，包围种子，最外面为红色肉质苞片，多汁可食，俗称“麻黄果”。

本科仅有1属，约40种，分布于亚洲、美洲、欧洲东南部及非洲北部等干燥、荒漠地区。我国有16种，分布于东北、西北、西南等地区。已知药用15种。

本科植物含麻黄类生物碱。

图 3－28　草麻烦

1. 雌株；2. 雄球花；3. 雌球花；4. 雌花

【药用植物】**草麻黄（麻黄）** *Ephedra sinica* Stapf. 草本状小灌木，高 30～40cm。有木质茎和草质茎之分，木质茎短，匍匐地上或横卧土中，草质茎绿色，小枝对生或轮生，节明显，节间长 2～6cm，直径约 2mm。叶鳞片状，基部鞘状，下部 1/3～2/3 合生，上部 2 裂，裂片锐三角形，常向外反曲。雄球花常聚集成复穗状，生于枝端，具苞片 4 对；雌球花单生枝顶，有苞片 4～5 对，最上 1 对苞片各有 1 雌花，珠被（孔）管直立，成熟时苞片增厚成肉质，红色，浆果状，内有种子 2 枚。分布于东北、内蒙古、河北、山西、陕西等省区。生于沙质干燥地带，常见于山坡、河床和干旱草原，有固沙作用。草质茎能发汗散寒，宣肺平喘，利水消肿。亦作提取麻黄碱原料。根和根状茎能固表止汗（图 3－28）。

同属多种均供药用。如：**木贼麻黄** *Ephedra equisetina* Bunge，直立小灌木，高达 1m，节间细而短，长 1～2.5cm；雌球花常两个对生于节上，珠被管弯曲，种子常 1 枚，本种生物碱的含量较其他种类高。**中麻黄** *Ephedra intermedia* Schrenk & C. A. Mey.，直立小灌木，高达 1m 以上，节间长 3～6cm，叶裂片常 3 片，雌球花珠被管长达 3mm，常呈螺旋状弯曲，种子 3 枚。

（贾　晗）

书网融合……

微课 1　　微课 2　　微课 3

# 项目六 识别药用被子植物

## 情境导入

**情境：**被子植物是当今世界植物界中进化程度最高、种类最多、分布最广、适应性最强的类群。自新生代以来，被子植物在地球上占绝对优势，它们由根、茎、叶、花、果实和种子六大器官组成，是植物界中最高等的一个类群。已知全世界被子植物共有25万种，占植物界总数的一半以上。我国被子植物已知3万余种，药用被子植物有213科，1957属，10027种（含种下分类等级），占我国药用植物总数的90%，中药资源总数的78.5%，可见药用种类非常丰富。

**思考：**1. 为什么说被子植物是最高等的植物类群？

2. 你认识哪些被子植物？

## 任务一 被子植物概述

被子植物和裸子植物相比，器官更加复杂。孢子体高度发达，配子体极度退化，有草本、灌木和乔木；有高度发达的输导组织，木质部中有导管，韧皮部中有筛管和伴胞；有真正的花，花通常由花被、雄蕊群和雌蕊群组成；胚珠生于密闭的子房内；具有双受精现象；受精后，子房发育成果实，胚珠发育成种子，种子有果皮包被，被子植物由此而得名。

## 任务二 被子植物分类和药用植物

本教材被子植物门的分类采用修改了的恩格勒系统，分双子叶植物纲和单子叶植物纲，它们的主要区别特征见表3－2。

**表3－2 双子叶植物纲与单子叶植物纲的区别**

| | 双子叶植物纲 | 单子叶植物纲 |
|---|---|---|
| 根 | 直根系 | 须根系 |
| 茎 | 维管束环列，具形成层 | 维管束散生，无形成层 |
| 叶 | 具网状脉 | 具平行脉 |
| 花 | 通常为5或4基数 | 3基数 |
| | 花粉粒具3个萌发孔 | 花粉粒具1个萌发孔 |
| 胚 | 具2枚子叶 | 具1枚子叶 |

在表中所列主要区别并不绝对，有少数例外，如双子叶植物纲的毛茛科、车前科、菊科等有的植物具须根系；胡椒科、毛茛科、睡莲科、石竹科等具有散生维管束；樟科、小檗科、木兰科、毛茛科有的植物具3基数花；毛茛科、小檗科、睡莲科、伞形科等有的植物有1枚子叶。单子叶植物纲中的天南星科、百合科、薯蓣科等有的具网状脉；百合科、百部科、眼子菜科等有的具4基数花。

# 任务三　双子叶植物纲

双子叶植物纲分离瓣花亚纲（原始花被亚纲）和合瓣花亚纲（后生花被亚纲）两亚纲。

## 一、离瓣花亚纲

离瓣花亚纲又称原始花被亚纲，是比较原始的被子植物。花，无花被、单被花或重被花，花瓣通常分离。

PPT1　PPT2　PPT3

### 1. 三白草科 Saururaceae

**【形态特征】** ①多年生草本。②单叶互生；托叶与叶柄合生或缺。③花成穗状或总状花序，在花序基部常有总苞片；花小，两性，无花被；雄蕊 3～8；心皮 3～4，离生或合生，若心皮合生时，则子房 1 室成侧膜胎座。④蒴果或浆果。

本科约 4 属，7 种，分布于东亚和北美。我国约有 3 属，5 种，分布于我国东南至西南部；全部可供药用。

显微特征：常有分泌组织、油细胞、腺毛、分泌道。

化学成分：含挥发油，其成分为癸酰乙醛、月桂醛、甲基正壬基甲酮；黄酮类等。

**【药用植物】** **蕺菜** *Houttuynia cordata* Thunb. 多年生草本，全草有鱼腥气，故又名鱼腥草。根状茎白色。叶互生，心形，有细腺点，下面常带紫色；托叶膜质条形，下部与叶柄合生成鞘。穗状花序顶生，总苞片4，白色花瓣状；花小，两性，无花被；雄蕊3，花丝下部与子房合生；雌蕊 3 心皮，下部合生，子房上位。蒴果，顶端开裂。分布于长江流域各省。生于沟边、湿地和水旁。全草入药（鱼腥草）能清热解毒，消痈排脓，利尿通淋（图 3－29）。

图 3－29　蕺菜

1. 地下茎；2. 花序；3. 花

本科常见的药用植物尚有：**三白草** *Saururus chinensis*（Lour.）Baill. 多年生草本，根茎较粗，白色。茎直立，下部匍匐状。叶互生，纸质，叶柄基部与托叶合生为鞘状，略抱茎；叶片卵形或卵状披针形，基出脉 5。分布于长江以南各省区。全草能清热利水，解毒消肿。

### 2. 桑科 Moraceae

**【形态特征】** ①木本，稀草本或藤本，常有乳汁。②叶多互生，稀对生，托叶早落。③花小，单性，雌雄同株或异株；常集成头状、穗状、葇荑花序或隐头花序，单被花，花被片通常 4～6；雄蕊与花被片同数对生。子房上位，2 心皮合生，通常 1 室，每室有 1 胚珠。④常为聚花果，由瘦果或坚果组成。

本科约有 53 属，1400 种，分布于热带和亚热带。我国有 12 属，153 种，分布于全国各省区，长江以南为多。已知药用的有 15 属，约 80 种。

显微特征：内皮层或韧皮部有乳汁管，叶内常有钟乳体。

化学成分：含黄酮类、酚类、强心苷类、生物碱类、昆虫变态激素类。

**【药用植物】** **桑** *Morus alba* L. 落叶小乔木或灌木。有乳汁。根褐黄色。单叶互生，卵形，有时分裂。花单性，雌雄异株。葇荑花序腋生，雄花花被片4，雄蕊与花被片对生，中央有不育雌蕊；雌花雌蕊由2心皮合生，1室，1胚珠。聚花果（桑椹）由多数外包肉质花被的小瘦果组成，熟时黑紫色。分布全国各地，野生或栽培。根皮（桑白皮）能泻肺平喘，利水消肿；叶（桑叶）能疏散风热，清肺润燥，清肝明目；嫩枝（桑枝）能祛风湿，利关节；果穗（桑椹）能滋阴养血，生津润肠（图3-30）。

图3-30 桑

**大麻** *Cannabis sativa* L. 一年生高大草本。皮层富含纤维。叶互生或下部对生，掌状全裂，裂片3~9，披针形。花单性，雌雄异株；雄花集成圆锥花序，花被片5，雄蕊5；雌花丛生叶腋，每花有1苞片，卵形，花被片1，小形，膜质；子房上位，花柱2。瘦果扁卵形，为宿存苞片所包被，有细网纹。各地常有栽培。果实（火麻仁）能润肠通便（图3-31）。

**薜荔** *Ficus pumila* L. 常绿攀缘灌木。具白色乳汁。叶二型，花枝上的叶较大近革质，背面网状脉凸起成蜂窝状；营养枝上的叶小且较薄。隐头花序单生叶腋，雄花序较小，雌花序较大；雄花序中生有雄花和瘿花，雄花有雄蕊2。分布于华东、华南和西南。隐头果能补肾固精，清热利湿，活血通经。茎叶能祛风除湿，活血通络，解毒消肿（图3-32）。

本科常见的药用植物还有：**葎草** *Humulus scandens*（Lour.）Merr. 分布于全国各地，全草能清热解毒、利尿通淋。**无花果** *Ficus carica* L. 原产地中海和西南亚，我国各地现有栽培，隐头果能清热生津，健脾开胃，解毒消肿。**啤酒花**（忽布）*Humulus lupulus* L. 新疆北部有野生，东北、华北、华东有栽培，未成熟的带花果穗能健胃消食，安神利尿。**构树** *Broussonetia papyrifera*（L.）Vent. 分布于黄河、长江、珠江流域各省区，果实（楮实子）能补肾清肝，明目，利尿。

图3-31 大麻

图3-32 薜荔

### 3. 马兜铃科 Aristolochiaceae

**【形态特征】**①多年生草本或藤本。②单叶互生，叶基部常心形，全缘。③花两性，辐射对称或两侧对称，单被花，常为花瓣状，多合生成管状，顶端3裂或向一方扩大，雄蕊6~12，花丝短，分离或与花柱合生；雌蕊心皮4~6，合生；子房下位或半下位，4~6室；胚珠多数。④蒴果。

本科约有8属，600种，分布于热带和温带。我国有4属，70种，分布全国各地。几乎全部可供药用。

显微特征：茎的髓射线宽而长，使维管束互相分离。

化学成分：含挥发油类、生物碱类和特有的马兜铃酸等，马兜铃酸是本科特征性成分。

**【药用植物】** **北细辛（辽细辛）** *Asarum heterotropoides* Fr. Schmidt *var. mandshuricum* (Maxim.) Kitag. 多年生草本。根状茎横走，生有多数细长根，有浓烈辛香气味。叶1~2片，基生，有长柄，叶片肾状心形，全缘，表面沿脉上有疏毛，背面全被短毛。花单生；花被钟形或壶形，紫棕色，顶端3裂，裂片向外反折；雄蕊12；子房半下位，花柱6，蒴果肉质浆果状，半球形。分布于东北各省。生于林下阴湿处。干燥根及根茎（细辛，辽细辛）能解表散寒，祛风止痛，通窍，温肺化饮（图3-33）。

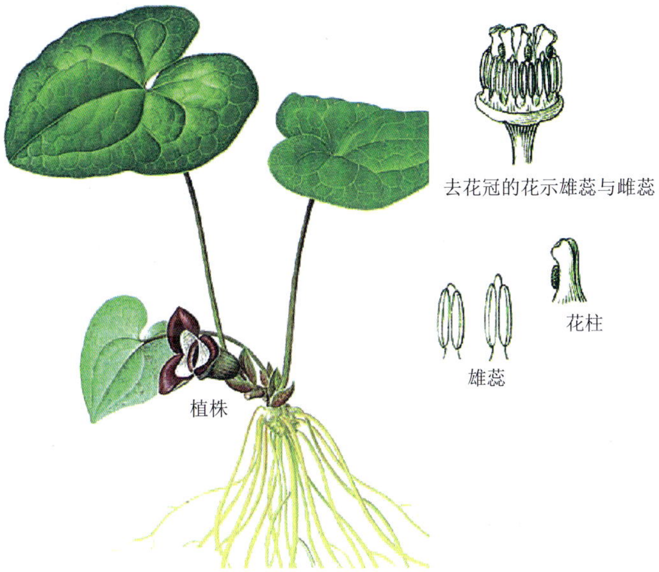


图3-33　北细辛

**细辛（华细辛）** *A. sieboldii* Miq. 与上种主要区别为花被裂片直立或平展，开花时不反折，叶背无毛或仅脉上有毛。分布于华东及河南、湖北、陕西、四川等省。生活环境、入药部位、功效均同北细辛。

**马兜铃** *Aristolochia debilis* Sieb. et Zucc. 多年生缠绕性草本。根圆柱状，土黄色。叶互生，三角状狭卵形，基部心形。花被管弯曲呈喇叭状，暗紫色，基部膨大呈球状，上部逐渐扩大成一偏斜的舌片；雄蕊6，子房下位，6室。蒴果近球形，成熟时自基部向上开裂，细长果柄裂成6条。分布于黄河以南至广西。生于阴湿处及山坡灌丛。根（青木香）能平肝止痛，行气消肿。茎（天仙藤）能行气活血，利水消肿。果实（马兜铃）能清肺化痰，止咳平喘（图3-34）。

**北马兜铃** *A. contorta* Bge. 与上种主要区别为花3~10朵簇生于叶腋，花被侧片顶端有线状尾尖，叶片宽卵状心形。分布于我国北方。生活环境、药用部位、功效均同马兜铃。

本科常见的药用植物还有：**杜衡** *Asarum forbesii* Maxim. 分布于江苏、安徽、河南、浙江、江西、湖北、四川等地，全草（杜衡）祛风散寒、消痰行水、活血止痛。**绵毛马兜铃** *Aristolochia mollissima* Hance 分布于山西、陕西、山东、江苏、安徽、浙江、江西、河南、湖北、湖南、贵州等地，全草

（寻骨风）能祛风除湿，活血通络，止痛。**木通马兜铃** *A. mandshuriensis* Kom. 分布于东北及山西、陕西、甘肃等地。茎藤（关木通）能清心火，利小便，通经下乳。用量过大易中毒而引起肾功能衰竭。

图 3-34　马兜铃

### 4. 蓼科 Polygonaceae

【形态特征】①多为草本，节常膨大。②单叶互生，全缘，有明显的托叶鞘。③花多两性，排成穗状、头状或圆锥状花序；单被花，花被片 3～6，分离或连合，常花瓣状，宿存；雄蕊常 6～9；子房上位，2～3 心皮合生成 1 室，1 胚珠。④瘦果或小坚果包于宿存花被内，多有翅。

本科约 50 属，1150 种，分布于北温带。我国 13 属，235 种。全国分布；已知药用的有 10 属，136 种。

显微特征：常含草酸钙簇晶，根和根茎常有异型维管束。

化学成分：常含蒽醌类，如大黄素、大黄酸、大黄酚等；黄酮类，如芸香苷、槲皮苷等；鞣质类，如没食子酸、并没食子酸等；苷类，如土大黄苷、虎杖苷等成分。

【药用植物】**掌叶大黄** *Rheum palmatum* L. 多年生高大草本。根和根状茎粗壮，肉质，断面黄色。基生叶有长柄，叶片掌状深裂；茎生叶较小，柄短；托叶鞘长筒状。圆锥花序大型顶生；花小；紫红色；花被片 6，2 轮；雄蕊 9；花柱 3。瘦果具 3 棱翅，暗紫色。分布于陕西、甘肃、四川西部、青海和西藏等省区。生于高寒山区，多有栽培。根状茎（大黄）泻下攻积，清热泻火，凉血解毒，逐瘀通经，利湿退黄（图 3-35）。

**药用大黄** *Rheum officinale* Baill. 与上种主要区别为基生叶掌状浅裂，边缘有粗锯齿。分布于湖北、四川、贵州、云南、陕西等省。功效同掌叶大黄。

**何首乌** *Polygonum multiflorum* Thunb. 多年生缠绕草本。块根长椭圆形或不规则块状，外表暗褐色，断面具“云锦花纹”。叶卵状心形，长叶柄，托叶鞘短筒状，两面光滑。圆锥花序大型，分枝极多；花小，白色，花被 5；雄蕊 8。瘦果具 3 棱。全国分布，生于灌丛中，山坡阴处或石隙中。块根（生首乌）入药，能解毒，消痈，截疟，润肠通便。制首乌能补肝肾，益精血，乌须发，强筋骨，化浊降脂；茎藤（夜交藤，首乌藤）能养心安神，祛风通络（图 3-36）。

图 3－35　掌叶大黄

图 3－36　何首乌

1. 块根；2. 植株；3. 花冠；4. 果实

图 3－37　虎杖

**虎杖** *P. cuspidatum* S. et Z. 多年生粗壮草本。根及根状茎粗大，棕黄色。茎中空，散生紫红色斑点。叶阔卵形，托叶鞘短筒状。花单性异株，圆锥花序；花被片 5，白色或绿白色，2 轮，外轮 3 片在果期增大，背部呈翅状。雄蕊 8，花柱 3。瘦果卵圆形，有三棱，包于宿存花被内。分布于我国除东北以外的各省区。生于山谷溪边。根和根状茎能利湿退黄，清热解毒，散瘀止痛，止咳化痰（图 3－37）。

本科常见的药用植物还有：**萹蓄** *Polygonum aviculare* L. 分布于全国各地，全草能利尿通淋，杀虫止痒。**红蓼** *P. orientale* L. 分布于全国各省区，果实（水红花子）能散瘀消癥，消积止痛。**拳参** *P. bistorta* L. 分布于东北、华北、华东、华中等地，根状茎能清热解毒，消肿止血；**蓼蓝** *P. tinctorium* Ait. 分布于辽宁、黄河流域及以南各省区，我国北方习用叶为“大青叶”入药，能清热解毒、凉血消斑，叶可加工制青黛。**野荞麦** *Fagopyrum cymosum*（Trev.）Meisn. 分布于华中、华东、华南、西南等地区，根（金荞麦）能清热解毒，活血消痈，祛风除湿。**酸模** *Rumex acetosa* L. 分布于我国大部分地区。生于路旁、山坡及湿地。根能清热，利尿，凉血，杀虫。

### 5. 苋科 Amaranthaceae

**【形态特征】** ①多为草本。②单叶对生或互生。③花小，常两性，排成穗状、头状或圆锥花序；花单被，花被片 3～5，常干膜质；每花下常有 1 枚干膜质苞片和两枚小苞片；雄蕊多为 5，常与花被片对生；子房上位，2～3 心皮合生，1 室，胚珠 1 枚。④胞果，稀浆果或坚果。

本科约 65 属，900 种，广布于热带和温带地区。我国有 13 属，39 种，分布于全国各地。已知药用的有 9 属，28 种。

显微特征：根中有异型维管束，排成同心环状；含草酸钙晶体，如砂晶、簇晶、针晶等。

化学成分：含三萜皂苷类、甾类、黄酮类、生物碱类等。

【药用植物】**牛膝** *Achyranthes bidentata* Bl. 多年生草本。根长圆柱形，肉质，土黄色。茎四棱形，节膨大。叶对生，叶片椭圆形至椭圆状披针形，全缘。穗状花序，顶生或腋生；花开后，向下倾贴近花序梗；小苞片刺状；花被片5；雄蕊5，退化雄蕊顶端齿形或浅波状；胞果长圆形。生于山林或路旁，多为栽培，主产于河南。根（怀牛膝）能逐瘀通经，补肝肾，强筋骨，利尿通淋，引血下行（图3-38）。

图3-38 牛膝

**川牛膝** *Cyathula officinalis* Kuan 多年生草本。根圆柱形，近白色。茎多分枝，被糙毛。叶对生，叶片椭圆形或长椭圆形，两面被毛。花小，绿白色，密集呈圆头状；苞腋有花数朵，两性花居中，花被5，雄蕊5，退化雄蕊先端齿裂，花丝基部合生成杯状；不育花居两侧，花被片多退化成钩状芒刺；子房1室，胚珠1。胞果长椭圆形。分布于四川、贵州及云南等省。生于林缘或山坡草丛中，多为栽培。根能逐瘀通经，通利关节，利尿通淋（图3-39）。

**青葙** *Celosia argentea* L. 一年生草本。全株无毛。叶互生，叶片长圆状披针形或披针形。穗状花序圆锥状或塔状；花着生甚密，初为淡红色，后变为银白色；花被片白色或粉白色，干膜质。胞果卵圆形。种子扁圆形，黑色，光亮。全国各地均有野生或栽培。种子（青葙子）能清肝泻火、明目退翳（图3-40）。

图3-39 川牛膝

图3-40 青葙

本科常见的药用植物还有：**土牛膝** *Achyranthes aspera* L. 分布于华南、华东以及四川、云南等省区，根能清热解毒，利尿。**鸡冠花** *Celosia cristata* L. 各地多栽培，花序能凉血、止血、止泻。

### 6. 石竹科 Garyophyllaceae

**【形态特征】**①草木，节常膨大。②单叶对生，全缘，常于基部连合。③多聚伞花序；花两性，辐射对称；萼片4～5，分离或连合，宿存；花瓣4～5，常具爪；雄蕊常为花瓣的倍数，8～10枚，子房上位，2～5心皮，合生，1室；特立中央胎座，胚珠多数。④蒴果齿裂或瓣裂，稀浆果。

本科约75属，2000种，广布全球，尤以北温带为多。我国30属，约388种。分布于全国各省区。已知药用的有21属，106种。

显微特征：含草酸钙簇晶和砂晶，气孔轴式多为直轴式。

化学成分：普遍含有皂苷类、黄酮类等成分。

**【药用植物】** **瞿麦** *Dianthus superbus* L. 多年生草本。茎上部分枝。叶对生，披针形或条状披针形。顶生聚伞花序；花萼下有小苞片4～6，卵形；萼筒先端5裂；花瓣5，淡红色，有长爪，顶端深裂成丝状（流苏状）；雄蕊10。蒴果长筒形，先端4齿裂，外被宿萼。我国各地有野生或栽培。生于山野草丛中。全草能利尿通淋，活血通经（图3－41）。

**石竹** *Dianthus chinensis* L. 与上种主要区别为花瓣先端齿裂，分布于长江流域以及长江以北地区。功效与瞿麦相同。

**孩儿参（异叶假繁缕）** *Pseudostellaria heterophylla*（Miq.）Pax 多年生草本。块根纺缍形，淡黄色。叶对生，下部叶匙形，上部叶长卵形或菱状卵形，茎顶端两对叶片较大，排成十字形。花二型：茎下部腋生小形闭锁花（即闭花受精花），萼片4，紫色，闭合，无花瓣，雄蕊2；茎上端的普通花较大1～3朵，腋生，萼片5，花瓣5，白色，雄蕊10，雌蕊花柱3。蒴果近球形。分布于长江以北和华中等地区。生于山坡林下阴湿处。多栽培。块根（太子参）能益气健脾，生津润肺（图3－42）。

本科常见的药用植物还有：**麦蓝菜** *Vaccaria segetalis*（Neck.）Garcke 除华南外，分布于全国各省区。种子（王不留行）能活血通经，下乳消肿，利尿通淋。

图3－41　瞿麦

图3－42　孩儿参

1. 植株；2. 花；3. 果实；4. 雌蕊

### 7. 睡莲科 Nymphaeaceae 微课1

**【形态特征】**①多年生水生草本，根状茎横走，粗大。②叶基生，盾形、心形或戟形，常漂浮水面。③花单生，两性，辐射对称；萼片、花瓣3至多数；雄蕊多数；雌蕊由3至多数离生或合生心皮组成，子房上位或下位，胚珠多数。④坚果埋于海绵质的花托内，或为浆果状。

本科8属，约100种，广布于世界各地。我国有5属，13种，分布于全国各地。已知药用5属，8种。

化学成分：含多种生物碱，如莲心碱、荷叶碱、厚荷叶碱等；另含黄酮类成分，如金丝桃苷、芸香苷等。

**【药用植物】** **莲** *Nelumbo nucifera* Gaetn. 多年生水生草本，具肥大的根状茎（藕）。叶片盾圆形，具长柄，有刺毛，挺水生。花单生；萼片4～5，早落；花瓣多数，粉红色或白色；雄蕊多数，离生。坚果椭圆形，嵌生于海绵的花托内。各地均有栽培，生于水沟、池塘、湖沼或水田内。根状茎的节部（藕节）能收敛止血；叶（荷叶）能清暑化湿，升发清阳，凉血止血；叶柄（荷梗）能通气宽胸；花托（莲房）能化瘀止血；雄蕊（莲须）能固肾涩精；种子（莲子）能补脾止泻，止带，益肾涩精，养心安神；莲子中的绿色的胚（莲子心）能清心安神，交通心肾，涩精止血（图3－43）。

本科常见的药用植物还有**芡实**（鸡头米）*Euryale ferax* Salisb. 分布全国，生于湖塘池沼中，种子（芡实）能益肾固精，补脾止泻，除湿止带。

图3－43　莲

### 8. 毛茛科 Ranunculaceae

**【形态特征】** ①草本或藤本。②单叶或复叶，多互生或基生，少对生。③花多两性，辐射对称或两侧对称，花单生或总状、聚伞、圆锥花序；萼片3至多数，绿色或呈花瓣状，稀基部延长成距；花瓣3至多数或缺；雄蕊和心皮常多数，离生，螺旋状排列在多少隆起的花托上，子房上位，1室，胚珠1至多数。④聚合蓇葖果或聚合瘦果，稀为浆果。

本科约50属，2000种，主要分布于北温带。我国有42属，800种，各省均有分布。已知药用的有30属，约500种。

显微特征：维管束常具有“V”字形排列的导管，根和根茎中有皮层厚壁细胞，内皮层明显等。

化学成分：多含生物碱类，如乌头碱、小檗碱、唐松草碱等；黄酮类；皂苷类；强心苷类；香豆素类；四环三萜类；毛茛苷等。

**【药用植物】** **乌头** *Aconitum carmichaeli* Debx. 多年生草本。主根纺缍形或倒圆锥形，周围常生数个圆锥形侧根，棕黑色。叶互生，3深裂，裂片再行分裂。总状花序狭长，花序轴密生反曲柔毛；萼片5，蓝紫色，上萼片盔帽状；花瓣2，变态成蜜腺叶；有长爪；雄蕊多数；心皮3～5，离生。聚合蓇葖果。分布于长江中下游，北达山东东部，南达广西北部。生于山地草坡、灌丛中。四川、陕西大量栽培，栽培种其主根作（川乌）药用，有大毒，能祛风除湿，温经止痛；侧根（附子）能回阳救逆，补火助阳，散寒止痛；野生种块根作（草乌）药用，有大毒，能祛风除湿，温经散寒，消肿止痛。一般经炮制药用（图3－44）。

同属**北乌头** *A. kusnezoffii* Reichb. 叶3全裂，中裂片菱形，近羽状分裂。花序无毛。分布于东北、华北。块根作草乌入药，功效同川乌。叶（草乌叶）能清热，解毒，止痛。

**黄连** *Coptis chinensis* Franch. 多年生草本。根状茎常分枝成簇，生多数须根，均黄色。叶基生，3全裂，中央裂片具柄，各裂片再作羽状深裂，边缘具锐锯齿。聚伞花序有花3～8朵，黄绿色；萼片5，狭卵形，花瓣线形；雄蕊多数；心皮8～12，离生。蓇葖果具柄。主产于四川，此外云南、湖北及陕西等省亦有分布。生于海拔500～2000米高山林下阴湿处，多栽培。根状茎（味连）能清热燥湿，泻火解毒（图3－45）。

图3－44　乌头

图3－45　黄连

1. 植株；2. 萼片；3. 花瓣；4. 果实

同属植物**三角叶黄连**（雅连）*C. deltoidea* C. Y. Cheng et Hsiao. 特产于四川峨嵋、洪雅一带。**云南黄连**（云连）*C. teeta* Wall. 主产于云南西北部、西藏东南部。功效与黄连相同。

**威灵仙** *Clematis chinensis* Osbeck 藤本。根须状丛生于根状茎上；茎具条纹，茎、叶干后变黑色。叶对生，羽状复叶，小叶通常5片，狭卵形，叶柄卷曲。圆锥花序；萼片4，白色；外面边缘密生短柔毛。无花瓣；雄蕊多数；心皮多数，离生。聚合瘦果，宿存花柱羽毛状。分布于长江中下游及以南各省区。生于山区林缘或灌丛中。根及根状茎能祛风除湿，通络止痛。

图3－46　白头翁

**白头翁** *Pulsatilla chinensis*（Bge.）Regel 多年生草本，全株密生白色长柔毛。根圆锥形，外皮黄褐色，常有裂隙。叶基生，3全裂，裂片再3裂，革质。花茎（花葶）由叶丛抽出，顶生1花；萼片6，紫色；无花瓣；雄蕊、雌蕊均多数。瘦果密集呈头状，宿存花柱羽毛状，下垂如白发。分布于东北、华北及长江以北地区。生于山坡草地或平原。根能清热解毒，凉血止痢（图3－46）。

**毛茛** *Ranunculus japonicus* Thunb. 多年生草本，全株有粗毛。叶片五角形，3深裂，裂片再3浅裂。聚伞花序顶生；花瓣黄色带蜡样光泽，基部有蜜槽；雄蕊和雌蕊均多数，离生。聚合瘦果近球形。全国广有分布。生于沟边或水田边。全草有毒能利湿、消肿、止痛、退翳、杀虫。一般外用作发泡药（图3－47）。

本科常见药用植物还有：**升麻** *Cimicifuga foetida* L. 主要分布于四川、青海等省，根状茎能发表透疹，清热解毒，升举阳气。**天葵** *Semiaquilegia adoxoides*（DC.）Mak. 分布于长江中下游各省，包括陕西南部、广东北部。块根（天葵子）能清热解毒，消肿散结。

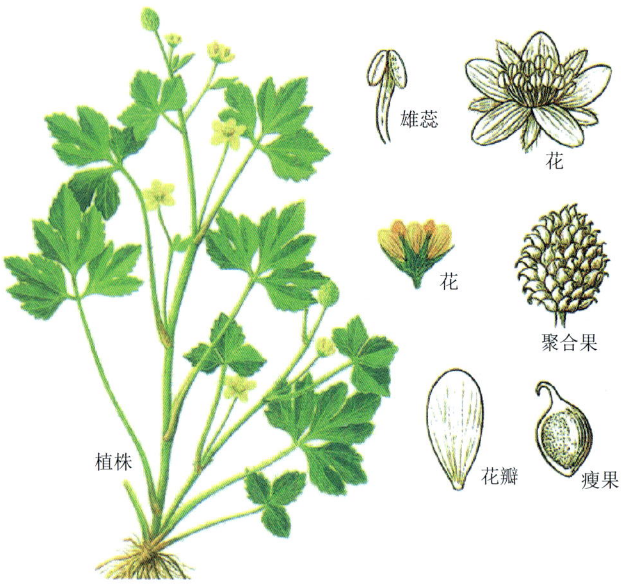


图 3-47　毛茛

**知识链接**

**黄连——中国重点保护植物**

黄连 *Coptis chinensis* Franch.、云南黄连 *C. teeta* wall.、三角叶黄连 *C. deltoidea* C. Y. Cheng et Hsiao.、峨眉黄连 *C. omeiensis*（Chen）C. Y. Cheng. 等药用植物，被列为国家重点保护药用植物名录。为了保护珍贵的野生植物资源，自 1992 年《生物多样性公约》签订以来，生物多样性保护与可持续发展已成为当前国际社会和各国政府普遍关注的热点问题。伴随越来越明显的人类活动，全球正面临着新生代以来最大规模的物种集群灭绝，生物多样性的现状面临着许多严重威胁，物种的濒危程度不断加剧。因此，生物多样性的保护工作刻不容缓，我们应该具有社会责任感和社会参与意识保护珍稀药用植物。

**9. 芍药科 Paeoniqceae**

**【形态特征】**①多年生草本或灌木。②根肥大；叶互生，通常为二回三出羽状复叶。③花大，1 至数朵顶生；萼片通常 5，宿存；花瓣 5～10，红、黄、白、紫各色；雄蕊多数，离生；花盘杯状或盘状，包裹心皮；心皮 2～5，离生。④聚合蓇葖果。

本科 1 属，约 35 种；我国有 1 属，17 种；分布于东北、华北、西北、长江流域及西南。几乎全部供药用。

显微特征：含草酸钙簇晶较多。

化学成分：含特有的芍药苷，牡丹组植物还含丹皮酚及其苷衍生物，如牡丹酚苷、牡丹酚原苷等。

**【药用植物】** **芍药** *Paeonia lactiflora* Pall. 多年生草本。根粗壮，圆柱形。二回三出复叶，小叶狭卵形，叶缘具骨质细乳突。花白色、粉红色或红色，顶生或腋生；花盘肉质，仅包裹心皮基部。聚合蓇葖果，卵形，先端钩状外弯曲。分布于我国北方；生于山坡草丛；各地有栽培。栽培的刮去栓皮的根（白芍）能养血调经，敛阴止汗，柔肝止痛，平抑肝阳。野生者不去栓皮的根（赤芍）能清热凉血，散瘀止痛（图 3-48）。

同属植物**川赤芍** *P. veitchii* Lynch 的根亦作药材“赤芍”入药。

图 3-48 芍药

本科常见的药用植物还有：凤丹 *P. ostii* T. Hong et J. X. Zhang 落叶灌木。一至二回羽状复叶。花单生枝顶；萼片 5；花瓣 10～15，多为白色；花盘革质紫红色；心皮 5～8，密生白色柔毛。聚合蓇葖果，纺锤形。种子卵形或卵圆形，黑色。主产于安徽铜陵凤凰山及南陵丫山，各地多有栽培。根皮（牡丹皮、凤丹皮）能清热凉血、活血化瘀。牡丹 *P. suffruticosa* Andr. 与凤丹的区别：为二回三出复叶，顶生小叶 3 裂；花色有白色、红紫色、黄色等多种。各地多栽培供观赏，根皮一般不作药用。

### 10. 小檗科 Berberidaceae

【形态特征】①灌木或草本。②单叶或复叶，互生。③花两性，辐射对称，单生、簇生或排成总状、穗状花序等；萼片与花瓣相似，各 2～4 轮，每轮常 3 片，花瓣常具有蜜腺；雄蕊 3～9 枚，常与花瓣对生，花药常瓣裂或纵裂；子房上位，常 1 心皮组成，1 室；柱头极短或缺，通常盾形；胚珠 1 至多数。④浆果、蓇葖果或蒴果。

本科约 17 属，650 余种，分布于北温带和热带高山上。我国有 11 属，320 余种，南北各地均有分布。已知药用的有 11 属，140 余种。

显微特征：草本类多含草酸钙簇晶，木本类多含草酸钙方晶。

化学成分：多含生物碱类，如小檗碱、掌叶防己碱、木兰花碱等；苷类等。

【药用植物】**豪猪刺（三颗针）** *Berberis julianae* Schneid. 常绿灌木。根、茎断面黄色。叶刺三叉状，粗壮坚硬；叶常 5 片丛生于刺腋内，卵状披针形，边缘有刺状锯齿，花黄色，簇生叶腋；小苞片 3；萼片、花瓣、雄蕊均 6 枚。花瓣顶端微凹，基部有 2 密腺。浆果熟时黑色，有白粉。分布于长江中、上游到贵州等省。生于海拔 1000 米以上山地。根、茎能清热燥湿，泻火解毒。为提取小檗碱的资源植物（图 3-49）。

图 3-49 豪猪刺

**箭叶淫羊藿（三枝九叶草）** *Epimedium sagittatum* (Sieb. et Zucc.) Maxim. 多年生草本。根状茎结节状，质硬。基生叶 1～3 片，三出复叶，小叶长卵形，两侧小叶基部呈箭状心形，显著不对称，叶革质。圆锥花序或总状花序；花多数；萼片 4，2 轮，外轮早落，内轮花瓣状，白色；花瓣 4，黄色，有短距；雄蕊 4；心皮 1。蓇葖果卵形，有喙。分布于长江流域至西南各省。生于山坡林下及路旁溪边等潮湿处。地上部分能补肾阳，强筋骨，祛风湿（图 3-50）。

同属植物淫羊藿 *E. brevicornum* Maxim、柔毛淫羊藿 *E. pubescens* Maxim. 和朝鲜淫羊藿 *E. koreanum* Nakai 的地上部分亦作药材淫羊藿入药。巫山淫羊藿 *E. wushanense* T. S. Ying 作巫山淫羊藿入药，功效同淫羊藿。

**阔叶十大功劳** *Mahonia bealei* (Fort.) Carr. 常绿灌木。奇数羽状复叶，互生，小叶 7～15 片，厚革质，卵形，叶缘有刺齿。顶生总状花序；花黄褐色。萼片 9，3 轮，花瓣状；花瓣 6，雄蕊 6；浆果暗蓝色，有白粉。分布于长江流域及陕西、河南、福建等省。生于山坡林下，各地常栽培。根茎（功劳木）和叶（十大功劳叶）能清热，燥湿，解毒（图 3-51）。

图 3-50　箭叶淫羊藿

图 3-51　阔叶十大功劳

本科常见的药用植物还有：**黄芦木** *Berbris amurensis* Rupr.，分布于东北、华北等省区。根、茎药用，功同豪猪刺。**六角莲** *Dysosma pleiantha*（Hance）Woodson 分布于华东、湖北、广西等省区，根状茎能清热解毒，活血化瘀。**南天竹** *Nandia domestica* Thunb. 各地常有栽培，茎能清热除湿，通经活络，果实（南天竹子）能敛肺、止咳、平喘，根、茎、叶能清热利湿，解毒。

### 11. 防己科 Menispermaceae

【形态特征】①多年生草质或木质藤本。②单叶互生，叶片有时盾状；无托叶。③花单性异株；聚散花序或圆锥花序；萼片与花瓣均6枚，2轮，花瓣常小于萼片；雄蕊常6枚，分离或合生；子房上位，常3心皮，离生，每室胚珠2，仅1枚发育。④核果。

本科约65属，350种；分布热带和亚热带。我国19属，78种；主要分布于长江流域以南各省区；已知药用15属，67种。

显微特征：常有异常构造，多由维管束外方的额外形成层形成1至多个同心环状或偏心环状维管束而组成。草酸钙结晶类型多样。

化学成分：含有双苄基异喹啉生物碱、原小檗碱型生物碱和阿扑啡型生物碱。如汉防己碱、异汉防己碱、小檗碱、药根碱、木兰花碱、千金藤碱。

【药用植物】**粉防己（石蟾蜍）** *Stephania tetrandra* S. Moore 草质藤本。根圆柱形。叶三角壮阔卵形，叶柄质状着生。聚散花序集成头状；雄花的萼片通常4，花瓣4，淡绿色，花丝愈合成柱状；雌花的萼片和花瓣均4，心皮1，花柱3。核果球形，红色，核呈马蹄形，有小瘤状突起及横槽纹。分布于我国东南及南部；生于山坡、林缘、草丛等处。根（防己、粉防己）为祛风清热药，能利水消肿，祛风止痛（图3-52）。

**蝙蝠葛** *Menispemaum dauricum* DC. 草质落叶藤本。根状茎细长。叶圆肾形或卵圆形，全缘或5～77浅裂，掌状脉；叶柄盾状着生。圆锥花序；萼片6；花瓣6～9；雄蕊10～20；雌蕊3心皮，分离。核果黑紫色，核呈马蹄形。分布东北、华北和华东地区；生于沟谷、灌丛。根状茎（北豆根）能清热解毒，祛风止痛（图3-53）。

图3-52　粉防己

图3-53　蝙蝠葛

**青牛胆** *Tinospora sagittata*（Olive.）Gagnep. 草质藤本。具连珠状块根。叶卵状箭形，叶基耳形，背面背疏毛。圆锥花序；花瓣6；肉质，常有爪。核果红色，近球形。分布于华中、华南、西南及陕西、福建等地。块根（金果榄）能清热解毒、利咽、止痛。

本科常见的药用植物还有：**木防己** *Mocculus orbiculatus*（L.）DC. 分布于我国大部分地区；生于灌丛、林缘等处。根能祛风止痛，利水消肿。**锡生藤** *Cissamplos pareira* L. var. *hirsuta*（Buch. ex DC.）forman 分布于广西、贵州、云南；全株（亚乎奴）能活血止痛，止血生肌。**青藤** *Sinomenium acutum*（thunb.）Rehd. et wils. 分布于长江流域及以南地区；茎藤祛风通络，除湿止痛。**金线吊乌龟** *Stehphania cephania* Hayata. 分布于江苏、安徽、福建、广东、广西、贵州等地；块根能清热解毒、祛风止痛、凉血止血。

### 12. 木兰科 Magnoliaceae

**【形态特征】**①木本，具油细胞，有香气。②单叶互生，多全缘；托叶有或无，有托叶的，包被幼芽，早落，在节上留下环状托叶痕。③花常单生，两性，稀单性，辐射对称；花被片常3基数，排成数轮，每轮3片；雄蕊和雌蕊均多数，分离，螺旋状或轮状排列于伸长或隆起的花托上；每心皮含胚珠1~2个。④聚合蓇葖果或聚合浆果。

本科约18属，330种，分布于美洲和亚洲的热带和亚热带地区。我国约有14属，160种，分布于西南和南部各地。已知药用的有8属，约90种。

显微特征：常有油细胞、石细胞和草酸钙方晶。

化学成分：含有挥发油；生物碱类，如木兰碱等；木脂素类，如厚朴酚。

**【药用植物】** **厚朴** *Magnolia officinalis* Rehd. et Wils. 落叶乔木。树皮棕褐色，具椭圆形皮孔。叶大，倒卵形，革质，集生于小枝顶端。花大型，白色，花被片9~12或更多。聚合蓇葖果长圆状卵形，木质。分布于长江流域和陕西、甘肃东南部，生于土壤肥沃及温暖的坡地。茎皮和根皮能燥湿消痰，下气除满。花蕾（厚朴花）能行气宽中，芳香化湿。

**凹叶厚朴**（庐山厚朴）*Magnolia biloba*（Rehd. et Wils.）Cheng 与上种主要区别为叶先端凹陷成

2钝圆浅裂，分布于福建、浙江、安徽、江西和湖南等省，有栽培。功效与厚朴相同（图3－54）。

**望春花** *Magnolia biondii* Pamp. 落叶乔木。树皮灰色或暗绿色。小枝无毛或近梢处有毛；单叶互生；叶片长圆状披针形或卵状披针形，全缘，两面均无毛；花先叶开放，单生枝顶；花萼3，近线形；花瓣6，2轮，匙形，白色，外面基部常带紫红色；雄蕊多数，花丝胞厚；心皮多数，分离。聚合果圆柱形，稍扭曲；种子深红色。分布于河南、安徽、甘肃、四川、陕西等省，生长在向阳山坡或路旁。花蕾（辛夷）能散风寒，通鼻窍（图3－55）。

**玉兰** *Magnolia denudata* Desr. 与上种主要区别为叶倒卵形至倒卵状长圆形，叶面有光泽，叶背被柔毛；花被片9，白色，萼片与花瓣无明显区别，倒卵形或倒卵状矩圆形。分布于河北、河南、江西、浙江、湖南、云南等省区。花蕾亦作“辛夷”入药（图3－56）。

图3－54 凹叶厚朴

图3－55 望春花

图3－56 玉兰

**八角** *Illicium verum* Hook. f. 常绿乔木。叶椭圆形或长椭圆状披针形，有透明油点。花单生于叶腋；花被片7～12；雄蕊10～20；心皮8～9，轮状排列。聚合果由8～9个蓇葖果组成，呈八角形，顶端钝，稍弯；分布于华南、西南等省区。生于温暖湿润的山谷中。果实（八角茴香）能温阳散寒，理气止痛。

**五味子** *Schisandra chinensis*（Turca.）Baill. 落叶木质藤本。叶纸质或近膜质，阔椭圆形或倒卵形，边缘疏生有腺齿的细齿。雌雄异株；花被片6～9，乳白色红色；雄蕊5；雌蕊17～40。聚合浆果排成长穗状，红色。分布于东北、华北、华中及四川等地。生于山林中。果实（北五味子）能收敛固涩，益气生津，补肾宁心（图3－57）。

图3－57 五味子

本科常见的药用植物还有：**木莲** *Manglietia fordiana*（Hemsl.）Oliv. 分布于长江流域以南，果实（木莲果）能通便、止咳。**华中五味子** *Schisandra sphenanthera* Rehd. et Wils. 分布于河南、安徽、湖北等省，果（南五味子）功效同五味子。

### 13. 樟科 Lauraceae

【形态特征】①多为常绿乔木，仅无根藤属（*Cassytha*）为寄生性无叶藤本；具油细胞，有香气。②单叶，多互生，全缘，革质，羽状脉或三出脉，无托叶。③花小，常两性，3基数，多为单被，2轮排列；雄蕊3～12，通常9，排成3～4轮，第4轮雄蕊常退化，花丝基部具2腺体；子房上位，3心皮合生，1室，1顶生胚珠。④核果或呈浆果状，有时宿存的花被包围基部；种子1粒。

本科约40多属，2000余种，分布于热带及亚热带地区。我国有20属，400多种，主要分布于长江以南各省区。已知药用120余种。

显微特征：具油细胞；叶下表皮常呈乳头状突起；在茎维管柱鞘部位常有纤维状石细胞组成的环。

图3－58　肉桂

化学成分：常含有挥发油类，如樟脑、桂皮醛、桉叶素等；生物碱类，主要为异喹啉类生物碱。

【药用植物】**肉桂** *Cinnamomum cassia* Presl. 常绿乔木，具香气。树皮灰褐色，幼枝略呈四棱形。叶互生，长椭圆形，革质，全缘，具离基三出脉。圆锥花序腋生或顶生；花小，黄绿色，花被6；能育雄蕊9，3轮。子房上位，1室，1胚珠。核果浆果状，紫黑色，宿存的花被管（果托）浅杯状。分布于广东、广西、福建和云南。多为栽培。树皮（肉桂）能补火助阳，引火归元，散寒止痛，温通经脉；嫩枝（桂枝）能发汗解肌，温通经脉，助阳化气，平冲降气（图3－58）。

本科常见的药用植物还有：**樟树**（香樟）*C. camphora*（L.）Presl. 分布于长江流域以南及西南各省区，根、木材及叶的挥发油主要含樟脑，内服开窍辟秽，外用除湿杀虫、温散止痛。**乌药** *Lindera aggregata*（Sims）Dosterm. 分布于长江以南及西南各省区，根（乌药）能行气止痛、温肾散寒。

### 14. 罂粟科 Papaveraceae

【形态特征】①草本，多含乳汁或有色汁液。②基生叶具长柄，茎生叶多互生，无托叶。③花单生或呈总状、聚伞、圆锥花序；花辐射对称或两侧对称；萼片常2，早落；花瓣4～6，离生；子房上位，2至多心皮，合生，1室，侧膜胎座；胚珠多数。④蒴果孔裂或瓣裂；种子细小。

本科约42属，600种，主要分布于北温带。我国19属，约280种，南北均有分布。已知药用的有15属，130种。

显微特征：含白色乳汁或有色汁液，常具有节乳汁管或乳囊组织。

化学成分：多含有生物碱类，如罂粟碱、吗啡、白屈菜碱、可待因、延胡索乙素等。

【药用植物】**罂粟** *Papaver somnifarum* L. 一年生或二年生草本，全株粉绿色，具白色乳汁。叶互生，长椭圆形，基部抱茎，边缘具缺刻。花大，单生于花茎顶；萼片2，早落；花瓣4，有白、红、淡紫等色；雄蕊多数，离生；子房多心皮合生；1室，侧膜胎座；柱头具8～12辐射状分枝。蒴果近球形，孔裂。多栽培。果壳（罂粟壳）能敛肺止咳，涩肠止泻，止痛。从未熟果实中割取的乳汁（鸦片）为镇痛、止咳、止泻药（图3－59）。

**延胡索** *Corydalis turtschaninovii* Bess. f. *yanhusu* Y. H. Chow et C. C. Hsu 多年生草本。块茎球形。叶二回三出全裂，末回裂片披针形。总状花序顶生；苞片全缘或有少数牙齿；花萼2，极小，早落；花瓣4，紫红色，上面1片基部有长距；雄蕊6，成2束；子房上位，2心皮，1室，侧膜胎座。蒴果条

图 3-59　罂粟

形。分布于安徽、浙江、江苏等地。生于丘陵林荫下，各地有栽培。块茎（元胡、延胡索）能活血，行气，止痛（图 3-60）。

**白屈菜** *Chelidonium majus* L. 多年生草本，具黄色汁液。叶互生，羽状全裂，叶背被白粉和短柔毛。花瓣 4，黄色；雄蕊多数。蒴果条状圆柱形。分布于东北、华北、新疆及四川等省区。生于山坡或山谷林边草地。全草有毒，能解痉止痛，止咳平喘（图 3-61）。

图 3-60　延胡索

图 3-61　白屈菜

**知识链接**

### 远离毒品　珍爱生命

罂粟是制取鸦片的主要原料，从蒴果上提取的汁液，可加工成鸦片、吗啡、海洛因。因此，罂粟成为世界上毒品的重要根源，罂粟这一美丽的植物也被称为恶之花。食用罂粟壳会使人体产生依赖性而造成瘾癖，对人体肝脏、心脏有毒害作用。长期食用含有罂粟壳的食物，会出现盗汗、乏力、面黄肌瘦、犯困等症状，严重时可能对神经系统、消化系统造成损害，引起精神失常，出现幻觉，甚至呼吸停止而死亡。

罂粟是毒品原植物，种植罂粟涉嫌违法甚至犯罪。我们应该遵纪守法，远离毒品，珍爱生命。

### 15. 十字花科 Cruciferae，Brassicaceae

【形态特征】①草本。②单叶互生，无托叶。③花两性，辐射对称，多排成总状或圆锥花序；萼片4，2轮；花瓣4，排成十字形；雄蕊6，4长2短，为四强雄蕊，稀4或2，常在雄蕊旁生有4个蜜腺；子房上位，2心皮合生，由假隔膜隔成2室，侧膜胎座，每室胚珠1至多数。④长角果或短角果。

本科约350属，3200种，广布于全球，以北温带为多。我国约96属，425种，分布于我国各省区。已知药用的有30属，103种。

显微特征：常含分泌细胞，毛茸为单细胞非腺毛，气孔轴式为不等式。

化学成分：多含硫苷类，吲哚苷类、强心苷类、脂肪油等。

【药用植物】**菘蓝** *Isatis indigotica* Fort. 一至二年生草本。主根圆柱形，灰黄色。全株灰绿色。主根深长，圆柱形，灰黄色。基生叶有柄，圆状椭圆形；茎生叶较小，圆状披针形，基部垂耳圆形，半抱茎。圆锥花序；花黄色，花梗细，下垂。短角果扁平，顶端钝圆或截形，边缘有翅，紫色，内含1粒种子。各地均有栽培。根（板蓝根）能清热解毒，凉血利咽。叶（大青叶）能清热解毒，凉血消斑；茎叶加工品（青黛），能清热解毒，凉血，定惊（图3-62）。

**欧菘蓝** *Isatis tinctoria* L. 与上种主要区别为茎、叶被长柔毛；茎生叶基部垂耳箭形。原产欧洲，华北各省有栽培。药用与菘蓝相同。

**白芥** *Brassica alba*（L.）Boiss. 一至二年生草本。全体被白色粗毛。茎基部的叶具长柄，琴状深裂或近全裂。总状花序顶生；花黄色。长角果圆柱形，密被白色长毛，先端具扁长的喙。种子近球形，黄白色。种子（白芥子）能温肺豁痰利气，散结通络止痛。

**荠菜** *Capsella bursa-pastoris*（L.）Medic. 一或二年生草本。基生叶羽状分裂，茎生叶抱茎，两侧呈耳形。总状花序顶生或腋生；花白色。短角果倒三角形。全草能凉肝止血，平肝明目，清热利湿（图3-63）。

图3-62　菘蓝

图3-63　白芥

本科常见的药用植物还有：**萝卜** *Raphanus sativus* L. 各地均栽培，种子（莱菔子）能消食除胀，降气化痰。**独行菜** *Lepidium apetalum* Willd. 分布于华北、华东、西北、西南等地。**播娘蒿** *Descurainia Sophia*（L.）Schur 分布于华北、华东、西北及四川等地。后两种植物的种子均作“葶苈子”药用，能泻肺平喘，行水消肿。

### 16. 景天科 Crassulaceae

**【形态特征】**①多年生肉质草本或灌木。②单叶，互生、对生或轮生。③花两性，辐射对称；聚伞花序或单生；萼片与花瓣均4~5，离生或合生；雄蕊与花瓣同数或为其2倍；子房上位，心皮4~5，离生；胚珠多数，每一心皮基部有1鳞片状腺体。④蓇葖果。

本科约35属，1600种；广布全球。我国约10属，260种；已知药用8属，68种。

显微特征：有的种类地下茎具异型维管束。

化学成分：含有苷类，如红景天苷、垂盆草苷等；黄酮类，如槲皮素等；有机酸类，如阿魏酸、丁香酸等。

**【药用植物】垂盆草** *Sedum sarmentosum* Bunge. 多年生肉质草本。全株无毛。不育茎匍匐，接近地面的节易生根。叶常3片轮生；叶片倒披针形至长圆形，先端近急尖，基部下延，全缘。聚伞花序顶生，花瓣5，黄色；雄蕊10，2轮；鳞片5，楔状四方形；心皮5，长圆形，略叉开。蓇葖果。分布于全国大部分地区；生于山坡、石隙、沟旁及路边湿润处。全草为利湿退黄药，能利湿退黄，清热解毒（图3-64）。

**景天三七** *S. aizoon* L. 多年生肉质草本。茎直立，不分枝。叶互生，椭圆状披针至倒披针形。聚伞花序；花黄色；萼片5，条形；花瓣5，椭圆状披针形；雄蕊10；心皮5，基部合生。蓇葖果星芒状排列。分布于东北、西北、至长江流域；生于山坡阴湿岩石上或草丛中。全草能散瘀止血，宁心安神、解毒（图3-65）。

图3-64 垂盆草

图3-65 景天三七

本科常见的药用植物还有：**库页红景天**（高山红景天）*Rhodiola sachalinenisis* A. Bor. 分布于黑龙江、吉林等地；生于海拔1600~2500米的山坡、草地、林下等地。全草（红景天）能补气益肺、益智养心、收敛止血、散瘀消肿。同属**狭叶红景天** *R. kirilowii*（Regel.）Regil.、**唐古特红景天** *R. algida*（Lédeb.）Fisch. et Mey. var. *tangutica*（Maxim.）S. H. Fu 的全草亦作药材红景天入药。**瓦松** *Orostachys unbriatus*（Turcz.）Berger. 分布于东北、华北、西北、华东等地，全草有毒，能凉血止血、清热解毒、收湿敛疮。

图 3－66　杜仲

**17. 杜仲科 Eucommiaceae**

【形态特征】①落叶乔木，枝、叶折断后有银白色胶丝相连；小枝有片状髓。②叶互生，无托叶。③花单性，雌雄异株；无花被；雄花簇生，有花梗，具苞片；雄蕊 4～10，常为 8，花药线形，花丝极短；雌花单生于小枝下部，具短梗；子房上位，2 心皮合生，只 1 心皮发育，1 室，胚珠 2，花柱 2 叉状。④翅果，扁平，长椭圆形；内含 1 粒种子。

本科 1 属，1 种；是我国特产植物。分布于长江中游各省，各地有栽培。

显微特征：韧皮部有 5～7 条石细胞环带，韧皮部中有橡胶细胞，内有橡胶质。

化学成分：含杜仲胶、木脂素类、环烯醚萜类、三萜类等。

【药用植物】**杜仲** *Eucommia ulmoides* Lliv. 形态特征与科相同。各地有栽培。树皮能补肝肾，强筋骨，安胎（图 3－66）。

**18. 蔷薇科 Rosaceae**

【形态特征】①草本，灌木或乔木，常具刺。②单叶或复叶，多互生，通常有托叶。③花两性，辐射对称；单生或排成伞房、圆锥花序，花托杯状、壶状或凸起；花被与雄蕊常合成杯状、坛状或壶状的托杯（又称被丝托），萼片、花瓣和雄蕊均着生在花托托杯的边缘。萼片、花瓣常 5；雄蕊通常多数，心皮 1 至多数，离生或合生；子房上位至下位，每室含 1 至多数胚珠。④蓇葖果、瘦果、梨果或核果。

本科约有 124 属，3300 种，广布全球。我国有 51 属，1100 余种，分布全国各地。已知药用的有 48 属，400 余种。

显微特征：常具单细胞非腺毛；具草酸钙簇晶和方晶；气孔轴式多为不定式。

化学成分：含氰苷类，如苦杏仁苷等；多元酚类；黄酮类；二萜生物碱类；有机酸类等。

本科分为四个亚科。

亚科检索表

1. 果实为开裂的蓇葖果或蒴果；心皮 1～5，常离生；多无托叶 ………………………… 绣线菊亚科
1. 果实不开裂；有托叶。
　2. 子房上位，稀下位。
　　3. 心皮常多数，聚合瘦果或聚合小核果；萼宿存 ………………………………… 蔷薇亚科
　　3. 心皮 1；核果；萼常脱落 …………………………………………………………… 梅亚科
　2. 子房下位，心皮 2～5，多少连合并与萼筒结合；梨果 ……………………………… 梨亚科

（1）绣线菊亚科 Spiraeoideae

【药用植物】**绣线菊** *Spiraea salicigolia* L. 叶互生，长圆状披针形至披针形，边缘有锯齿。圆锥花序长圆形或金字塔形；花粉红色。蓇葖果直立，常具反折裂片。分布于东北、华北。生于河流沿岸、湿草原或山沟。全株能活血通经，通便利水。

（2）蔷薇亚科 Rosoideae

【药用植物】**龙牙草** *Agrimonia pilosa* Ledeb. 多年生草本，全体密生长柔毛。单数羽状复叶，小叶 5～7，小叶间杂有小型小叶片，小叶椭圆状卵形或倒卵形，边缘有锯齿。圆锥花序顶生；萼筒顶端 5 裂，口部内缘有一圈钩状刚毛；花瓣 5，黄色；雄蕊 10；子房上位，心皮 2。瘦果。萼宿存。分布于全国各地。生于山坡、路旁、草地。全草（仙鹤草）能收敛止血，截疟，止痢，解毒，补虚。根芽

（鹤草芽）含鹤草酚，能驱除绦虫，消肿解毒（图3－67）。

**地榆** *Sanguisorba officeinalis* L. 多年生草本。根多数，粗壮，表面暗棕红色。茎带紫红色。单数羽状复叶，小叶5～19片，卵圆形或长圆形，叶缘具粗锯齿。穗状花序椭圆形；花小，萼裂片4，紫红色；无花瓣；雄蕊4，花药黑紫色；子房上位。瘦果褐色，包藏在宿萼内。全国各地有分布。生于山坡、草地。根能凉血止血，清热解毒，消肿敛疮（图3－68）。

图3－67 龙牙草

1. 植珠；2. 根；3. 花

图3－68 地榆

同属变种**长叶地榆** *S. officeinalis L. var. longifoliq*（Bert.）Yu et Li 的根，也作地榆药用。

**金樱子** *Rosa laevigata* Michx. 常绿攀援有刺灌木。羽状复叶，小叶3，稀5片，椭圆状卵形，叶片近革质。花大，白色，单生于侧枝顶端。蔷薇果熟时红色，倒卵形，外有刺毛。分布于华中、华东、华南各省区。生于向阳山野。果能固精缩尿，涩肠止泻（图3－69）。

本亚科常见的药用植物还有：**华东覆盆子** *Rubus chingii* Hu 分布于安徽、江苏、浙江、江西、福建等省，聚合果（覆盆子）能益肾，固精，缩尿。**委陵菜** *Potentilla chinensis* Ser. 和**翻白草** *P. discolor* Bge. 分布于全国各省区，全草或根均能清热解毒，止血，止痢；**玫瑰** *Rosa rugosa* Thunb. 各地均有栽培，花能行气解郁，和血，止痛。

（3）梅亚科 Prunoideae

**【药用植物】杏** *Prunus Armeniaca* L. 落叶小乔木。小枝浅红棕色，有光泽。单叶互生，叶卵形至近圆形，边缘有细钝锯齿；叶柄近顶端有2腺体。花单生枝顶，先叶开放；萼片5；花瓣5，白色或带红色；雄蕊多数；心皮1。核果，球形，黄红色，核表面平滑；种子1，扁心形，圆端合点处向上分布多数维管束。产于我国北部，均系栽培。种子（苦杏仁）能降气止咳平喘，润肠通便（图3－70）。

**梅** *P. mume* Sieb. 与上种主要区别为小枝绿色，叶先端尾状长渐尖，果核表面有凹点。分布于全国各地，多系栽培。近成熟果实（乌梅）能敛肺，涩肠，生津，安蛔。

本亚科常见的药用植物尚有：**山杏**（野杏）*P. armeniaca* Lam. *var. ansu*（Maxim.）Yu et Lu、**西北利亚杏** *A. sibirica*（L.）Lam. 和**东北杏** *A. mandshurica*（Maxim.）Skv. 的种子亦作苦杏仁入药。**桃** *P. persica*（L.）Batsh. 全国广为栽培，种子（桃仁）能活血祛瘀，润肠通便。

图 3-69 金樱子

图 3-70 杏

（4）梨亚科 Pomoideae

【药用植物】**山里红** *Crataegus pinnatifida* Bge. *var. major* N. E. Br. 落叶小乔木。分枝多，无刺或少数短刺。叶宽卵形，5~9 羽裂，边缘有重锯齿；托叶镰形。伞房花序；萼齿裂；花瓣 5，白色或带红色。梨果近球形，直径可达 2.5cm，熟时深亮红色，密布灰白色小点。华北、东北普遍栽培。果实（北山楂）能消食健胃，行气散瘀。

**山楂** *C. pinnatifida* Bge. 多为栽培。果实亦称北山楂，功效同山里红（图 3-71）。

**野山楂** *C. cuneata* Sieb. et Zucc. 与上种主要区别：落叶灌木，刺较多。叶顶端常 3 裂。果较小，直径 1~1.2cm，红色或黄色。分布于长江流域及江南地区，北至河南、陕西。果实（南山楂）功效同山里红。

**贴梗海棠** *Chaenomeles speciosa*（Sweet）Nakai 落叶灌木，枝有刺。叶卵形至长椭圆形；托叶较大，肾形或半圆形。花先叶开放，3~5 朵簇生；萼筒钟形；花瓣红色，少数淡红色或白色；子房下位。梨果卵形或球形，木质，黄绿色，有芳香。产于华东、华中、西南等地。多栽培。成熟果实（皱皮木瓜）能舒筋活络，和胃化湿（图 3-72）。

图 3-71 山楂

图 3-72 贴梗海棠

同属**光皮木瓜** *C. sinensis*（Thouin）Koehne. 分布于长江流域及以南地区，果实（光皮木瓜、蓂楂）入药，功效同贴梗木瓜。

本亚科常见的药用植物还有：**枇杷** *Eriobotrya japonica*（Thunb.）Lindl. 分布于长江以南各省，多为栽培。叶（枇杷叶）能清肺止咳，降逆止呕。

### 19. 豆科 Leguminosae，Fabaceae

**【形态特征】**①草本或木本。②多为复叶，互生，有托叶。③花序各种；花两性，萼片5，辐射对称或两侧对称；多少连合；花瓣5，多为蝶形花，少数假蝶形或辐射对称；雄蕊10，二体，少数下部合生或分离，稀多数；子房上位，心皮1，1室；胚珠1至多数；边缘胎座。④荚果。

本科约650属，18000种，广布全球。我国有169属，约1539种，分布全国。已知药用的有109属，600余种。

显微特征：常含有草酸钙方晶。

化学成分：含有黄酮类、生物碱类、蒽醌类、三萜皂苷类等。

本科分为三个亚科。

亚科检索表

1. 花辐射对称；花瓣镊合状排列；雄蕊多数或定数（4～10）…………………………含羞草亚科
1. 花两侧对称；花瓣覆瓦状排列；雄蕊一般10枚
   2. 花冠假蝶形，旗瓣位于最内方，雄蕊分离不为二体……………………………………云实亚科
   2. 花冠蝶形，旗瓣位于最外方，雄蕊10，通常二体…………………………………………蝶形花亚科

（1）含羞草亚科 Mimosoideae

**【药用植物】** **合欢（马缨花）** *Albixia julibrissin* Durazz. 落叶乔木，树皮灰褐色，有密生椭圆形横向皮孔。二回偶数羽状复叶，小叶镰刀状，主脉偏于一侧。头状花序呈伞房排列，花淡红色，辐射对称，花萼钟状，5裂；花冠漏斗状；雄蕊多数，花丝细长，淡红色基部连合。荚果条形，扁平。分布全国，野生或栽培。树皮（合欢皮）能解郁安神，活血消肿。花（合欢花）能解郁安神（图3－73）。

图3－73 合欢

本亚科常用药用植物尚有：**儿茶** *Acacia catechu*（L. f.）Willd. 浙江、台湾、广东、广西、云南有栽培，心材或去皮枝干煎制的浸膏（孩儿茶）为活血疗伤药，能收湿敛疮、止血定痛、清热化痰。**含羞草** *Mimosa pudica* L. 分布于华东、华南与西南，全草能安神、散瘀止痛。

（2）云实亚科（苏木亚科）Caesalpinoideae

**【药用植物】** **决明** *Cassia obtusifolia* L. 一年生半灌木状草本。叶互生；偶数羽状复叶，小叶6枚，叶片倒卵形或倒卵状长圆形。花成对腋生；萼片5，分离；花瓣黄色，最下面的两片较长；发育雄蕊7。荚果细长，近四棱形。种子多数，菱状方形，淡褐色或绿棕色，光亮。全国分布，多栽培。种子（决明子）能清热明目，润肠通便（图3－74）。

同属植物**小决明** *C. tora* L. 的种子亦作决明子入药。

**皂荚** *Gleditsia sinensis* Lam. 乔木，有分枝的棘刺。羽状复叶，小叶6～14枚，卵状矩圆形。总状花序；花杂性，萼片4，花瓣4，黄白色。雄蕊6～8，荚果扁条形，成熟后呈红综色至黑棕色，被白色粉霜。果实（皂角）能润燥，通便，消肿。刺（皂角刺）能消肿托毒，排脓，杀虫。畸形果实（猪牙皂）能开窍，祛痰，杀虫。

**紫荆** *Cercis chinensis* Bge. 落叶乔木或灌木。叶互生，心形。春季花先叶开放；花冠紫红色，假蝶形；雄蕊10，分离。荚果条形扁平。树皮（紫荆）能行气活血，消肿止痛，祛瘀解毒。

本亚科常见的药用植物还有：**苏木** *Caesalpinia sappan* L. 分布于华南及云南、福建、广东、海南、贵州、台湾等省区。心材能活血祛瘀，消肿止痛。

（3）蝶形花亚科 Papilionoideae

**【药用植物】膜荚黄芪** *Astragalus membranaceus*（Fisch）Bge. 多年生草本。主根长圆柱形，外皮土黄色。羽状复叶，小叶 9～25，椭圆形或长卵形，两面有白色长柔毛。总状花序腋生；花萼 5 裂齿；花冠蝶形，黄白色；雄蕊 10，二体；子房被柔毛。荚果膜质，膨胀，卵状长圆形，有长柄，被黑色短柔毛。分布于东北、华北、西北及四川、西藏等省区。生于向阳山坡、草丛或灌丛中。根（黄芪）能补气升阳，固表止汗，利水消肿，生津养血，行滞通痹，托毒排脓，敛疮生肌（图 3－75）。

图 3－74　决明

图 3－75　膜荚黄芪

同属植物**蒙古黄芪** *A. membranaceus*（Fisch.）Bge. var. *Mongolicus*（Bge.）Hsiao. 小叶 12～18 片，花黄色，子房及荚果无毛。分布于内蒙古、吉林、河北、山西。根与膜荚黄芪同等药用。

**槐树** *Sophora japonica* L. 落叶乔木。奇数羽状复叶，小叶 7～15 片，卵状长圆形。圆锥花序顶生；花萼钟状；花冠乳白色；雄蕊 10，分离，不等长。荚果肉质，串珠状，黄绿色，无毛，不裂，种子间极细缩，种子 1～6 枚。我国各地有栽培。花（槐花）和花蕾（槐米）能凉血止血，清肝泻火。槐花还是提取芦丁的原料。果实（槐角）能清热泻火，凉血止血。

**甘草** *Glycyrrhiza uralensis* Fisch. 多年生草本。根和根状茎粗壮，表面多为红棕色至暗棕色。全体密生短毛和刺毛状腺体。奇数羽状复叶，小叶 7～17 片。卵形或宽卵形。总状花序腋生，花冠蝶形，蓝紫色；雄蕊 10，二体。荚果呈镰刀状弯曲，密被刺状腺毛及短毛。分布于我国华北、东北、西北等地区。生于向阳干燥的钙质草原及河岸沙质土。根状茎及根能补脾益气，清热解毒，祛痰止咳，缓急止痛，调合诸药（图 3－76）。

**苦参** *Sophora flavescens* Ait. 落叶半灌木。根圆柱形，外皮黄色。奇数羽状复叶；小叶 11～25 片，披针形至线状披针形；托叶线形。总状花序顶生；花冠淡黄白色；雄蕊 10，分离。荚果条形，先端有长喙，呈不明显的串珠状，疏生短柔毛。根能清热燥湿，杀虫，利尿（图 3－77）。

本亚科常见的药用植物还有：**扁茎黄芪** *Astragalus complanatus* R. Br. 分布于陕西、河北、山西、内蒙、辽宁等省区，种子（沙苑子）能益肾固精，补肝明目。**野葛** *Pueraria lobata*（Willd.）Ohwi 除新疆、西藏、东北外，分布于其他各省区，块根（葛根）能解肌退热，生津，透疹，升阳止泻。**密花豆** *Spatholobus suberectus* Dunn. 分布于云南及华南等地，藤茎作“鸡血藤”药用，能活血补血，调经止痛，舒筋活络。**香花崖豆藤**（山鸡血藤）*Millettia dielsiana* Harms ex Diels 分布于华中、华南、西南等地，藤茎部分地区亦作“鸡血藤”药用。

图 3 – 76 甘草

图 3 – 77 苦参

**知识链接**

### 甘草的质量与保护

甘草始载于《神农本草经》，列于上品。因味甘而得名。甘草应用广泛，在中药中占有极其重要的地位，可调和诸药，有“十方九草”之说，号称“国老”，甘草还能解百药之毒，经济价值高。甘草被收录于《国家重点保护野生植物名录》，是国家重点保护植物。

中药甘草的基源植物：甘草 *Glycyrrhiza uralensis* Fisch.、光果甘草 *G.. lycyrrhiza glabra* L.、胀果甘草 *G.. inflata* Bat.。在中药商品中，甘草分为西草、东草，以皮细、色红、粉性足的优质甘草归为西草；以皮粗糙、粉性差、质松体轻、不去头尾、质量差者归为东草。

医药行业需树立中药质量意识、诚实守信，履行道德准则和行为规范，具有社会责任感和社会参与意识，保护和发展中国药用植物资源。

### 20. 芸香科 Rutaceae

**【形态特征】**①多为木本，稀草本，有时具刺；叶、花、果常有透明的油腺点，含挥发油。②多为复叶或单身复叶，常互生。③花多两性，辐射对称，单生或排成聚伞、圆锥花序；萼片 3 ~ 5，合生；花瓣 3 ~ 5；雄蕊常与花瓣同数或为其倍数，着生在花盘基部；子房上位，心皮 2 至多数，合生或离生；每室胚珠 1 ~ 2 个。④柑果、蒴果、核果、蓇葖果。

本科约 150 属，1700 种，分布于热带和温带。我国有 28 属，约 150 种，分布全国。已知药用的有 23 属，105 种。

显微特征：有油室，果皮中常有橙皮苷结晶，草酸钙方晶、棱晶、簇晶较多。

化学成分：常含挥发油类，生物碱类，黄酮类，香豆素等。

**【药用植物】** **橘** *Citrus reticulata* Blanco 常绿小乔木或灌木，常具枝刺。叶互生，革质，卵状披针形，单身复叶，叶翼不明显。萼片 5；花瓣 5，黄白色；雄蕊 15 ~ 30，花丝常 3 ~ 5 枚连合成组。心皮

7～15。柑果扁球形，橙黄色或橙红色，囊瓣7～12，种子卵圆形。长江以南各省广泛栽培。成熟果皮（陈皮）能理气健脾，燥湿化痰。中果皮及内果皮间维管束群（橘络）能通络理气，化痰；种子（橘核）能理气，散结，止痛;；叶（橘叶）能行气，散结；幼果或未成熟果皮（青皮）能疏肝破气，消积化滞（图3－78）。

**酸橙** *C. aurantium* L. 与上种的主要区别为小枝三棱形，叶柄有明显叶翼，柑果近球形，橙黄色，果皮粗糙。主产四川、江西等各省区，多为栽培。未成熟横切两半的果实（枳壳）能理气宽中，行滞消胀。幼果（枳实）能破气消积，化痰散痞（图3－79）。

图3－78　橘

图3－79　酸橙

**黄檗** *Phellodendron amurense* Rupr. 落叶乔木，树皮淡黄褐色，木栓层发达，有纵沟裂，内皮鲜黄色。叶对生，奇数羽状复叶，小叶5～15片。披针形至卵状长圆形，边缘有细钝齿，齿缝有腺点。雌雄异株；圆锥花序；萼片5；花瓣5，黄绿色；雄花有雄蕊5；雌花退化雄蕊鳞片状。浆果状核果，球形，紫黑色，内有种子2～5。分布于华北、东北。生于山区杂木林中，有栽培。除去栓皮的树皮（关黄柏）能清热燥湿，泻火除蒸，解毒疗疮（图3－80）。

同属**黄皮树** *P. chinense* Schneid. 与上种的主要区别为树皮的木栓层薄，小叶7～15片，下面密被长柔毛。分布于四川、贵州、云南、陕西、湖北等地。树皮（川黄柏）功效同黄柏。

**吴茱萸** *Evodia rutaecarpa*（Juss.）Benth. 落叶小乔木。幼枝、叶轴及花序均被黄褐色长柔毛。有特殊气味。叶对生；羽状复叶具小叶5～9片，叶两面被白色长柔毛，有透明腺点。雌雄异株，聚伞状圆锥花序顶生。花萼5，花瓣5，白色。蒴果扁球形开裂时成蓇葖果状，紫红色。分布于长江流域及南方各省区。生于山区疏林或林缘，现多栽培。未成熟果实药用，能散寒止痛，降逆止呕，助阳止泻（图3－81）。

本科常见的药用植物还有：**枳**（枸桔）*Poncirus trifoliatea*（L.）Raf. 分布于我国中部、南部及长江以北地区，未成熟果实亦作枳壳（绿衣枳壳）药用。**香橼** *Citrus wilsonii* Tanaka 分布于长江中下游地区，果实（香橼）能舒肝理气，宽中，化痰。**花椒**（川椒、蜀椒）*Zanthoxylum bungeanum* Maxim. 除新疆及东北外，几乎遍及全国，果皮（花椒）能温中止痛，除湿止泻，杀虫止痒，种子（椒目）能利水消肿，祛痰平喘。**白鲜** *Dictamnus dasycarps* Turca. 分布于东北至西北，根皮（白鲜皮）能清热燥湿，祛风止痒，解毒。

### 21. 楝科 Meliaceae

**【形态特征】** ①木本。②叶互生；羽状复叶，稀单叶；无托叶。③花两性；辐射对称；聚伞或圆锥花序；萼片与花瓣常4～5，离生或基部合生；雄蕊8～10，花丝合生成短管；聚花盘或缺；子房上位，心皮2～5，合生，2～5室，每室胚珠1～2。④蒴果、浆果或核果。

图 3-80　黄檗

图 3-81　吴茱萸

本科约 50 属，1400 种；分布热带和亚热带。我国 18 属，65 种；分布长江以南；已知药用 13 属，30 种。

显微特征：常有晶纤维，簇晶。

化学成分：含有三萜类，如川楝素、洋椿苦素、米仔兰醇等；生物碱类，如米仔兰碱、米仔兰醇碱等。

【药用植物】**楝** *Melia azedarach* L. 落叶乔木。二至三回奇数羽状复叶，互生；小叶卵圆至椭圆形，边缘有钝尖锯齿。圆锥花序腋生或顶生；花淡紫色；花萼 5；花瓣 5，平展或反曲；雄蕊管通常暗紫色。核果卵球形或近球形。分布于全国大部分地区；生于旷野或路旁，常栽培于宅旁。树皮及根皮（苦楝皮）为杀虫药，有毒，能杀虫、疗癣。

同属植物**川楝** *M. toosendon* Sieb. et Zucc. 的树皮及根皮亦作药材苦楝皮入药。果实（川楝子、金铃子）为理气药，有小毒，能疏肝泄热、行气止痛、杀虫（图 3-82）。

图 3-82　川楝

本科常见的药用植物还有：**香椿** *Toona sinensis*（A. Juss.）Roem. 分布于华北、华东、中南、西南以及台湾、西藏等地；常栽培于宅旁、路边；根皮与树皮（椿白皮）能清热燥湿、涩肠、止血、止带、杀虫；果实（香椿子）能祛风、散寒、止痛。

### 22. 远志科 Polygalaceae

【形态特征】①草本或木本。②单叶；常互生，全缘；无托叶。③花两性，两侧对称；总状或穗状花序；萼片 5，不等长，内面 2 片常呈花瓣状；花瓣 3 或 5，不等大，下面一片呈龙骨状，顶端常具鸡冠状附属物；雄蕊 4～8，花丝合生成鞘，花药顶端开裂；子房上位，1～3 心皮合生成 1～3 室，每室胚珠 1 枚。④蒴果，坚果或核果。

本科约 13 属，近 1000 种；广布全球。我国 4 属，51 种；全国分布，西南与华南最多；已知药用 3 属，27 种，3 变种。

显微特征：叶表皮细胞平周壁常具角质纹理；叶肉细胞常有草酸钙簇晶。

化学成分：含皂苷类，如远志皂苷元、远志皂苷、瓜子金皂苷等；醇类，如远志醇等；生物碱类，如远志碱。

图 3-83　远志

【药用植物】**远志** *Polygala tenuifolia* Willd. 多年生草本。根圆柱形，长而微弯。单叶互生；叶线形，全缘。总状花序；花萼5，2枚呈花瓣状，绿白色；花瓣3，淡紫色，龙骨状花瓣先端着生流苏状附属物；雄蕊8，花丝基部合生。蒴果，扁平，圆状倒心形。分布于东北、华北、西北及山东、江苏、安徽和江西等地；生于向阳山坡或路旁。根为养心安神药，能安神益智，交通心肾，祛痰，消肿（图3-83）。

同属植物**西伯利亚远志** *P. sibirica* L. 的根亦作药材远志入药。

本科常见的药用植物尚有：**荷包山桂花** *Polyagala arillata* Buch. -Ham. 分布于西南及陕西、安徽、浙江、江西、福建、湖北、广东、广西等地；根（鸡根）能祛痰除湿、补虚健脾、宁心活血。**瓜子金** *P. japonica* Houtt. 分布于东北、华北、西北、华东、中南、西南等地；根及全草能祛痰止咳，活血消肿，解毒止痛。**华南远志** *P. glomerata* Lour. 分布于福建、湖北及华南、西南等地；带根全草（大金牛草）能祛痰、消积、散瘀、解毒。**黄花倒水莲** *P. fallax* Hemsl. 分布于江西、福建、湖南、广东、广西、四川等地；根或茎叶能补虚健脾、散瘀通络。

### 23. 大戟科 Euphorbiaceac

【形态特征】①草本、灌木或乔木；常含有乳汁。②单叶，互生，叶基部常具腺体，有托叶。③花辐射对称，常单性，同株或异株，常为聚伞、总状、穗状、圆锥花序，或杯状聚伞花序；花被常为单层，萼状，有时缺或花萼与花瓣具存；雄蕊1至多数，花丝分离或连合；雌蕊常由3心皮合生；子房上位，3室，中轴胎座。④蒴果，稀为浆果或核果。

本科约300属，8000余种，广布于全世界。我国66属，约364种，分布于全国各地。已知药用的有39属，160种。

显微特征：常具有节乳汁管。

化学成分：含生物碱类，如一叶萩碱等；萜类；氰苷；脂肪油；蛋白质等。

图 3-84　大戟

【药用植物】**大戟** *Euphorbia pekinensis* Rupr. 多年生草本，全株含乳汁。根圆锥形。茎直立，上部分枝被短柔毛；叶互生，长圆形至披针形。杯状聚伞花序，总苞钟状，顶端4裂，腺体4，总苞内面有多数雄花，每雄花仅具1雄蕊，花丝与花柄间有1关节，花序中央有1雌花具长柄，伸出总苞外而下垂，子房上位，3心皮合生，3室，每室1胚珠。蒴果三棱状球形，表面具疣状突起。分布于全国各地。生于路旁、山坡及原野湿润处。根（京大戟）有毒，能泻水逐饮，消肿散结（图3-84）。

**铁苋菜** *Acalypha australis* L. 一年生草本。叶互生，卵状菱形。花单性同株，无花瓣；穗状花序腋生，雄花生花序上端，花萼4，雄蕊8；雌花萼片3，子房3室，生在花序下部并藏于蚌形叶状苞片内。蒴果。分布于全国各地。生于河岸、田野、路边、山坡林下。全草能清热解毒，止血，止痢。

本科常见的药用植物尚有：**续随子** *Euphorbia lathyris* L. 原产欧洲，我国有栽培，种子（千金子）有毒，能逐水消肿，破血消癥。**地锦** *E. humifusa* Willd. 分布于我国大地区，全草（地锦草）清热解毒，凉血止血。**巴豆** *Croton tiglium* L. 分布于南方及西南地区，种子有大毒，外用能蚀疮，制霜用能峻下积滞，逐水消肿。

### 24. 锦葵科 Malvaceae

**【形态特征】** ①草本、灌木或乔木；植物体多有黏液细胞；韧皮纤维发达；幼枝、叶表面常有星状毛。②单叶互生，常具掌状脉，有托叶。③花两性，单生或成聚伞花序；常有副萼；萼片5，分离或合生，萼宿存；花瓣5；雄蕊多数，花丝下部连合成管，形成单体雄蕊，包住子房和花柱，花药1室，花粉具刺；子房上位，3至多心皮，3至多室，中轴胎座。④蒴果。

本科约50属，1000余种，广布于温带和热带。我国有16属，约80种，分布于南北各地。已知药用的有12属，60种。

显微特征：具有黏液细胞，韧皮纤维发达，花粉粒大、有刺。

化学成分：常含黄酮苷、生物碱、酚类和黏液质等。

**【药用植物】** **苘麻** *Abutilon theophrasti* Medic. 一年生大草本，全株有星状毛。叶互生，圆心形。花单生叶腋；花萼5裂；无副萼。花瓣5，黄色；单体雄蕊；心皮15~20，轮状排列。蒴果半球形，裂成分果瓣15~20，每果瓣顶端有2长芒。种子三角状肾形，灰黑色或暗褐色。分布于南北各地。多栽培。种子（苘麻子）清热解毒，利湿，退翳（图3-85）。

**木芙蓉** *Hibiscus mutabilis* L. 落叶灌木或乔木，全株有灰色星状毛。叶互生，卵圆状心形，通常5~7掌状裂。花单生于枝端叶腋；具副萼；花萼5裂；花瓣5或重瓣，多粉红色；子房5室。蒴果扁球形。分布于除东北、西北外的各省区。生于山坡、水边砂质土壤上，多栽培。叶、花、根皮能清热凉血，消肿解毒，外用治痈疮。

**木槿** *H. syriacus* L. 落叶灌木。树皮灰褐色。单叶互生，叶菱状卵圆形，常3裂。花单生叶腋，副萼片6~7，条形，萼钟形，裂片5；花冠淡紫、白、红等色，花瓣5或为重瓣；单体雄蕊。蒴果长圆形，密被星状毛。种子稍扁，黑色，有白色长绒毛。我国各地有栽培。根皮及茎皮（木槿皮）能清热润燥、杀虫、止痒；果实（朝天子）能清肺化痰，解毒止痛；花能清热、止痢（图3-86）。

图3-85 苘麻

图3-86 木槿

本科常见的药用植物尚有：**冬葵**（冬苋菜）*Malva verticillata* L. 全国各地多栽培，果实（冬葵子）能清热，利尿消肿。**草棉** *Gossypium herbaceum* L. 各地多栽培，根能补气、止咳，种子（棉籽）能补肝肾，强腰膝，有毒慎用。

### 25. 五加科 Araliaceae

**【形态特征】**①多为木本，稀多年生草本；茎常有刺。②常为单叶、羽状或掌状复叶，多互生。③花小，辐射对称，两性或杂性；伞形花序或集成头状花序，常排成圆锥状花序；萼齿5，花瓣5，雄蕊着生于花盘的边缘，花盘生于子房顶部，子房下位，由2～15心皮合生，通常2～5室，每室胚珠1枚。④浆果或核果。

本科约80属，900种，广布于热带和温带。我国有23属，172种，除新疆外，全国均有分布。已知药用的19属，112种。

显微特征：根和茎的皮层、韧皮部、髓部常具有分泌道。

化学成分：含有三萜皂苷，如人参皂苷、楤木皂苷等；黄酮；香豆素；二萜类；酚类化合物等。

**【药用植物】** **人参** *Panax ginseng* C. A. Mey. 多年生草本。主根圆柱形或纺锤形，上部有环纹，下面常有分枝及细根，细根上有小疣状突起（珍珠点），顶端根状茎结节状（芦头），上有茎痕（芦碗），其上常生有不定根（艼）。茎单一，掌状复叶轮生茎端，一年生者具1枚3小叶的复叶，二年生者具1枚5小叶的复叶，以后逐年增加1枚5小叶复叶，最多可达6枚复叶，小叶椭圆形，中央的一片较大。上面脉上疏生刚毛，下面无毛。伞形花序单个顶生；花小，淡黄绿色；萼片、花瓣、雄蕊均为5数；子房下位，2室，花柱2。浆果状核果，红色扁球形。分布于东北，现多栽培。根能大补元气，复脉固脱，补脾益肺，生津，安神。叶能益肺，生津，止渴。花有兴奋功效（图3-87）。

**西洋参** *P. quinquefolium* L. 形态和人参相似，但本种的总花梗与叶柄近等长或稍长，小叶片上面脉上几无刚毛，边缘的锯齿不规则且较粗大而容易区别。原产加拿大和美国，全国部分省区引种栽培。根能补气养阴、清热生津。

**三七（田七）** *P. notoginseng*（Burk.）F. H. Chen 多年生草本。主根倒圆锥形或短圆柱形，常有瘤状突起的分枝。掌状复叶，3～7枚轮生于茎顶；小叶3～7，常5枚，中央1枚较大，长椭圆形至卵状长椭圆形，两面脉上密生刚毛。伞形花序顶生；花萼、花瓣、雄蕊5数；子房下位，2～3室。浆果状核果，熟时红色。分布于云南、广西、四川等地，多栽培。根能散瘀止血，消肿定痛（图3-88）。

图3-87　人参

图3-88　三七

**刺五加** *Acanthopanax semicosus*（Rupr. et Maxim.）Harms. 落叶灌木小枝密生针刺。根状茎结节状弯曲，多分枝。根圆柱形。掌状复叶，小叶5枚，倒卵形，叶背沿脉密生黄褐色毛。伞形花序单生或

2～4个丛生茎顶；花瓣黄绿色；花柱5，合生成柱状；子房下位。浆果状核果，球形，有5棱，黑色。分布于东北、华北及陕西、四川等地。生于林缘、灌丛中。根及根状茎或茎能益气健脾，补肾安神（图3－89）。

图3－89 刺五加

**通脱木** *Tetrapanax papyrifera*（Hook.）K. Koch 灌木。小枝、花序均密生黄色星状厚绒毛。茎具大形髓部，白色，中央呈片状横隔。叶大，集生于茎顶，叶片掌状5～11裂。伞形花序集成圆锥花序状；花瓣、雄蕊常4数；子房下位，2室。分布于长江以南各省区和陕西。茎髓（通草）能清热利尿，通气下乳。

本科常见的药用植物还有：**细柱五加** *Acanthopanax gracilistlus* W. W. Smith. 分布于南方各省，根皮（五加皮）能祛风湿，补肝肾，强筋骨。**红毛五加** *A. giralidii* Harms 分布于西北及四川、湖北等地，茎皮作“红毛五加皮”药用。**刺楸** *Kalopanax septemlobus*（Thunb.）Koidz. 分布于南北各省区，茎皮（川桐皮）能祛风湿，通络，止痛。**楤木** *Aralia chinensis* L. 分布于华北、华东、中南和西南，根及树皮能祛风除湿，活血。

### 26. 伞形科 Umbelliferae

**【形态特征】**①草本，常含挥发油而具香气；茎常中空，有纵棱。②叶互生，多为一至多回三出复叶或羽状分裂；叶柄基部膨大呈鞘状。③花小，两性，辐射对称，复伞形或伞形花序、或伞形花序组成头状花序，各级花序基部常有总苞；花萼5齿裂，极小；花瓣5，先端常内卷；雄蕊5，与花瓣互生，着生于上位花盘（花柱基）的周围；子房下位，2心皮，2室，每室1胚珠，花柱2。④双悬果。

本科约275属，2900种，主要分布在北温带。我国约95属，540种，全国各地均产。已知药用的有55属，234种。

显微特征：根和茎内具有分泌道，偶见草酸钙晶体。

化学成分：多含有挥发油，具芳香气味；香豆素类；黄酮类；三萜皂苷；生物碱；聚炔类等。

**【药用植物】当归** *Angelica sinensis*（Oliv.）Diels 多年生草本。主根粗短，下部有数个分枝，根头部有环纹，具特异香气。叶二至三回三出复叶或羽状全裂，最终裂片卵形或狭卵形，3浅裂，有尖齿。复伞形花序；苞片无或2枚；伞辐10～14，不等长；小总苞片2～4；萼齿不明显；花瓣5，绿白色；雄蕊5；子房下位。双悬果椭圆形，分果有5棱，侧棱延展成薄翅。分布于西北、西南地区。多为栽培。根（当归）能补血活血，调经止痛，润肠通便（图3－90）。

**柴胡** *Bupleurm chinense* DC. 多年生草本。主根较粗，少有分枝，黑褐色，质硬。茎多丛生，上部多分枝，稍成“之”字形弯曲。基生叶早枯，中部叶倒披针形或披针形，全缘，具平行叶脉7～9条。复伞形花序；伞辐3～8；小总苞片5，披针形；花黄色。双悬果宽椭圆形，两侧略扁，棱狭翅状。分布于东北、华北、华东、中南、西南等地。生于向阳山坡。根（北柴胡）能疏散退热，疏肝解郁，升举阳气（图3－91）。

同属植物**狭叶柴胡** *B. scorzonerifolium* Willd. 的根（南柴胡）也作柴胡入药。

**川芎** *Ligusticum chuanxiong* Hort. 多年生草本。根状茎呈不规则的结节状拳形团块，黄棕色。地上茎丛生，茎基部的节膨大呈盘状，生有芽。叶为二至三回羽状复叶，小叶3～5对，不整齐羽状分裂。复伞形花序；花白色。双悬果卵形。分布于西南地区。多栽培。根茎（川芎）能活血行气，祛风止痛。

图 3-90　当归

图 3-91　柴胡

**前胡**（白花前胡）*Peucedanum praeruptorum* Dunn 多年生草本。根不规则圆锥形，稍扭曲，下部常有分枝。茎单生。基生叶和下部叶二至三回三出状羽状分裂，最终裂片菱状倒卵形，不规则羽状分裂，有圆锯齿；叶柄基部有宽鞘，抱茎；顶端叶片生在膨大的叶鞘上。总伞梗 7~18，无总苞，小总苞片条状披针形，有缘毛；花瓣白色，先端有向内曲的舌片。双悬果椭圆形，背棱和中棱线状。根（前胡）能降气化痰，散风清热（图 3-92）。

同属**紫花前胡** *Peucedanum decursivum*（Miq.）Maxim. 的根作紫花前胡入药，功效同前胡。

**防风** *Saposhnikovia diaricata*（Turez.）Schischk. 多年生草本。根长圆锥形，根头密被褐色纤维状的叶柄残基，并有细密环纹。茎二叉状分枝。基生叶二至三回羽状全裂，最终裂片条形至倒披针形。复伞形花序；伞辐 5~9；无总苞或仅 1 片；小总苞片 4~5；花白色。双悬果矩圆状宽卵形，幼时具瘤状凸起。分布于东北、华东等地。生于草原或山坡。根（防风）能祛风解表，胜湿止痛，止痉（图 3-93）。

图 3-92　前胡

图 3-93　防风

**白芷**（兴安白芷）*Angelica dahurica*（Fisch. ex Hoffm.）Benth. et Hook. f. 多年生高大草本。根长圆锥形，黄褐色。茎极粗壮，茎及叶鞘暗紫色。茎中部叶二至三回羽状分裂，最终裂片卵形至长卵形，基部下延成翅；上部叶简化成囊状叶鞘。总苞片缺或1～2片，鞘状；花白色。双悬果椭圆形或近圆形。分布于东北、华北。多为栽培。生沙质土及石砾质土壤上。根（白芷）解表散寒，祛风止痛，宣通鼻窍，燥湿止带，消肿排脓（图3－94）。

同属植物变种**杭白芷** *A. dahurica*（Fisch. ex Hoffm.）Benth. et Hook. f. var. *Formosana*（Boiss.）Shan et Yuan 植株较矮，茎基及叶鞘黄绿色。叶三出式二回羽状分裂；最终裂片卵形至长卵形。小花黄绿色。双悬果长圆形至近圆形。产于福建、台湾、浙江、四川等地。多有栽培。根亦作白芷药用。

**珊瑚菜** *Glehnia littoralis* F. Schmidt et. Miq. 多年生草本，全体有灰褐色绒毛。根细长圆柱形，很少分枝。基生叶三出或羽状分裂或二至三回羽状深裂。复伞形花序顶生；伞辐10～14；总苞有或无；小总苞片8～12；花白色。双悬果椭圆形，果棱具木栓质翅，有棕色绒毛。分布于沿海各省。生于海滨沙滩或栽培于沙质土壤。根（北沙参）能养阴清肺，益胃生津（图3－95）。

图3－94　白芷

图3－95　珊瑚菜

本科常见的药用植物还有：**野胡萝卜** *Daucus carota* L. 全国各地均产，果实（南鹤虱）有小毒，能杀虫消积；**毛当归** *Angelica pubescens* Maxim. 分布于安徽、浙江、湖北、广西、新疆等省区，根能祛风除湿，通痹止痛；**藁本**（西芎）*Ligusticum sinense* Oliv. 分布于华中、西北、西南等地，根（藁本）能祛风，散寒，除湿，止痛；**蛇床** *Cnidium monnieri*（L.）Cuss. 分布于全国各地，果实（蛇床子）能燥湿祛风，杀虫止痒，温肾壮阳；**明党参** *Changium smyrnioides* Wolff 分布于长江流域各省，根（明党参）能润肺化痰，养阴和胃，平肝，解毒；**羌活** *Notopterygium incisum* Ting et H. T. Chang 分布于青海、甘肃、四川、云南等省高寒地区，根茎及根（羌活）能解表散寒，祛风除湿，止痛；**茴香** *Foeniculum vulgare* Mill. 各地均有栽培，果实（小茴香）能散寒止痛，理气和胃（图3－95）。

**知识链接**

### 柴胡的质量保证

柴胡始载于《神农本草经》，列为上品，为和解表里，疏肝解郁之要药。中药柴胡来源为伞形科植物柴胡 *Bupleurm chinense* DC. 或狭叶柴胡 *B. scorzonerifolium* Willd. 的干燥根，前者习称“北柴胡”，后者习称“南柴胡”。

我国柴胡属植物30多种，如兴安柴胡 *B. sibiricum* Vest.、竹叶柴胡 *B. marginatum* Wall. ex DC.、银州柴胡 *B. yinchowense* Shan et Y. Li.，这些习用品与《中国药典》规定的基源植物不符合，属于伪品；还有以大叶柴胡 *Bupleurm longiradiatum* Turcz. 的干燥根充作柴胡使用，该品有毒，不可作柴胡使用。

中药基源植物的鉴定极其重要，只有保证原植物物种的准确性，才能保证中药质量和用药的安全有效，因此，我们应该履行道德准则和行为规范，遵守法律法规。

## 二、合瓣花亚纲

PPT1　PPT2　PPT3

合瓣花亚纲又称后生花被亚纲，花由辐射对称发展到两侧对称，花瓣多少连合成各种形状的花冠，增强了对昆虫传粉的适应以及对雄蕊、雌蕊的保护，较离瓣花类群进化。

### 27. 杜鹃花科 Ericaceae

微课2

**【形态特征】** ①多为灌木，少乔木，常绿。②单叶互生，常革质。③花两性，辐射对称或稍两侧对称；花萼宿存，4～5裂；花冠合生，4～5裂；雄蕊多为花冠裂片的2倍，少为同数，着生于花盘基部；子房上位或下位，4～5心皮，合生成4～5室，中轴胎座，每室胚珠多数。④蒴果，少浆果或核果。

图3－96　兴安杜鹃

本科有103属，约3350种。广布于全球，以亚热带地区分布为最多。我国有15属，约757种，分布于全国，以西南各省市为多。药用12属，127种。

显微特征：具盾状腺毛或非腺毛。

化学成分：含有黄酮类，如槲皮素、山柰酚、杨梅素、杜鹃黄素等；苷类，如桃叶珊瑚苷、越橘苷等；另含挥发油等成分。杜鹃毒素毒性较大。

**【药用植物】** **兴安杜鹃（满山红）** *Rhododendron dauricum* L. 半常绿灌木。分枝多，小枝有鳞片和柔毛。单叶互生，常集生小枝上部，近革质，椭圆形，下面密被鳞片。花生枝端，紫红或粉红，外具柔毛，先花后叶；雄蕊10。蒴果矩圆形。分布于东北、西北、内蒙。生于干燥山坡、灌丛中。叶能止咳祛痰；根治肠炎痢疾（图3－96）。

本科常用的药用植物还有：**岭南杜鹃** *R. mariae* Hance 分布于广东、江西、湖南等省，全株可止咳，祛痰。**烈香杜鹃**（白香紫）*R. anthopogonoides* Maxim. 分布于甘肃、青海、四川，叶能祛痰，止咳，平喘。**羊踯躅**（闹羊花）*R. molle* G. Don 分布于长江流域及华南，花（闹羊花）能祛风除湿，散瘀定痛；成熟果实（八厘麻子）能活血散瘀，止痛。

### 28. 报春花科 Primulaceae

微课3

**【形态特征】** ①草本，少亚灌木。②单叶，叶茎生或基生，茎生叶互生、对生或轮生，基生叶莲座状或轮状着生。③花单生或排成多种花序；两性，辐射对称；萼常5裂，宿存；花冠常5裂；雄蕊着生在花冠管内，与花冠裂片同数且对生；子房上位，稀半下位，1室，特立中央胎座；胚珠多数。④蒴果。

本科有22属，约1000种，分布于世界各地，主产于北半球温带。我国有13属，近500种，分布于全国各地，以西部高原和山区种类丰富。可供药用7属，119种。

显微特征：常有具长柄的头状腺毛。

化学成分：含三萜皂苷及其苷元，如报春花皂苷及其苷元等。另外，还含黄酮类如槲皮素、山柰酚及其苷等。

**【药用植物】过路黄（金钱草）** *Lysimachia christinae* Hance 多年生草本。茎柔弱，带红色，匍匐地面，常在节上生根。叶对生，心形或阔卵形。花腋生，2朵相对；花冠黄色，先端5裂；叶、花萼、花冠均具点状及条状黑色腺条纹；雄蕊5，与花冠裂片对生；子房上位，1室，特立中央胎座，胚珠多数。蒴果球形。分布于全国各地，主产于西南。生于山坡、疏林下、沟边阴湿处。全草（金钱草）能利湿退黄，利尿通淋，解毒消肿（图3-97）。

图3-97 过路黄

**灵香草** *L. foenum-graecum* Hance 多年生草本，有香气。茎具棱。叶互生，椭圆形或卵形。花单生叶腋，直径2~3.5cm，黄色；雄蕊长约花冠的一半。分布于华南及云南。生于林下及山谷阴湿地。带根全草（灵香草）能祛风寒，辟秽浊。

本科常用药用植物还有：**聚花过路黄** *L. congestiflora* Hemsl. 主产于华东、中南、西南及陕西、甘肃等省区；生于林下阴湿处、路边及荒地；全草能祛风散寒，化痰止咳，解毒利湿，消积排石。治疗风寒感冒。**点地梅** *Androsace umbellate* (Lour.) Merr. 主产于东北、华北、秦岭及东南各省区。生于林下、路旁、沟边等湿地；全草能清热解毒，消肿止痛，治咽喉炎等。

### 29. 木犀科 Oleaceae 微课4

**【形态特征】**①乔木或灌木。②单叶、三出复叶或羽状复叶，常对生。③花两性，稀单性异株，辐射对称，呈圆锥花序、聚伞花序或簇生；花萼、花冠常4裂，稀无花瓣；雄蕊常2枚；花柱1，柱头2裂；子房上位，2室，每室2胚珠。④蒴果、核果、浆果或翅果。

本科约29属，600余种，广布于温带及亚热带地区。我国有12属，近200种，各地均有分布。已知药用8属，90种。

显微特征：叶上有盾状毛茸，叶肉中常有草酸钙针晶和柱晶。

化学成分：含酚类、苦味素类、苷类、香豆素类、挥发油等成分。

**【药用植物】连翘** *Forsythia suspensa* (Thunb.) Vahl 落叶灌木。茎直立，枝条下垂，嫩枝具四棱，茎髓呈薄片状。单叶或羽状三出复叶，对生，卵形或长椭圆状卵形。春季先叶开花，花冠黄色，深4裂，花冠管内有橘红色条纹；雄蕊2；子房上位，2室。蒴果木质，狭卵形，表面有瘤状皮孔。种子多数，有翅。分布于东北、华北等地。生于荒野山坡或栽培。果实（连翘）能清热解毒，消肿散结，疏散风热；种子（连翘心）能清心火，和胃止呕（图3-98）。

**女贞** *Ligustrum lucidum* Ait. 常绿乔木。单叶对生，革质，卵形或卵状披针形，全缘。花小，密集呈顶生圆锥花序；花冠白色，漏斗状。核果长圆形，微弯曲，熟时黑色。分布于长江流域以南，生于混交林或林缘、谷地，多栽培。果实（女贞子）能滋补肝肾，明目乌发；枝、叶、树皮能祛痰止咳（图3-99）。

本科常用的药用植物还有：**白蜡树**（梣）*Fraxinus chinensis* Roxb. 分布于我国南北大部分地区。生于山间向阳坡地，多有栽培，以养殖白蜡虫生产白蜡；枝皮或干皮（秦皮）能清热燥湿，收涩止痢，止带，明目。同属植物**苦枥白蜡树**（花曲柳）*F. rhynchophylla* Hance、**尖叶白蜡树**（尖叶梣）*F. szaboana* Lingelsh. 和**宿柱白蜡树**（宿柱梣）*F. stylosa* Lingelsh. 的树皮亦作药材秦皮入药。

图 3－98　连翘

图 3－99　女贞

1. 果枝；2. 花

## 30. 马钱科 Loganiaceae

【形态特征】①多为草本、木本。②单叶，多羽状脉，托叶极度退化。③花序类型多样；花常两性，辐射对称；花萼 4～5 裂；花冠 4～5 裂；雄蕊着生花冠管上或喉部，与花冠裂片同数并与之互生；子房上位，常 2 室，每室胚珠 2 至多数。④蒴果、浆果或核果。

本科有 28 属，550 种，分布于热带、亚热带地区。我国有 8 属，54 种，主要分布于西南至东南地区。已知药用 7 属，26 种。

显微特征：茎存在内生韧皮部；具星状或叠生星状毛。

化学成分：含吲哚类生物碱，如番木鳖碱、马钱子碱、钩吻碱等，它们多对神经系统有强烈作用；环烯醚萜苷类，如桃叶珊瑚苷、番木鳖苷；黄酮类，如蒙花苷、刺槐素。

图 3－100　马钱

1. 植株；2. 果实；3. 花；4. 雌蕊；5. 种子

【药用植物】**马钱**（番木鳖）*Strychnos nux－vomica* L. 乔木。叶互生，有短柄；叶片革质，多为椭圆形、卵形，基出脉 3～5 条。聚伞花序，顶生；花小，灰白色；花萼 5 裂；花冠筒状，先端 5 裂；雄蕊 5，着生花冠管喉部；子房上位，柱头 2 裂。浆果球形，熟时橙色，种子 2～5，圆盘状纽扣形，直径 1～3cm，常一面隆起一面稍凹下，表面密被灰棕色或灰绿色丝光状茸毛，从中央向四周射出。分布于泰国、越南、斯里兰卡、柬埔寨、老挝等国，中国的广东、福建、云南也有栽培。种子（马钱子）有大毒，能通络止痛，散结消肿。同属植物**长籽马钱** *S. pierriana* A. W. Hill. 分布于印度、孟加拉、斯里兰卡、越南及中国云南，种子亦作药材马钱子入药（图 3－100）。

**密蒙花** *Buddleja officinalis* Maxim. 落叶灌木。枝、叶柄、叶背及花序均密被白色星状毛及茸毛。叶对生，矩圆状披针形至条状披针形。聚伞圆锥花序顶生及腋生；花萼 4 裂，外被毛；花冠淡紫色至白色，筒状，亦 4 裂，外面密被柔毛；雄蕊 4，着生花冠管中部；子房上位，2 室，被毛。蒴果卵形，2 瓣裂，种子多数，具翅。分布于西北、西南、中南等地。生于石灰岩坡地、河边灌木丛中。花（密蒙花）能清热泻火，养肝明目，退翳。

本科常用的药用植物还有：**钩吻** *Gelsemium elegans*（Gardn. et Champ.）Benth. 分布于浙江、福建、江西、湖南、广东、海南、广西、贵州、云南。生于丘陵疏林或灌木丛中。全株或根有大毒，能散瘀止痛，杀虫止痒。

**知识链接**

**马钱子的毒性**

马钱子始载于《本草纲目》，由于它很像古代挂在马脖子上的连钱，由于其果实味极苦，故又有“苦实”之称。马钱子虽然能通络止痛，散结消肿。用于风湿顽痹，麻木瘫痪，跌打损伤，痈疮疽毒，小儿麻痹后遗症，类风湿性关节痛。但马钱子大毒，用量0.3～0.6g，不宜多服久服及生用，否则将引起强制性惊厥反复发作造成衰竭与窒息而亡。

马钱科植物如马钱子、巴豆、钩吻等含有毒性的生物碱，特别是生品应该作为毒性中药管理，使用时需要注意用法用量，以确保生命安全。

### 31. 龙胆科 Gentianaceae

**【形态特征】**①草本，茎直立或攀缘。②单叶对生，全缘，无托叶。③花两性，辐射对称，多聚伞花序；花萼、花冠常4～5裂，花冠漏斗状或辐射状；雄蕊4～5，着生于花冠管上；子房上位，心皮2，合生成1室，侧膜胎座，胚珠多数。④蒴果2瓣裂。

本科有80属，700余种，广布于全世界。我国约22属，427种，已知药用15属，约109种。

显微特征：根内皮层由多层细胞组成，茎内多具双韧维管束，常具草酸钙针晶、砂晶。

化学成分：含萜类、黄酮苷类等成分。

**【药用植物】** **龙胆** *Gentiana scabra* Bge. 多年生草本。根细长，簇生，味苦。单叶对生，无柄，卵形或卵状披针形，全缘，主脉3～5条。聚伞花序密生于茎顶或叶腋；花萼5深裂；花冠5浅裂，蓝紫色，钟状，裂片间具短三角形的褶；雄蕊5，生于花冠筒中部，花丝基部有翅；子房上位，1室。蒴果长圆形；种子有翅。主要分布于东北及华北等地区。根及根茎（龙胆）能清热燥湿，泻肝胆火（图3－101）。

图3－101 龙胆

同属植物**三花龙胆** *G. triflora* Pall.、**条叶龙胆** *G. manshurica* Kitag.、**坚龙胆** *G. rigescens* Franch. 的根和根茎亦作龙胆入药。

本科常用的药用植物还有：**青叶胆** *Swertia mileensis* T. N. Ho et W. L. Shih 分布于云南；全草能清肝利胆，清热利湿，治疗病毒性肝炎。**秦艽** *G. macrophylla* Pall. 分布于西北、华北、东北及四川等地，根（秦艽）能祛风湿，清湿热，止痹痛，退虚热。

### 32. 夹竹桃科 Apocynaceae

**【形态特征】**①多为木本，少草本。具白色乳汁或水液。②单叶对生或轮生，稀互生，全缘。③花两性，单生或成聚伞花序；花萼和花冠均5裂，花冠裂片向左或向右覆盖，喉部常有副花冠或附属体（鳞片或膜质或毛状）；雄蕊5，着生花冠筒上或花冠喉部，花药常呈箭头形；具花盘；子房上位，稀半下位，心皮2，合生或离生，1～2室，中轴胎座或侧膜胎座，胚珠1至多数。④核果、蓇葖果、浆果或蒴果；种子的一端常被毛。

本科有250属，2000余种，分布在热带及亚热带地区。我国有46属，176种，主要分布于长江以南各省区及中国台湾省等地，已知药用的有15属，95种。

显微特征：茎常有双韧维管束，乳汁管。

化学成分：含吲哚类生物碱，如利血平、蛇根碱、长春碱等；强心苷类，如夹竹桃苷、羊角拗苷等成分。

**【药用植物】** **罗布麻**（红麻）*Apocynum venetum* L. 半灌木，具乳汁。枝条常对生，光滑无毛带红色。叶对生，叶片椭圆状披针形至卵圆状披针形，叶缘有细齿。花冠圆筒状钟形，紫红色或粉红色，基部具副花冠；雄蕊5，花药箭形；花盘肉质环状；心皮2，离生；蓇葖果叉生，下垂。分布于北方各省区及华东等地区。叶（罗布麻叶）能平肝安神，清热利水（图3-102）。

图3-102 罗布麻

本科常用的药用植物还有：**长春花** *Catharanthus roseus*（L.）G. Don原产非洲东部，中国中南、华东、西南等地有栽培；全株有毒，含长春花碱等多种生物碱，能抗癌，抗病毒，利尿，降血糖；为提取长春碱和长春新碱的原料。**络石** *Trachelospermum jasminoides*（Lindl.）Lem. 分布于除新疆、青海、西藏及东北地区以外的各省区；带叶茎藤（络石藤）能祛风通络，凉血消肿。**萝芙木** *Rauvolfia verticillata*（Lour.）Baill. 分布于西南、华南地区；植株含利血平等吲哚类生物碱，能镇静，降压，活血止痛，清热解毒；是药物“利血平”和“降压灵”的主要原料。

**33. 萝藦科 Asclepiadaceae**

**【形态特征】**①草本、灌木或藤本，具乳汁。②单叶对生，少轮生，全缘，无托叶；叶柄顶端常有腺体。③聚伞花序，稀总状花序；花两性，辐射对称；花萼、花冠均5裂；具副花冠，由5枚离生或基部合生的裂片或鳞片所组成，生于花冠管上或雄蕊背部或合蕊冠上；雄蕊5，与雌蕊贴生成中心柱，称合蕊柱；花丝多合生成具蜜腺的管包围雌蕊，称合蕊冠；花药合生成一环，贴生于柱头基部的膨大处；花粉常黏合成花粉块，每花药有花粉块2～4，载于匙形的花粉器上；无花盘；子房上位，心皮2，离生；花柱2，顶端合生。④蓇葖果双生，或因一个不育而单生；种子多数，顶端具白色丝状长毛。

本科约180属，2200余种，分布于世界各地，我国产44属，245种，33变种，分布于西南及东南部为多，少数在西北与东北各省区。已知药用33属，112种。

显微特征：茎具双韧维管束。

化学成分：含强心苷、生物碱、酚类等成分。

**【药用植物】** **白薇** *Cynanchum atratum* Bge. 多年生直立草本，有乳汁，全株被绒毛。根须状，有香气。茎中空。叶对生，长卵形或卵状长圆形。聚伞花序，花深紫色。蓇葖果单生。全国大部分地区有分布。根及根状茎（白薇）能清热凉血，利尿通淋，解毒疗疮（图3-103）。

图3-103 白薇

1. 根；2. 枝；3. 果实

同属植物**蔓生白薇** *C. versicolor* Bge. 的根和根茎也作白薇药用。

本科常用的药用植物还有：**徐长卿** *C. paniculatum*（Bge.）Kitag. 分布于全国大部，根及根状茎（徐长卿）能祛风，化湿，止痛，止痒。**杠柳** *Periploca sepium* Bge. 分布于长江以北地区及西南各省，根皮（香加皮）能利水消肿，祛风湿，强筋骨。**柳叶白前**（白前）*C. stauntonii*（Decne.）Schltr. ex Lévl. 分布于长江流域及西南地区，根及根状茎（白前）能降气、消痰、止咳。

### 34. 旋花科 Convolvulaceae

【形态特征】①草质缠绕藤本，稀木本，有时具乳汁。②单叶互生，无托叶。③花两性，辐射对称，单生或成聚伞花序；萼片 5，常宿存；花冠钟状、漏斗状、坛状等，全缘或稍 5 裂，裂片在花蕾期呈旋转状；雄蕊 5，着生于花冠管上；子房上位，心皮 2，1~2 室，每室胚珠 1~2（偶因次生假隔膜为 4 室，每室胚珠 1 枚）。④蒴果，稀浆果。

本科约 56 属，1800 余种，分布于热带、亚热带和温带，主产于美洲和亚洲的热带、亚热带。我国有 22 属，约 125 种，南北均有。已知药用 16 属，54 种。

显微特征：茎常具双韧维管束。

化学成分：含莨菪烷类生物碱、香豆素类、黄酮类等化合物。

【药用植物】**裂叶牵牛** *Pharbitis nil*（L.）Choisy 一年生缠绕草本，全株被粗硬毛。单叶互生，叶片近卵状心形，常 3 裂。花 1~3 朵腋生；花冠漏斗状，紫红色或浅蓝色；雄蕊 5；子房上位，3 室，每室胚珠 2。蒴果球形。种子卵状三棱形，黑褐色或淡黄白色。分布于全国大部分地区或栽培。干燥成熟种子（牵牛子）能泻水通便，消痰涤饮，杀虫攻积（图 3-104）。

同属植物**圆叶牵牛** *P. purpurea*（L.）Voigt 的种子亦作牵牛子入药。

1 2

图 3-104　裂叶牵牛

1. 植株；2. 果实

本科药用植物还有：**丁公藤** *Erycibe obtusifolia* Benth. 分布于广东中部及沿海岛屿，茎藤（丁公藤）有小毒，能祛风除湿、消肿止痛。**甘薯** *Ipomoea batatas*（L.）Lam. 是主要粮食作物之一，其块根可治疗赤白带下、宫寒、便秘、胃及十二指肠溃疡出血。**菟丝子** *Cuscuta chinensis* Lam.，一年生缠绕性寄生草本，分布于全国大部分地区。种子能补肝肾、明目、益精、安胎。**马蹄金** *Dichondra repens* Forst. 多年生匍匐小草本，主要分布于贵州、广西、福建、四川浙江等地，具有清热解毒，利水，活血的功效。

### 35. 紫草科 Boraginaceae

【形态特征】①草本或亚灌木，少为灌木或乔木，常被有粗硬毛。②单叶互生，稀轮生或对生，通常全缘；无托叶。③常为蝎尾状总状花序或单歧聚伞花序；花两性，辐射对称；萼片 5；花冠管状或漏斗状，5 裂；雄蕊 5，着生于花冠管上；具花盘；子房上位，心皮 2，2 室，每室 2 胚珠，或子房常4深裂而成4室，每室1胚珠，花柱常单生于子房顶部或4分裂子房的基部。④果为核果或4枚小坚果。

本科约100属，2000余种，多分布于世界温带和热带地区，地中海区为其分布中心。我国有51属，210种，分布于全国，以西南部最为丰富。已知药用22属，62种。

显微特征：具有坚硬的毛被，从一个坚硬的瘤状基部生出，毛的基部常有钟乳体类似物。

化学成分：含有萘醌类色素，如紫草素、乙酰紫草素、异丁酰紫草素；生物碱类，如天芥菜春碱、毒豆碱、大尾摇碱等。

**【药用植物】** **新疆紫草** *Arnebia euchroma*（Royle）Johnst. 多年生草本，被白色糙毛。须根多条，肉质紫色。基生叶条形，茎生叶变小。花序近球形，具多花；花5数；花冠紫色，喉部无附属物及毛；子房4裂，柱头顶端2裂。小坚果有瘤状突起。分布于西藏、新疆。生于高山多石砾山坡及草坡。根（紫草，软紫草）能清热凉血，活血解毒，透疹消斑。

同属植物**内蒙紫草** *A. guttata* Bunge 的根亦作紫草入药。

**紫草** *Lithospermum erythrorhizon* Sieb. et Zucc. 多年生草本，被糙伏毛。根肥厚粗壮，紫红色。叶互生，长圆状披针形至卵状披针形，全缘。花聚生茎顶；花冠白色，5裂，管口有5个小鳞片；雄蕊5；子房4深裂，花柱基底着生。小坚果平滑，4枚，包于宿存增大的萼中。分布于东北、华北、华中、西南等地。生于向阳山坡、草地、灌丛间。根（硬紫草）功效同新疆紫草（图3－105）。

图3－105　紫草

**内蒙紫草** *Arnebia guttata* Bge. 多年生草本。根含紫色物质。茎直立，多分枝，密生开展的长硬毛和短伏毛。叶无柄，匙状线形至线形，两面密生具基盘的白色长硬毛。镰状聚伞花序，含多数花；花萼裂片线形，有开展或半贴伏的长伏毛；花冠黄色，筒状钟形，外面有短柔毛；雄蕊着生花冠筒中部（长柱花）或喉部（短柱花），花药长圆形；子房4裂，花柱丝状，先端浅2裂。坚果，淡黄褐色。花果期6～10月。

常用药用植物还有：**细花滇紫草** *O. hookeri* C. B. Clarke，它的根皮（藏紫草、西藏紫草）在藏药或中药中作紫草入药。**滇紫草** *O. paniculatum* Bur. et Franch.、**露蕊滇紫草** *O. exsertum* Hemsl.、**密花滇紫草** *O. confertum* W. W. Smith 这三种植物的根、根皮或根部栓皮（滇紫草或紫草皮）在四川、云南、贵州亦作紫草入药。

### 36. 马鞭草科 Verbenaceae

**【形态特征】** ①木本，稀草本，常具特殊气味。②单叶或复叶，常对生。③花两性，多两侧对称；花萼4～5裂，宿存；花冠二唇形或偏斜；雄蕊4，2强；子房上位，心皮2，因假隔膜而成4室；每室胚珠1～2；花柱顶生，柱头2裂。④浆果状或蒴果状核果。

本科80余属，3000余种，分布于热带和亚热带地区，少数延至温带；我国有21属，175种，31变种，10变型，主要分布在长江以南。已知药用15属，101种。

显微特征：具各式腺毛和非腺毛，毛基部周围或顶端细胞普遍具钟乳体。

化学成分：含黄酮类、环烯醚萜类、醌类及挥发油等成分。

**【药用植物】** **马鞭草** *Verbena officinalis* L. 多年生草本。茎方形。叶对生，卵形至长卵形；基生叶边缘常有粗锯齿和缺刻；基生叶常3裂，裂片不规则羽状分裂或具粗锯齿，两面均被粗毛。穗状花序细长如马鞭；花小，花萼、花冠均5齿裂，花冠淡紫色，略二唇形；雄蕊4，2强；子房上位，4室，每室1胚珠。果实包于萼内，熟时分裂为4枚小坚果。分布于全国各地。全草（马鞭草）能活血散瘀，解毒，利水，退黄，截疟（图 3－106）。

本科常用的药用植物还有：**蔓荆** *Vitex trifolia* L. 分布于沿海各省，生于海边、河湖旁、沙滩上，果实（蔓荆子）能疏散风热，清利头目。**马缨丹**（五色梅）*Lantana camara* L. 多为栽培，根能解毒，散结，止痛，枝、叶有小毒，能祛风止痒，解毒消肿。**海州常山**（臭梧桐）*Clerodendrum trichotomum* Thunb. 叶（臭梧桐叶）能祛风除湿，降压。

### 37. 唇形科 Labiatae 微课 5

**【形态特征】**①多为草本，富含挥发油。②茎四棱，叶对生。③花序通常为腋生聚伞花序排列成轮伞花序，或再聚合成总状、穗状、圆锥等复合花序；花两性，两侧对称；花萼 5 裂，宿存；花冠 5 裂，唇形；雄蕊 4，2 强，或仅 2 枚；心皮 2，合生，子房上位，通常 4 深裂形成假四室，每室含 1 胚珠；花柱 2，着生于四裂子房的底部。④果实为 4 枚小坚果。

唇形科与马鞭草科、紫草科易混淆。紫草科茎圆形，叶互生，花辐射对称。马鞭草科花柱顶生，子房不深 4 裂，不形成轮伞花序，果实为核果或蒴果状。

本科为较大的科，全世界有 10 个亚科，约 220 余属，3500 余种，其中单种属约占三分之一，寡种属亦约占三分之一。我国有 99 属，800 余种，分布于全国各地。已知药用的有 75 属，436 种。

显微特征：茎叶具多种类型的毛茸，直轴式气孔；茎的角隅处具有发达的厚角组织。

化学成分：多含挥发油，还有二萜类、黄酮类、生物碱类等。

**【药用植物】****薄荷** *Mentha haplocalyx* Briq. 多年生草本，有清凉香气。茎四棱，叶对生，叶片卵形或长圆形，两面均有腺鳞及柔毛。腋生轮伞花序；花冠淡紫色或白色，4 裂，上唇裂片较大，顶端 2 裂，下唇 3 裂片近相等；雄蕊 4，2 强。小坚果椭圆形，藏于宿存的花萼内。全国各地均有分布，多栽培。地上部分（薄荷）能疏散风热，清利头目，利咽，透疹，疏肝行气（图 3－107）。

图 3－106 马鞭草

图 3－107 薄荷

**益母草** *Leonurus japonicus* Houtt. 一年生或二年生草本。茎方形。叶异形，基生叶有长柄，叶片近圆形，茎生叶掌状 3 深裂，花序顶端的叶条形或条状披针形，几无柄。轮伞花序腋生；花冠唇形，淡紫红色。小坚果三棱形。全国各地均有分布。地上部分（益母草）能活血调经，利尿消肿，清热解毒；果实（茺蔚子）能活血调经，清肝明目（图 3－108）。

**丹参** *Salvia miltiorrhiza* Bge. 多年生草本，密被长柔毛及腺毛。根圆柱形，外赤内白。茎四棱形。叶对生，单数羽状复叶，小叶卵圆形或椭圆状卵形。轮伞花序呈总状排列；花萼紫色，二唇形；花冠蓝紫色，二唇形，上唇略呈盔状，下唇 3 裂；能育雄蕊 2；小坚果长圆形，黑色。全国大部分地区有分布，也有栽培。根和根状茎（丹参）能活血祛瘀，通经止痛，清心除烦，凉血消痈（图3-109）。

本科药用植物尚有：**广藿香** *Pogostemon cablin*（Blanco）Benth. 原产菲律宾，我国南方有栽培，地上部分（广藿香）能芳香化浊，和中止呕，发表解暑。**紫苏** *Perilla frutescens*（L.）Britt. 产于全国各地，多栽培，果实（紫苏子）能降气化痰，止咳平喘，润肠通便；叶及嫩枝（紫苏叶）能解表散寒，行气和胃；茎（紫苏梗）能理气宽中，止痛，安胎。**黄芩** *Scutellaria baicalensis* Georgi 分布于东北、华北等地，根（黄芩）能清热燥湿，泻火解毒，止血，安胎。**半枝莲** *S. barbata* D. Don 全草（半枝莲）能清热解毒，化瘀利尿。**夏枯草** *Prunella vulgaris* L. 分布于我国大部分地区，果穗（夏枯草）能清肝泻火，明目，散结消肿。**荆芥** *Schizonepeta tenuifolia* Briq. 分布于江苏、河南、河北、山东，地上部分（荆芥）能解表散风，透疹，消疮；炒炭（荆芥炭）能收敛止血。

图3-108　益母草

图3-109　丹参

1. 根；2. 植株

### 38. 茄科 Solanaceae　微课6

**【形态特征】** ①草本、灌木或小乔木。②单叶或复叶，互生；无托叶。③花两性，辐射对称，单生、簇生或成伞房、伞形、聚伞等花序；花萼常5裂，宿存，果时常增大；花冠合瓣呈辐状、钟状、漏斗状，常5裂；雄蕊常与花冠裂片同数且互生；子房上位，心皮2，2室或因假隔膜分隔成假4室，中轴胎座，胚珠多数。④浆果或蒴果。

本科约80属，3000余种，分布于全世界温带及热带地区，美洲热带种类最为丰富。我国产24属，107种，各省区均有分布。已知药用的有25属，84种。

显微特征：茎具双韧维管束，草酸钙砂晶。

化学成分：含生物碱类，如莨菪碱、山莨菪碱、东莨菪碱、颠茄碱、烟碱、胡芦巴碱等。

**【药用植物】** **宁夏枸杞** *Lycium barbarum* L. 灌木，主枝数条，粗壮，果枝细长，具枝刺。叶互生或丛生，长椭圆状披针形。花簇生于短枝上，花冠漏斗状，5裂，粉红色或淡紫色，花冠管长于裂片。浆果椭圆形，长1~2cm，熟时红色。主产于宁夏、甘肃。各地有栽培。果实（枸杞子）能滋补肝肾、益精明目。根皮（地骨皮）能凉血除蒸、清肺降火。同属植物**枸杞** *L. chinense* Mill.，全国大部分地区有分布，药用同宁夏枸杞（图3-110）。

**白花曼陀罗** *Datura metel* L. 一年生草本。单叶互生，卵形或宽卵形，叶基不对称，全缘或有稀疏锯齿。花单生于叶腋或上部分枝间；萼先端5裂，筒状；花冠白色，喇叭状，具5棱角；雄蕊5；子房不完全4室。蒴果斜生，近球形，表面有稀疏短粗刺，熟时4瓣裂。我国各地均有分布。全株有毒，且以种子最毒，花（洋金花）能平喘止咳，解痉定痛（图3－111）。

本科药用植物还有：**龙葵** *Solanum nigrum* L. 全草有小毒，能清热解毒、活血消肿。**酸浆** *Physalis alkekengi* L. var. *franchetii*（Mast.）Makino 各地均产，宿萼或带果实的宿萼（锦灯笼）、根及全草能清热解毒，利咽化痰，利尿通淋。**莨菪** *Hyoscyamus niger* L. 分布于我国华北、西北和西南，亦有栽培，种子（天仙子）能解痉止痛，平喘，安神。**颠茄** *Atropa belladonna* L. 原产于欧洲，我国有栽培，全草（颠茄草）能松弛平滑肌、抑制腺体分泌、加速心率、扩大瞳孔。

图3－110　宁夏枸杞

图3－111　白花曼陀罗

## 39. 玄参科 Scrophulariaceae

【形态特征】①草本，少为灌木或乔木。②叶对生，少互生或轮生；无托叶。③总状或聚伞花序；花两性，两侧对称，少辐射对称；花萼4～5裂，宿存；花冠4～5裂，多少呈二唇形；雄蕊4，2强，稀2或5，着生于花冠管上；子房上位，心皮2，2室，中轴胎座，胚珠多数。④蒴果，常具宿存花柱。

本科约200属，3000余种，广布世界各地。我国有60属，634种，分布于南北各地，主产于西南。已知药用的有45属，233种。

显微特征：茎具双韧维管束。

化学成分：含环烯醚萜苷、强心苷、黄酮类及生物碱等成分。

【药用植物】**玄参** *Scrophularia ningpoensis* Hemsl. 多年生高大草本。根数条，粗大呈纺锤形，灰黄褐色，干后内部变黑色。茎方形，下部叶对生，上部叶有时互生；叶片卵形至披针形。聚伞花序集成疏散圆锥花序；花萼5裂几达基部；花冠斜壶状，褐紫色，5裂，上唇长于下唇；雄蕊4，2强。蒴果卵形。分布于华东、中南、西南，常栽培。根（玄参）能清热凉血，滋阴降火，解毒散结（图3－112）。

同属植物**北玄参** *S. buergeriana* Miq.，分布于东北、华北及西北等地，根亦作玄参入药。

**地黄**（怀地黄）*Rehmannia glutinosa*（Gaertn.）Libosch. ex Fish. et Mey. 多年生草本，全株密被灰白色长柔毛及腺毛。根肥大块状。叶丛状基生，叶片倒卵形或长椭圆形，上面绿色多皱，下面带紫色。总状花序顶生；花下垂，花冠管稍弯曲，顶端5浅裂，略呈二唇形，外面紫红色，内面常有黄色带紫色；雄蕊4，2强；子房上位，2室。蒴果卵形。分布于辽宁、华北、西北、华中、华东等地，各省多栽培，主产河南。新鲜块根（鲜地黄）能清热生津，凉血，止血；干燥块根（生地黄）能清热凉血，养阴生津；炮制品（熟地黄）能补血滋阴，益精填髓（图3－113）。

本科常用的药用植物还有：**紫花洋地黄** *Digitalis purpurea* L.、**毛花洋地黄** *D. lanata* Ehrh. 的叶含

洋地黄毒苷，有兴奋心肌、增强心肌收缩力、改善血液循环的作用。**阴行草** *Siphonostegia chinensis* Benth. 全国有分布，全草（北刘寄奴）能活血祛瘀，通经止痛，凉血，止血，清热利湿。**胡黄连** *Picrorhiza scrophulariiflora* Pennell. 分布于四川西部、云南西北部、西藏南部，根状茎（胡黄连）能退虚热，除疳热，清湿热。

图 3-112　玄参

图 3-113　地黄

### 40. 茜草科 Rubiaceae

【形态特征】①草本或木本，有时攀缘状。②单叶对生或轮生，常全缘；有托叶，有时呈叶状。③花两性，辐射对称，聚伞花序排列成圆锥状或头状，少单生；花萼、花冠4～5裂，稀6裂；雄蕊与花冠裂片同数且互生；子房下位，心皮2，合生，常2室，每室1至多数胚珠。④蒴果、浆果或核果。

本科约637属，6000余种，分布于热带和亚热带。我国有98属，676种，主要分布于西南至东南部。已知药用59属，210余种。

显微特征：具有分泌组织，细胞中常含有砂晶、簇晶、针晶等草酸钙晶体。

化学成分：含生物碱、环烯醚萜类、蒽醌类等成分。

图 3-114　栀子

【药用植物】**栀子** *Gardenia jasminoides* Ellis 常绿灌木。叶对生或三叶轮生，叶片椭圆状倒卵形至倒阔披针形，革质。托叶鞘状。花芳香，通常单生枝顶；花冠高脚碟状，白色或乳黄色；子房下位，1室，胚珠多数。果肉质，外果皮略革质，具翅状枝5～9条。分布于我国南部和中部，各地亦有栽培。果实（栀子）能泻火除烦，清热利湿，凉血解毒，外用可消肿止痛，也是天然黄色素的重要原料（图3-114）。

**钩藤** *Uncaria rhynchophylla*（Miq.）Miq. ex. Havil. 常绿木质大藤本。小枝四棱形，叶腋有钩状变态枝。叶对生，椭圆形；托叶2深裂。头状花序单生叶腋或顶生呈总状；花5数，花冠黄色；子房下位。蒴果。分布于福建、江西、湖南、广东、广西等地。带钩茎枝（钩藤）能息风定惊，清热平肝（图3-115）。

**茜草** *Rubia cordifolia* L. 攀援草本。根丛生，橙红色。茎四棱，棱上具倒生刺。叶4片轮生，有长柄，卵形至卵状披针形，下面中脉及叶柄上有倒刺。花小，5 数，黄白色，子房下位，2 室。浆果，成熟时黑色。全国各地均有分布。生于灌丛中。根及根状茎（茜草）能凉血，祛瘀，止血，通经（图 3－116）。

本科常见的药用植物还有：**巴戟天** *Morinda officinalis* How. 分布于华南，根（巴戟天）能补肾阳，强筋骨，祛风湿。**红大戟**（红芽大戟）*Knoxia valerianoides* Thorelex Pit. 分布于广东、广西、福建、云南等省区，块根（红大戟）能泻水逐饮，消肿散结。**白花蛇舌草** *Hedyotis diffusa* Willd. 分布于东南至西南地区，全草（白花蛇舌草）能清热解毒，活血散瘀。**鸡矢藤** *Paederia scandens*（Lour.）Merr. 全草能消食化积，祛风利湿，止咳，止痛。**小粒咖啡** coffea Arabica L. 的种子含咖啡因，能兴奋神经，强心，健胃，利尿。

图 3－115　钩藤

图 3－116　茜草

### 41. 忍冬科 Caprifoliaceae

【形态特征】①灌木、乔木或藤本。②单叶，少数为羽状复叶，多对生；常无托叶。③聚伞花序或再组成其他花序；花两性，辐射对称或两侧对称；花萼合生，4～5 裂；花冠管状，多 5 裂，有时二唇形；雄蕊与花冠裂片同数且互生，着生于花冠管上；子房下位，心皮 2～5，1～5 室，每室胚珠 1 至多数。④浆果、核果或蒴果。

本科有 15 属，约 500 种，主产于北温带。中国有 12 属，200 余种，大多分布于华中和西南各省区。已知药用的有 9 属，100 余种。

显微特征：具有草酸钙簇晶、厚壁非腺毛、腺毛，腺毛的腺头由数十个细胞组成，腺柄由 1～7 个细胞组成；气孔不定式。

化学成分：含酸性成分、黄酮类、三萜类、皂苷等。

【药用植物】**忍冬** *Lonicera japonica* Thunb. 半常绿缠绕灌木。茎多分支，老枝外表棕褐色，幼枝密生柔毛。单叶对生，卵形至长卵形，幼时两面被短毛。花成对腋生，苞片呈叶状，卵形，2 枚，长达 2～3cm；花冠二唇形，上唇 4 浅裂，下唇不裂，稍反卷，初开时白色，后变黄色，故称“金银花”；雄蕊 5；雌蕊 1，子房下位。浆果球形，熟时黑色。全国大部分省区有分布。花蕾或带初开的花（金银花）能清热解毒，疏散风热；茎枝（忍冬藤）能清热解毒，疏风通络（图 3－117）。

灰毡毛忍冬 *Lonicera macranthoides* Hand.－Mazz. 木质藤本；幼枝或其顶梢及总花梗有薄绒状短糙

伏毛，后变栗褐色有光泽而近无毛。叶革质，卵形、卵状披针形、矩圆形至宽披针形，上面无毛，下面被由短糙毛组成的灰白色或有时带灰黄色毡毛；叶柄有薄绒状短糙毛，有时具开展长糙毛。花有香味，双花常密集于小枝梢成圆锥状花序；苞片披针形或条状披针形；小苞片圆卵形或倒卵形，长约为萼筒之半；萼筒常有蓝白色粉，无毛或有时上半部或全部有毛，萼齿三角形，比萼筒稍短；花冠白色，后变黄色，唇形，筒纤细，内面密生短柔毛，与唇瓣等长或略较长；雄蕊生于花冠筒顶端，连同花柱均伸出而无毛。果实黑色，常有蓝白色粉，圆形。主要分布于福建、江西、湖北、贵州、广东、安徽等地。花蕾或带初开的花（山银花）能清热解毒，疏散风热（图3-118）。

同属植物还有**红腺忍冬** *L. hypoglauca* Miq. 分布于安徽、浙江、江西、福建、湖北、湖南、广西、四川、贵州等地，**华南忍冬** *L. confusa* DC. 分布于浙江、广东、海南、广西等地，黄褐毛忍冬 *L. fulvotomentosa* Hsu et S. C. Cheng 分布于广西、贵州、云南等地，它们的干燥花蕾或带初开的花亦作山银花药用。

本科药用植物还有：**接骨木** *S. williamsii* Hance，全草入药，能接骨续筋，活血止痛，祛风利湿。**陆英**（接骨草）*Sambucus chinensis* Lindl.，分布于东北、华北、华东及西南等地，全草能祛风活络，散瘀消肿，续骨止痛。

图3-117　忍冬

图3-118　灰毡毛忍冬

### 42. 败酱科 Valerianaceae

**【形态特征】**①多年生草本，通常具强烈臭气或香气。②叶对生或基生，多羽状分裂，无托叶。③花小，常两性，稍不整齐；聚伞花序组成伞房花序；花萼各式；花冠筒状，基部常有偏突的囊状或距，上部3~5裂；雄蕊着生于花冠筒上，常3或4枚，有时退化为1~2枚；子房下位，3心皮合生，3室，仅1室发育，含1枚胚珠，悬垂于室顶。④瘦果，有时宿存于顶端的花萼呈冠毛状，或与增大的苞片相连而成翅果状。

本科有13属，约400种，大多数分布于北温带。我国有3属，约40余种，分布于全国各地。已知药用3属，24种。

显微特征：部分植物的根中具木间木栓组织。

化学成分：含有倍半萜类，如甘松酮，缬草烷、缬草酮等；黄酮类，如槲皮素、山柰酚等；三萜皂苷，如败酱苷等；生物碱类，如缬草碱等。败酱属植物因含异戊酸而具特殊臭气。

**【药用植物】** **黄花败酱** *Patrinia scabiosaefolia* Fisch. ex Trev. 多年生草本，根及根状茎具特殊的败酱气。基生叶成丛，卵形，具长柄；茎生叶对生；常4~7深裂，两面疏被粗毛。花小，黄色，形成顶生伞房状聚伞花序；花冠5裂，基部有小偏突；雄蕊4；子房下位，瘦果无膜质增大苞片，有翅状窄边。主要分布于我国北方地区。全草（败酱草）能清热解毒，消痈排脓，祛瘀止痛（图3-119）。

同属植物**白花败酱** *P. Villosa*（Thunb.）Juss. 多年生草本。地下茎细长，地上茎直立。基生叶簇生，叶柄长，茎生叶对生，近无柄。伞房状圆锥聚伞花序；花萼不明显，花冠白色。瘦果倒卵形，基部贴生在增大的圆翅状膜质苞片上，苞片近圆形。除西北地区外，全国均有分布。全草能散瘀消肿，活血排脓，祛瘀止痛。

本科常用的药用植物还有：**缬草** *Valeriana officinalis* L. 分布于东北至西南各省，根及根状茎能安神，理气，止痛。**蜘蛛香** *V. jatamansi* Jones 分布于陕西、甘肃、河南、湖北、湖南、广西、重庆、四川、云南、西藏，根茎和根（蜘蛛香）能理气止痛，消食止泻，祛风除湿，镇惊安神。**甘松** *Nardostachys jatamansi* DC. 分布于云南、四川、甘肃及青海，根及根状茎（甘松）能理气止痛，开郁醒脾；外用祛湿消肿。

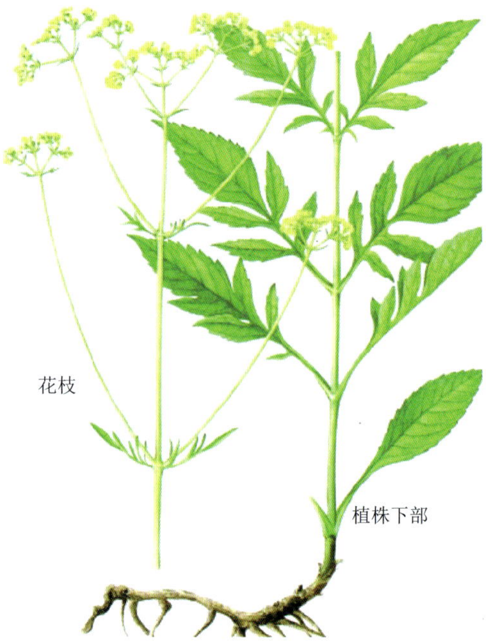

图 3－119　黄花败酱

### 43. 葫芦科 Cucurbitaceae

**【形态特征】** ①草质藤本，具卷须。②叶互生，常单叶，掌状浅裂，或为鸟趾状复叶。③花单性，同株或异株，辐射对称；花萼及花冠裂片 5；雄花具雄蕊 3 或 5 枚，分离或各式合生，花药多曲折成“S”形；雌花子房下位，3 心皮，1 室，有时 3 室，侧膜胎座。④瓠果。

本科约 113 属，800 多种，分布于热带及亚热带地区。我国约 32 属，155 种，分布于全国各地。已知药用的有 25 属，约 92 种。

显微特征：茎中具双韧维管束；草酸钙针晶、钟乳体、石细胞等。

化学成分：含葫芦素、雪胆甲素、雪胆乙素、罗汉果苷、木鳖子皂苷等成分。

图 3－120　栝楼

**【药用植物】** **栝楼** *Trichosanthes kirilowii* Maxim. 多年生草质藤本。块根肥厚，圆柱状。叶具长柄，近心形，掌状 3～5（～7）浅裂至中裂，稀深裂或不分裂而仅有不等大的粗齿。雌雄异株；雄花呈总状花序，雌花单生；花冠白色，5 裂，裂片先端细裂成流苏状。瓠果近球形，熟时果皮果瓤橙黄色。种子扁平，浅棕色。主产于长江以北，江苏、浙江等地，多有栽培。成熟果实（瓜蒌）能清热涤痰，宽胸散结，润燥滑肠；种子（瓜蒌子）能润肺化痰，滑肠通便；果皮（瓜蒌皮）能清化热痰，利气宽胸；块根（天花粉）能清热泻火，生津止渴，消肿排脓；天花粉蛋白还能引产，孕妇慎用（图 3－120）。同属植物**双边栝楼**（中华瓜蒌）*T. rosthornii* Harms 分布于华中、西南、华南及陕西、甘肃等地，亦常栽培。入药部位及疗效与栝楼同。

本科常用的药用植物还有：**绞股蓝** *Gynostemma pentaphyllum*（Thunb.）Makino 分布于长江以南，全草能补气生津，清热解毒，止咳祛痰。**罗汉果** *Siraitia grosvenorii*（Swingle）C. Jeffrey ex A. M. Lu et Z. Y. Zhang 分布于广东、海南、广西及江西，果实（罗汉果）能清热润肺，利咽开音，润肠通便；块根能清利湿热，解毒。**丝瓜** *Luffa cylindrical*（L.）Roem. 各地栽培，成熟果实的维管束（丝瓜络）能祛风湿，通经络，止泻痢。**木鳖** *Momordica cochinchinensis*（Lour.）Spreng. 分布于江西、湖南、四川及华南等地，种子（木鳖子）有毒，能散结消肿，攻毒疗疮。

### 44. 桔梗科 Campanulaceae

【形态特征】①草本，常具乳汁。②单叶互生、对生或轮生；无托叶。③花两性，辐射对称或两侧对称，单生或成聚伞、总状、圆锥花序；花萼常5裂，宿存；花冠钟状或管状，5裂；雄蕊5，与花冠裂片同数而互生；子房下位或半下位，心皮3（稀2～5），合生成3（稀2～5）室，中轴胎座，胚珠多数。④蒴果或浆果。

本科有60个属，约2000种。世界广布，但主产地为温带和亚热带。我国产16属，大约172种。已知药用的有13属，111种。

显微特征：常具有菊糖、乳汁管等。

化学成分：含皂苷、生物碱、糖类等成分。

【药用植物】**党参** *Codonopsis pilosula*（Franch.）Nannf. 多年生缠绕草本，有乳汁。根圆柱形，顶端有膨大的根状茎（根头），具多数芽和瘤状茎痕，向下有环纹。叶互生，常为卵形，两面被短伏毛。花单生枝顶；花冠宽钟形，淡黄绿色，略带紫晕，5浅裂。蒴果圆锥形。分布于东北、西北、华北及西南地区。多有栽培。根（党参）能健脾益肺，养血生津（图3-121）。

图3-121　党参

**桔梗** *Platycodon grandiflorum*（Jacq.）A. DC. 多年生草本，具乳汁。根肉质，长圆锥形。叶全部轮生，部分轮生至全部互生，叶片卵形至披针形，背面灰绿色。花单生或数朵生于枝顶；萼5裂，宿存；花冠阔钟形，蓝紫色，5裂；雄蕊5；子房半下位，5室，中轴胎座，柱头5裂。蒴果倒卵形，顶部5瓣裂。分布于全国各地，亦有栽培。根（桔梗）能宣肺，利咽，祛痰，排脓（图3-122）。

图3-122　桔梗

本科药用植物还有：**半边莲** *Lobelia chinensis* Lour. 分布于长江中下游及以南地区，全草（半边莲）能清热解毒，利尿消肿。**四叶参**（羊乳）*Codonopsis lanceolata* Benth. et Hook. f. 分布于华南、西南至东北各地，根能补虚通乳，排脓解毒。**沙参**（杏叶沙参）*Adenophora stricta* Miq. 分布于西南、华东、河南、陕西等地，根（南沙参）能养阴清肺，益胃生津，化痰，益气。

### 45. 菊科 Compositae Asteraceae

【形态特征】①多为草本，有些种类具乳汁或树脂道。②多单叶互生，稀对生或轮生；无托叶。③花两性或单性，辐射对称或两侧对称；花萼常变态成冠毛、鳞片或刺状；花冠合生，4～5裂，管状或舌状；头状花序外围有1至多层总苞片组成的总苞，总苞片叶状、鳞片状或针刺状；头状花序有三种类型：外围为舌状花（雌性不育花，称边花），中央为两性管状花（称盘花），如向日葵；全部为两性舌状花，如蒲公英；全部为两性管状花，如红花。雄蕊5或4，聚药雄蕊；子房下位，心皮2，合生，1室，每室含1胚珠，柱头2裂。④连萼瘦果（有花托或萼管参与形成的果实），又称菊果。

菊科是被子植物最大的一个科，约1000属，25000~30000种，分布于世界各地。我国约有200余属，2000多种，分布于全国各地。已知药用的有155属，778种。本科常分为两个亚科。

显微特征：多含菊糖，常具各种腺毛、分泌道、油室、草酸钙晶体等。

化学成分：含倍半萜内酯类、黄酮类、生物碱类、香豆素类等成分。

### 管状花亚科 Tubuliflorae

【药用植物】**菊** *Chrysanthemum morifolium* Ramat. 多年生草本，基部木质，全株被白色绒毛。叶片卵形至披针形，叶缘有粗锯齿或羽状深裂。头状花序具多层总苞片，边缘膜质，外层绿色；外围为雌性舌状花，白色、淡黄、淡红或淡紫色；中央为两性管状花，黄色。瘦果无冠毛，不发育。全国各地均有栽培，主产于安徽（亳菊、滁菊、贡菊）、浙江（杭菊）、河南（怀菊）等地。头状花序（菊花）能散风清热，平肝明目，清热解毒（图3-123）。

**红花** *Carthamus tinctorius* L. 一年生草本。叶互生，近无柄，长卵形或卵状披针形，叶缘齿端有尖刺。头状花序外侧总苞2~3列，上部边缘有锐刺，内侧数列卵形，无刺；全为管状花，初开时黄色，后变为红色；瘦果近卵形，具四棱，无冠毛。原产埃及，各地栽培。花（红花）能活血通经，散瘀止痛（图3-124）。

图3-123 杭白菊

图3-124 红花

**白术** *Atractylodes macrocephala* Koidz. 多年生草本。根状茎结节状。中部茎叶有长柄，叶片通常3~5羽状全裂，侧裂片1~2对，顶裂片比侧裂片大，裂片椭圆形至披针形，全部叶质地薄，纸质，两面绿色，无毛，边缘或裂片边缘有长或短针刺状缘毛或细刺齿。头状花序单生茎枝顶端，全部为管状花，紫红色。瘦果密被柔毛。分布于浙江、江西、湖南、湖北等地。根状茎（白术）能健脾益气，燥湿利水，止汗，安胎（图3-125）。

**木香**（云木香、广木香）*Aucklandia lappa* Decne. 多年生草本。主根粗壮，芳香。基生叶片大，三角状卵形，边缘不规则浅裂或呈波状，疏生短齿，叶片基部下延成翅；茎生叶互生。头状花序具总苞片约10层；托片（小苞片）刚毛状；全为管状花，暗紫色先端5裂；雄蕊5枚，聚药；子房下位，花柱细长，伸出花冠外；柱头2裂。瘦果条形具肋，先端平截，上端有一轮淡褐色羽状冠毛。分布于四川、西藏、云南，多有栽培，根（木香）能行气止痛，健脾消食（图3-126）。

图 3－125　白术

图 3－126　云木香

本亚科常用的药用植物还有：**艾** *Artemisia argyi* Lévl. et Vant. 广布于全国各地，叶（艾叶）能温经止血，散寒止痛；外用祛湿止痒。**茵陈蒿** *A. capillaris* Thunb. 全国各地均有分布，地上部分（茵陈）能清利湿热，利胆退黄。**苍耳** *Xanthium sibiricum* Patr. 全国各地均有分布，带总苞的果实（苍耳子）有毒，能散风寒，通鼻窍，祛风湿。**牛蒡** *Arctium lappa* L. 广布于全国各地，果实（牛蒡子）能疏散风热，宣肺透疹，解毒利咽。**茅苍术**（南苍术、茅术）*Atractylodes lancea*（Thunb.）DC. 分布于华中、华东地区，根状茎（苍术）能燥湿健脾，祛风散寒，明目。**祁州漏芦** *Rhaponticum uniflorum*（L.）DC. 分布于东北与华北，根（漏芦）能清热解毒，消痈，下乳，舒筋通脉。**旋覆花**（金佛花、金佛草）*Inula japonica* Thunb. 全国大部分地区有分布，地上部分（金沸草）及头状花序（旋覆花）功效相似，能降气，消痰，行水。**土木香**（祁木香）*Inula helenium* L. 分布于新疆，生于河边、田边、河谷等潮湿处，根（土木香）能健脾和胃，行气止痛，安胎。**蓟** *Cirsium japonicum* Fisch. ex DC. 分布于全国大部分地区，地上部分（大蓟）能凉血止血，散瘀解毒消痈。**刺儿菜**（小蓟）*Cirsium setosum*（Willd.）MB. 几乎遍布全国各地，地上部分（小蓟）能凉血止血，散瘀解毒消痈。**紫菀** *Aster tataricus* L. f. 全国各地有分布，根状茎及根（紫菀）能润肺下气，消痰止咳。

图 3－127　蒲公英

### 舌状花亚科 Liguliflorae（Cichorioideae）

**【药用植物】** **蒲公英** *Taraxacum mongolicum* Hand. －Mazz. 多年生草本，有乳汁。根圆锥形。叶基生，莲座状平展；叶片倒披针形，不规则羽状深裂，顶端裂片较大。花葶中空，顶生一头状花序；外层总苞片先端常有小角状突起，内层总苞片长于外层；全为舌状花，黄色。瘦果先端具长喙，冠毛白色。全国各地均有分布。全草（蒲公英）能清热解毒，消肿散结，利尿通淋（图 3－127）。

**苦苣菜** *Sonchus oleraceus* L. 多年生草本，具乳汁。地下根状茎匍匐生，叶无柄，倒披针形，边缘波状尖齿或具缺刻。头状花序排成聚伞或伞房状；花鲜黄色，全部为舌状花；花柱及柱头被腺毛。分布于东北、华北、西北，干燥幼苗或全草称“北败酱”，能清热解毒，清肿排脓，活血化瘀。同属植物**全叶苦苣菜** *S. transcaspicus* Nevski 的干燥幼苗或全草亦作“北败酱”入药。

本亚科常见的药用植物还有：**苦荬菜** *Ixeris polycephala* Cass. 广布世界各地，全草能清热解毒，消痈散结，去腐化脓，止血生机。**黄鹌菜** *Youngia japonica*（L.）DC. 全国广布，根或全草能清热解毒，利尿消肿，止痛。

**知识链接**

**青蒿素的发现与科学精神**

青蒿素是中国第一代药学家屠呦呦从菊科植物黄花蒿 *Artemisia annua* L. 中成功提取，并证明了青蒿素对治疗疟疾的神奇功效，被世界卫生组织称为“治疗疟疾的灵丹妙药”，因此获得诺贝尔科学奖。青蒿素的发现是中国传统医药献给世界的一份礼物。

青蒿素的研发对于人类战胜疟疾发挥了巨大的作用，是中医药学对于人类健康贡献的里程碑，但青蒿素的发现绝不是中医药学智慧的唯一成果，我们应该弘扬中国优秀传统文化的精髓，树立志存高远、严谨求实、勇于创新、坚持不懈的科学精神。

# 任务四　单子叶植物纲

PPT1　PPT2

## 46. 泽泻科 Alismataceae

**【形态特征】**①沼泽或水生草本，具根茎或球茎。②单叶常基生，具叶鞘，基部开裂。③花常轮生于花葶上，再集成总状或圆锥花序；花被 6，2 轮，外轮 3 片，萼片状，绿色，宿存；内轮 3 片，花瓣状，白色，易脱落；雄蕊 6 至多数；心皮 6 至多数，分离，常螺旋状排列在凸起的花托上或轮状排列在扁平的花托上；子房上位，1 室，边缘胎座，胚珠 1 至数个，花柱宿存。④聚合瘦果，每个瘦果含 1 粒种子；种子无胚乳，胚马蹄形。

本科共 11 属，约 100 种；主要产于北半球温带至热带地区。我国 4 属，20 种；南北均有分布；已知药用 2 属，12 种。

显微特征：块茎的内皮层明显，维管束为周木型，具油室。

化学成分：含三萜类、糖类、生物碱、挥发油、氨基酸、有机酸、苷类化合物等。

**【药用植物】泽泻** *Alisma orientale*（Sam.）Juzep. 多年水生或沼生草本。具地下块茎，球形，外皮褐色，密生多数须根。单叶基生，叶柄较长，基部鞘状，叶片椭圆形或宽卵形，基部心形、近圆形或楔形。叶脉 5～7 条，花葶自叶丛中抽出，伞形状花序轮生于花葶上，再集成大型圆锥花序；花两性，辐射对称；花被 6，2 轮，每轮 3 枚，外轮萼片状，内轮花瓣状，白色，较小；雄蕊 6；离生心皮多数，轮生，柱头宿存。聚合瘦果，两侧扁，背部有 1 或 2 浅沟。全国分布。块茎（泽泻）入药，为利水渗湿药，能利水，渗湿，泄热（图 3－128）。

**慈菇** *Sagittaria trifolia subsp. leucopetala*（Miq.）Q. F. Wang 广布全国，生于水田、浅水沟或沼泽地。球茎能清热止血，行血通淋，消肿散结。

## 47. 禾本科 Gramineae

**【形态特征】**①多为草本，少木本；常具地下根状茎或须状根；地上茎中空，节明显，特称为

“秆”。②单叶互生，排成2列，通常由叶片、叶鞘和叶舌组成，叶鞘抱秆，通常一侧开裂，顶端两侧各有1附属物称为有叶耳；叶片狭长，具明显中脉及平行脉；叶片与叶鞘连接处的内侧有呈膜质或纤毛状的叶舌。③花小，通常两性，以小穗为单位排列成穗状、总状或圆锥状花序，小穗的主干称小穗轴，基部有外颖和内颖（总苞片），小穗轴上着生1至数朵花，每花外有外稃和内稃（小苞片），外稃厚硬，顶端或背部常生有芒，内稃膜质；内外稃之间，子房基部有2~3枚透明肉质的退化花被（浆片）；雄蕊常3枚，少为1~6枚，花丝细长，花药丁字着生，花药2室；雌蕊子房上位，2~3心皮组成1室，1胚珠，花柱2~3，柱头常羽毛状。④颖果，种子富含淀粉质胚乳（图3-129）。

图3-128　泽泻

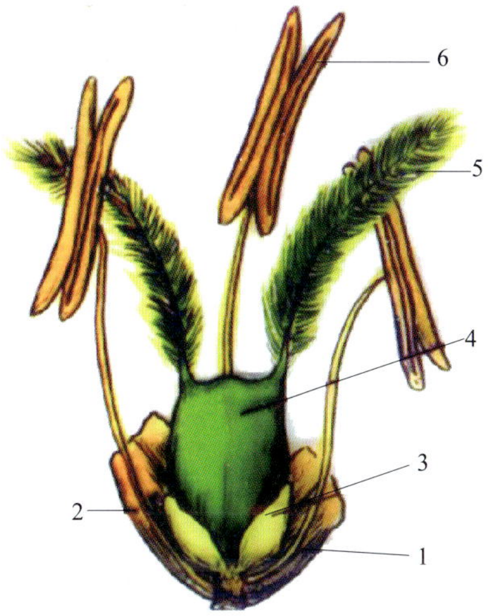


图3-129　禾本科植物小花

1. 外稃；2. 内稃；3. 浆片；
4. 子房；5. 柱头；6. 雄蕊

本科约640属，10000余种；广布全球。本科分竹亚科Bambusoideae（木本）和禾亚科Agrostidoideae（草本）。我国200属，1000余种，全国分布。已知药用85属，173种，多为禾亚科植物。

显微特征：表皮细胞平行排列，每纵行为1个长细胞和2个短细胞相间排列，细胞中常含硅质体；气孔保卫细胞为哑铃形，两侧各有略呈三角形的副卫细胞；叶片上表皮常有运动细胞；主脉维管束具维管束鞘；叶肉细胞不分化为栅栏组织和海绵组织。

化学成分：含生物碱类、三萜类、黄酮类、含氮化合物、氰苷及挥发油等。

【药用植物】**薏苡** *Coix lacryma-jobi* L. var. *ma-yuen*（Roman.）Stapf 草本。茎基部节上常有不定根。叶片条状披针形。总状花序从上部叶鞘抽出，小穗单性；总状花序基部生有骨质念珠状总苞，内含由2~3朵雌花组成的雌小穗，仅其中一朵结实；总状花序上部有多个雄小穗，每个雄小穗由2朵雄花组成。颖果成熟时包于骨质、光滑、灰白色球形的总苞内，卵形或卵球形，有光泽。我国各地有栽培或野生；生河边、溪边、湿地。种仁（薏苡仁）入药，为利水渗湿药，能健脾利湿、除痹止泻、清热排脓（图3-130）。

**淡竹叶** *Lophatherum gracile* Brongn. 草本。茎基部节上常生有不定根。叶条状披针形，有明显横脉，叶舌截形。圆锥花序顶生，小穗疏生于花序轴上，每个小穗有花数朵，仅第一花为两性，其余皆退化。分布于长江以南，生于山坡林下阴湿地。茎叶（淡竹叶）为清热泻火药，能清热除烦，利尿，止渴（图3－131）。

图3－130 薏苡

图3－131 淡竹叶

本科常见药用植物尚有：**淡竹** *Phyllostachys nigra*（Lodd.）Munro var. *henonis*（Miff.）Stapf ex Rendle 乔木状。竿高6～18m，直径2～5cm，在分枝一侧的节间处有明显的沟槽，竿环与箨环均明显隆起，箨鞘黄绿色至淡黄色，具灰黑色斑点和条纹，小枝具叶1～5片。叶片狭披针形，深绿色，无毛。分布于长江流域。木质秆的中层（竹茹）入药，为化痰药，能清热化痰，除烦止呕。茎用火烤灼而流出的液汁（竹沥）入药，能清热豁痰，镇惊利窍。**大头典竹** *Bambusa beecheyana var. pubescens*（P. F. Li）W. C. Lin 乔木状。竿高达15m，多少有些作之字形折曲，幼竿被毛和中部以下的竿节上通常具毛环，节间通常较短。箨鞘背部疏被黑褐色、贴生刺毛，叶鞘通常被毛，叶舌较长被疏柔毛。分布于华南地区。生于山坡、平地或河岸。**青秆竹** *Bambusa tuldoides* Mubro 乔木状。植株丛生，无刺。竿直立或近直立，高达15m，径约6cm。顶端不弯垂，竿的节上分枝较多；节间圆柱形，竿的节间和箨光滑无毛。分布于广东、广西。多生于平地、丘陵。以上两者秆的中层亦作竹茹入药。**白茅** *Imberata cylindrica* Beauv. var. *major*（Ness）C. E. Hubb. ex Hubb et Vaughan. 草本。根状茎细长横走，节上密生鳞片和细根。叶条状披针形。圆锥花序呈穗状，有白色丝状长毛。分布几遍全国，根状茎（白茅根）入药，为止血药，能清热利尿，凉血止血，生津止渴。**芦苇** *Phragmites communi* Trin. 高大草本。根茎横走，粗壮，节间中空，节上具芽。茎高2～5m，圆锥花序大型，顶生。全国大部分地区有分布，根状茎（芦根）入药，为清热泻火药，能清热生津，除烦，止呕。**香茅** *Cymbopogon citratus*（DC.）Stapf. 全草（香茅）入药，能祛风利湿，消肿止痛。**小麦** *Triticum aestium* L. 干瘪轻浮的果实（浮小麦）入药，能收涩止汗。**稻** *Oryza sativa* L. 果实（稻芽）入药，能消食和中，健脾开胃。**玉米** *Zea mays* L. 花柱（玉米须）入药，能清血热，利尿，治消渴。**牛筋草** *Eleusine indica*（L.）Gaertn. 又叫牛顿草，全草（牛筋草）入药，清热利湿；凉血解毒。**金丝草** *Pogonatherum crinitum*（Thunb.）Kunth. 全草（金丝草）入药，能清凉散热，解毒、利尿通淋。

### 48. 莎草科 Cyperaceae

**【形态特征】**①草本，多生于潮湿地或沼泽地；常具细长横走根状茎；茎特称为秆，多实心，无节，常三棱形。②单叶基生或茎生，叶片条形或线形，多排成三列，有封闭的叶鞘。③二至多朵花组成小穗，再由小穗聚成穗状、总状、圆锥状、头状或聚伞状等各式花序。小花单生于鳞片（颖片）

腋内，两性或单性；通常雌雄同株，花被不存在或退化成下位的刚毛或鳞片，有时雌花被苞片形成的囊苞所包围；雄蕊通常3枚；子房上位，由2~3心皮组成1室，具1枚基生胚珠，花柱单一，柱头2~3裂。④小坚果，有时被苞片形成的果囊所包裹。

本科约90属，4000种，广布于全世界。我国约有33属，670余种，全国分布。已知药用16属，110余种。

显微特征：含硅质体，表皮细胞不为长细胞和短细胞；根状茎具内皮层和周木型维管束。

化学成分：含挥发油、生物碱、黄铜、强心苷等。

**【药用植物】** **莎草** *Cyperus rotundus* L. 草本。常生于湿地或沼泽地。具细长横走的根状茎，末端常膨大成纺锤形的块根，黑褐色，有芳香气。秆三棱形。单叶基生，叶片狭条形或线形，多排成3列，有封闭叶鞘，棕色。聚伞花序，分枝在茎顶端辐射状排列，苞片叶状，2~3枚，比花序长；小穗线形、扁平、茶褐色；鳞片2列，膜质，每鳞片着生1无被花，花两性；雄蕊3；柱头3。小坚果有3棱。全国各地均有分布，生于山坡荒地、田间。根茎（香附）入药，为理气药，能舒肝理气，调经止痛（图3－132）。

图3－132　莎草

1. 植株；2. 花序

本科药用植物还有：黑三棱 *Sparganium stoloniferum* (Buch. －Ham. ex Graebn.) Buch. －Ham. ex Juz. 粗壮草本。根状茎横走，通常单一，常膨大，末端具块根，黑褐色，两头尖，质地轻泡。秆高大粗壮，锐三棱形，直立，光滑。叶互生，窄条形。复穗状花序。瘦果褐色。分布于东北、华北、西南及长江流域；生于浅水中。块根（三棱）入药，为活血化瘀药，能破血行气，消积止痛。荸荠 *Eleocharis dulcis* (Bunn. f.) Trin. ex Henschel. [*Eleocharis taberosa* (Roxb) Roem. et schult.] 分布于长江流域；生于浅水中。球茎入药能清热生津，开胃解毒。

### 49. 棕榈科 Palmae

**【形态特征】** ①乔木或灌木，有时为藤本；主干不分枝。②叶常绿，大型，掌状分裂或羽状复叶，叶柄基部常扩大成纤维状叶鞘，通常集生于茎顶；藤本类散生。③大型肉穗花序，常具一至数片佛焰苞；花小，两性或单性；花被片6，2轮，离生或合生；心皮3，分离或合生；雄蕊6，2轮，少为3或多数；心皮3，分离或合生，子房上位，1~3室，每室或每心皮1胚珠。④浆果或核果，外果皮肉质或纤维质；种子胚乳丰富，均匀或嚼烂状。

本科约210属，2800种，分布于热带或亚热带。我国约28属，100余种，主产于东南部或西南部。已知药用16属，26种。

显微特征：含硅质体；叶肉组织含草酸钙针晶，有时为方晶或砂晶。

化学成分：含黄酮、生物碱、多元酚或缩合鞣质等。

**【药用植物】** **棕榈** *Trachycarpus fortunei* (Hook. f.) H. Wendl. 常绿乔木。主干不分枝，有残存的不易脱落的叶柄基。叶大，掌状深裂，裂片条形，顶端2浅裂，集生于茎顶，叶鞘纤维质，网状，暗棕色，宿存。肉穗花序排列成圆锥花序状，佛焰苞多数。花单性，雌雄异株，萼片、花瓣各3枚，黄白色，雄花雄蕊6；雌花心皮3，基部合生，3室。核果肾状球形，蓝黑色。分布于长江以南。叶鞘纤维煅后（棕榈炭）入药，能收敛止血（图3－133）。

**图 3-133 棕榈**

1. 植株；2. 叶（叶柄、叶鞘）；3. 花序

本科常见药用植物尚有：**槟榔** *Areca catechu* L. 常绿乔木。树干挺直，不分枝，明显的环状叶痕。叶大，羽状全裂，裂片狭披针形，集生于茎顶。肉穗花序多分枝，排成圆锥花序；花单性，雌雄同株，雄花生于花序上部，花被6，雄蕊6；雌花生于花序下部，子房上位，3心皮1室。核果椭圆形，红色，中果皮厚，纤维质，种子1枚。种子（槟榔）入药，为驱虫药，能杀虫，消积，行气，利水；果皮（大腹皮）入药，能下气宽中，利水消肿。**麒麟竭** *Daemonops draco* Bl. 高大木质藤木。羽状复叶在树梢互生。花单性，雌雄异株；肉穗花序大型。果实核果状，近球形，果皮猩红色，密被覆瓦状鳞片，成熟时鳞片缝中流出红色树脂。分布于印尼、马来西亚、伊朗，我国海南、台湾有栽培。果实中的树脂（进口血竭）入药，为活血化瘀药，内服能活血化瘀，止痛；外用能止血，生肌，敛疮。**椰子** *Cocos nucifera* L. 高大乔木，干直立，不分枝，有轮状叶痕。叶羽状全裂，裂片条状披针形。肉穗花序腋生，多分枝，雄花聚生于花序上部，雌花散生于花序下部。坚果倒卵形或球形，中果皮纤维质，内果皮骨质，种子1粒。分布于台湾、海南、云南；多栽培。根能止血止痛；椰肉（胚乳）能益气祛风。

### 50. 天南星科 Araceae

**【形态特征】** ①多年生草本，植物多含刺激性汁液；具块茎或根状茎。②叶基生或茎生，单叶或复叶，叶柄基部常具膜质叶鞘，网状脉，脉岛中无自由末梢。③肉穗花序，外包有一大型佛焰苞，花小，两性或单性，同株或异株，同株（即同花序）时雌花群居花序下部，雄花群居花序上部；单性花常无花被，雄蕊1~8，常愈合成雄蕊柱，或分离；两性花常具花被片4~6，鳞片状，雄蕊常4~6；雌蕊子房上位，由1至数心皮组成1至数室。每室具1至数枚胚珠。④浆果，密生于花序轴上。

本科约115属，2000余种；主要分布于热带、亚热带。我国有35属，210余种；主要分布于长江以南各省区；已知药用22属，110种。

显微特征：常有黏液细胞，内含针晶束；根状茎或块茎常具周木型和有限外韧型维管束。

化学成分：含挥发油、生物碱、聚糖类、黄酮类、氰苷等，多数植物有毒。

**【药用植物】** **天南星** *Arisaema erubescens*（Wall.）Schott 草本。块茎扁球形，直径2~4cm，顶部扁平，周围密生须根，常有若干侧生芽眼。仅具1叶，有长柄，基生，叶片7~24裂。放射状排列于叶柄顶端，裂片披针形，末端延伸成丝状。花雌雄异株，佛焰苞绿色，顶端细丝状，花序附属体棒状；雄花雄蕊4~6，雌花子房上位1室。浆果红色，密生于花序轴上。分布几遍全国，生于林下阴湿地。块茎（天南星）为化痰药，能燥湿化痰，祛风止痉，散结消肿（图3-134）。

**半夏** *Pinellia ternata*（Thunb.）Breit. 块茎扁球形。叶异型基生；一年生叶为单叶，卵状心形或戟形，2年以上叶为三出复叶。花单性同株，肉穗花序，佛焰苞绿色，雄花和雌花之间为不育部分，附属体鼠尾状，伸出佛焰苞外。浆果红色，卵圆形。分布南北各地。生于田间、林下、荒坡。块茎

（半夏）为化痰药，能燥湿化痰，降逆止呕，消痞散结（图3-135）。

图3-134　天南星

图3-135　半夏

**石菖蒲** *Acorus tatarinowii* Sehott 多年生草本，根茎横生，具分枝，有浓烈香气。叶基生，剑状线形，基部具窄膜质边缘；无中脉，平行脉多数。花序柄扁三角形，肉穗花序圆柱形，佛焰苞片叶状，较短，不包围花序。花两性，黄绿色，花被6枚，两列；雄蕊6枚，与花被对生，子房2~3室。浆果倒卵形。分布于华中、华东、华南西南等地；生于山谷溪边及河边石缝中。根状茎（石菖蒲）入药，为开窍药，能开窍醒神，化湿和胃（图3-136）。

**独角莲** *Typhonium giganteum* Engl. 草本，块茎长卵圆形，每一块茎有6~8条环状节，叶基生，叶片三角状卵形，基部箭形。分布于东北、华北、华中、西北及西南，块茎（白附子）为化痰药，能燥湿化痰，祛风解痉，解毒散结（图3-137）。

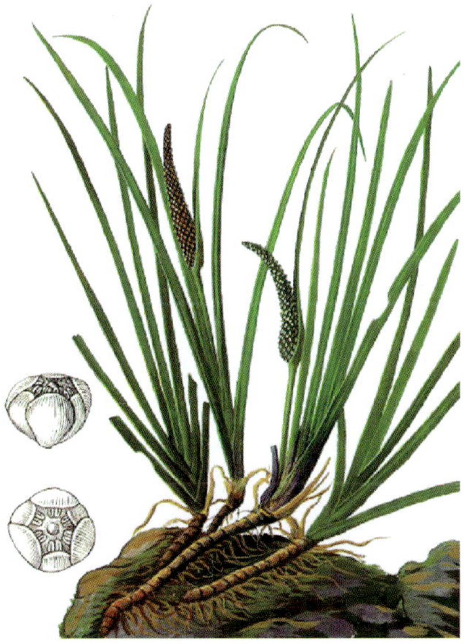

图3-136　石菖蒲

图3-137　独角莲

本科药用植物尚有：**菖蒲** *Acorus calamus* L. 植株较高，茎粗壮，叶剑形，中脉明显突起。分布于除新疆以外的全国各地。生于沼泽、湿地。根状茎（水菖蒲）入药，为开窍药，辟秽杀虫。**异叶天南星** *A. heterophyllum* Blume. 叶裂片3~5，倒卵形或卵状披针形，几分布全国。块茎亦作天南星入药。**东北天南星** *Arisaema amurense* Maxim. 叶片鸟趾状全裂，裂片13~21片，中间一片较相邻者为小，肉穗花序的附属体鼠尾状。分布于东北、华北。块茎亦作天南星。**掌叶半夏** *Pinellia pedatisecta* Schott 叶片鸟趾状分裂，裂片6~11，披针形。分布于华北、华中及西南，块茎（虎掌天南星）为化痰药，能燥湿化痰，降逆止呕，消痞散结。**鞭檐犁头尖** *T. flagelliforme*（Lodd.）Bl. 分布于云南；生于田野、草坡。块茎（水半夏）在广东、广西作半夏使用。**千年健** *Homalomena occulta*（Lour.）Schott 草本，根茎横走，有香气。叶箭形至戟形，近基生。佛焰苞绿色，宿存，肉穗花序无附属体。花单性，无花被，雄花位于花序上部，雌花位于下部，二者之间无中性花，雄花具雄蕊4，雌花具雌蕊及1枚退化雄蕊，花柱极短，柱头盘状。分布于云南、广西，生于林下沟谷湿地。根状茎（千年健）为祛风湿药，能祛风湿，壮筋骨。

## 51. 百部科 Stemonaceae

**【形态特征】**①多年生直立或攀援或缠绕草本；常具根状茎或块根。②单叶对生、轮生或互生，卵形或卵状披针形，有明显的弧形脉，有时有平行致密的横脉。③花两性，辐射对称，腋生；单花被，花被片4，花瓣状，大小近相等，排列为2轮；雄蕊4，花丝分离或基部梢合生，花药2室，内向纵裂，药隔常延伸于药室之上成一细长的附属物或无附属物；子房上位至半下位，2心皮，1室；胚珠2至多数，基生或顶生胎座。④蒴果开裂为2瓣。

本科3属，约30种，分布于亚洲、美洲和大洋洲；我国有2属，6种，分布于东南至西南部，已知药用6种。

显微特征：块根通常具有根被。

化学成分：含生物碱。

**【药用植物】****直立百部** *Stemona sessilifolia*（Miq.）Miq. 多年生草本，高30~60cm。块根簇生，肉质，纺锤形。茎直立，不分枝。叶3~4片轮生；有短柄或几无柄；叶片卵形或卵状披针形；主脉3~7条，中间3条明显。花常单生于茎下部鳞片叶腋，花梗细长；花两性，辐射对称；花被片4，淡绿色，内侧1/3紫红色；雄蕊4，紫红色，具披针形黄色附属物；子房上位，蒴果卵形，2瓣裂。分布于华东地区；生于山坡林下。块根（百部）为止咳平喘药，能润肺止咳，平喘，杀虫（图3-138）。

图3-138　直立百部

本科常见药用植物尚有：**对叶百部** *Stemona tuberosa* Lour. 草质缠绕藤本。叶通常对生，较大，叶片宽卵形，花生于叶腋。分布于长江以南各省。**蔓生百部** *Stemona japonica*（Bl.）Miq. 草质攀缘藤本，茎下部直立，上部蔓状。叶3~4片轮生。花贴生于叶片中脉。分布于浙江、安徽、江苏等省。以上两者块根均作百部入药。

## 52. 百合科 Liliaceae

**【形态特征】**①多年生草本，稀灌木或亚灌木；常具鳞茎、根状茎、球茎或块根；茎直立或攀缘，有时枝条变态成绿色叶状枝。②单叶茎生或基生，互生或轮生，少对生，有时退化成鳞片状。③花序总状、穗状或圆锥花序；花通常两性，辐射对称；单被花，花被片6，分离，花瓣状，二轮排列，每轮3枚，或花被基部联合，顶端6裂；雄蕊常6枚；子房通常上位，由3心皮合生成3室，中轴胎座；每室胚珠多数。④蒴果或浆果。

本科约233属，4000余种；广布全球，以温带和亚热带地区为多。我国约60属，570种；南北各地均有分布，主要集中分布于西南地区；已知药用52属，374种。

显微特征：常有黏液细胞，并含有草酸钙针晶束。

化学成分：已知有生物碱、强心苷、甾体皂苷、蜕皮激素、蒽醌类、黄酮类等化合物，另外还含有挥发性的含硫化合物及多糖类化合物。

【药用植物】**百合** *Lilium brownii* F. E. Brown var. *viridulum* Baker 草本，鳞茎球形，白色，肉质，先端常开放如荷花状，由多数肉质肥厚、卵匙形的鳞叶聚合而成，下面有多数须根。茎有紫色条纹，光滑无毛。叶倒卵状披针形至倒卵形，上部叶常比较小，叶脉3~5，平行。花喇叭形，花被片乳白色，背面稍带淡紫色，顶端向外张开或稍外卷，有香气；花粉粒红褐色；子房长圆柱形，柱头3裂。蒴果长卵形，室间开裂。种子多数。分布于华北、华南和西南，生于山坡草地，多栽培。鳞茎的鳞叶（百合）为滋阴药，能养阴润肺，清心安神。**细叶百合**（山丹）*Lilium pumilum* DC. 叶片狭线形，3~5列，互生，无柄，花被反卷。分布于全国大部分省区。**卷丹** *Lilium lancifobium* Thunb. 分布于西北、东北、华北。以上二种鳞茎的鳞叶亦作中药百合入药（图3-139）。

卷丹　　百合　　细叶百合

图3-139　细叶百合

**川贝母** *Fritillaria cirrhosa* D. Don 草本，鳞茎圆锥形，有鳞叶3~4枚，外层鳞叶2片，大小相近，相对抱合，顶端开裂。茎直立。叶常对生，少数互生或轮生，2~3对，上部叶先端常卷曲。花单生茎顶，钟状，下垂，具狭长的叶状苞片3枚，先端弯曲成钩状，花被片6，多紫色，少黄绿色，雄蕊6，柱头3裂。蒴果具6纵翅。分布于四川。鳞茎是川贝母中“青贝”的主要来源，能清热润肺，化痰止咳，散结消痈。**暗紫贝母** *F. unibracteata* Hsiao et K. C. Hsia 分布于四川西北部、青海和甘肃南部，外层鳞叶2瓣，大小悬殊，大瓣紧抱小瓣，顶端闭合。鳞茎是川贝母中“松贝”的主要来源。**甘肃贝母** *F. przewalskii* Maxim. 分布于甘肃、青海。鳞茎是川贝母中“青贝”的主要来源（图3-140）。**梭砂贝母** *F. delavayi* Franch. 分布于云南、四川、青海及西藏，外层鳞叶2片，大小相近，顶端开裂而略尖，底部稍凸尖或较钝。鳞茎是川贝母中“炉贝”的主要来源。**浙贝母** *Fritillaria thunbergii* Miq. 鳞茎大，由2~3枚鳞片组成，叶无柄，条状披针形，下部及上部叶对生或互生，中部叶轮生。上部叶先端呈卷须状。花具长柄，淡黄绿色，钟形。蒴果。主要分布于浙江、江苏，多栽培，较小鳞茎（珠贝）和鳞叶（大贝）入药。**平贝母** *F. ussuriensis* Maxim 分布于东北，鳞茎入药为平贝母。**新疆贝母** *F. walujewii* Regel 和**伊犁贝母** *F. pallidiflora* Schrenk 分布于新疆，多栽培。它们的鳞茎入药为伊贝母（图3-140）。

**滇黄精** *P. kingianum* Coll. et Hemsl. 多年生草本。根状茎肥厚横生，呈块状或串珠状。茎直立单一。叶无柄，4~8片轮生，先端渐尖而卷曲，基部渐狭。花2~6朵腋生；花被筒状，粉红色，6裂。

浆果球形，熟时橙红色。分布于广西、四川、贵州、云南等地。根状茎入药为黄精。**黄精** *Polygonatum sibiricum* Delar. ex Red. 分布于东北、华北及黄河流域，南达四川，根状茎（黄精），能润肺滋阴，补脾益气。**多花黄精**（囊丝黄精）*P. cyrtomana* Hua，分布于河南以南和长江流域，根状茎亦作黄精入药（图3-141）。

图3-140 贝母

图3-141 滇黄精

本科药用植物尚有：**玉竹** *P. odoratum*（Mill.）Druce. 分布于东北、华北、中南、华南及四川，根状茎（玉竹），能滋阴润肺，生津养胃。**知母** *Anemarrhena asphodeloides* Bge. 分布于东北、华北及陕西、甘肃，根状茎（知母）为清热泻火药，能清热泻火，滋阴润燥。**七叶一枝花** *Paris polyphylla* Smith var. *chinensis*（Franch.）Hara 广布于长江流域至华南南部及西南，根状茎（重楼），能清热解毒，消肿止痛，凉肝定惊（图3-142）。**光叶菝葜** *Smilax glabra* Roxb. 分布于甘肃南部及长江流域以南，块根（土茯苓），能清热解毒，通利关节，除湿。**天门冬** *Asparagus cochinchinensis*（Lour.）Merr. 几全国分布，块根（天冬）能清肺降火，滋阴润燥。**麦冬** *Ophiopogon japonicus*（Thunb.）Ker-Gawl. 分布于华东、中南、西南，浙江、四川多栽培，块根（麦冬）能润肺养阴，益胃生津，清心除烦，润肠（图3-143）。**湖北麦冬** *Liriope spicata*（Thunb.）lour. Var. *prolifera* Y. T. Ma 和**短葶山麦冬** *Liriope muscari*（Decne）Baily 分布于华东、华中、华南及陕西、四川、贵州，块根（山麦冬）能养阴生津、润肺清心。**库拉索芦荟** *Aloe barbadensis* Miller 分布于广东、海南、广西、福建、四川等地，多栽培，汁液浓缩干燥物（芦荟）为泻下药，能泻下通便，清肝泻火，杀虫疗疳。**萱草** *Hemerocallis fulva* L. 分布于全国各地，多栽培，根（萱草根）能利水，凉血。**剑叶龙血树** *Dracaena cochinchinesis*（Lour.）S. C. Chen 分布于广西、云南，树脂（国产血竭）为活血化瘀药，内服能活血化瘀，止痛，外用能止血，生肌，敛疮。**海南龙血树** *D. cambodiana* Pierre ex Gagnep. 分布于海南，树脂也作国产血竭使用。

图 3－142　七叶一枝花

图 3－143　麦冬

### 53. 薯蓣科 Dioscoreaceae

【形态特征】①多年生缠绕性草质藤本；具根状茎或块茎。②单叶或掌状复叶，叶互生，少中部以上对生，常具长柄，掌状网脉。③花小，单性异株稀同株，辐射对称；穗状、总状或圆锥花序；花被 6，2 轮，基部合生；雄花具雄蕊 6，有时 3 枚退化；雌花常有 3～6 枚退化雄蕊，子房下位，3 心皮合生成 3 室，每室胚珠 2 枚，花柱 3，分离。④蒴果具 3 棱形的翅，种子有翅。

本科共 10 属，约 650 种；广布热带和温带。我国仅有薯蓣属，约 60 种，主要分布于长江以南。已知药用 37 种。

显微特征：含黏液细胞及草酸钙针晶束，常有根被。

化学成分：活性成分为甾体皂苷，此外还含有生物碱。

【药用植物】**薯蓣** *Dioscoreaceae opposita* Thunb. 草质藤本。块茎垂直生长，肥厚，圆柱状，长可达 1m，直径 2～7cm，外皮褐色，密生须根。茎常带紫色。基部叶互生，中部以上对生，叶腋常有小块茎（珠芽）；叶三角形至三角状卵形，基部宽心形，边缘常 3 裂，叶脉 7～9 条。穗状花序腋生；花小，雌雄异株，辐射对称，花被 6，绿白色；雄花雄蕊 6；雌花子房下位，柱头 3 裂。蒴果具 3 翅，外面有白粉，种子具宽翅。全国大部分地区有分布；生于向阳山坡及灌丛，多栽培。根状茎（山药）为补气药，能益气养阴，补脾肺肾（图 3－144）。

图 3－144　薯蓣

本科常见药用植物尚有：**穿龙薯蓣** *D. nipponica* Makino 根状茎横走，坚硬，叶具长柄，互生掌状心形，边缘不等大浅裂。分布于东北、华北及中部各省，根状茎（穿山龙），能舒筋活血，祛风止痛，为生产薯蓣皂苷原料之一。**黄独** *D. bulbifera* L. 分布于华东、西南及广东，块茎（黄药子）为化痰药，能化痰消瘿，清热解毒，凉血止血。**粉背**

**薯蓣** *D. hypoglauca* Palib. 分布于华东、华中及四川、台湾等地，根状茎（粉萆薢）为利水渗湿药，能利湿浊，祛风湿。**绵萆薢** *Dioscorea spongiosa* J. Q. Xi, M. Mizuno et W. L. Zhao 分布于华南及浙江、江西、湖南。**福州薯蓣** *D. futschauensis* Uline exr. R. Kunth 分布于福建、浙江、湖南、广东。这两种植物根状茎（绵萆薢）入药，功效与粉背薯蓣相同。**盾叶薯蓣** *D. zingiberensis* C. H. Wright 分布于陕西、甘肃、河南、湖北、湖南、四川、云南，根状茎能消肿解毒，为生产薯蓣皂苷原料之一。

### 54. 鸢尾科 Iridaceae

**【形态特征】** ①多年生、稀为一年生草本；常具根状茎或球茎。②叶多聚生于茎基部，叶片条形或剑形，基部对折，成2列状套叠排列。③花两性，色泽鲜艳，辐射对称，少为两侧对称，常为聚伞或伞房花序，稀单生；花被6，2轮排列，花瓣状，通常基部常合生成管；雄蕊3；子房下位，3心皮3室，中轴胎座，每室胚珠多数，柱头3裂，有时呈花瓣状或圆柱状。④蒴果。

本科约60属，800种；分布于热带和温带地区，主产于东非和热带美洲。我国有11属，80多种及变种，其中我国原产2属（鸢尾属和射干属）。已知药用8属，39种。

显微特征：常有草酸钙结晶，如射干有柱晶，番红花有方晶和簇晶；维管束为周木型和有限外韧型。

化学成分：异黄酮、呫酮、苯醌等，还含有番红花苷等多种色素。

**【药用植物】** **射干** *Belamcanda Chinensis*（L.）DC. 草本。根状茎横走，断面鲜黄色。叶剑形，基部对折，二列排列。花两性，辐射对称，2~3歧分枝的伞房状聚伞花序，顶生；花被6，橙黄色，基部合生成短管，散生紫褐色斑点；雄蕊3，子房下位，柱头3裂。蒴果，倒卵圆形，种子黑色，有光泽。全国分布，生于干燥山坡、草地、沟谷及滩地。根状茎（射干）为清热解毒药，能清热解毒，祛痰利咽（图3-145）。

**番红花** *Crocus sativus* L. 草本。球茎，外被褐色膜质鳞片。叶基生，条形。花顶生，花被淡紫色，花冠筒细长，雄蕊3，雌蕊1，子房下位，花柱细长，黄色，伸出花冠筒外后下垂，深红色，顶端3深裂，柱头膨大成喇叭状，顶端边缘有不整齐锯齿，内侧有一短裂隙。蒴果。原产于欧洲，我国引种栽培，柱头（西红花）为活血化瘀药，能活血通经，凉血解毒，解郁安神（图3-146）。

本科常见药用植物尚有：**鸢尾** *I. tectorum* Maxim. 分布几遍全国，根状茎（川射干）能清热解毒，祛痰，利咽。**马蔺** *Iris lactea* Pall. var. *chinensis*（Fisch.）Koidz. 全国广布，种子（马蔺子）能凉血止血，清热利湿，抗肿瘤。

图3-145 射干

1. 植株；2. 根茎；3. 花序

图3-146 番红花

### 55. 姜科 Zingiberaceae

**【形态特征】**① 多年生草本，通常有芳香或辛辣味；具根状茎、块茎或块根。②单叶基生或茎生，茎生者通常2列，多有叶鞘、叶舌，叶片羽状平行脉。③花两性，两侧对称；单生或生于有苞片的穗状、总状或圆锥花序上，每苞片腋生一至数花；花被片6，2轮，外轮萼状，常下部合生成管，一侧开裂，顶端3齿裂，内轮花冠状，下部合生成管，上部3裂，通常后方一枚裂片较大；雄蕊变异很大，退化雄蕊2~4枚，其中外轮2枚花瓣状、齿状或缺，若存在称侧生退化雄蕊，内轮2枚联合成一显著而美丽的唇瓣，能育雄蕊1枚着生于花冠上，花丝细长具槽；子房下位，3心皮合生成3室，中轴胎座，稀1室侧膜胎座；胚珠多数，花柱细长，着生于能育雄蕊的花丝槽中，柱头漏斗状。④蒴果，稀浆果状；种子具假种皮。

本科约51属，1500多种；主产于热带、亚热带地区。我国约26属，近200种，主要分布于西南、华南至东南；已知药用15属，100余种。

显微特征：含油细胞。根状茎常具明显的内皮层，最外层具栓化皮层；块根常有根被。

化学成分：多含挥发油，其成分为单萜和倍半萜；还含黄酮类、色素、甾体皂苷等。

**【药用植物】**姜 *Zingiber officinale* Rosc. 根茎块状，指状分叉，淡黄色，具芳香辛辣气。叶片披针形，无柄。苞片绿色至淡红色，花冠黄绿色，唇瓣倒卵状圆形，中裂片具紫色条纹及淡黄色斑点。原产于太平洋群岛，我国广为栽培。根状茎（生姜、干姜）入药，干姜为温里药，能温中回阳，温肺化饮；生姜为解表药，能发汗解表，温胃止呕，化痰止咳（图3-147）。

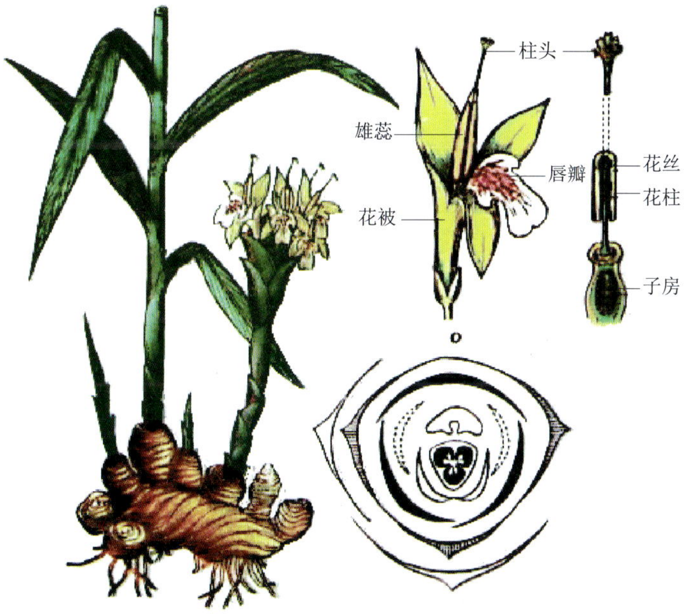


图3-147　姜

**阳春砂** *Amomum villosum* Lour. 多年生草本，具根状茎和直立茎，根状茎伸长且匍匐地面，节上被褐色膜质鳞片；直立茎散生，不分枝，基部膨大成球状。叶2列，叶片长披针形，叶鞘具凹陷的方格状网纹，叶舌半圆形。花葶从根状茎上生出；穗状花序，椭圆形；花冠3裂，裂片白色，唇瓣倒卵状，中脉黄色而染紫斑；侧生退化雄蕊呈细小的乳状凸起，雄蕊1枚；子房下位，3室，中轴胎座，每室胚珠多数。蒴果近圆形，熟时紫红色，果皮被软刺。果实（砂仁）为芳香化湿药，能化湿开胃，温脾止泻，理气安胎。分布于华南、云南、福建，多栽培（图3-148）。

**姜黄** *Curcuma longa* L. 多年生草本，根状茎圆形或圆柱形，断面黄色，须根先端膨大成块根。叶片椭圆形，两面无毛。穗状花序自叶鞘内抽出，顶端苞片常为淡红色；花淡黄色，花冠裂片近三角形；侧生退化雄蕊花瓣状较唇瓣短，花药基部有距；子房3室；蒴果球形，3瓣裂。分布于东南部至西南部，常栽培，根状茎（姜黄）为活血化瘀药，能破血行气，通经止痛，祛风疗痹；块根（郁金）为活血化瘀药，能活血止痛，行气解郁，清心凉血，利胆退黄（图3－149）。

图3－148 阳春砂

图3－149 姜黄

本科药用植物尚有：**广西莪术** *C. kwangsiensis* S. G. Lee et C. F. Liang、**蓬莪术** *C. phaeocaulis Val.*、**温郁金** *C. wenyujin* Y. H. Chen et C. Liang 的根状茎（莪术）为活血化瘀药，能破血行气，消积止痛。上述植物的块根作郁金用。**华山姜** *Alpinia oblongifolia* Hayata、**山姜** *A. japonica*（Thunb.）Miq. 的种子团习称土砂仁或建砂仁，为芳香化湿药，能化湿行气，温中止泻，安胎。**白豆蔻** *A. kravanh* Pierre ex Gagnep. 原产于柬埔寨、泰国等，我国云南、海南有栽培，果实（豆蔻）为芳香化湿药，能化湿行气，温中止呕。**草豆蔻** *A. katsumadai* Hayata 的种子团（草豆蔻）为芳香化湿药，能燥湿散寒，温中止呕。**大高良姜** *Alpinia galanga*（L.）Willd. 分布于华南及云南、台湾，根状茎（大高良姜）为温里药，能散寒，暖胃，止痛；果实（红豆蔻），能燥湿散寒，醒脾消食。**高良姜** *A. officinarum* Hance 分布于广东、广西、云南，根状茎（高良姜）为温里药，能散寒止痛，温胃止呕。**草果** *A. tsao－ko* Crevost et Lemarie 分布于云南、广西、贵州，栽培或野生，果实（草果）芳香化湿药，能燥湿温中，除痰截疟。**益智** *A. oxyphylla* Miq. 主产于海南和广东南部，果实（益智）为补阳药，能温脾开胃摄涎、暖肾固精缩尿。

### 56. 兰科 Orchidaceae

【形态特征】①多年生草本，陆生、附生或腐生；陆生及腐生的具须根，通常还具根状茎或块茎，附生的则具有肥厚的气生根。②单叶互生，稀对生或轮生，常排成2列或螺旋状排列，有时退化成鳞片状，基部常有叶鞘。③穗状、总状、伞形或圆锥花序，花通常两性，两侧对称，花被6，2轮，花瓣状，外轮3，上方中央1片称中萼片，下方两侧的2片称侧萼片；内轮3，侧生的2片称花瓣，中间的1片特称为唇瓣，常有艳丽的颜色；雄蕊和雌蕊合生成半圆柱形合蕊柱，与唇瓣对生；能育雄蕊通常1枚，位于于花冠顶端，少2枚，位于合蕊柱两侧；花药2室，花粉粒常黏合成花粉块2～8个；雌蕊子房下位，3心皮组成1室，侧膜胎座，胚珠多数；柱头常前方侧生于雄蕊下，多凹陷，常2～3裂，通常侧生的2个裂片能育，中央不育的1个裂片演变成位于柱头和雄蕊间的舌状突起称蕊喙，能分泌黏液。④蒴果，种子极多，微小粉末状，无胚乳。

本科为被子植物第二大科，约730属，20000种；广布全球，主产于南美和亚洲的热带地区；我国171属，1247种，以云南、海南、台湾等地种类丰富；已知药用76属，289种。

显微特征：具黏液细胞，内含草酸钙针晶；维管束为周韧型和有限外韧型。

化学成分：含倍半萜类生物碱、酚苷类等。另外还含吲哚苷、白及胶质、黄酮类等。

**【药用植物】** **天麻** *Gastrodia elata* Bl. 多年生腐生草本，全体不含叶绿素。茎直立单一，黄褐色或带红色。块茎椭圆形或卵圆形，表面有均匀的环节，节上被有退化成鳞片状的膜质鳞叶，颜色与茎相同。花淡黄绿色，花被合生，下部壶状，上部歪斜，唇瓣白色，先端3裂。蒴果长圆形。种子多数，细小，呈粉末状。主产于西南，现多栽培，与白蘑科密环菌共生。块茎（天麻）为平肝息风药，能息风止痉，平抑肝阳，祛风通络（图3－150）。

**白及** *Bletilla striata*（Thunb.）Reichb. f. 块茎三角状扁球形，上有环纹，断面富黏性。叶3～6枚，带状披针形，基部鞘状抱茎。总状花序顶生。花玫瑰红色，唇瓣3裂，有5条纵皱褶，中裂片顶端微凹，合蕊柱顶端有1花药。蒴果圆柱形，有6条纵棱。广布于长江流域；生于山坡、疏林下、草丛中。块茎（白及）能收敛止血，消肿生肌（图3－151）。

**图3－150　天麻**

1. 块茎；2. 茎；3. 花序

**图3－151　白及**

本科药用植物尚有：**石斛** *Dendrobium nobile* Lindl. 地上茎扁平而稍弯曲，下部圆柱形，具纵沟，干后金黄色。叶互生，无柄，叶鞘紧抱节间。总状花序2～3朵，花被白色，先端粉红色，唇瓣近基部中央有一深紫色斑块。分布于长江以南，全草（金钗石斛）能养胃生津，滋阴除热。**铁皮石斛** *D. officinale* Kimura et Migo 分布于安徽、浙江、福建、广西、四川、云南。**束花石斛** *D. chrysan－thum* Lindl. 分布于广西、云南、贵州及西藏东南部。**流苏石斛** *D. fimbriatum* Hook. 分布于广西、云南。**美花石斛**（环草石斛）*D. loddigesii* Rolf，分布于广东、广西、贵州、云南。**细茎石斛** *D. moniliforme*（L.）Sw. 分布于陕西、甘肃、安徽、河南、浙江、江西、福建、广东、广西、四川、云南、贵州等地。上述植物的茎也作“石斛”用。**手参** *Gymnadenia conopsea*（L.）R. Br. 陆生草本，块茎椭圆形，下部类似掌状分裂。分布于东北、华北、西北及川西北，块茎能补益气血，生津止渴。**石豆兰** *Bulbophyllum kwangtungense* Schltr. 多年生常绿匍匐小草本。气生根须状，白色。蒴果卵形。假鳞茎（石豆兰）能滋阴润肺，止咳化痰，清热消肿。**石仙桃** *Pholidota chinensis* Lindl 分布于浙江、福建、广东、海南、广西、云南等地，生于树上或岩壁上。假鳞茎或全草（石仙桃）能润肺止咳，化淤止痛。**金线兰** *Anoectochilus roxburghii*（Wall.）Lindl. 全草（金线兰）入药，清热凉血，解毒消肿，润肺止咳。

**知识链接**

### 天麻繁殖与科学研究

天麻在《神农本草经》列为上品，是一种与真菌共生的高度进化的兰科异养植物，它的生存离不开蜜环菌。蜜环菌的菌丝把天麻包围起来，并伸到天麻块茎中，消化吸收它的养料，天麻会分泌一种特殊的溶菌酶，将蜜环菌的菌丝消化殆尽，充当自身的养料，经过长期的进化，天麻与蜜环菌形成共生体。

天麻的繁殖包括无性繁殖和有性繁殖。无性繁殖虽然操作简单，但经过多代后将出现减产降质的退化现象。科学研究发现有性繁殖能保持物种稳定，目前天麻杂交生产技术、有性繁殖栽培技术日臻完善，产量明显提高。因此，科学研究是我们守正创新、保护和发展中药资源的有效途径。

**案例分析**

**案例分析 3－1**

贯众为常用中药，商品贯众为蕨类植物带叶柄残基的干燥根茎，其性凉，味苦，有小毒，具有清热解毒、凉血止血、驱虫的功效。据统计其原植物有 5 科 31 种，其中主要有鳞毛蕨科植物粗茎鳞毛蕨（绵马贯众）、球子蕨科植物荚果蕨（荚果蕨贯众）、紫萁科植物紫萁（紫萁贯众）、乌毛蕨科植物单芽狗脊蕨和狗脊蕨（狗脊贯众）以及乌毛蕨科植物乌毛蕨等。市场上贯众的来源较为混杂。《中国药典》列出的正品贯众为绵马贯众。

**分析：** 正品绵马贯众是鳞毛蕨科植物粗茎鳞毛蕨 *Dryopteris crassirhizoma* Nakai 的根状茎和叶柄残基。其主要识别特征有：①呈长倒卵形而稍弯曲，上端钝圆或截形，下端较尖，长 10～20cm，直径 5～8cm。②外表黄棕色至黑棕色，密被排列整齐的叶柄残基及鳞片，并有弯曲的须根。叶柄残基呈扁圆柱形。③根茎及叶柄残基质地坚硬，横断面呈深绿色至棕色，有黄白色维管束小点 5～13 个，环列；根茎断面外侧散有较多的叶迹维管束。④气特异，味初微涩，渐苦而辛。

**案例分析 3－2**

在中药材流通使用中，由于各地用药品种和习惯不同，常存在同名异物和同物异名现象，请从植物基源上分析木香与川木香、白木香、土木香的区别。

木香

**分析：**

（1）木香为菊科植物木香 *Aucklandia lappa* Decne. 的干燥根。主产于云南，又称云木香（图 3－152）。

（2）川木香为菊科植物川木香 *Vladimiria souliei*（Franch.）Ling 或灰毛川木香 *Vladimiria souliei*（Franch.）Ling var. cinerea Ling 的干燥根（图 3－153）。

（3）土木香为菊科植物土木香 *Inula helenium* L. 的干燥根（图 3－154）。

（4）白木香为瑞香科植物白木香 *Aquilaria sinensis*（Lour.）Gilg. 含有树脂的心材，入药为沉香（图 3－155）。

以上这些药材名称相似，均为理气药，但来源不同，其功效、成分、药理作用各有不同，不能相互代替，临床应用注意甄别。

图 3－152　云木香

图 3－153　川木香

图 3－154　土木香

图 3－155　白木香

**案例分析 3－3**

民间金钱草混淆品较多，《中国药典》规定正品为报春花科植物过路黄的干燥全草，然而地方习用品尚有广金钱草、小金钱草、连钱草等几种，请分析它们之间的异同。

金钱草

**分析：**

（1）金钱草为报春花科植物过路黄 *Lysimachia christinea* Hance 的干燥全草。草本，茎匍匐；单叶对生，全缘；黄色花单生叶腋，具长梗；蒴果球形（图 3－156）。

（2）小金钱草为旋花科植物马蹄金 *Dichondra repens* Forst. 的全草。多年生草本，茎匍匐；单叶互生，具长叶柄，叶片肾形或似马蹄形；花小漏斗状，由 2 分离的心皮组成的蒴果（图 3－157）。

（3）广金钱草为豆科植物广金钱草 *Desmodium styracifolium*（Osb.）Merr. 的干燥全草。草本，茎节上无不定根；叶 1～3 小叶互生，先端微凹，基部心形，全缘；蝶形花冠；荚果（图 3－158）。

（4）连钱草为唇形科植物活血丹 *Glechoma longituba*（Nakai）Kupr. 的干燥地上部分。全草疏被柔毛；茎方形，节上有不定根；叶对生，叶缘具圆齿；轮伞花序腋生，唇形花冠；4 枚小坚果（图 3－159）。

图 3－156 金钱草

图 3－157 小金钱草

图 3－158 广金钱草

图 3－159 连钱草

**案例分析 3－4**

在中药应用中，一些使用者经常混淆肉豆蔻、白豆蔻、红豆蔻、草豆蔻，请从植物基源和药用部位加以区别。

豆蔻

**分析：**

（1）白豆蔻为姜科植物白豆蔻 *Amomum krvabh* Pirre ex Gagnep. 或爪哇白豆蔻 *Amomum compactum* Soland ex Maton 的干燥成熟果实。果实近球形，白色，略具钝三棱，有 7～9 条槽。果皮薄、木质，易开裂，种子团 3 瓣，每瓣有种子 7～10 粒，附于中轴胎座上，易散碎。种子呈不规则多面体，外被假种皮，种脐圆形凹陷（图 3－160）。

（2）草豆蔻为姜科植物草豆蔻 *Alpinia katsumadai* Hayata 的干燥近成熟种子。呈类扁球形或椭圆形的种子团，略呈钝三棱形，表面灰褐色，内有白色隔膜分成 3 瓣，每瓣有种子 22～100 粒，密集成团，不易散落。种子呈卵圆状多面体，表面灰褐色，被 1 层膜质透明的假种皮，合点在中央，背侧面有一凹点状的种脐，经腹面至合点有一纵沟的种脊（图 3－161）。

（3）肉豆蔻为豆蔻科植物肉豆蔻 *Myristica fragrans* Houtt. 的干燥种仁。呈卵圆形或椭圆形，表面灰棕色，有不规则网状沟纹，有时外被白色石灰粉；种脐位于宽端；合点呈暗色凹陷；种脊呈纵沟状，链接两端；质坚实，断面显棕黄色相杂的大理石花样，宽端可见皱缩的胚，富油性（图 3－162）。

（4）红豆蔻为姜科植物大高良姜 *Alpinia galanga* Willd. 干燥成熟果实。果实呈长圆形，表面橙红色，腰部稍凹陷，顶端有黄白色管状宿萼，基部有果柄凹痕。果皮薄，内有种子 3～6 枚，附于隔膜上。种子呈三角形，外被假种皮（图 3－163）。

图 3-160　白豆蔻

图 3-161　草豆蔻

图 3-162　肉豆蔻

图 3-163　红豆蔻

（马　良　张建海　钱　枫　马春霓）

书网融合……

微课 1　微课 2　微课 3　微课 5

微课 6　微课 7　微课 8　习题

## 目标检测

答案解析

### 一、单选题

1. 在种级以下分类中 ssp. 表示（　）

   A. 种　　B. 亚种　　C. 变种　　D. 变型

2. 植物分类种级以下的最小单位是（　）

   A. 品种　　B. 亚种　　C. 变种　　D. 变型

3. 植物分类的基本单位是（ ）

A. 科 B. 属 C. 种 D. 品种

4. 冬虫夏草为哪类植物（ ）

A. 藻类植物 B. 菌类植物 C. 地衣植物 D. 苔藓植物

5. 植物学名是用（ ）来命名的

A. 英文 B. 拉丁文 C. 德文 D. 汉语拼音

6. 无根茎叶的分化，但含有光合色素的自养型低等植物是（ ）

A. 藻类植物 B. 菌类植物 C. 地衣植物 D. 苔藓植物

7. 灵芝、银耳以（ ）入药

A. 菌核 B. 菌丝体 C. 子座 D. 子实体

8. 马勃、茯苓属哪类植物（ ）

A. 藻类 B. 菌类 C. 地衣类 D. 蕨类

9. 海带、紫菜为哪类植物（ ）

A. 藻类 B. 菌类 C. 地衣类 D. 苔藓类

10. 海带的叶状体作（ ）入药

A. 海带 B. 昆布 C. 石花菜 D. 海草

11. 地钱属哪类植物（ ）

A. 藻类 B. 地衣类 C. 苔藓类 D. 蕨类

12. 中药材伸筋草来源于（ ）的全草

A. 石松 B. 卷柏 C. 海金沙 D. 紫萁

13. 海金沙的药用部位是（ ）

A. 配子 B. 孢子 C. 种子 D. 花粉

14. 金毛狗脊的药用部分为（ ）

A. 块根 B. 块茎 C. 根状茎 D. 全株

15. 药材绵马贯众来源于（ ）

A. 粗茎鳞毛蕨 B. 紫萁 C. 金毛狗脊 D. 槲蕨

16. 木贼与问荆的区别是（ ）

A. 茎是否分枝 B. 茎是否同型 C. 孢子囊穗着生的位置 D. 孢子的形态

17. 下列哪种石韦不是《中国药典》规定的来源（ ）

A. 庐山石韦 B. 石韦 C. 有柄石韦 D. 毡毛石韦

18. 具有明显抗癌作用的紫杉醇来源于（ ）

A. 松科 B. 柏科 C. 红豆杉科 D. 三尖杉科

19. 中药材木瓜来源于（ ）植物

A. 番木瓜科 B. 蔷薇科 C. 葫芦科 D. 桔梗科

20. 下列哪种药材来源于十字花科（ ）

A. 天仙子 B. 莱菔子 C. 牵牛子 D. 决明子

21. 菊科的药用植物是（ ）

A. 番红花 B. 红花 C. 金银花 D. 洋金花

22. 中药材天花粉的基源植物是（ ）

A. 栝楼 B. 蒲黄 C. 槐花 D. 谷精草

23. 下面是桔梗科的药用植物是（　）

A. 玄参　B. 人参　C. 党参　D. 丹参

24. 萝摩科植物杠柳的干燥根皮，入药称（　）

A. 五加皮　B. 香加皮　C. 地骨皮　D. 桑白皮

25.《中国药典》规定大青叶正品来源植物为（　）

A. 菘蓝　B. 蓼蓝　C. 草大青　D. 马蓝

26. 下面对白花蛇舌草花及花序特征描述正确的是（　）

A. 2~3 朵无梗花生于叶腋　B. 2~5 朵长梗花排列成伞房花序生于叶腋

C. 无梗或短梗花单生于叶腋　D. 2~3 朵花排列成伞形花序生于叶腋

27. 金银花来源植物为忍冬科植物（　）的干燥花蕾

A. 灰毡毛忍冬　B. 红腺忍冬　C. 黄褐毛忍冬　D. 忍冬

28. 中药材半夏来源是天南星科（　）植物的块茎

A. 天南星　B. 虎掌天南星　C. 半夏　D. 水半夏

29. 山药来源为薯蓣科植物（　）的根状茎

A. 薯蓣　B. 穿龙薯蓣　C. 粉背薯蓣　D. 盾叶薯蓣

30. 具肉穗花序及佛焰苞的科为（　）

A. 百合科　B. 天南星科　C. 姜科　D. 莎草科

31. 植物石斛为（　）

A. 腐生草本　B. 共生草本　C. 寄生草本　D. 附生草本

32. 豆科的药用植物有（　）

A. 天仙藤　B. 海风藤　C. 鸡血藤　D. 大血藤

33. 姜科植物以果实入药的是（　）

A. 薏苡仁　B. 苦杏仁　C. 柏子仁　D. 砂仁

34. 下列药用植物为桔梗科的是（　）

A. 半枝莲　B. 半边莲　C. 金线莲　D. 穿心莲

35. 下列中药（　）来源是叶的干燥粉末

A. 青黛　B. 血竭　C. 没药　D. 乳香

36. 国际卫生组织规定抗疟疾的青蒿素主要来源于（　）

A. 黄花蒿　B. 滨蒿　C. 茵陈蒿　D. 艾蒿

37. 中药材木通基源植物是（　）

A. 马兜铃科的关木通　B. 木通科植物木通或白木通

C. 毛茛科植物小木通　D. 五加科的通草

38. 中药材麦冬基源为百合科植物的是（　）

A. 麦冬　B. 湖北麦冬　C. 短葶山麦冬　D. 阔叶山麦冬

39. 下列药材为蔷薇科植物的果实是（　）

A. 五味子　B. 金樱子　C. 女贞子　D. 天仙子

40. 下列药材（　）来源为豆科植物的果实

A. 巴豆　B. 皂角　C. 草果　D. 白果

41. 下列药材是菊科植物的有（　）

A. 鸡冠花　B. 玫瑰花　C. 洋金花　D. 款冬花

42. 禾本科的子房基部有退化的花被称（　）

A. 外稃　　B. 内稃　　C. 浆片　　D. 内颖

43. 下列药材不是姜科植物的有（　）

A. 肉豆蔻　　B. 白豆蔻　　C. 草豆蔻　　D. 红豆蔻

44. 药材菊花是植物的（　）

A. 花蕾　　B. 花瓣　　C. 花序　　D. 花托

45. 西红花来源为（　）

A. 菊科植物红花　　B. 鸢尾科植物番红花

C. 菊科植物旋覆花　　D. 鸢尾科植物射干

46. 姜科植物姜黄的块根入药称（　）

A. 姜黄　　B. 郁金　　C. 莪术　　D. 黄精

47. 多年生草本，含挥发油而具香气，茎中空，叶柄基部扩大成鞘状，双悬果。这是（　）的主要特征

A. 木兰科　　B. 芸香科　　C. 伞形科　　D. 唇形科

48. 以瓠果入药的植物是（　）

A. 木瓜　　B. 番木瓜　　C. 罗汉果 D. 胖大海

49. 唇形科植物的花序为（　）

A. 伞形花序　　B. 轮伞花序　　C. 伞房花序　　D. 聚伞花序

50. 多年生草本，常有唇瓣、合蕊柱和花粉块；根状茎或块茎入药，有黏液细胞、草酸钙针晶束及周韧型或有限外韧型维管束。此特征是（　）所有

A. 百合科　　B. 姜科　　C. 天南星科　　D. 兰科

## 二、填空题

1. 乌头的栽培种的主根入药，药材名为＿＿＿＿＿＿，其侧根入药，药材名为＿＿＿＿＿＿；乌头野生种的块根入药，其药材名为＿＿＿＿＿＿。

2. 菊花是多年生＿＿＿＿＿＿，全株被白色绒毛，头状花序外围为雌性＿＿＿＿＿＿，中央为两性＿＿＿＿＿＿，果实为＿＿＿＿＿＿。入药部位为＿＿＿＿＿＿，产于安徽的称＿＿＿＿＿＿、＿＿＿＿＿＿，产于浙江的称＿＿＿＿＿＿，产于河南的称＿＿＿＿＿＿。

3. 豆科植物皂荚的果实入药，其药材名为＿＿＿＿＿＿，其不发育的果实入药，药材名为＿＿＿＿＿＿，其枝刺入药，药材名为＿＿＿＿＿＿。

4. 橘（*Citrus reticulata* Balnco）的成熟果皮入药，药材名为＿＿＿＿＿＿，幼果或未成熟果皮入药，药材名为＿＿＿＿＿＿，中果皮及内果皮间维管束入药称＿＿＿＿＿＿，种子入药称＿＿＿＿＿＿。

5. 鸦片的基源植物为＿＿＿＿＿＿，元胡的原植物是＿＿＿＿＿＿，板蓝根的来源植物是＿＿＿＿＿＿，天花粉的来源植物是＿＿＿＿＿＿，大腹皮的原植物是＿＿＿＿＿＿。

6. 禾本科小穗的小花由＿＿＿＿＿＿、＿＿＿＿＿＿、＿＿＿＿＿＿、雄蕊及雌蕊组成。

7. 姜科植物姜黄的根状茎入药，药材名为＿＿＿＿＿＿，块根入药，药材名为＿＿＿＿＿＿。广西莪术、蓬莪术、温郁金的根状茎入药，药材名为＿＿＿＿＿＿；上述三种植物的块根入药，商品药材名称分别为＿＿＿＿＿＿、＿＿＿＿＿＿。

8. 药材川贝母中“青贝”的主要来源是＿＿＿＿＿＿，“松贝”的主要来源是＿＿＿＿＿＿，“炉贝”的主要来源是＿＿＿＿＿＿，珠贝和大贝的主要来源是＿＿＿＿＿＿，平贝母的主要来源是＿＿＿＿＿＿，伊贝母的主要来源是＿＿＿＿＿＿和＿＿＿＿＿＿。

9. 四大怀药是指河南省的____________、____________、____________、____________；四大南药又是指____________、____________、____________、____________。

10. 桑 *Morus alba* L. 的根皮入药，药材名为____________。嫩枝入药，药材名为____________，叶入药。药材名为____________，果穗入药，药材名为____________。

11. 中药大黄的原植物包括____________、____________和____________。其入药部位为____________。

12. 我国特有的药用被子植物科是____________，其主要特征是______________________。

13. 何首乌为多年生缠绕草本，其入药部位是____________和____________，其药材名称分别为____________和____________。何首乌块根的断面上出现的云锦花纹是____________。

14. 蔷薇科植物根据花托杯形状、雄蕊数目、雌蕊类型以及子房位置，分为____________、____________、____________和____________四个亚科；豆科植物根据花冠形状分为____________、____________、和____________三个亚科。

15. 木通是指木通科植物____________的干燥藤茎，关木通是指马兜铃科植物____________的干燥藤茎。

16. 黄连来源植物包括____________、____________、____________；它们的根状茎入药分别称____________、____________、____________。

17. 我国特有的裸子植物银杏，其叶脉为____________，种子入药称____________。

18. 白芷的原植物分别为____________和____________。珊瑚菜的____________入药，其药材名为____________。

19. 伞形科植物的挥发油贮藏于____________，芸香科的挥发油贮藏于____________，姜科的挥发油贮藏于____________。

20. 高等植物的主要特征是____________、____________；包括____________、____________、____________三类植物。

## 三、名词解释

1. 种　　2. 学名　　3. 子实体　　4. 孢子植物
5. 种子植物　　6. 裸子植物　　7. 被子植物　　8. 合蕊柱

## 四、简答题

1. 根据恩格勒分类系统，写出药用植物的主要类群。
2. 为什么说蕨类植物较苔藓植物进化，而较种子植物原始？
3. 比较裸子植物与被子植物的异同点。
4. 请列表比较双子叶植物纲与单子叶植物纲的区别。
5. 请写出伞形科的主要特征，例举常见药用植物。
6. 请写出唇形科的主要特征，例举常见药用植物。
7. 请写出菊科的主要特征，例举常见药用植物。
8. 请比较木兰科与毛茛科的异同点，例举它们各自的药用植物。
9. 比较马鞭草科、唇形科、玄参科的异同点，并例举它们各自的药用植物。
10. 兰科植物为什么置于恩格勒分类系统的最后？

# 模块四 实践实训

## 实训一 观察根、茎、叶的形态与类型

### 一、目的要求

1. 能准确描述根、茎、叶的外形特征。
2. 能准确判断根、茎、叶的类型和变态类型。
3. 学会观察根、茎、叶形态的基本方法。

### 二、实训准备

**1. 仪器用品** 放大镜、解剖板、镊子、剪刀、解剖针。

**2. 实训材料**

（1）人参、蒲公英、小麦、葱、胡萝卜、何首乌、玉米、吊兰、菟丝子、爬山虎、浮萍等植物根的标本或挂图。

（2）杨树或桃树的一段枝条，荠菜、忍冬、栝楼、络石、连钱草、马齿苋、竹节蓼、天门冬等植物的茎，酸橙的枝刺、山药或黄独的珠芽、黄精根茎、生姜根茎、马铃薯块茎、荸荠球茎、莪术或姜黄的根茎和块根，百合或洋葱鳞茎等。

（3）油松、麦冬、柳、薄荷、桑、紫荆、野葛、银杏、蓖麻、芭蕉、菖蒲、棕榈、车前草、月季、半夏、大麻（或五加）、决明、川楝、合欢、南天竹、橘等植物的叶。

（4）紫苏、夹竹桃、蒲公英、刺槐、蒺藜、三角梅、猪笼草等植物的枝条。

### 三、实训内容

#### （一）观察根的形态和类型

**1. 根与根系**

（1）直根系 观察人参、蒲公英的根系，辨别主根、侧根、纤维根。

（2）须根系 观察小麦、葱的根系，描述其根系特点。

**2. 根的变态** 观察胡萝卜、何首乌、玉米、吊兰、菟丝子、爬山虎、浮萍等植物的根，判断其类型。

#### （二）观察茎的形态和类型

1. 观察杨树或桃树的一段枝条，描述茎的外形特征，找出节和节间、顶芽和侧芽、叶痕、皮孔等特征。

2. 观察荠菜、忍冬、栝楼、络石、连钱草、马齿苋等植物的茎，判断其茎的类型。

3. 观察竹节蓼、天门冬等植物的茎，栝楼的卷须、酸橙的枝刺、山药或黄独的珠芽，判断其地上茎的变态类型。

4. 观察黄精、生姜、马铃薯、荸荠、莪术、姜黄、百合、洋葱等植物地下变态茎，判断其类型。

### （三）观察叶的形态和类型

1. 观察桃叶的组成，并绘图表示完全叶的组成部分。
2. 观察油松、麦冬、柳、薄荷、桑、紫荆、野葛、银杏等植物的叶，判别其叶形。
3. 观察芭蕉、菖蒲、棕榈、车前草、银杏、蓖麻、桃的植物叶片，判断脉序类型。
4. 观察月季、半夏、大麻（或五加）、决明、川楝、合欢、南天竹、橘等植物的叶，判断其复叶类型。
5. 观察桃、紫苏、夹竹桃、蒲公英等植物的枝条，判断其叶序类型。
6. 观察判别刺槐、菝葜、百合、三角梅、猪笼草等植物的变态叶类型。
7. 观察以上各种植物的叶缘、叶尖、叶基及托叶，并加以描述。

## 四、实训评价

1. 判断根、茎、叶的类型及它们的变态类型。
2. 区别根与茎的外形特征。
3. 绘图表示完全叶的组成部分。

# 实训二　观察花和花序的形态与类型

## 一、目的要求

1. 能识别被子植物花的各组成部分。
2. 能识别被子植物花的主要类型，学会花的解剖方法并用花程式表示。
3. 能识别花序类型，并用简图表示花序的类型。

## 二、实训准备

**1. 仪器用品**　解剖镜、放大镜、解剖盘、解剖针、解剖板、剪刀、镊子、培养皿等。

**2. 实训材料**　油菜花、苹果花、桃花、长春花、金银花、洋槐花、菊花、泽漆花、益母草、洋金花、蜀葵花、番茄花、石竹花、蒲黄、天南星花、百合花、芍药花、唐菖蒲花、葱、车前花、柳、无花果、紫草花等。

## 三、实训内容

### （一）花的组成

观察解剖油菜花（或桃花、玫瑰花），依照下列顺序和要点进行：

**1. 花梗**　支持部分，常呈绿色。

**2. 花托**　花梗顶端膨大部分，其形态随植物种的不同而异。

**3. 花萼**　位于花的最外轮，为所有萼片的总称，常绿色。注意萼片数目、是否连合。

**4. 花冠**　将花萼去掉，位于花萼内侧，为所有花瓣的总称，常具鲜艳的色彩，形成一定的形状。注意观察花瓣的数目、着生状况、分离或联合、属于哪种类型的花冠？

**5. 雄蕊** 将花冠去掉，可见雄蕊，每枚雄蕊由细长的花丝和膨大的花药组成，花药由药隔和药室组成，药室中有花粉。注意观察雄蕊的数目、排列的轮数、着生部位和雄蕊的类型。

**6. 雌蕊** 将雄蕊去掉，中心部分为雌蕊，由一个至多个心皮组成。雌蕊包括三个部分：

（1）子房 雌蕊下部膨大成椭圆形或卵形，着生于花托上，子房内部为子房室，子房室内着生胚珠。用刀片将子房横切，观察胎座类型和胚珠数目。

（2）花柱 子房顶端的细长部分。

（3）柱头 位于花柱顶端，常膨大成各种形状。观察柱头形状和分裂数目，判断心皮数目。

将油菜花由外至内解剖观察后，记录各部分的形态特征，并写出花程式。

### （二）解剖观察以下各种植物的花

解剖观察以下各种植物的花：洋槐花、苹果花、桃花、油菜花、番茄花、长春花、金银花、百合花、芍药花、蜀葵花、菊花。描述记录花的组成及各部分形态，花冠的类型，雄蕊类型，雌蕊类型，子房的位置，胎座的类型，并写出花程式。

### （三）观察花序

观察下列植物花序标本，并加以描述记录，用简图表示花序类型。

**1. 无限花序** 油菜—总状花序，槐—复总状花序，车前—穗状花序，柳—柔荑花序，天南星—肉穗花序，苹果—伞房花序，人参、葱—伞形花序，菊花—头状花序，无花果—隐头花序。

**2. 有限花序** 唐菖蒲—蝎尾状单歧聚伞花序，紫草—螺旋状单歧聚伞花序，石竹—二歧聚伞花序，泽漆—多歧聚伞花序，益母草—轮伞花序。

### （四）观察花粉粒的形态

解剖镜下观察蒲黄、洋金花、洋槐、菊花、金银花的花粉粒，比较其形态的异同。

## 四、实训评价

1. 指出一朵完全花的组成部分名称。
2. 判断花的类型、花冠类型、雄蕊类型、雌蕊类型、子房位置、胎座类型和花序类型。
3. 绘简图表示各种花序类型。

# 实训三 观察果实和种子的形态与类型

## 一、目的要求

1. 能够准确描述果实、种子的组成与外形特征。
2. 能够准确判断果实和种子的类型。

## 二、实训准备

**1. 仪器用品** 放大镜、解剖盘、解剖针、解剖板、刀片、水果刀、镊子、培养皿等。

**2. 实训材料**

（1）枸杞、桃、苹果、橙、黄瓜、芍药、萝卜（或荠菜）、豌豆、向日葵、板栗、白蜡树、玉米、小茴香、八角茴香、金樱子、莲、草莓、无花果等成熟果实。

（2）蓖麻种子、菜豆种子。

## 三、实训内容

### （一）观察果实的形态与类型

1. 解剖观察枸杞、桃、苹果、橙、黄瓜的成熟果实，描述肉果的各部形态，判断各肉果类型。
2. 观察芍药、萝卜（或荠菜）、豌豆的果实形态，根据果实的开裂情况及种子的着生位置，判断各裂果类型。
3. 解剖观察向日葵、板栗、白蜡树、玉米、小茴香的果实形态，判断各闭果类型。
4. 观察八角茴香、金樱子、莲、草莓、无花果的成熟果实，判断聚合果和聚花果的类型。

### （二）观察种子的形态与类型

**1. 有胚乳种子的观察** 观察经浸泡的蓖麻种子的外形，辨认种脊、种阜、种脐、合点。剥去外皮后，从靠近合点的一端进行横切，每切一次挤压一下种仁两个较窄的侧面，观察有无裂隙。当看到切面出现裂隙时改为顺着裂隙纵切，直至将种仁切成两半，观察子叶、胚根、胚轴、胚芽、胚乳。

**2. 无胚乳种子的观察** 观察浸泡过的菜豆种子外形，辨认种脐、种孔、合点、种脊。剥去种皮后，可见一锥形突起，此为胚根。沿着种仁的裂隙将种仁掰成两部分，观察子叶、胚芽、胚茎。

## 四、实训评价

1. 判断果实和种子类型。
2. 指出蓖麻、菜豆种子的各个组成部分。
3. 绘出蓖麻种子和菜豆种子的纵剖面简图。

# 实训四　光学显微镜的使用与植物细胞基本结构的观察

## 一、目的要求

1. 能初步掌握光学显微镜的使用方法和注意事项。
2. 初步学会使用显微镜观察植物细胞。
3. 学习表皮制片法及绘制植物细胞图的基本方法。

## 二、实训准备

**1. 仪器用品** 显微镜、载玻片、盖玻片、蒸馏水、稀碘液、镊子、刀片、解剖针、培养皿、吸水纸、擦镜纸。

**2. 实训材料** 洋葱鳞叶、番茄果实、红辣椒。

## 三、实训内容

### （一）光学显微镜的结构

光学显微镜是由光学部分和机械部分构成。

**1. 机械部分** 主要由精巧的金属零件组成，作用是支持光学部分，使其充分发挥效能。主要有镜座、镜柱、镜臂、镜筒、载物台、转换器、调焦装置和聚光器调节螺旋等部分。

（1）镜座 显微镜的底座，用以支持镜体的平衡，使显微镜放置稳固。

（2）镜柱 镜座上面直立的短柱，连接镜臂，支持镜体上部的部分。

（3）镜臂 弯曲如臂，下连镜柱，上连镜筒，为取放显微镜时手握的部位。镜臂的下端与镜柱连接处有一个活动关节，称倾斜关节，可使镜体在一定范围内向后倾斜，便于观察，但是，一般倾斜不宜超过30°。

（4）镜筒 显微镜上部圆形中空的长筒，其上端置目镜，下端与物镜转换器相连，并使目镜和物镜的配合保持一定距离。

（5）载物台 为放置玻片标本的平台，中央有一通光孔。两旁装有一对压片夹或推进器，一方面可固定玻片标本，同时可以使标本向前后左右各方向移动。

（6）转换器 装在镜筒下端的圆盘，可自由转动。盘上有3~4个安装物镜的螺口，在螺口上面可按顺序安装不同倍数的物镜。旋转转换器时，物镜即可固定在使用的位置上，保证物镜与目镜的光线合轴。

（7）调焦装置 用以调节物镜和标本之间的距离，以得到清晰的物像。在镜臂两侧有粗准焦螺旋、细准焦螺旋各一对，旋转时可使镜筒上升或下降。

（8）聚光器调节螺旋 安装在镜柱的一侧，旋转时可使聚光器上下移动，借以调节光线强弱。

**2. 光学部分** 主要包括物镜、目镜、反光镜和聚光器四个部件（实训图4-1）。

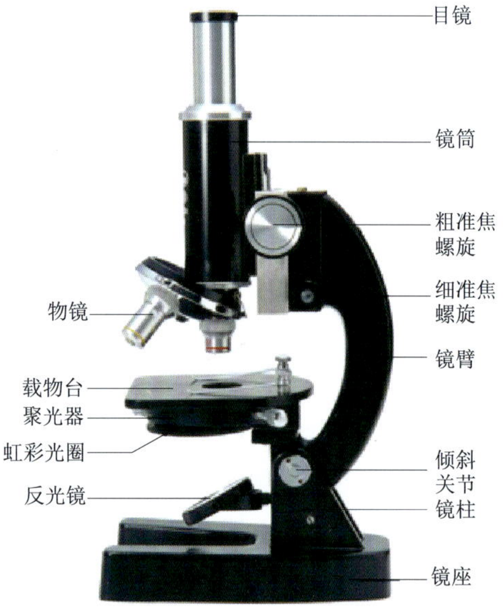


实验图4-1 光学显微镜

（1）物镜 安装在镜筒下端的转换器上，可分为低倍物镜、高倍物镜和油浸物镜三种。它是显微镜分辨率的重要部件。

（2）目镜 安装在镜筒上端，可使物镜所成的像进一步放大，便于观察。

显微镜物像放大倍数＝物镜放大倍数×目镜放大倍数

（3）反光镜 是个圆形的两面镜。一面是平面镜，一面是凹面镜。光线充足时使用平面镜，光线弱时使用凹面镜。

（4）聚光器 安装在载物台下，由聚光镜和虹彩光圈组成，它可使平行的光线汇集成束，集中于一点以增强被检物体的照明。聚光器可上下移动调节视野的亮度。使用高倍物镜时，视野范围小，则需上升聚光器；使用低倍物镜时，视野范围大，则可下降聚光器。虹彩光圈装在聚光器内，拨动操作杆，可使光圈扩大或缩小，借以调节通光量。

### （二）光学显微镜的使用

**1. 取镜** 从显微镜箱中取出显微镜时，右手握住镜臂，左手平托镜座，保持镜体直立。

**2. 安放** 放在桌上身体的左侧，距离桌边 6～8cm 处，便于左眼观察和防止显微镜滑落。

**3. 对光** 反光镜对准光源，将低倍物镜转到中央，对准载物台上的通光孔，用左眼从目镜向下观察，同时转动反光镜，光强时用平面镜，光弱时用凹面镜，并利用聚光器或虹彩光圈调节光的强度，使视野内光线均匀而明亮。

**4. 低倍物镜的使用** 升高镜筒，把玻片标本置于载物台中央，使载玻片中的标本正对通光孔的中心，然后用压片夹压住载玻片的两端。两眼从侧面注视物镜，并慢慢按顺时针方向转动粗准焦螺旋，使镜筒徐徐下降至物镜距离玻片约 5mm 处，接着用左眼从目镜处注视镜筒，同时逆时针方向慢慢转动粗准焦螺旋使镜筒上升，直到看清物像为止。这时可根据需要移动推进器，将需观察部分移到最适合位置，仔细观察。若视野太亮，可降低聚光器或缩小虹彩光圈；反之，则升高聚光器或放大虹彩光圈。

**5. 高倍物镜观察** 选好欲观察的目标，并移至视野中央，转动转换器，换上高倍物镜使之合轴，稍微调动细准焦螺旋，直到获得清晰的物像。

**6. 油镜的使用** 在使用油镜之前，也要先用低倍物镜找到被检部分，换成高倍镜调整焦点，并将被检部分移到视野中心，然后再换用油镜。

使用油镜时，可先在盖玻片上滴一滴香柏油才能使用。用油镜观察标本时，禁止使用粗准焦螺旋，只能用细准焦螺旋调节焦点。如盖玻片过厚，必须换成薄片方可聚焦，否则会压破玻片而损坏镜头。

油镜使用后，应立即用擦镜纸蘸少许清洁剂［乙醚和无水乙醇（7∶3）的混合液］擦去镜头上的油迹。

**7. 收镜** 观察结束后，将镜筒升高，取下玻片标本，转动转换器，使镜头偏离通光孔，再下降镜筒，并将反光镜竖直，擦净显微镜，罩上绸布，收回镜箱。

### （三）显微镜的使用和保护的注意事项

1. 显微镜应放在干燥的地方，避免强烈的日光照射。
2. 拿取显微镜时，应右手握镜臂，左手托镜座，使镜身竖直，切勿左右摇晃，以免碰坏或目镜滑出。
3. 保持显微镜的清洁，用擦镜纸擦拭镜头，不可用手指或纱布擦物镜和目镜；用纱布擦机械部分。
4. 观察时应由低倍到高倍再到油镜，决不可先用高倍物镜，以免损坏玻片而影响观察。
5. 观察临时装片时，一定要加盖盖玻片，还须将载玻片上溢出的液体擦干再观察。
6. 保养显微镜要求做到防潮、防尘、防热、防震动，保持镜体清洁、干燥和转动灵活。

### （四）植物细胞基本结构的观察

**1. 洋葱表皮细胞的基本结构** 用镊子撕取洋葱鳞片叶的内表皮一小块，内表皮朝上，平展于洁净载玻片的水滴中，盖上盖玻片，制成临时装片。覆上盖玻片时，用镊子夹起盖玻片，使其一边先接触到水，然后再轻轻放平；如果有气泡，可用镊子轻压盖玻片，将气泡赶出（或重新做一次）。如果水分过多，可用吸水纸吸除，至此临时水装片制成。低倍镜下观察洋葱表皮细胞，可见表皮细胞呈长方形，排列整齐，紧密，细胞壁较透明，细胞质颜色均匀，细胞核扁球形，仔细观察可见其内 1～3 个发亮的核仁。然后转高倍物镜下仔细观察。

为了更好地观察细胞的基本结构，可取下装片，从盖玻片的一侧加入 1～2 滴的碘液，从另一侧用吸水纸吸引，使碘液浸透材料，再观察。这时，细胞质被染成浅黄色，细胞核被染成深黄色，染色较浅的部位则为液泡。

**2. 果肉细胞的结构** 用镊子夹取成熟的番茄近果皮的果肉少许，置于水滴的载玻片中，用解剖针将果肉细胞分散，盖上盖玻片，观察。可见许多圆形离散的果肉细胞，细胞质中有橙红色的圆形小颗粒即有色体。

**3. 纹孔和胞间连丝** 取一小块新鲜红辣椒果皮，用刀片刮去内面肥厚的果肉使之变薄，加碘液染色，制成装片观察。在高倍镜下可见其表皮由不规则的细胞群组成，细胞中有淡黄色的细胞质，深黄色的细胞壁上有纹孔，纹孔间有胞间连丝穿过。

### （五）植物绘图

植物绘图是学习和研究植物学必备的基本技能。具体方法如下。

1. 植物绘图不同于美术图，是对实物的形象记录，首先要求科学性和准确性，即所绘图大小比例要求准确，形态逼真，结构清楚，不能作艺术上的随意夸张和任意涂影。因此，绘图前必须掌握植物学的有关理论知识，明确所需观察的结构，掌握各部分特征，画出结构中最本质和典型的部分，不需要有什么画什么。要依据实际观察到的图像绘图，不要凭假想，不要单纯以书本照抄、照画，以保证形态结构的准确性，达到植物图所具有的科学性。

2. 绘图前，应根据绘图的数量和内容，合理布局图的位置。在每个图所布局的范围内，图应画在实验报告纸的稍偏左侧，图中各部分结构在向右引出平行线末端予以标注，引线要整齐，标注要工整。在图的正下方注明图的名称，并注明放大倍数，如 10×40；在绘图纸上方标明实验题目。

3. 绘图时先用中软（HB）铅笔绘出轮廓，描轮廓时注意实物或标本各部分的正确比例。然后用 B 型铅笔绘出全图线条。绘图时，要一笔勾出，粗细均匀，光滑清晰，接头处无痕迹，切勿重复描绘；更不能用尺子、圆规、曲线板等工具代画，必须徒手作图以表示生物的自然形态。结构的明暗程度和颜色的深浅一般用圆点的疏密表示，切勿用涂抹阴影方法代替圆点。

4. 绘图和文字标注一律用黑色铅笔，标注要尽可能简明扼要。

## 四、实训评价

1. 绘出洋葱表皮细胞结构图，并标注细胞各部分名称。
2. 绘出番茄果肉细胞图，并标注细胞各部分名称。

# 实训五　观察植物细胞后含物与细胞壁特化

## 一、目的要求

1. 能识别质体、淀粉粒、草酸钙晶体的形状及类型。
2. 能鉴别细胞壁的特化反应。
3. 学会徒手切片、粉末制片。
4. 学会组织制片透化的方法。

## 二、实训准备

**1. 仪器用品** 显微镜、载玻片、盖玻片、镊子、刀片、解剖针、培养皿、吸水纸、酒精灯、蒸馏水、稀甘油、水合氯醛、苏丹Ⅲ试液、间苯三酚试液、浓盐酸（或浓硫酸）。

**2. 实训材料**　紫鸭跖草叶、鲜绿叶、胡萝卜块根、马铃薯块茎、半夏粉末、桔梗根或党参根、大黄粉末、甘草粉末、广防己粉末、变叶木的叶；牛膝根横切制片。

## 三、实训内容

### （一）观察质体

**1. 白色体**　用镊子撕取紫鸭跖草叶片的下表皮一小块（0.5×0.5），内表皮朝上，平展于洁净载玻片的水滴中制成装片。先在低倍镜下识别表皮细胞、保卫细胞和副卫细胞，再转换高倍物镜观察副卫细胞，并缩小光圈使视野变暗，可见其细胞核周围有一些无色透明、圆球状颗粒即为白色体。也可见肾形的保卫细胞内有较多圆球形的绿色颗粒，即为叶绿体。

**2. 叶绿体**　用镊子夹取鲜绿叶的叶肉，置于洁净的载玻片水滴中，制成水装片，在低倍镜下观察，可见近圆形的叶肉细胞内充满椭圆形的绿色颗粒，即为叶绿体。

**3. 有色体**　取胡萝卜块根一小块长2～3cm，用徒手切片法，即用左手的拇指、食指和中指夹住材料，为了防止切片时割伤手指，应使材料上端略高于食指，拇指略低于食指。用右手的拇指和食指捏住刀片一端，置于右手食指之上，刀片与材料切片平行，刀刃放在材料左前方稍低于材料断面的位置，以均匀的力量和平稳的动作使刀刃自左前方向右后方斜滑拉切，拉切速度要快，切片时右手不动，只是右臂移动，用臂力拉切。将切下的切片用毛笔小心移入盛有清水的培养皿中，使切片漂洗下来。再用镊子将切片置于洁净载玻片的水滴中制成水装片，置显微镜下观察。细胞质内可见许多橙红色呈棒状、块状或针状的结构，即为有色体。

### （二）观察淀粉粒

**1. 马铃薯的淀粉粒**　用刀片在马铃薯块茎上刮取少量白色浆液，置于载玻片的水滴中制成装片，观察。在低倍物镜下可见许多卵圆形或椭圆形颗粒，即淀粉粒。转换高倍物镜，并将光线调暗，可见淀粉粒的脐点偏向淀粉粒的一端和围绕脐点许多明暗相间的偏心层纹。

**2. 半夏的淀粉粒**　取半夏粉末少许置于洁净载玻片的水滴中，用解剖针分散开，制成粉末装片，置显微镜下观察。可见众多的淀粉粒，其中单粒呈圆形、半圆形至多角形，通常较小，脐点呈星状或人字状、裂隙状；复粒较多，常由2～8个单粒组成。

**3. 观察菊糖**　取桔梗或党参的根浸于乙醇中，一周后，制成纵切片，在低倍镜下观察，可见薄壁细胞中呈球形或扇形并有放射状纹理的菊糖结晶。

### （三）观察草酸钙结晶

**1. 簇晶**　取大黄粉末少许，分散开置于洁净的载玻片上，滴加水合氯醛1～2滴，在酒精灯上微热透化，注意不要煮沸或蒸干，再加稀甘油一滴，盖上盖玻片，在显微镜下观察草酸钙簇晶。

**2. 针晶**　取半夏粉末少许，如上述方法透化，制成装片，在显微镜下可见分散或成束的草酸钙针晶。

**3. 方晶**　取甘草粉末少许，如上述方法透化，制成装片，在显微镜下可见细长成束的纤维束周围的薄壁细胞内，含有方形、不规则形或斜方形的草酸钙方晶，这种纤维束及其薄壁细胞中的晶体合称为晶纤维。

**4. 砂晶**　观察牛膝根横切制片，可见类圆形的薄壁细胞中充满了细小三角形或箭头状的草酸钙砂晶（示教）。

### （四）鉴别细胞壁的特化反应

**1. 木质化细胞壁**　取广防己粉末少许，加间苯三酚试液1～2滴，稍置再加浓盐酸1滴，制成装片。在显微镜下可见石细胞呈樱桃红色或红紫色的细胞壁，为木质化。

**2. 木栓化细胞壁** 取党参根带有栓皮作横切片，置于载玻片上，加苏丹Ⅲ试液1～2滴，微热，制成装片。在显微镜下可见木栓化细胞壁显橙红色至红色。

**3. 角质化细胞壁** 取变叶木的叶作徒手横切片，将切片置于洁净的载玻片上，加苏丹Ⅲ试液1～2滴，微热后加1滴稀甘油，封片。置显微镜下可见叶片表皮细胞外侧的角质层被染成橙红色。

## 四、实训评价

1. 绘出各种质体。
2. 绘出各种淀粉粒，并标注各部分名称。
3. 绘出各种草酸钙晶体。
4. 描述鉴别细胞壁的特化。

# 实训六 观察保护组织和分泌组织

## 一、目的要求

1. 能判别气孔和毛茸的各种类型；油细胞、油室、油管的显微结构特征。
2. 学会表皮制片、粉末制片。
3. 学会植物组织制片透化的方法。
4. 学会绘制显微特征图。

## 二、实训准备

**1. 仪器用品** 显微镜、载玻片、盖玻片、蒸馏水、镊子、刀片、解剖针、培养皿、吸水纸、擦镜纸、酒精灯、稀甘油、水合氯醛。

**2. 实训材料** 新鲜薄荷叶、肖梵天花叶或菘蓝叶、艾叶、番泻叶、九里香叶、姜根状茎、橘皮横切片、松茎纵切制片、松茎横切制片、小茴香果实横切制片、蒲公英茎的纵切片。

## 三、实训内容

### （一）观察保护组织

**1. 毛茸及气孔类型** 用镊子撕取各种植物叶的下表皮一小块，注意其上表面朝上，置于载玻片的水滴中，展平，盖上盖玻片，置于显微镜下观察。注意观察表皮细胞形态、气孔类型、识别各种毛茸特征。

薄荷叶：①多细胞单列非腺毛，常弯曲；②由6～8个细胞排列成辐射状的腺鳞；③由单细胞腺头和单细胞腺柄组成的腺毛；④直轴式气孔类型。

艾叶：①丁字形非腺毛；②“日”字形腺毛；③不定式气孔类型。

肖梵天花：①星状毛；②不等式气孔类型。菘蓝叶：不等式气孔类型。

番泻叶：①单细胞非腺毛；②平轴式气孔类型。

九里香：①单细胞非腺毛；②环式气孔类型。

**2. 木栓** 观察接骨木茎横切制片，区分木栓层、木栓形成层和栓内层的细胞形态，并可见皮孔。

### （二）观察分泌组织

**1. 油细胞** 取鲜姜根状茎作徒手横切片，制成水装片，观察。在显微镜下可见薄壁组织中有类圆形的油细胞，细胞腔内含有淡黄色挥发油。

**2. 油室** 取橘皮横切片，观察。在显微镜下可见一些椭圆形的腔室，其周围有部分破裂的分泌细胞，该腔室即为油室。

**3. 分泌道** 取小茴香果实横切制片，显微镜下观察油管的数目、位置及形状。显微镜下观察松茎横切制片，可见在被番红染成红色的木质部中，有许多整齐排列的分泌细胞围绕成的树脂道。

**4. 乳汁管** 观察蒲公英茎的纵切片，显微镜下可见在皮层薄壁细胞中有染色较深的分枝状的长管形有节乳汁管。

## 四、实训评价

1. 绘出所观察的各种毛茸和气孔类型。
2. 绘出姜的油细胞、橘皮的油室、小茴香果实的油管。
3. 绘出蒲公英的乳汁管。

# 实训七　观察机械组织和输导组织

## 一、目的要求

1. 能识别厚角组织和石细胞的细胞形态及显微结构特征。
2. 能判别各种导管类型，管胞、筛管和伴胞。
3. 学会徒手切片、粉末制片；学会组织制片透化的方法。
4. 学会绘制显微特征图。

## 二、实训准备

**1. 仪器用品** 显微镜、载玻片、盖玻片、蒸馏水、镊子、刀片、解剖针、培养皿、吸水纸、擦镜纸、酒精灯、稀甘油、水合氯醛。

**2. 实训材料** 肉桂粉末、甘草粉末、梨的果实制片、接骨木茎横切制片、南瓜茎横切制片、南瓜茎纵切制片、松茎纵切制片。

## 三、实训内容

### （一）观察机械组织

**1. 厚角组织** 取南瓜茎，制徒手横切片或用南瓜茎永久制片，观察。在显微镜下可见茎的棱角处的表皮下方，有数层细胞，其细胞只在角隅处增厚，增厚部分颜色较暗，相邻细胞处呈三角形或多边形，即厚角组织。

**2. 厚壁组织** 取肉桂粉末少许，加水合氯醛透化，微热，再加稀甘油，盖上盖玻片，观察。在显微镜下可见肉桂纤维多单个散在，呈长梭形、两头尖，胞腔线形，完整或折断；其石细胞呈类方形，有的三边厚、一边薄，孔沟明显，胞腔较大。

**3. 观察石细胞** 观察梨的果肉装片，可见类圆形或不规则形的石细胞，细胞壁厚，纹孔分枝或不分枝。

### （二）观察输导组织

**1. 导管类型** ①观察南瓜茎纵切制片,可见被番红染成红色、具有增厚花纹的环纹导管、螺纹导管、梯纹导管和网纹导管；②孔纹导管：取甘草粉末少许，分散开置于洁净的载玻片上，加水合氯醛透化，微热，稀甘油装片，观察。在显微镜下可见孔纹导管。

**2. 管胞** 取松茎纵切制片，低倍镜下观察，可见许多两头斜尖的长形细胞，即为管胞。再转换高倍镜，仔细观察细胞壁上的具缘纹孔。

**3. 筛管和伴胞** 取南瓜茎纵切制片，置低倍镜下观察，找出被染成红色的木质部导管，在导管的内外两侧均有被染成绿色的韧皮部（南瓜茎为双韧维管束）。把韧皮部移至视野中央，可见筛管是由许多管状细胞所组成。然后换高倍镜观察，两个筛管细胞连接的端部稍有膨大并染色较深处，是筛板所在位置，筛管分子细胞质常收缩成一束离开了细胞的侧壁，两端较宽、中间较窄，通过筛板上的筛孔有较粗的原生质丝称为联络索。在筛管侧面紧贴着一列染色较深的具有明显细胞核的细长薄壁细胞，即为伴胞。

取南瓜茎横切制片，置低倍镜下移动玻片标本，在韧皮部中寻找多边形口径较大，被固绿染成蓝绿色的薄壁细胞，即为筛管。它旁边往往贴生着横切面呈三角形或半月形，具细胞核，着色较深的小型细胞，即为伴胞。然后再找出正好切在筛板处的筛管，转高倍镜观察筛板，注意筛板结构的特点。

## 四、实训评价

1. 绘出所观察的南瓜茎厚角组织、肉桂纤维、梨的石细胞。
2. 绘出所观察的各种导管类型。
3. 绘出松茎的管胞、南瓜茎的筛管和伴胞。

# 实训八　观察根的内部构造

## 一、目的要求

1. 能识别双子叶植物根的构造特点。
2. 能识别单子叶植物根的构造特点。
3. 能识别根的异常构造。

## 二、实训准备

**1. 仪器用品** 显微镜、擦镜纸、吸水纸、纱布。

**2. 实训材料** 马兜铃根初生构造横切片、麦冬根横切片、防风根横切片、何首乌块根横切片、怀牛膝根横切片、黄芩根横切片和甘松根横切片。

## 三、实训内容

### （一）观察双子叶植物根的初生构造

在显微镜下观察马兜铃根的初生构造横切制片，从外向内依次观察：表皮、皮层、维管柱（中柱鞘、初生木质部和初生韧皮部等结构）。

**1. 表皮** 表皮是幼根的最外层薄壁细胞，排列整齐紧密，没有细胞间隙，在切片上可观察到有些表皮细胞向外突出形成根毛。

**2. 皮层** 位于表皮之内，由多层薄壁细胞组成，紧接表皮的1～2层排列整齐紧密的细胞为外皮层；皮层最内方的一层细胞为内皮层，细胞排列紧密，可见被番红染成红色的凯氏点以及对着初生木质部束没有凯氏带的通道细胞；内皮层和外皮层之间的数层薄壁细胞，为皮层薄壁组织，占皮层的绝大部分，细胞近圆形，排列疏松，内有较多的淀粉粒。

**3. 维管柱** 内皮层以内部分为维管柱，位于根的中央，由中柱鞘、初生木质部和初生韧皮部三部分组成。

（1）中柱鞘 紧接内皮层里面的1～2层薄壁细胞，排列整齐而紧密，即为中柱鞘。

（2）初生木质部 初生木质部呈三束，即三原型。初生木质部呈辐射状排列，具有三个辐射角，在切片中有些细胞被染成红色，即为导管；角尖端是先发育的原生木质部，导管口径小，角的后方（近中央处）是分化较晚的后生木质部，导管口径大。

（3）初生韧皮部 初生韧皮部位于初生木质部两个辐射角之间，与初生木质部相间排列，该处细胞较小、壁薄、常被固绿染成绿色为初生韧皮部。

此外，介于初生木质部和初生韧皮部之间，还分布着一些薄壁组织，当根进行次生生长时，它将分化成维管形成层的一部分。

### （二）观察单子叶植物根的构造

观察麦冬根的横切制片，先在低倍镜下区分出表皮、皮层和维管柱三部分，再转换高倍镜由外向内逐层观察。

**1. 根被** 由2～5层略木栓化细胞组成。

**2. 皮层** 由大型类圆形薄壁细胞组成，有的细胞含黏液质和草酸钙针晶束。内皮层外侧为1列石细胞，其内壁和侧壁增厚。内皮层细胞较扁小，细胞壁全面增厚，木质化，有通道细胞。

**3. 维管柱** 维管柱较小，中柱鞘为1～2列薄壁细胞；辐射型维管束，韧皮部束16～22个，各位于木质部束的星角间；木质部束由木化组织连接成环；髓部薄壁细胞类圆形。

### （三）观察双子叶植物根的次生构造

在低倍镜下观察防风根横切制片，从外向内观察根次生结构的各个部分：

**1. 周皮** 位于根的外方为木栓层，由8～12层排列整齐紧密的扁长方形木栓细胞组成，常被染成浅棕色；在木栓层内方，由一层扁方形的薄壁细胞组成木栓形成层；栓内层由2～3列呈切向延长的大型薄壁细胞组成，其中分布有不规则长圆形油管。

**2. 次生韧皮部** 位于周皮以内被固绿染成蓝绿色的部分，甚宽，有多数裂隙。包括筛管、伴胞和韧皮薄壁细胞。其中散在有多数油管。在横切面上韧皮薄壁细胞与筛管形态相似，常不易区分。此外，韧皮射线多弯曲，由1～2列径向排列的薄壁细胞组成，外侧常与韧皮部组织分离而出现大型裂隙。

**3. 维管形成层** 位于次生韧皮部和次生木质部之间，由数列排列紧密、整齐的扁长方形薄壁细胞组成。

**4. 次生木质部** 位于形成层以内，包括导管、管胞和木薄壁细胞。横切面上，导管被番红染成红色，是口径大小不一的类圆形或多边形的死细胞，作放射状排列。木射线由1～2列薄壁细胞组成，在木质部中也呈放射状排列，并与韧皮射线相连接，组成维管射线。

**5. 初生木质部** 在次生木质部之内，位于根的中心，呈星芒状，其导管口径细小，呈类圆形。

### （四）观察根的异常构造

**1. 观察何首乌块根横切片** 何首乌根的皮层中有大小不等的异型维管束呈环状排列，形成“云锦花纹”，中央为正常维管束。

**2. 观察怀牛膝根横切片** 怀牛膝块根的外方为木栓层，由4～8列扁平的木栓化细胞组成。木栓层内方为数层薄壁细胞。维管组织占根的大部分，分布有多数异型维管束，断续排列成2～4轮。根中央为二原型的初生维管束。

## 四、实训评价

1. 绘出马兜铃根的初生构造详图，标注各部分名称，写出其构造特点。
2. 绘出麦冬根的构造简图，标注各部分名称，写出其构造特点。
3. 比较双子叶植物根和单子叶植物根的初生构造，指出其异同点。

# 实训九　观察茎的内部构造

## 一、目的要求

1. 能识别双子叶植物茎的初生构造特点。
2. 能识别双子叶植物木质茎的次生构造及其各构成部分。
3. 能识别双子叶植物草质茎的构造特点。
4. 能识别单子叶植物茎的构造特点。

## 二、实训准备

**1. 仪器用品** 显微镜、擦镜纸、吸水纸、纱布。

**2. 实训材料** 马兜铃茎的横切制片、椴木茎横切制片、薄荷茎横切制片、黄连根状茎横切制片、石斛茎横切制片、石菖蒲根状茎横切制片。

## 三、实训内容

### （一）观察双子叶植物茎的初生构造

取马兜铃幼茎的横切制片，置显微镜下自外向内依次观察各部分结构：

**1. 表皮** 位于茎的最外一层细胞，排列紧密，形状规则，细胞外侧壁较厚，有角质层，有的表皮细胞特化成单细胞或多细胞的毛茸。

**2. 皮层** 位于表皮之内，维管束之外部分，由多层薄壁细胞组成，细胞排列疏松，在皮层中有由4～6层纤维构成呈环状排列的完整纤维束环。

**3. 维管柱** 皮层以内的部分为维管柱，在低倍镜下观察时，茎的维管柱明显分为维管束、髓、髓射线三部分。

（1）维管束　为5～7个大小不等的无限外韧维管束，呈环状排列，其中3个特别发达。由初生韧皮部、束中形成层、初生木质部组成。初生韧皮部在外方，包括筛管、伴胞和韧皮薄壁细胞；束中形成层位于初生韧皮部和初生木质部之间，为数层扁平状细胞，排列紧密，细胞较小；初生木质部在内方，包括导管、管胞、木纤维和木薄壁细胞。

（2）髓射线 是相邻两个维管束之间的薄壁组织，外接皮层，内连髓。

（3）髓 位于茎的中央部分，由薄壁细胞组成，排列疏松。

### （二）观察双子叶植物木质茎的次生结构

显微镜下观察椴树茎横切制片，从外向内依次为：

**1. 周皮** 包括木栓层、木栓形成层和栓内层。木栓层为几列木栓化细胞，呈黄褐色，排列紧密而整齐；木栓形成层为一列小而扁平的薄壁细胞；栓内层为多列较大的薄壁细胞，排列整齐。

**2. 皮层** 由多层薄壁细胞组成，细胞大，排列不规则，且含有草酸钙簇晶。

**3. 维管柱** 维管柱为皮层以内的部分，包括维管束、髓和髓射线等部分。

（1）维管束 包括韧皮部、形成层和木质部，排列成环状。韧皮部呈梯形，由筛管、伴胞、韧皮纤维和韧皮薄壁细胞组成。韧皮纤维被染成粉红色，与韧皮薄壁细胞、筛管和伴胞呈横条状相间排列。形成层呈绿色的圆环，为扁平长方形的薄壁细胞组成。木质部由导管、管胞、木纤维和木薄壁细胞组成，次生木质部占茎的绝大部分，可见呈同心环状的年轮。维管射线贯穿于维管束中，为一列径向排列的薄壁细胞。

（2）髓射线 为数列径向排列的薄壁细胞，内连髓部，外接皮层，在韧皮部束之间呈漏斗状，细胞中含有草酸钙簇晶。

（3）髓 位于茎的中央，由薄壁细胞组成，其中有分泌腔和簇晶分布。髓的周围有一圈排列紧密，较小而壁厚的细胞，称环髓带。

### （三）观察双子叶植物草质茎的次生构造

显微镜下观察薄荷茎横切制片，从外向内包括以下几个部分：

**1. 表皮** 由一层排列紧密的细胞组成，外被角质层、毛茸等附属物。

**2. 皮层** 为多层排列疏松的薄壁细胞组成，在茎的四个棱角处有厚角组织；内皮层明显，为最内方的一层长方形薄壁细胞。

**3. 维管柱** 包括维管束、髓和髓射线。维管柱由四个大的维管束（正对棱角）和其间较小维管束环状排列。韧皮部在外方，狭窄；形成层成环，束间形成层明显；木质部位于内方，在棱角处较发达。髓部位于茎的中央，发达，由薄壁细胞组成。髓射线为维管束之间的薄壁细胞，宽窄不一。

### （四）观察双子叶植物根状茎的构造

在显微镜下观察黄连根状茎横切制片，由外向内可见下列部分：

**1. 木栓层** 为数列木栓细胞，有的外侧附有鳞叶组织。

**2. 皮层** 皮层面积大，内有石细胞单个或成群散在，还可见根迹维管束斜向通过。

**3. 维管束** 为无限外韧型，环列，束间形成层不甚明显。韧皮部外侧有初生韧皮纤维束，其间夹有石细胞。木质部细胞均木质化，包括导管、木纤维和木薄壁细胞。

**4. 髓** 由类圆形薄壁细胞组成。

### （五）观察单子叶植物茎的结构

显微镜下观察石斛茎横切制片，由外向内可见下列部分：

**1. 表皮** 茎的最外一列细胞，扁平，排列整齐、外被鲜黄色角质层。

**2. 基本组织** 靠近表皮的数层细胞较小，排列紧密，并栓质化，茎的中央，细胞较大。

**3. 维管束** 外韧型维管束散生于基本组织中，维管束外侧纤维束半圆形或新月形。在低倍镜下选择一个典型的维管束移至视野中央，然后转换高倍镜仔细观察维管束结构，可见维管束的纤维束鞘外侧薄壁细胞中含类圆形硅质块，木质部有1~3个导管直径较大，含草酸钙针晶细胞多存在于维管束旁。

### （六）观察单子叶植物根状茎的构造

观察石菖蒲根状茎横切制片，由外向内依次为：

**1. 表皮** 为一层类方形的表皮细胞，外壁增厚，角质化。

**2. 皮层** 由薄壁细胞组成，较宽，其中分布有油细胞、纤维束（周围细胞中含有草酸钙方晶）、叶迹维管束（有限外韧型，其外包围有维管束鞘）。内皮层显著，具有凯氏带。

**3. 维管束** 内皮层以内的薄壁组织中分散较多的周木型维管束。

## 四、实训评价

1. 绘出马兜铃幼茎的初生构造详图，标注各部分名称，写出其构造特点。
2. 绘出椴木茎的构造简图，标注各部分名称。
3. 绘出薄荷茎的次生构造简图，标注各部分名称，写出其构造特点。
4. 绘出石菖蒲根状茎的构造简图，标注各部分名称。

# 实训十　观察叶的内部构造

## 一、目的要求

1. 能识别双子叶植物异面叶的内部构造。
2. 能识别单子叶植物（禾本科植物）叶的构造特点。

## 二、实训准备

**1. 仪器用品** 显微镜、擦镜纸、吸水纸、纱布。

**2. 实训材料** 薄荷叶横切制片、水稻叶横切制片、薄荷叶粉末、番泻叶粉末。

## 三、实训内容

### （一）观察双子叶植物叶片的内部构造

在显微镜下观察薄荷叶横切制片，由上向下包括以下几个部分：

**1. 表皮** 包括上表皮和下表皮，各为一列扁平的细胞，排列紧密，细胞外壁被有角质层、腺毛和非腺毛，并有气孔与叶肉的气室相通。

**2. 叶肉** 包括栅栏组织和海绵组织，栅栏组织靠近上表皮，由一层柱状细胞组成，排列呈栅栏状；海绵组织靠近下表皮，由4~5层排列疏松的类圆形薄壁细胞组成，细胞间隙大。叶肉细胞内有大量的叶绿体。

**3. 叶脉** 主脉明显，由木质部、形成层和韧皮部组成。木质部靠近栅栏组织，上方有木纤维，下方有导管2~5个纵列成行；韧皮部靠近下表皮，细胞较小、呈多角形；有时可见木质部与韧皮部之间2~3层扁平细胞组成形成层。主脉上下表皮内侧有若干厚角组织。

### （二）观察单子叶植物叶片的内部构造

观察水稻叶横切制片，其构造包括以下几个部分：

**1. 表皮** 上表皮细胞类方形，大小不一，大型的泡状细胞（运动细胞）排列成扇形，有较小的硅质化或角质化细胞。气孔器的组成除有两个保卫细胞外，两侧还有两个副卫细胞，断面近乎呈正方形，气孔内侧为孔下室。下表皮由一层长方形细胞组成，外壁具硅质突起。

**2. 叶肉** 栅栏组织和海绵组织分化不明显，细胞短圆柱形，内含叶绿体。

**3. 叶脉** 主脉周围有一圈较大的薄壁细胞和一层厚壁细胞组成维管束鞘，木质部靠上方，导管排成“V”字形，其下方为韧皮部。在上、下表皮的内侧有厚壁纤维群。

#### （三）观察薄荷叶粉末制片

取薄荷叶粉末少许，置于洁净的载玻片上，加水合氯醛透化，微热，再加稀甘油，盖上盖玻片，观察。在显微镜下可见：①腺鳞扁圆球形，由6～8个分泌细胞组成，排列在同一平面上，周围有角质层，内贮有挥发油。②小腺毛由单细胞的腺头和单细胞的腺柄构成。③多细胞非腺毛由5～8个细胞单列成线状，常弯曲，细胞壁厚。④单细胞非腺毛。⑤直轴式气孔。⑥针簇状橙皮苷结晶。

#### （四）观察番泻叶粉末制片

取番泻叶粉末少许，置于洁净的载玻片上，加水合氯醛透化，微热，再加稀甘油，盖上盖玻片，观察。在显微镜下可见：①表皮细胞呈多角形，垂周壁平直。②副卫细胞多为2个，平轴式气孔类型。③单细胞非腺毛，壁厚，有疣状突起。④晶纤维。⑤草酸钙簇晶。

### 四、实训评价

1. 绘出双子叶植物薄荷叶横切面详图，标注各部分名称。
2. 以禾本科植物水稻叶为例写出单子叶植物叶的构造特点。

## 实训十一 识别藻类、菌类、地衣类药用植物

### 一、目的要求

1. 能描述低等植物的主要特征。
2. 能描述藻类植物、菌类植物、地衣类植物的一般特征。
3. 能识别常见药用藻类植物、菌类植物、地衣植物种类。

### 二、实训准备

**1. 仪器用品** 解剖镜、平台放大镜、显微镜、放大镜、解剖器材、吸水纸等。

**2. 实训材料** 水绵和衣藻新鲜标本或制片，海带及其孢子囊制片，裙带菜、紫菜、石花菜等藻类植物；冬虫夏草、银耳、茯苓、猴头菌、灵芝等真菌。

### 三、实训内容

#### （一）观察解剖下列药用植物

**1. 水绵** 手摸藻体有滑腻感。取少许丝状体置载玻片中央，加一滴水，用解剖针将丝状体分散，加上盖玻片，镜检，水绵为多个长筒状细胞连成的丝状体，绿色或黄绿色，每细胞内有一至数条带状叶绿体呈螺旋状环绕，叶绿体上有1列淀粉核，细胞中央有1个细胞核。

**2. 衣藻** 取在含氮的绿色池塘中采集的水，滴1～2滴于载玻片上，盖上盖玻片镜检，衣藻为单细胞，很小，呈梨形、球形，细胞前端有2条鞭毛，鞭毛基部有2个伸缩泡（常不易见），伸缩泡附近有1个红色眼点，细胞壁内有1个杯状色素体，杯状色素体基部藏有1个蛋白核（造粉体），杯状色素体的杯腔细胞质中有1个细胞核（常不易见）。

**3. 海带** 植物体（孢子体）分三部分：呈假根状的固着器、带柄、带片。孢子体的孢子囊群观察（示教）；取带片制片（或徒手切片做水装片）镜检，可见“表皮”“皮层”“髓”三个部分，“表皮”上有许多呈棒状的单室孢子囊夹生在隔丝中。

**4. 子实体** 观察蘑菇、香菇、草菇或其他伞菌的子实体，识别菌盖、菌柄，菌盖下面有多数放射状细条称菌褶。注意菌柄上有无菌环和菌托？

#### （二）观察识别下列药用植物标本

**1. 裙带菜** 与海带相似，但带片两侧呈羽状深裂，中部有隆起的中肋。

**2. 紫菜** 藻体呈薄膜状，遇水后手摸有黏滑感，紫红或淡紫红色。

**3. 石花菜** 藻体扁平直立，丛生，紫红或红棕色，羽状分枝4～5次，扁平。全藻入药。

**4. 冬虫夏草** 下端即所谓“虫”的部分，是充满菌丝而成僵死的幼虫体（内部成为菌核）。头部长出所谓“草”的部分，是菌柄和子座。头部膨大呈棒状的部分称子座，基部柄状。全株药用。

**5. 灵芝** 子实体木栓质，菌柄生于菌盖侧面，菌盖半圆形至肾形，上面红褐色，有光泽，具环状横纹，下面（管孔面）白色，有许多小孔，内藏担孢子。子实体药用。

**6. 茯苓** 菌核常为不规则块状，表面有瘤状皱褶，淡灰至黑褐色，断面白色。

**7. 猴头菌** 子实体类似猴头，块状，中上部着生白色肉刺，刺锥形下垂，似毛发。子实体药用。

**8. 银耳** 子实体纯白色、胶质，半透明，由许多薄而皱褶的菌片组成，呈菊花状或鸡冠状。子实体药用。

**9. 地衣植物** 包括壳状地衣、叶状地衣、枝状地衣，是一类由真菌和藻类共生在一起的生物。地衣结构一般可分为上皮层、藻胞层、髓层和下皮层。

（1）上下皮层 由菌丝紧密交织而成，特称为假皮层，下皮层一般能长出假根。

（2）藻胞层 上皮层的下部，在排列疏松的藻胞层之间夹杂有许多藻细胞，这些细胞成层排列称异层细胞，若散生则称为同层细胞。

（3）髓 藻胞层下面为髓层，由疏松而粗大的菌丝体交织而成，专门贮存空气、水分。

### 四、实训评价

1. 绘水绵丝状体结构简图。
2. 识别常见药用低等植物。

## 实训十二 识别苔藓、蕨类、裸子类药用植物

### 一、目的要求

1. 识别苔藓植物、蕨类植物和裸子植物的主要特征。
2. 识别常见药用苔藓植物、蕨类植物、裸子植物种类。

## 二、实训准备

**1. 仪器用品**　放大镜、解剖板、镊子、剪刀、解剖针、植物志、植物图鉴等。

**2. 实训材料**

（1）葫芦藓、大金发藓等苔藓植物的鲜标本或腊叶标本。

（2）石松、卷柏、木贼、紫萁、槲蕨、凤尾草、海金沙、粗茎鳞毛蕨、石韦等蕨类植物的鲜标本或腊叶标本。

（3）马尾松带花的枝条及松球果等新鲜标本、腊叶标本或浸制标本；侧柏带花枝条及松球果的鲜标本或腊叶标本；苏铁、银杏、金钱松、草麻黄等标本。

## 三、实训内容

### （一）观察解剖下列药用植物

**1. 葫芦藓**

（1）配子体　植物体为配子体，有茎叶分化。茎直立，高1～3cm，下部具假根。雌雄同株但不同枝，雄枝苞叶顶生，宽大外翻，呈花蕾状，内生精子器。雌枝生于雄苞下的短侧枝上，苞叶稍狭，包紧成芽状，内生颈卵器。受精卵在颈卵器内发育成胚，由胚长成孢子体，寄生在配子体顶端。

（2）孢子体　孢子体分孢蒴、蒴柄、基足三部分。取下孢蒴置于载玻片上，盖好盖玻片，轻轻压破孢蒴，镜检，可看到被压出的许多孢子，无弹丝。孢蒴外罩有具长喙的蒴帽，移去，即为蒴盖，蒴盖内可见两层蒴齿。

**2. 槲蕨**

（1）植株　观察其根状茎的特点，能育叶与不育叶的形状、颜色、质地有何区别？孢子囊群的着生位置、形状，有无囊群盖。

（2）孢子囊及孢子形态　用镊子刮下能育叶背面的少许孢子囊置于载玻片上，制成水装片镜检，看清孢子囊的形状及孢子囊环带的形状，然后取出载玻片放在桌面上，用食指轻压盖玻片使孢子囊中的孢子散出，再置于显微镜下观察孢子的形状，并判断其类型。

**3. 马尾松**

（1）雄球花　取雄球花（小孢子叶球）置解剖镜或放大镜下观察外形。呈穗状，中间为主轴，由多数螺旋状排列的小孢子叶组成。用镊子取一个小孢子叶于载玻片上，置放大镜下观察，可见2个并列的长形花粉囊（小孢子囊），药隔扩大成鳞片状。用解剖针刺破花粉囊使花粉粒（小孢子）散出，将其余残片除去，做成水装片置低倍镜下观察花粉粒的形状，有无气囊。

（2）雌球花　取雌球花（大孢子叶球）用放大镜观察外形，是由多数螺旋状排列的珠鳞（大孢子叶）组成。用刀片将雌球花纵切，注意珠鳞排列情况。剥开一片完整的珠鳞，可见腹面基部着生2枚胚珠，背面基部托生一小片苞鳞，与珠鳞分离。

（3）球果　取成熟的马尾松球果观察，注意此时的珠鳞已长大木质化，称种鳞，近长方形，其顶端加厚成菱形，称鳞盾，横脊微降起，鳞盾中央是鳞脐，微凹陷，无刺尖，腹面的胚珠发育成种子，种子一侧具翅。苞鳞常不易见。

**4. 侧柏**

（1）雄球花　取雄球花观察：卵圆形，长约2mm，黄色。摘取小孢子叶置放大镜下，可见有花药2～6枚，用镊子刺破花药，取出少许花粉粒做成水装片，置显微镜下观察花粉粒形态，有无气囊。

（2）雌球花　取雌球花观察：近球形，蓝绿色，有4对交互对生的珠鳞，用镊子取位于中间的珠鳞1枚置放大镜下，可见腹面基部有1~2枚胚珠。

（3）球果　取成熟球果观察：卵圆形，开裂，注意种鳞几对，种鳞的背部近顶端是否有反曲的尖头，种子有无翅。

**5. 草麻黄**

（1）雄球花　取雄球花序观察：每雄球花序有苞片2~5对，每个苞片中有雄花1朵，每雄蕊某部周围有2裂的膜质假花被，雄蕊8个，花丝大部分合生。

（2）雌球花　取雌球花序观察苞片4~5对，注意最上1对苞片内各有1雌花，每雌花外有革质的假花被包围，胚珠具1层膜质珠被，珠被上端延长成珠孔管。种子成熟时，假花被发育成红色肉质的假种皮，珠被管发育成膜质的种皮。

（3）纵切观察假花被和种子。

### （二）观察识别下列药用植物标本

**1. 大金发藓（土马騌）**　株高10~30cm，孢蒴呈四棱柱状。

**2. 石松**　草本，蔓生匍匐茎，直立茎高30cm左右，二叉分枝。叶小，线状钻形，螺旋状排列。孢子枝高出营养枝。孢子叶聚生枝顶，形成孢子叶穗，孢子叶穗长2~5cm，单生或2~6个着生于孢子枝顶端，孢子囊肾形。全草药用。

**3. 卷柏**　主茎较长，根系密集成茎干状，小枝丛生在主茎顶端，干旱时内卷成球状，叶为明显的二型，侧叶二行较大，长卵圆形，中叶二行较小，孢子叶集生茎顶成孢子囊穗。全草药用。

**4. 木贼**　茎不分支或在基部有少数直立侧枝，直径可达8mm。鞘齿早落，下部宿存；茎的脊棱上有小瘤2条。干燥地上部分入药。

**5. 紫萁**　根状茎短块状，叶二型，不育叶二回羽状，能育叶小羽片狭，卷缩成条形，沿主脉两侧背面密生孢子囊。带叶柄的根状茎药用。

**6. 井栏边草**　根状茎短，密被线形棕色鳞片。叶簇生，二型，单数一回羽状，不育叶柄较短，能育叶柄长，二者的顶生羽片和侧生羽片基部均下延到叶轴上形成明显的翅。孢子囊群沿叶缘分布。全草药用。

**7. 海金沙**　草质藤本。叶柄具缠绕性，叶二型，不育羽片生于叶下部，二回羽状，能育羽片生于叶上部，形态与不育羽片相近，末回羽片边缘有突出的叶形齿，齿具两行孢子囊。孢子药用。

**8. 粗茎鳞毛蕨**　根状茎短。叶簇生，叶柄与根状茎具大鳞片，叶一回羽状。羽片镰状被针形。孢子囊群生于内藏小脉顶端，囊群盖大，圆盾形，带叶柄的根状茎药用。

**9. 石韦**　与有柄石韦近似，但本种的叶柄基部有关节，叶片干后不卷曲，孢子囊在能育叶背的侧脉间紧密而整齐排列，初为星状毛包被，熟时露出。叶入药。

**10. 马尾松**　叶2针一束，细软，长12~20cm，两面有不明显的气孔线（带），横切面有4~8个树脂道，边生。雄球花生于新枝基部，雌球花2个，生于新枝顶端。

**11. 侧柏**　小枝扁平，排成一平面，鳞叶对生，叶背中脉有槽，花单性同株。枝叶入药。

**12. 苏铁**　植物体棕榈状，营养叶一回羽状深裂，裂片边缘向背面显著反卷。鳞叶小，密被粗糙毡毛。花单性异株；雄球花圆柱状，小孢子叶狭楔形，背面生多数花药（小孢子囊），大孢子叶卵形，密被褐色绒毛，边缘羽状分裂，叶柄上端两侧着生数个胚珠。种子熟后褐红色，核果状。

**13. 银杏**　有长、短枝之分，叶扇形，分叉脉序，在长枝上散生，在短枝上簇生。雌雄异株，雄球花呈葇荑花序状，雄蕊多数，花药通常2；雌球花有长梗，在梗端分成二叉，叉顶珠座上裸生直生胚珠，常1枚发育成种子。种子核果状，外种皮肉质，中种皮骨质，内种皮红色膜质；胚乳丰富。

**14. 金钱松**　枝有长、短之分。叶条形，或倒披针形，背面有2条气孔带，秋后金黄色，在长枝上螺旋状散生，在短枝上簇生。雄球花数个簇生在短枝顶端，雌球花单生直立。球果直立；苞鳞、种鳞熟时一起脱落。根皮或近根树皮药用，叫“土荆皮”。

**15. 草麻黄**　小灌木，小枝节间具细纵沟槽，叶退化成膜质鳞片状，下部合生，上部2裂。花单性异株。

## 四、实训评价

1. 列表记录药用蕨类植物的名称、科名、孢子囊（群）着生的状况及药用部位。
2. 绘马尾松大、小孢子叶形态图（注明各部分名称）。
3. 识别常见药用裸子植物。

# 实验十三　识别药用被子植物（一）

——桑科、苋科、毛茛科、木兰科、十字花科

## 一、目的要求

1. 能识别桑科、苋科、毛茛科、木兰科、十字花科的主要特征。
2. 识别常见药用植物种类。
3. 学习查阅被子植物门分科检索表。

## 二、实训准备

**1. 仪器用品**　放大镜、解剖板、镊子、剪刀、解剖针、培养皿、植物志、植物图鉴等。

**2. 实训材料**

（1）新鲜或浸制材料　桑、青葙、毛茛、玉兰、荠菜等带有花果的标本。

（2）腊叶标本　三白草科、桑科、马兜铃科、蓼科、苋科、石竹科、毛茛科、芍药科、小檗科、木兰科、樟科、十字花科等药用植物。

## 三、实训内容

### （一）观察解剖下列药用植物的花

**1. 桑**　落叶小乔木，有乳汁。单叶互生，卵形，有锯齿缘。穗状花序，单性花，雌雄异株。分别取雌花、雄花各一朵，解剖观察。雄花：被片4，雄蕊4，对瓣生长；雌花：花被片4，果时变肉质，子房上位，内生胚珠1，柱头极短，2叉。聚花果。

**2. 青葙**　一年生草本，茎节膨大，单叶互生，叶片披针形，有明显的托叶鞘；穗状花序。取一朵花解剖观察：花两性，每花下有1枚干膜质苞片；花被片5枚，粉白色，干膜质；雄蕊5枚；子房上位，心皮2合生，1室，胚珠1枚。胞果卵圆形，种子（青葙子）包于宿存的花被内。

**3. 毛茛**　多年生草本，全株被白色粗毛。根茎短，多须根；基生叶，有长柄，叶片近五角形，三深裂，裂片披针形。顶生聚伞花序，聚合瘦果。

取一朵花观察：萼片、花瓣各5枚，离生；雄蕊、心皮多数，离生，螺旋状排列；子房上位，每室一个胚珠。

**4. 玉兰**　落叶乔木，单叶互生，全缘，叶片倒卵状长圆形，叶面有光泽，叶背的叶脉上有柔毛，

在叶柄基部的茎上具有环状托叶痕；花着生在小枝的顶端。取花一朵解剖观察：花被白色，9枚，排成3轮；雄蕊、心皮多数，离生，螺旋状排列在伸长的花托上，每心皮有2个胚珠。聚合蓇突果。

**5. 蔊菜** 二年生草本，茎直立，近基部分枝。单叶互生，卵形至阔披针形。顶生总状花序，开小黄花。选一朵花仔细观察：萼片、花瓣各4枚；花瓣黄色，排成十字花冠；雄蕊6，4强；内轮雄蕊之间有4个蜜腺，与萼片对生；雌蕊由2心皮合生。横切子房，注意子房室的数目和胎座类型。

写出以上5种植物的花程式并检索。

**（二）观察识别下列药用植物标本**

三白草科（鱼腥草）；桑科（桑、大麻、薜荔、构树）；马兜铃科（细辛、马兜铃）；蓼科（掌叶大黄、何首乌、虎杖、酸模、萹蓄、红蓼、拳参、蓼蓝、金荞麦）；苋科（牛膝、川牛膝、青葙、土牛膝、鸡冠花）；石竹科（瞿麦、石竹、孩儿参、麦蓝菜）；睡莲科（莲、芡实）；毛茛科（乌头、黄连、威灵仙、白头翁、毛茛、升麻、天葵）；芍药科（芍药、牡丹）；小檗科（三颗针、淫羊藿、阔叶十大功劳、细叶十大功劳、六角莲、南天竹）；防己科（粉防己、蝙蝠葛、木防己）；木兰科（厚朴、望春花、玉兰、八角、五味子）；樟科（肉桂、樟树、乌药）；十字花科（菘蓝、白芥、荠菜、萝卜、独行菜、播娘蒿）；景天科（垂盆草、景天三七、红景天）；杜仲科（杜仲）。

## 四、实训评价

1. 写出桑科、苋科、毛茛科、木兰科、十字科的主要特征，并比较毛茛科与木兰科的异同点。
2. 写出以上5种药用代表植物的分科检索路线。
3. 识别以上各科常见药用植物种类。

# 实训十四　识别药用被子植物（二）

### ——蔷薇科、豆科、芸香科、大戟科、五加科、伞形科

## 一、目的要求

1. 能识别蔷薇科、豆科、芸香科、大戟科、五加科、伞形科的主要特征。
2. 熟练被子植物门分科检索表。
3. 识别常见的药用植物种类。

## 二、实训准备

**1. 仪器用品** 放大镜、解剖板、镊子、剪刀、解剖针、培养皿、植物志、植物图鉴等。

**2. 实训材料**

（1）新鲜或浸制材料　玫瑰、刺槐、九里香、大飞杨、积雪草等带有花果的标本。

（2）腊叶标本　蔷薇科、豆科、芸香科、大戟科、锦葵科、五加科、伞形科等药用植物标本。

## 三、实训内容

**（一）观察解剖下列药用植物的花**

**1. 玫瑰** 落叶小乔木，茎上有皮刺。复叶互生，叶柄基部两侧有托叶，叶披针形，锯齿缘。花

大，单生于枝顶端。取1朵完整花，观察萼片、花瓣、雄蕊的数目，着生位置；把花托筒纵剖开，注意花托筒的形状、子房的位置、雌蕊的数目。花被与雄蕊着生在花托筒边缘，离生心皮雌蕊着生在花托筒底部，即子房上位，周位花；聚合瘦果。

**2. 刺槐**　落叶灌木。奇数羽状复叶，小叶7~15枚，卵状长圆形。取花用放大镜观察：花萼钟状；花冠黄色，蝶形，最上面的一片称旗瓣，两侧的二片称翼瓣，下面的2片最小，合成龙骨瓣。用解剖针剖开龙骨瓣可见雄蕊及雌蕊，雄蕊10，其中9枚合生，1枚分离，雌蕊由1个心皮组成，边缘胎座；荚果。

**3. 九里香**　常绿灌木。茎直立，多分枝；叶为奇数羽状复叶，互生，小叶3~9枚，椭圆形，有透明腺点。取一朵花观察：花两性；花萼杯状5裂，宿存；花瓣5片，离生；雄蕊10，花丝下部合生成数束；子房上位。核果。

**4. 地锦草**　一年生披散草本。茎从根际分生数枝，平卧地面。叶小呈椭圆形，对生，茎叶均含白色乳汁。大戟花序，总苞陀螺形，顶端5裂，腺体4，花瓣退化成白色附片，雄花少数，雌花子房三棱形；蒴果三棱形。

**5. 积雪草**　多年生草本。茎细长，匍匐地面，节上生根。单叶互生，叶片圆肾形，叶缘有锯齿，叶柄长，基部鞘状。伞形花序2~4个聚生于叶腋，花序下总苞片2枚；小花紫红色，5基数，膜质，雄蕊5，子房下位，横切可见2室。双悬果。

写出以上5种植物的花程式并检索。

### （二）观察识别下列药用植物标本

蔷薇科（龙牙草、地榆、金樱子、覆盆子、委陵菜、翻白草、杏、梅、山楂、野山楂、贴梗海棠、枇杷）；豆科（合欢、含羞草、儿茶、决明、皂荚、紫荆、苏木、黄芪、槐、甘草、苦参、野葛、密花豆）；芸香科（橘、酸橙、黄檗、黄皮树、吴茱萸、枳、香橼、花椒、白鲜）；楝科（楝、香椿）；远志科（远志、瓜子金）；大戟科（大戟、铁苋、续随子、巴豆、蓖麻）；葡萄科（白蔹、乌蔹莓、三叶崖爬藤、葡萄）；锦葵科（苘麻、木芙蓉、木槿、草棉）；五加科（人参、三七、刺五加、通脱木、细柱五加、刺楸、楤木）；伞形科（当归、柴胡、川芎、前胡、防风、白芷、珊瑚菜、野胡萝卜、藁本、蛇床、明党参、羌活、茴香）。

## 四、实训评价

1. 写出蔷薇科的主要特征，比较绣线菊亚科、蔷薇亚科、梅亚科和梨亚科的异同点。
2. 写出豆科、芸香科、大戟科、伞形科的主要特征，比较豆科各亚科的区别。
3. 记录并识别以上各科常见的药用植物种类。

# 实训十五　识别药用被子植物（三）

——唇形科、茄科、茜草科、桔梗科、菊科

## 一、目的要求

1. 能识别唇形科、茄科、茜草科、桔梗科、菊科的主要特征。
2. 能识别本实训中所提供的药用植物标本，会使用被子植物门分科检索表。

## 二、实训准备

**1. 实训仪器** 放大镜、解剖板、镊子、剪刀、解剖针、培养皿、植物志、植物图鉴等。

**2. 实训材料**

（1）新鲜材料或浸制标本 薄荷、龙葵、栀子、丝瓜、野菊花等带有花果的植株。

（2）腊叶标本 夹竹桃科、旋花科、紫草科、马鞭草科、唇形科、茄科、玄参科、茜草科、忍冬科、葫芦科、桔梗科、菊科等药用植物标本。

## 三、实训内容

### （一）观察解剖下列药用植物的花

**1. 薄荷** 观察植株，茎的形状，叶序、叶型及叶片形状，叶缘等。轮伞花序，取一朵花解剖观察：花萼钟状，5 裂齿；花冠淡紫色或白色，唇形，上唇顶端 2 裂，下唇 3 裂片近相等；雄蕊 4，2 强；子房上位，花柱着生于四裂子房的底部，柱头 2 叉。横切子房可见：心皮 2，合生成假四室，每室含 1 胚珠。

**2. 龙葵** 观察叶序、叶片形状，叶基及叶缘的特征，花序类型。取一朵花解剖观察：花萼 5 齿裂；花冠盘状，白色，冠筒瘾藏在花萼内，顶端 5 裂；雄蕊 5，与花冠裂片互生，花丝中部以下着生在花冠筒内，上部分离；上位子房。横切子房，判断心皮数、子房室数、胎座类型、胚珠数目。浆果，带有宿存萼。

**3. 栀子** 常绿灌木，叶对生或三叶轮生，叶片椭圆状倒卵形或倒阔披针形，革质，全缘，托叶鞘状，膜质。取一朵花解剖观察：花萼 5 ~ 8 齿裂；花冠白色芳香，高脚碟状，5 ~ 8 齿裂；雄蕊 5 ~ 8，与花冠互生；子房下位。横切子房，判断心皮数、子房室数、胎座类型、胚珠数目。

**4. 丝瓜** 攀援草本，具卷须，茎有纵棱及毛茸，叶互生，近心形，掌状 5 浅裂，单性花。取雌花、雄花各一朵，解剖观察：雄花，花萼及花冠裂片 5，雄蕊 5，花药成“S”形。雌花花萼 5 齿裂，花冠 5 裂片，柱头三角形，子房下位。横切子房，判断心皮数、子房室数、胎座类型、胚珠数目。

**5. 野菊花** 多年生草本，基部木质，全株被白色绒毛。单叶互生，叶片卵形至披针形，羽状深裂，裂片又有浅裂。头状花序具 3 ~ 4 层总苞片；外围为雌性舌状花，淡黄色；中央为两性管状花，棕黄色。取舌状花、管状花各一朵，解剖观察：花冠合生，4 ~ 5 裂；雄蕊 5，聚药雄蕊；子房下位，柱头 2 叉，心皮 2，合生成 1 室，内含 1 胚珠。

写出以上 5 种植物的花程式并检索。

### （二）观察识别下列药用植物标本

杜鹃花科（杜鹃、闹羊花）；报春花科（过路黄、灵香草、点地梅、聚花过路黄）；木犀科（连翘、女贞、白蜡树）；马钱科（马钱、密蒙花、钩吻）；龙胆科（龙胆、秦艽、青叶胆）；夹竹桃科（罗布麻、萝芙木、络石、长春花）；萝摩科（白薇、徐长卿、杠柳）；旋花科（裂叶牵牛、圆叶牵牛、菟丝子、丁公藤、甘薯、马蹄金）；紫草科（紫草）；马鞭草科（马鞭草、臭梧桐、蔓荆、牡荆、马樱丹、草大青、紫珠）；唇形科（薄荷、丹参、益母草、黄芩、藿香、紫苏、夏枯草、荆芥、半枝莲）；茄科（枸杞、白花曼陀罗、颠茄、莨菪、龙葵、酸浆）；玄参科（玄参、地黄、胡黄连、阴行草、洋地黄）；茜草科（栀子、茜草、钩藤、白花蛇舌草、巴戟天、红大戟、鸡矢藤、咖啡）；忍冬科（金银花、山银花、陆英、接骨木）；败酱科（黄花败酱、甘松、缬草）；葫芦科（栝楼、木鳖、绞股蓝、罗汉果、丝瓜）；桔梗科（桔梗、党参、沙参、四叶参、半边莲）；菊科（野菊花、红花、白术、木香、苍术、茵陈蒿、艾蒿、牛蒡、苍耳、旋覆花、漏芦、土木香、紫菀、大蓟、蒲公英、苣买菜、苦苣菜）。

## 四、实训评价

1. 写出唇形科、桔梗科、菊科的主要特征。
2. 写出薄荷、龙葵、栀子、丝瓜、野菊花的分科检索路线。
4. 记录并识别以上的药用植物。

# 实训十六 识别药用被子植物（四）

——泽泻科、禾本科、天南星科、百合科、姜科、兰科

## 一、目的要求

1. 能识别禾本科、天南星科、百合科的主要特征。
2. 熟练查阅分科检索表，识别本实训所提供的药用植物。

## 二、实训准备

**1. 仪器用品** 解剖镜、放大镜、镊子、解剖针、解剖刀、植物志、植物图鉴等。

**2. 实训材料**

（1）新鲜材料或浸制标本 泽泻、水稻、半夏、山丹、姜、白及等带有花果的植株。

（2）蜡叶标本 泽泻科、禾本科、莎草科、棕榈科、天南星科、百合科、鸢尾科、姜科、兰科等药用植物标本。

## 三、实训内容

### （一）观察解剖下列药用植物的花

**1. 泽泻** 取一个花序进行观察：伞形状花序轮生于花葶上，再聚集成大型圆锥花序；花被2轮，离生，外轮萼状，内轮花瓣状，白色；雄蕊6，离生，花丝线状；花托扁平，心皮离生，多数，轮生。聚合瘦果。

**2. 水稻** 取一个小穗观察：每个小穗只含有一朵发育的小花，小穗基部颖片退化，只残留痕迹。在发育花基部可看到两个鳞片状的稃片，用镊子将发育花的内外稃分开，可见外稃大而硬，呈船形，有芒，内稃较小；在子房基部有两个浆片；雄蕊6个；雌蕊由2心皮组成，1室，1胚珠，柱头2裂，呈羽毛状。

**3. 半夏** 观察具佛焰苞的肉穗花序，注意佛焰苞的特点，雌花和雄花的性状及其在肉穗花序上的排列，注意花被之有无、雄蕊及子房的数量与着生情况。

**4. 山丹** 花1~3朵顶生或数朵排成总状花序，花冠鲜红色，下垂。取一朵花解剖观察：花被片6，反卷，呈2轮排列，花被片基部具蜜槽；雄蕊6，花药红色，丁字形着药；子房上位。横切子房，可见3心皮组成3室，每室有多数胚珠。

**5. 姜** 穗状花序，被覆瓦状排列的鳞片。取一朵花观察：苞片绿色；花萼3，下部合生；花冠黄绿色3裂，下部合生成管；唇瓣倒卵状圆形，中裂片具紫色条纹及淡黄色斑点，雄蕊1枚；子房下

位。横切子房观察：3心皮合生成3室，胚珠多数。

**6. 白及** 总状花序顶生，具花4～10朵。取一朵花观察：花被片6，2轮排列，唇瓣具紫色脉纹，中部以上三裂，侧裂片直立；合蕊柱顶端1花药，能育雄蕊1枚，花粉粘合成花粉块；柱头位于雄蕊下面，分成上唇和下唇，上唇不授粉，下唇二裂，能授粉；子房下位。横剖子房观察：3心皮，1室，侧膜胎座，胚珠多数。

写出以上6种植物的花程式并检索。

### （二）观察识别下列药用植物标本

泽泻科（泽泻、慈姑）；禾本科（薏苡、淡竹叶、白茅、芦苇、香茅、小麦、牛顿草、金丝草）；莎草科（莎草、荆三棱）；棕榈科（棕榈、槟榔、麒麟竭、椰子）；天南星科（天南星、异叶天南星、半夏、掌叶半夏、石菖蒲、千年健、独角莲）；百部科（百部）；百合科（百合、卷丹、贝母、黄精、玉竹、知母、七叶一枝花、土茯苓、天门冬、麦冬、山麦冬、萱草）；薯蓣科（薯蓣、黄独）；鸢尾科（射干、番红花、鸢尾）；姜科（姜、姜黄、莪术、温郁金、阳春砂、华山姜、山姜、白豆蔻、草豆蔻、高良姜、草果、益智）；兰科（天麻、白及、石斛、铁皮石斛、手参、石豆兰、石仙桃、金线莲）。

## 四、实训评价

1. 写出禾本科、天南星科、百合科、姜科、兰科的主要特征。
2. 比较姜科与兰科的区别。
3. 识别以上的药用植物。

（邹毅辉）

# 附 录

## 附录一 常用试剂

**1. 碘化钾碘试液** 取碘化钾 1.5g 溶于少量蒸馏水中，加碘 0.5g，搅拌溶解后加蒸馏水至 25ml，即得。置棕色磨口玻璃瓶中保存。本试液可使蛋白质呈黄色，常用于细胞构造染色。

**2. 稀甘油** 取甘油 33ml，加蒸馏水稀释成 100ml，再加樟脑一小块或液化苯酚 1 滴，即得。稀甘油能使细胞稍透明及溶解某些水溶液性的细胞后含物，并使材料保持湿润和软化。常和水合氯醛同用，作临时封藏剂，可防止水和氯醛晶体析出。

**3. 水合氯醛试液** 取水合氯醛 50g，加蒸馏水 15ml 与甘油 10ml，溶解即得。本试液为最常见的透明剂，能迅速透入组织中，使干燥而收缩的细胞膨胀，细胞组织透明清晰，并能溶解淀粉粒、树脂、蛋白质和挥发油等。

**4. 稀碘液** 取碘化钾 1g 溶于 100ml 蒸馏水中，再加碘 0.3g 溶解即得。置棕色磨口玻璃瓶中保存。此液可使淀粉粒显蓝色，糊粉粒呈黄色。

**5. 间苯三酚试液** 取间苯三酚 0.5g，加 95% 乙醇使溶解成 25ml，即得。置磨口玻璃瓶中，暗处保存。本试液用以鉴别木质化细胞壁，用时先加 1～2 滴于检体，放置约 1min，加盐酸 1 滴，木质化细胞壁显红色或紫红色，纤维素细胞壁则无反应。

**6. 氯化锌碘试液** 取氯化锌 20g，加蒸馏水 10ml 使溶解，加碘化钾 2g，溶解后再加碘，不断振摇至饱和，即得。置棕色瓶内保存。本试液可使纤维素一般不呈蓝色或紫色，木质化细胞壁呈黄色或棕色。

**7. 苏丹Ⅲ试液** 取苏丹Ⅲ 0.01g 加 90% 乙醇 5ml 溶解后，加甘油 5ml，摇匀即得。置棕色瓶内保存，保存期 2 个月。本试液能使角质化和木栓化细胞壁显红色或橙色，使脂肪油、挥发油或树脂显橙红色、红色或紫红色。

**8. α－萘酚醇溶液** 取 α－萘酚 1.5g，溶于 95% 乙醇 10ml 即得。用时滴加本试液，1～2min 后，再加 80% 硫酸 2 滴，可使菊糖显紫色。

**9. 番红酒液** 取番红 0.5g 或 1g，溶于 50% 乙醇 100ml 中，过滤后即得。番红酒液是一种碱性染料，可使木质化、木栓化和角质化的细胞壁及细胞核中的染色质和染色体染成红色。在植物组织制片中常与固绿染液配染。

**10. 固绿染液** 取固绿 0.1g 溶于 95% 乙醇 100ml 中，过滤后使用。这是一种酸性染料，可使纤维素的细胞壁和细胞质染成绿色。在植物组织制片中，常与番红配染。

（洪建基）

# 附录二 野外实习指导

## 一、目的要求

药用植物野外实习是对已学植物形态学基础知识、药用植物分类和药用植物资源开发利用知识的综合训练。通过药用植物标本采集并进行识别鉴定、药用植物资源的调查统计、药用植物标本的制作，进行包括观察能力、实际动手能力和思维能力的素质培养；通过野外实习艰苦的学习生活、脑力与体力劳动的双重付出获得成就感，培养吃苦耐劳的中华民族传统美德和对专业学习的热爱；药用植物野外实习的集体生活和互助合作还能培养现代人必须具备的团队合作精神。具体要求：

1. 在野外实习中按照药用植物标本鉴定的一般方法和步骤鉴定所观察和采集的药用植物标本；通过野外实习识别实习地常见的药用植物。

2. 在野外实习过程中，学生自行设计并制作若干份合格的药用植物腊叶标本。

3. 通过野外实习，以小组为单位写出实习地常见药用植物名录及分布。

## 二、实习内容

1. 药用植物标本的采集和药用植物资源调查统计。

2. 药用植物腊叶标本的制作和保存。

3. 药用植物形态描述和药用植物标本识别鉴定，检索表使用。

## 三、实习方法

### （一）药用植物标本的采集

#### 1. 准备工作

（1）资料收集　采集前应确定采集的目的、地点和时间，收集了解有关采集地的自然环境、风土人情等社会状况方面的资料，以便事先做好周密的安排和采集计划。

（2）采集用具　标本夹：用木条订成45cm×30cm方格板两块，近长边的两端有两根短边的木条突出约3cm，以便用绳索捆缚，夹上附有绳索。其用途是将吸水纸和标本置于其中压好、捆紧，使标本逐渐干燥而又不致萎缩。

吸水纸：用吸水性强的草纸或旧报纸，折叠成大小不超过标本夹为宜。

采集箱：用白铁皮制成50cm×25cm×20cm的扁圆柱形小箱，一侧面中间开有35cm×20cm的活动门，并加锁扣，箱的两端配有环扣，以便安装帆布背带。此箱能防止标本因风吹日晒或受压变干、变形，在移植鲜活植物时也须使用此箱。采集箱也可用塑料袋（多采用70cm×50cm的）或塑料背包代替。

枝剪和高枝剪：用以剪枝条或剪高大树木上的枝条。

丁字小镐或手铲：用来挖掘草本植物的根。

手锯：用来采集木本植物标本。

号牌：用卡片纸或其他硬纸，剪成4cm×3cm的小纸片，一端穿孔，并穿上线，在采集标本时，编好采集号（按标本采集次序编号，并必须与采集记录本上登记的号数相一致）后系在标本上，具体式样如下：

| |
|---|
| ○ |
| 采集号 |
| 地点 |
| 采集者 |
| 年　　月　　日 |

采集记录本（签）：是野外采集植物标本作原始记录专用的。每采一种植物都要详细填写一页（张）。其大小以 16cm × 10cm 为宜，具体式样如下：

| 植物标本采集记录 | |
|---|---|
| 采集日期＿＿＿＿＿＿ | 采集号＿＿＿＿＿＿ |
| 产地＿＿＿＿＿＿ | |
| 生长环境＿＿＿＿＿＿ | |
| 海拔高度＿＿＿＿＿＿ | 性状＿＿＿＿＿＿ |
| 体高＿＿＿＿＿＿ | 胸径＿＿＿＿＿＿ |
| 根（地下茎）＿＿＿＿＿＿ | |
| 茎＿＿＿＿＿＿ | |
| 叶＿＿＿＿＿＿ | |
| 花＿＿＿＿＿＿ | |
| 果实＿＿＿＿＿＿ | |
| 种子＿＿＿＿＿＿ | |
| 学名＿＿＿＿＿＿ | 科名＿＿＿＿＿＿ |
| 别名＿＿＿＿＿＿ | |
| 用途＿＿＿＿＿＿ | 采集者＿＿＿＿＿＿ |
| 附记（乳汁、气味等）＿＿＿＿＿＿ | |

放大镜：用于观察植物标本的细微形态特征。

测高表（海拔仪）：用以测量采集地海拔高度。

罗盘：用于观察方向、坡向、坡度。

钢卷尺：用于测量植物高度和胸径。

照相机及望远镜：拍摄植物全形、生态等照片，以弥补野外记录的不足；观察远处植物或高大树木顶端的特征。

小纸袋：收集、保存标本上落下的花、果实、种子、花粉和叶。

绳索：长 4 ~ 5 米或更长些，应结实耐用且轻便利于携带。

此外，在采集前还应准备如塑料广口瓶、酒精、福尔马林、地图、手电筒、笔、雨衣、水壶、饭盒及上山用的采集服装、帽子、采集用的背包等。必要时准备高筒雨靴及裹腿护等。

**2. 药用植物标本采集的时间和地点** 各种植物生长发育的时期有长有短，因此必须在不同的季节和不同的时间进行采集，才可能得到各类不同时期的标本。如有些早春开花植物，在北方冰雪开始融化的时候就开花了。而菊科、伞形科的有些植物到深秋才开花结果，因此必须根据要采的植物，决定外出采集的时间。采集地点也很重要。因为在不同的环境里，生长着不同的植物，在向阳山坡见到的植物，阴坡上一般见不到的。在低山和平原、由于环境比较简单，因而植物的种类也比较简单。但随着海拔高度的增加，地形变化的复杂，植物的种类也就比平原要丰富得多。

**3. 药用植物标本采集应注意的问题**

（1）必须采集完整的标本。剪取或挖取能代表该种植物的带花果的枝条（木本植物）或全株（草本植物），大小掌握在长 40cm、宽 25cm 范围内的。有的科如伞形科、十字花科等植物，如没有花、果，鉴定是很困难的。

（2）对一些具有地下茎（如鳞茎、块茎、根状茎等）的科属，如百合科、天南星科等，在没有采到地下茎的情况下难以鉴定，因此应特别注意采集这些植物的地下部分。

（3）雌、雄异株的植物，应分别采集雌株和雄株，以便研究时鉴定。

（4）采集草本植物应采带根的全草，高大的草本植物，采下后可折成“V”或“N”字形，然后再压入标本夹内，也可选其形态上有代表性的部分剪成上、中、下三段，分别压在标本夹内，但要注意编同一采集号，以备鉴定时查对。

（5）乔木、灌木或特别高大的草本植物，只能采取其植物体的一部分。但必须注意采集的标本应尽可能代表植物的一般特征。如可能，最好拍一张该植物的全形照片，以补标本的不足。

（6）水生草本植物，提出水面后，很容易缠成一团，不易分开。如金鱼藻，遇此情况，可用硬纸板从水中将其托出，连同纸板一起压入标本夹内，可保持形态特征的完整性。

（7）对寄生植物的采集，应注意连同寄主一起采下。并要分别注明寄主或附生植物及寄主植物，如桑寄生、列当等标本的采集。

（8）采集标本的份数：一般要采 2~3 份，给予同一编号，每个标本上都要系上号签。采集编号时，每个采集人的采集号，必须顺序编下，不可重号或空号。在同时同地所采集的同种植物，应编为同一号牌。号牌必须紧系标本的中部，以防脱落。注意野外记录本上的编号要和标本号牌上的号码一致。

（9）采集一种植物时，必须注意观察其生长环境、形态特征，如有无乳汁，乳汁的颜色、花的颜色、气味等经过压制后看不出来的特征，并详细记录。

**4. 苔藓植物标本的采集法**　苔藓植物用孢子繁殖，采集时，要力求采到生有孢子囊的植株；如果有长在地面上的匍匐主茎，也一定要采下来。苔藓植物常长在树干、树枝上，这就要连树枝树皮一起采下。苔藓植物有的单生，有的几种混生，应尽力做到每一种做成一份标本，分别采集，分别编号。孢子囊没有成熟的、精子器、精卵器没有长成的也应适量采一些，这对研究形态发育是有用的。标本采好以后，要一种一种分别用纸包好，不要压，不要夹，保持他们的自然状态。

**5. 蕨类植物标本的采集法**　蕨类植物的分类依据是孢子囊群的构造、排列方式、叶的形状和根茎特点等，所以要采全株，带孢子囊和根茎，否则鉴定时不容易。如果植株太大，可以采叶片的一部分，叶柄基部和部分根茎，同时认真记下植物的实际高度、裂片数目及叶柄的长度。

**6. 必须认真做好野外记录**　野外采集必须有实地记录，记录的内容可按其格式填写。因为标本经过压制后与它在生活状态有些改变。如乔木、灌木、高大草本植物，未采到部分的生长形式、植物体的大小、外形，各部分有无乳汁和有色浆汁。叶的正反两面的颜色，有没有白粉或光泽。花或花的某一部分的颜色和香气，如兰科植物的唇瓣，有没有杂色、斑点和条纹，花药和花丝的颜色和形状。果实的形状和颜色。全株植物各部分的毛被着生和形状以及地下部分的情形等，都是压制标本后不能保存或难以看出来的形状。药用植物更要收集当地的土名和药用价值。填写野外记录和标本号牌应用铅笔。

### （二）药用植物标本的压制和整理

植物标本压制和整理的目的是使标本在短期内干燥，使其形态与颜色得以固定。目前，植物蜡叶标本的制作方法有压干法、微波法等。微波法是根据微波加热原理快速制作标本的新方法，较常规吸水纸压制法制作标本快、成本低。常规方法压制和整理标本需注意以下几点：

**1. 妥善保存** 采集的标本，除少量进行检索观察外，若需保存应立即进行压制，如时间过长，失去水分，叶、花卷缩，将无法保持原形，降低甚至丧失保存价值。

**2. 初步整形** 将采集的材料进行初步分类和整理，清洗或擦除标本材料上的污泥，使植株保持自然状态，除去部分过多的枝叶，以免彼此重叠太厚，不易压平而生霉。但整形时要注意保留其分枝及叶柄的一部分，以示原来状况，保持原有特征。如果叶片太大不能在夹板上压制，可沿中脉一侧剪去全叶40%，保留叶尖；若是羽状复叶，可将叶轴一侧的小叶剪短，保留小叶基部和复叶顶端的小叶。对景天科、天南星科等肉质植物，则先用开水杀死。对球茎、块茎、鳞茎等除用开水杀死外，还要切除一半，然后再压制，可促其干燥。

**3. 压制** 先将标本夹平放，上置5~6层吸水草纸，将已整形的标本置于纸上，草本植物应连根压入。如果植株过长，可弯折成“V”或“N”形，也可选其形态上有代表性的部分，剪成上、中、下三段，分别压在标本夹内，但要注意编同一采集号，以备鉴定时查对。每份标本的叶片除大多数正面向上以外、应有少数叶片使其背面向上用以显示背面的特征。

每份标本上面盖2~3层草纸，再放另一份标本（草纸厚薄可根据标本所含的水分多少而增减），当所有标本压完后，最上面一份标本，需盖上5~6层纸，再放上另一块标本夹，用绳索将标本夹横木捆紧。捆标本时，注意四面平展，否则标本压得不整齐，还会损坏标本夹。将压有标本的标本夹，放在日光下晒或置于通风处。

在压标本时，各标本要按编号顺序排列，同时在标本夹上注明从几号到几号标本；采集日期和地点。这样既有利于将来查找，又可以及时发现在换纸过程中丢失的标本。

**4. 换纸** 标本压制头几天，每天应换2~3次干纸，以后标本含水量减少后每天换一次即可，直至标本安全干燥为止，以保持标本不发霉和减少变色。每次换出的潮湿纸应及时晒干或烘干，以供继续使用。

在第1~2次换纸时，对标本要进行整形，使枝、叶展开、展平，不要重叠、折皱。落下的花、果和叶要用纸袋装起来，和标本放在一起，以免翻压丢失。

在换纸时，植物根部或粗大部分要经常调换位置，不可集中一端或中央致使高低不均，使标本压不好。

**5. 蜡叶标本消毒和装订** 野外采回的标本往往带有害虫或虫卵，或霉菌孢子。故在标本入柜之前，必须进行消毒。

（1）消毒方法 标本在上台纸装订前要进行消毒，方法有三种：第一种是把标本放进消毒室或消毒箱内，将敌敌畏或四氯化碳、二硫化碳混合液置于玻璃皿内，利用蒸气熏杀标本上的虫子和卵，约3天后即可取出上台纸；第二种是将已压干的标本置入0.4%升汞乙醇溶液（95%乙醇1000ml加4g升汞）中浸泡0.5~2分钟（视茎、叶、花、果实的厚薄而定），然后取出放于纸中并勤换草纸至干，方能装订在台纸上（注意：升汞为剧毒药品，使用时须加以注意，在消毒过程中必须戴口罩，结束后要及时洗手，以免中毒。药品使用后应专人保管，使用时必须有2人在场才能领取药品，避免因管理不当造成意外事故）；第三种是低温消毒法，将压干的标本捆成一叠一叠，放到低温冷柜（-30℃~-18℃）的条件下，将标本冷冻72小时，即可起到杀菌消毒作用。

（2）上台纸 压好的标本，为了长期保存和便于利用，应装订在台纸上。台纸一般用硬磅纸（白板纸），纸面最好为白色。台纸大小一般长42cm，宽29cm，装订时按以下步骤进行：

①取一张台纸，平整放于桌面上，然后把选好已消毒的标本放在台纸适当的位置上，右下角和左上角都要留出贴定名标签和野外记录签的位置。在装订前，标本还需进行最后一次整形，将太长或过多的枝、叶、花、果实除去。

②用针线将标本订在台纸上，先订粗大枝条，再订小枝和叶，较大的叶可在背面涂少量胶水（或白乳胶）贴紧。也可用小刀沿标本各部位适当位置切出数个纵向切口，再用具有韧性的白纸条从切口穿入，从背面扣紧，并用胶水在背面贴牢。上台纸时最好不用浆糊，以避免生虫，损坏标本。

③凡在压制中脱落下来应保留的叶、花、果实可按自然着生情况装订或用透明纸袋，贴于台纸一角。

④单独干制的地下部分或过大的果实也应装订在台纸上。

⑤填写经正式鉴定的定名标签，贴在台纸右下角，定名签的大小以 10cm × 8cm 为宜，式样如下：

定 名 签

______________________植物标本室

采集人____________ 采集号____________________

中文名____________ 科名______________________

学名____________________________________

产地____________________________________

药用部位________________________________

用途____________________________________

鉴定人______ 日期__________________________

⑥按标本号复写一份采集记录，贴于台纸左上角。这样才算完成一份完整的蜡叶标本。

**6. 蜡叶标本的保存** 凡经上台纸和装入纸袋的高等植物标本，经正式定名后，都应放入标本柜中保存。

（1）标本柜以铁制的最好，可以防火，但价格贵，因此多采用木制标本柜。通常采用二节四间的标本柜，柜分上下二节，这样易于搬动。柜内可放樟脑防虫剂，以防虫蛀。

（2）蜡叶标本在标本柜内排列方式主要有以下几种：

①按系统排列：各科排列顺序可按现在一般较为完整的系统，如恩格勒系统、哈钦松系统等，目前一些较大的标本室都是采用此种排列方式。

②按地区排列：把同一地区采来的标本放在一起，这样对研究某地区植物或野生资源植物的调查比较方便。但在地区内仍要遵照系统或拉丁文字母顺序排列。

③按拉丁文字母顺序排列：这种排列方式对熟悉拉丁学名的人，使用起来非常方便。

以上各种方式，可根据不同情况、不同需要来采用。

### （三）药用植物形态描述和标本鉴定方法

**1. 药用植物的形态描述** 对所描述的植物进行认真细致的系统观察，作好记录并绘制有关重要结构图。

（1）根据植物茎的性质确定植物是属于哪一类植物。

（2）确定植物的类型以后，从根开始观察，判断根系是属于直根系还是须根系，以及根是否有变态类型，如有的话，还须区分是属于哪一类变态。

（3）观察茎的生长习性，判断茎是属于直立茎、平卧茎、缠绕茎、攀缘茎、匍匐茎等；再观察茎是否有变态类型，如有的话，还须区分是属于哪一类变态。

（4）观察叶，首先判断是单叶还是复叶，如为复叶则需判断出复叶的类型；再依次从叶序、托叶、叶形、叶尖、叶基、叶缘、叶裂形状、脉序等对叶进行形态描述，再观察叶是否有变态类型，如有的话，还须区分是属于哪一类变态。

（5）对花的观察，单生花可直接观察；花序则需先判断其类型。一朵花的组成，应由外向内逐层进行解剖观察。在解剖花的同时，还需注意花各组成部分在花中的排列位置及其相互关系。观察花萼。先看萼片是否结合，然后记数萼片的数目，再描述萼片的颜色、形状及附属物等；剥去花萼，观察花冠。先看花冠是否结合，然后记数花瓣的数目，再描述花瓣的颜色、形状及附属物等。同时还要观察花蕾，看花瓣在花芽中的排列方式；剥去花瓣，观察雄蕊。先看花药和花丝是否结合，然后记数雄蕊的数目，再观察其排列方式及其长短，同时观察花药的着生方式和开裂方式等；剥去雄蕊，观察雌蕊。先记数雌蕊的数目，判断出雌蕊的类型；然后观察子房和花托的关系，判断出子房位置的类型；再通过柱头、花柱、子房的外部形态及解剖结构等的观察，判断出组成雌蕊的心皮数目、心皮结合情况，子室的数目、胎座的类型以及胚珠类型等。

（6）对果实的观察，先通过其果皮及其附属部分成熟时的质地和结构来判断出类型，再观察记载果实的形状、大小、颜色、毛被以及表面附属物的特征等。

（7）对种子的观察，可通过纵剖面和横剖面观察种子的结构组成特点。

（8）用科学的形态属于对所观察的药用植物进行归纳和总结，对一种植物的完整描述，其顺序大体上按照植物的习性、根、茎、叶、花序、花、果实、种子、花期、产地、生境、分布、用途等以文字进行描述。

**2. 药用植物标本鉴定方法** 首先所需鉴定的标本必须完整，除了营养体外，还须有花、有果实，属于合格标本。其次，在鉴定标本之前，还必须准备好相关工具书，如《中国植物志》及地方植物志、《中国高等植物科属检索表》、《中国高等植物图鉴》、种子植物检索表，以及标本产地的植物名录等等。对于一个初学者，鉴定一份陌生植物标本时，一般要在对所鉴定标本作仔细观察和描述的基础上，遵循下列步骤进行：

（1）科的鉴定 方法一是借助已有的植物学知识就某些关键识别特征，初步判断所属科，并与该科文献记载特征对照、确认。方法二是用书后附录“被子植物分科检索表”或《中国高等植物科属检索表》等工具书中的“分科检索表”逐条检索到科，再与该科文献记载特征对照、确认。

（2）属种的鉴定 在科确定以后，用《中国高等植物科属检索表》等工具书的中的“分科检索表”逐条检索到属，在与该属文献记载特征对照、确认。亦可用《中国植物志》（或这标本产地省、市的植物志）等工具书的相关卷册，根据植物志对该科中的各属的特征描述，判断出属于哪一属。最后再根据该属的描述和分种检索表检索出该标本所属种的名称。

初步确定种名以后，就要运用上述植物志、书、图鉴等工具书中关于该种的描述，对标本逐条进行检查核对，如果标本与各工具书中的描述基本吻合、产地范围一致，则表明鉴定结果正确。

（苏志坚）

# 附录三　国家重点保护药用植物

自1992年《生物多样性公约》签订以来，生物多样性保护与可持续发展已成为当前国际社会以及各国政府普遍关注的热点问题。伴随越来越明显的人类活动，全球正面临着新生代以来最大规模的物种集群灭绝。我国是世界上生物多样性最为丰富的国家之一，也是生物多样性受到严重威胁的国家之一。尽管生物多样性保护在我国已受到极为广泛关注，但我国生物多样性的现状仍面临着许多严重威胁，如不断丧失和流失的遗传资源，物种的濒危程度不断加剧等，生物多样性的保护工作刻不容缓。

1999年国家林业局和农业部颁布了《国家重点保护野生植物名录（第一批）》，该目录包含88科195属，共计310种植物。其中，一级保护野生植物84种；二级保护野生植物226种，该目录为我国野生植物保护工作提供了重要依据。随着社会的发展和人类活动的增多，野生植物种群不断发生变化，野生植物保护日益受到重视。2021年9月国家林业局、草原局、农业农村部公布了调整后的《国家重点保护野生植物名录》。其中，国家重点保护药用植物名录如下。

## 一、国家重点保护药用植物名录

国家重点保护药用植物名录

| 中文名 | 学名 | 保护级别 |
|---|---|---|
| **桫椤科** | **Cyatheaceae** | |
| 桫椤 | *Alsophila spinulosa* (Wall. ex Hook.) R. M. Tryon | 一级 |
| **蓝果树科** | **Nyssaceae** | |
| 珙桐 | *Davidia involucrata* Baill. | 一级 |
| **杉科** | **Taxodiaceae** | |
| 水杉 | *Metasequoia glyptostroboides* Hu et Cheng. | 一级 |
| **五加科** | **Araliaceae** | |
| 人参 | *Panax ginseng* C. A. Mey. | 一级 |
| **龙脑香科** | **Dipterocarpaceae** | |
| 望天树 | *Parashorea chinensis* H. Wang | 一级 |
| **铁线蕨科** | **Adiantaceae** | |
| 荷叶铁线蕨 | *Adiantum nelumboides* X. C. Zhang | 二级 |
| **银杏科** | **Ginkgoaceae** | |
| 银杏 | *Ginkgobiloba* L. | 二级 |
| **三尖杉科** | **Cephalotaxaceae** | |
| 海南粗榧 | *Cephalotaxus hainanensis* H. L. Li | 二级 |
| 篦子三尖杉 | *Cephalotaxus oliveri* Mast. | 二级 |
| **杉科** | **Taxodiaceae** | |
| 水松 | *Glyptostrobus pensilis* (Staunton ex D. Don) K. Koch | 二级 |
| **松科** | **Pinaceae** | |
| 金钱松 | *Pseudolarix amabilis* (J. Nelson) Rehder | 二级 |
| **胡桃科** | **Juglandaceae** | |
| 胡桃 | *Juglans regia* L. | 二级 |

续表

| 中文名 | 学名 | 保护级别 |
| --- | --- | --- |
| **杜仲科** | **Eucommiaceae** | |
| 杜仲 | *Eucommia ulmoides* Oliv. | 二级 |
| **石竹科** | **Caryophyllaceae** | |
| 金铁锁 | *Psammosilene tunicoides* W. C. Wu et C. Y. Wu. | 二级 |
| **木兰科** | **Magnoliaceae** | |
| 鹅掌楸 | *Liriodendron chinense* (Hemsl.) Sarg. | 二级 |
| 巴东木莲 | *Manglietia patungensis* Hu. | 二级 |
| **毛茛科** | **Ranunculaceae** | |
| 云南黄连 | *Coptis teeta* wall. | 二级 |
| 峨眉黄连 | *Coptis omeiensis* (Chen) C. Y. Cheng. | 二级 |
| **连香树科** | **Cercidiphyllaceae** | |
| 连香树 | *Cercidiphyllum japonicum* Sieb. et Zucc. | 二级 |
| **龙脑香科** | **Dipterocarpaceae** | |
| 狭叶坡垒 | *Hopea chinensis* (Merr.) Hand. – Mazz. | 二级 |
| 坡垒 | *Hopea hainanensis* Merr. & Chun | 二级 |
| 多毛坡垒 | *Hopea mollissima* C. Y. Wu | 二级 |
| 云南娑罗双 | *Anthoshorea assamica* (Dyer) P. S. Ashton & J. Heck. | 二级 |
| 广西青梅 | *Vatica guangxiensis* S. L. Mo | 二级 |
| **无患子科** | **Sapindaceae** | |
| 荔枝 | *Litchichinensis* Sonn. | 二级 |
| **鼠李科** | **Rhamnaceae** | |
| 小勾儿茶 | *Berchemiella wilsonii* (C. K. Schneid.) Nakai | 二级 |
| **蓝果树科** | **Nyssaceae** | |
| 光叶珙桐 | *Davidia involucrata* var. *vilmoriniana* (Dode) Wanger. | 二级 |
| **五加科** | **Araliaceae** | |
| 马蹄参 | *Diplopanax strachyanthus* Hand. – Mazz. | 二级 |
| 刺人参 | *Oplopanax elatus* Nakai. | 二级 |
| **茜草科** | **Rubiaceae** | |
| 香果树 | *Emmenopterys henryi* Oliv. | 二级 |
| **伯乐树科** | **Bretschneideraceae** | |
| 伯乐树 | *Bretschneidera sinensis* Hemsl. | 二级 |
| **瓶尔小草科** | **Ophioglossaceae** | |
| 狭叶瓶尔小草 | *Ophioglossum thermale Kom.* | 二级 |
| **百合科** | **Liliaceae** | |
| 西藏延龄草 | *Trilliumgovanianum* Wall. ex Royle | 二级 |
| **禾本科** | **Gramineae** | |
| 药用稻 | *Oryza officinalis* Wall. ex Steud. | 二级 |
| **多孔菌科** | **Polyporaceae** | |
| 猪苓 | *Polyporus umbellatus* (Pers.) Fries | 三级 |

续表

| 中文名 | 学名 | 保护级别 |
|---|---|---|
| **水韭科** | **Isoetaceae** | |
| 中华水韭 | *Isoetes sinensis* Palmer | 三级 |
| **水龙骨科** | **Polypodiaceae** | |
| 扇蕨 | *Lepisorus palmatopedatus* C. F. Zhao, R. Wei & X. C. Zhang | 三级 |
| **苏铁科** | **Cycadaceae** | |
| 闽粤苏铁 | *Cycas taiwaniana* Carruth. | 三级 |
| 宽叶苏铁 | *Cycas balansae* Warb. | 三级 |
| **红豆杉科** | **Taxaceae** | |
| 穗花杉 | *Amentotaxus argotaenia* (Hance) Pilger. | 三级 |
| **松科** | **Pinaceae** | |
| 秦岭冷杉 | *Abies chensiensis* Tiegh. | 三级 |
| **胡桃科** | **Juglandaceae** | |
| 胡桃楸 | *Juglans mandshurica* Maxim. | 三级 |
| **桦木科** | **Betulaceae** | |
| 华榛 | *Corylus chinensis* Franch. | 三级 |
| **五味子科** | **Schisandraceae** | |
| 地枫皮 | *Illicium difengpi* K. I. B. et K. I. M. | 三级 |
| 五味子 | *Schisandra chinensis* (Turcz.) Baill. | 三级 |
| 华中五味子 | *Schisandra sphenanthera* Rehder & E. H. Wilson | 三级 |
| **木兰科** | **Magnoliaceae** | |
| 天目玉兰 | *Magnoliaamoena* Cheng | 三级 |
| 黄山玉兰 | *Magnolia. cylindrica* Wils. | 三级 |
| 大叶木兰 | *Magnolia. henryi* Dunn | 三级 |
| 凹叶厚朴 | *Houpoea officinalis* Biloba | 三级 |
| 厚朴 | *Houpoea officinalis* N. H. Xia & C. Y. Wu | 三级 |
| 长喙厚朴 | *Houpoea rostrata* (W. W. Sm.) N. H. Xia & C. Y. Wu | 三级 |
| 天女花 | *Oyama sieboldii* (K. Koch) N. H. Xia & C. Y. Wu | 三级 |
| 西康天女花 | *Oyama wilsonii* (Finet & Gagnep.) N. H. Xia & C. Y. Wu | 三级 |
| 宝华玉兰 | *Yulania zenii* (W. C. Cheng) D. L. Fu | 三级 |
| 香子含笑 | *Michelia gioii* (A. Chev.) Sima & H. Yu | 三级 |
| **肉豆蔻科** | **Myristicaceae** | |
| 云南肉豆蔻 | *Myristica yunnanensis* Y. H. Li | 三级 |
| **樟科** | **Lauraceae** | |
| 天竺桂 | *Cinnamomum japonicum* Sieb. | 三级 |
| 银叶桂 | *Cinnamomum mairei* H. Lév. | 三级 |
| 沉水樟 | *Camphora micrantha* (Hayata) Y. Yang, Bing Liu & Zhi Yang | 三级 |
| 天目木姜子 | *Litsea auriculata* Chien et Cheng | 三级 |
| 楠木 | *Phoebenanmu* (Oliv.) Gamble | 三级 |

续表

| 中文名 | 学名 | 保护级别 |
|---|---|---|
| **领春木科** | **Eupteleaceae** | |
| 领春木 | *Euptelea pleiospermum* Hook. f. et Thoms. | 三级 |
| **毛茛科** | **Ranunculaceae** | |
| 短柄乌头 | *Aconitumbrachypodum* Diels. | 三级 |
| 小白撑 | *Aconitumnagarum* var. acaule（Finet & Gagnep.）Q. E. Yang | 三级 |
| 黄连 | *Coptis chinensis* Ftanch. | 三级 |
| 短萼黄连 | *Coptis chinensis* var. brevisepala W. T. Wang & P. G. Xiao | 三级 |
| **马兜铃科** | **Aristolochiaceae** | |
| 辽细辛 | *Asarum heterotropoides* var. mandshuricum（Maxim.）Kitag. | 三级 |
| 汉城细辛 | *Asarum sieboldii* Miq. | 三级 |
| 黄牡丹 | *Paeonia delavayi* Franch. | 三级 |
| 紫斑牡丹 | *Paeonia rockii*（S. G. Haw & Lauener）T. Hong & J. J. Li | 三级 |
| 矮牡丹 | *Paeonia jishanensis* T. Hong & W. Z. Zhao | 三级 |
| **小檗科** | **Berberidaceae** | |
| 八角莲 | *Dysosma versipellis*（Hance）M. Cheng | 三级 |
| 胡豆莲 | *Euchresta trifolialata* Merr. | 三级 |
| 桃儿七 | *Sinopodophyllum hexandrum*（Royle）T. S. Ying | 三级 |
| **龙脑香科** | **Dipterocarpaceae** | |
| 青梅 | *Vatica mangachapoi* Blauco | 三级 |
| **山茶科** | **Theaceae** | |
| 紫茎 | *Stewartia sinensis* Rehd. et Wils. | 三级 |
| **龙脑香科** | **Dipterocarpaceae** | |
| 铁凌 | *Hopea reticulata* Tardieu | 三级 |
| **桑科** | **Moraceae** | |
| 见血封喉 | *Antiaris toxicatia*（Pers.）Lesch. | 三级 |
| **蕈树科** | **Altingiaceae** | |
| 半枫荷 | *Semiliquidambar cathayensis* H. T. Chang | 三级 |
| **蔷薇科** | **Rosaceae** | |
| 蒙古扁桃 | *Prunus mongolica*（Maxim.）Yu | 三级 |
| 香水月季 | *Rosaodorata* Sweet | 三级 |
| 玫瑰 | *Rosarugosa* Thunb. | 三级 |
| **豆科** | **Leguminosae** | |
| 黄芪 | *Astragalus membranaceus*（Fisch）Bunge. | 三级 |
| 蒙古黄芪 | *Astragalus membranaceus* var. mongholicus P. K. Hsiao | 三级 |
| 绒毛皂荚 | *Gleditsia japonica* var. velutina L. Chu Li | 三级 |
| 野大豆 | *Glycine soja* Sieb. et Zucc. | 三级 |
| 洋甘草 | *Glycyrrhiza glabra* L. | 三级 |
| 胀果甘草 | *Glycyrrhiza inflata* Batalin | 三级 |
| 甘草 | *Glycyrrhiza uralensis* Fisch. | 三级 |

续表

| 中文名 | 学名 | 保护级别 |
| --- | --- | --- |
| 红豆树 | *Ormosia hosiei* Hemsl. et Wils. | 三级 |
| **大戟科** | **Euphorbiaceae** | |
| 海南巴豆 | *Crotonlaui* Merr. et Metc. | 三级 |
| **芸香科** | **Rutaceae** | |
| 黄檗 | *Phellodendron amurense* Rupr. | 三级 |
| 川黄檗 | *Phellodendron chinense* C. K. Schneid. | 三级 |
| **远志科** | **Polygalaceae** | |
| 西伯利亚远志 | *Polygalasibirica* L. | 三级 |
| 远志 | *Polygalatenuifolia* Willd. | 三级 |
| **漆树科** | **Anacardiaceae** | |
| 林生杧果 | *Mangifera sylvatica* Roxb. | 三级 |
| **无患子科** | **Sapindaceae** | |
| 龙眼 | *Dimocarpus longan* Lour. | 三级 |
| **龙脑香科** | **Dipterocarpaceae** | |
| 纤细龙脑香 | *Dipterocarpus gracilis* Bl. | 三级 |
| **无患子科** | **Sapindaceae** | |
| 云南七叶树 | *Aesculus wangii* Hu ex Fang. | 三级 |
| **瑞香科** | **Thymelaeaceae** | |
| 土沉香 | *Aquilaria sinensis* (Lour.) Gilg. | 三级 |
| **柽柳科** | **Tamaricaceae** | |
| 沙生柽柳 | *Tamarix taklamakanensis* M. T. Liu | 三级 |
| **青钟麻科** | **Achariaceae** | |
| 海南大风子 | *Hydnocarpus hainanensis* (Merr.) Sleum | 三级 |
| **山茱萸科** | **Cornaceae** | |
| 山茱萸 | *Cornus officinalis* Sieb. et Zucc. | 三级 |
| **使君子科** | **Combretaceae** | |
| 诃子 | *Terminalia chebula* Retz. | 三级 |
| 微毛诃子 | *Terminalia chebula* var. tomentella (Kurz.) C. B. Clarke | 三级 |
| **蓝果树科** | **Nyssaceae** | |
| 云南蓝果树 | *Nyssayunnanensis* W. C. Yin | 三级 |
| **五加科** | **Araliaceae** | |
| 刺五加 | *Eleutherococcus senticosus* (Rupr. & Maxim.) Maxim. | 三级 |
| 多室八角金盘 | *Fatsia polycarpa* Hayata | 三级 |
| 假人参 | *Panax pseudoginseng* Wall. | 三级 |
| 姜状三七 | *Panax zingiberensis* C. Y. Wu & K. M. Feng | 三级 |
| **伞形科** | **Umbelliferae** | |
| 明党参 | *Changium smyrnoides* Wolff. | 三级 |
| 阜康阿魏 | *Ferulafukanensis* K. M. Shen | 三级 |
| 新疆阿魏 | *Ferulasinkiangensis* K. M. Shen | 三级 |

续表

| 中文名 | 学名 | 保护级别 |
|---|---|---|
| 珊瑚菜 | *Glehnia littoralis* F. Schmidt ex Miq. | 三级 |
| 羌活 | *Hansenia weberbaueriana* Pimenov & Kljuykov | 三级 |
| 宽叶羌活 | *Hansenia forbesii*（H. Boissieu）Pimenov & Kljuykov | 三级 |
| 防风 | *Saposhnikovia divaricata*（Turcz.）Schischk. | 三级 |
| **安息香科** | **Styracaceae** | |
| 白辛树 | *Pterostyrax psilophylla* Diels ex Perk. | 三级 |
| **木樨科** | **Oleaceae** | |
| 连翘 | *Forsythiasuspensa*（Thunb.）Vahl. | 三级 |
| 水曲柳 | *Fraxinus mandshurica* Rupr. | 三级 |
| **龙胆科** | **Gentianaceae** | |
| 条叶龙胆 | *Gentiana manshurica* Kitag. | 三级 |
| 滇龙胆草 | *Gentiana rigescens* Franch. | 三级 |
| 龙胆 | *Gentiana scabra* Bunge | 三级 |
| 三花龙胆 | *Gentiana triflora* Pall. | 三级 |
| 粗茎秦艽 | *Gentiana crassicaulis* Duthie ex Burk. | 三级 |
| 达乌里秦艽 | *Gentiana dahurica* Fischer | 三级 |
| 秦艽 | *Gentiana macrophylla* Pall. | 三级 |
| **茜草科** | **Rubiaceae** | |
| 巴戟 | *Morinda officinalis* How. | 三级 |
| **紫草科** | **Boraginaceae** | |
| 软紫草 | *Arnebia euchroma*（Roylc）Johnst. | 三级 |
| 紫草 | *Lithospermum erythrorhizon* Sieb. et Zucc. | 三级 |
| **马鞭草科** | **Verbenaceae** | |
| 蔓荆 | *Vitex trifolia* L. | 三级 |
| 单叶蔓荆 | *Vitex rotundifolia* L. f. | 三级 |
| **车前科** | **Plantaginaceae** | |
| 胡黄连 | *Picrorhiza scrophulariiflora* Pennell | 三级 |
| **唇形科** | **Labiatae** | |
| 黄芩 | *Scutellaria baicalensis* Georgi | 三级 |
| **列当科** | **Orobanchaceae** | |
| 草苁蓉 | *Boschuiakia rossica*（Cham et Schltal.）Fedtsch. et Flerov. | 三级 |
| 肉苁蓉 | *Cistanche deserticola* Y. C. M. | 三级 |
| 管状肉苁蓉 | *Cistanche tubulosa*（Schenk）Wight | 三级 |
| **忍冬科** | **Caprifoliaceae** | |
| 猬实 | *Kolkwitzia amabilis* Graebn. | 三级 |
| **菊科** | **Compositae** | |
| 雪莲花 | *Saussurea involucrata* Kar. et Kir. | 三级 |
| **百合科** | **Liliaceae** | |
| 天门冬 | *Asparaguscochichinensis*（Lour.）Merr. | 三级 |

续表

| 中文名 | 学名 | 保护级别 |
|---|---|---|
| 剑叶龙血树 | *Dracaena cochinchinensis* (Lour.) S. C. Chen | 三级 |
| 川贝母 | *Fritillaria cirrhosa* D. Don. | 三级 |
| 梭砂贝母 | *Fritillaria delavayi* Franch. | 三级 |
| 伊贝母 | *Fritillaria pallidiflora* Schrenk ex Fisch. & C. A. Mey. | 三级 |
| 甘肃贝母 | *Fritillaria przewalskii* Maxim. | 三级 |
| 暗紫贝母 | *Fritillaria unibracteata* P. K. Hsiao & K. C. Hsia | 三级 |
| 平贝母 | *Fritillaria usuriensis* Maxim. | 三级 |
| 新疆贝母 | *Fritillaria walujewii* Regel | 三级 |
| 延龄草 | *Trilliumtschonoskii* Maxim. | 三级 |
| **薯蓣科** | **Dioscoreaceae** | |
| 蒟蒻薯 | *Tacca leontopetaloides* (L.) Kuntze | 三级 |
| **兰科** | **Orchidaceae** | |
| 束花石斛 | *Dendrobium chrysanthum* Lindl. | 三级 |
| 流苏石斛 | *Dendrobium fimbriatum* Hook. | 三级 |
| 美花石斛 | *Dendrobium loddigesii* Rolfe | 三级 |
| 石斛 | *Dendrobium nobile* Lindl. | 三级 |
| 铁皮石斛 | *Dendrobium officinale* Kimura & Migo | 三级 |
| 天麻 | *Gastrodia elata* Bl. | 三级 |

## 二、保护国家重点药用植物的建议与措施

**1. 加大科普宣传力度，提高公民保护珍稀植物的自觉性** 针对不同人群或场所，采取不同的宣传策略。在学校、社区和机关企事业单位，可开展形式多样的珍稀濒危植物保护科普宣传活动；对于社会大众，可通过公众号推送珍稀保护植物科普内容；在一些旅游景点和公共场所，可开辟一些珍稀濒危植物保护的宣传栏；对于广大农村，可印制珍稀濒危植物科普宣传和法律保护资料发放至农民手中，还可通过村部进行广播宣传或宣传栏展示。

**2. 制定优先保护方案，分类分级保护珍稀植物种质资源** 基于借鉴国内对珍稀濒危植物优先保护评价研究，可从濒危状态、种群分布格局和数量、物种价值、遗传多样性等方面制定优先保护方案。将极小种群物种和濒危物种列为同类，其保护重在野外监测和就地保护；将分布较广、数量较多的物种列为同类，其保护重在执法监督；将分布较广、有较高的药用观赏价值的物种列为同类，其保护重在就地保护和杜绝乱采乱挖；将仅分布在自然保护区内物种列为同类，其保护重在就地保护。此外，就地保护不能拘泥于不动一草一木的政策，适当抚育、增加林窗模型，可改善目的物种的生长环境，从而增加繁衍机会。

**3. 重视国家重点保护植物的调查，建立种质资源收集库** 保护国家重点保护植物种质的多样性和进化潜力，建立种质资源收集库是最为有效的方式。通过持续的调查，既可摸清珍稀保护植物的生活习性和分布格局，又利于种质多样性收集，为野外回归和资源开发利用奠定基础。

（李　珍）

# 附录四　被子植物门分科检索表

1. 子叶2个，极稀可为1个或较多；茎具中央髓部；在多年生的木本植物且有年轮；叶片常具网状脉；花常为5出或4出数。…………………………………………………………………………… **双子叶植物纲 Dicotyledoneae**
 2. 花无真正的花冠（花被片逐渐变化，呈覆瓦状排列成2至数层的，也可在此检索）；有或无花萼，有时且可类似花冠。
  3. 花单性，雌雄同株或异株，其中雄花，或雌花和雄花均可成葇荑花序或类似葇荑状的花序。
   4. 无花萼，或在雄花中存在。
    5. 雌花以花梗着生于椭圆形膜质苞片的中脉上；心皮1 ……………………………… **漆树科 Anacardiaceae**
    （九子不离母属 *Dobinea*）
    5. 雌花情形非如上述；心皮2或更多数。
     6. 多为木质藤本；叶为全缘单叶，具掌状脉；果实为浆果 ……………………………… **胡椒科 Piperaceae**
     6. 乔木或灌木；叶可呈各种型式，但常为羽状脉；果实不为浆果。
      7. 旱生性植物，有具节的分枝，和极退化的叶片，后者在每节上且连合成为具齿的鞘状物…………………………………………………………………………… **木麻黄科 Casuarinaceae**
      （木麻黄属 *Casuarina*）
      7. 植物体为其他情形者。
       8. 果实为具多数种子的蒴果；种子有丝状毛茸 …………………………………… **杨柳科 Salicaceae**
       8. 果实为仅具1种子的小坚果、核果或核果状的坚果。
        9. 叶为羽状复叶；雄花有花被 ……………………………………………… **胡桃科 Juglandaceae**
        9. 叶为单叶（有时在杨梅科中可为羽状分裂）。
         10. 果实为肉质核果；雄花无花被 ………………………………………… **杨梅科 Myricaceae**
         10. 果实小坚果；雄花有花被…………………………………………………… **桦木科 Betulaceae**
   4. 有花萼，或在雄花中不存在。
    11. 子房下位。
     12. 叶对生，叶柄基部互相连合…………………………………………………… **金粟兰科 Chloranthaceae**
     12. 叶对生。
      13. 叶为羽状复叶 ……………………………………………………………… **胡桃科 Juglandaceae**
      13. 叶为单叶。
       14. 果实为蒴果 …………………………………………………………… **金缕梅科 Hamamelidaceae**
       14. 果实为坚果。
        15. 坚果封藏于一变大呈叶状的总苞中 ……………………………………… **桦木科 Betulaceae**
        15. 坚果有一壳斗下托，或封藏在一多刺的果壳中 ……………………………… **壳斗科 Fagaceae**
    11. 子房上位。
     16. 植物体中具白色乳汁。
      17. 子房1室；聚花果 ………………………………………………………………… **桑科 Moraceae**
      17. 子房2~3室；蒴果 ……………………………………………………… **大戟科 Euphorbiaceae**
     16. 植物体中无乳汁，或在大戟科的重阳木属 *Bischofia* 中具红色汁液。
      18. 子房为单心皮所组成；雄蕊的花丝在花蕾中向内屈曲 ……………………………… **荨麻科 Urticaceae**
      18. 子房为2枚以上的连合心皮所组成；雄蕊的花丝在花蕾中常直立（在大戟科的重阳木属 *Bischofia* 及巴豆属 *Croton* 中则向前屈曲）。
       19. 果实为3个（稀可2~4个）离果瓣所组成的蒴果；雄蕊10至多数，有时少于10 …………

………………………………………………………………………… 大戟科 **Euphorbiaceae**

19. 果实为其他情形；雄蕊少数至多数（大戟科的黄桐树属 *Endospermum* 为 6 ~ 10），或和花萼裂片同数且对生。

20. 雌雄同株的乔木或灌木。

21. 子室 2 室；蒴果 ………………………………………………… 金缕梅科 **Hamamelidaceae**

21. 子室 1 室；坚果或核果 ………………………………………………… 榆科 **Ulmaceae**

20. 雌雄异株的植物。

22. 草本或草质藤本；叶为掌状分裂或为掌状复叶 ……………………… 桑科 **Moraceae**

22. 乔木或灌木；叶全缘，或在重阳木属为 3 小叶所组成的复叶 ………………………
………………………………………………………………………… 大戟科 **Euphorbiaceae**

3. 花两性或单性，但并不成为葇荑花序。

23. 子房或子房室内有数个至多数胚珠。

24. 寄生性草本，无绿色叶片 ………………………………………… 大花草科 **Rafflesiaceae**

24. 非寄生性植物，有正常绿叶，或叶退化而以绿色茎代行叶的功用。

25. 子房下位或部分下位。

26. 雌雄同株或异株，如为两性花时，则呈肉质穗状花序。

27. 草本。

28. 植物体含多量液汁；单叶常不对称 ……………………………… 秋海棠科 **Begoniaceae**
（秋海棠属 ***Begonia***）

28. 植物体不含多量液汁；羽状复叶 ………………………………… 四数木科 **Datiscaceae**
（野麻属 ***Datisca***）

27. 木本。

29. 花两性，呈肉质穗状花序；叶全缘 ………………………… 金缕梅科 **Hamamelidaceae**
（假马蹄荷属 ***Chunia***）

29. 花单性，成穗状、总状或头状花序；叶缘有锯齿或具裂片。

30. 花呈穗状或总状花序；子房 1 室 ……………………………… 四数木科 **Datiscaceae**
（四数木属 ***Tetrameles***）

30. 花呈头状花序；子房 2 室……………………………………… 金缕梅科 **Hamamelidaceae**
（枫香树亚科 ***Liquidambaroideae***）

26. 花两性，但不呈肉质穗状花序。

31. 子房 1 室。

32. 无花被；雄蕊着生在子房上 ………………………………………… 三白草科 **Saururaceae**

32. 有花被；雄蕊着生在花被上。

33. 茎肥厚，绿色，常具棘针；叶常退化；花被片和雄蕊都多数；浆果 …………………
………………………………………………………………………… 仙人掌科 **Cactaceae**

33. 茎不呈上述形状；叶正常；花被片和雄蕊皆为五出或四出数，或雄蕊数为前者的 2 倍；蒴果……………………………………………………… 虎儿草科 **Saxifragaceae**

31. 子房 4 室或更多室。

34. 乔木；雄蕊为不定数 ……………………………………………… 海桑科 **Sonneratiaceae**

34. 草本或灌木。

35. 雄蕊 4 ………………………………………………………………… 柳叶菜科 **Onagraceae**
（丁香蓼属 ***Ludwigia***）

35. 雄蕊 6 或 12 ……………………………………………………… 马兜铃科 **Aristolochiaceae**

25. 子房上位。

36. 雌蕊或子房 2 个，或更多数。

37. 草本。

38. 复叶或多少有些分裂，稀可为单叶（如驴蹄草属 *Caltha*），全缘或具齿裂；心皮多数至少数 ………… **毛茛科 Ranunculaceae**

38. 单叶，叶缘有锯齿；心皮和花萼裂片同数 ………… **虎儿草科 Saxifragaceae**
（**扯根菜属 *Penthorum***）

37. 木本。

39. 花的各部为整齐的三出数 ………… **木通科 Lardizabalaceae**

39. 花为其他情形。

40. 雄蕊数个至多数，连合成单体 ………… **梧酮科 Sterculiaceae**
（**苹婆族 *Sterculieae***）

40. 雄蕊多数，离生。

41. 花两性；无花被 ………… **昆栏树科 Trochodendraceae**
（**昆栏树属 *Trochodendron***）

41. 花雌雄异株，具4个小形萼片 ………… **连香树科 Cercidiphyllaceae**
（**连香树属 *Cercidiphyllum***）

36. 雌蕊或子房单独1个。

42. 雄蕊周位，即着生于萼筒或杯状花托上。

43. 有不育雄蕊，且和8～12能育雄蕊互生 ………… **大风子科 Flacourtiaceae**
（**山羊角树属 *Casearia***）

43. 无不育雄蕊。

44. 多汁草本植物；花萼裂片呈覆瓦状排列，成花瓣状，宿存；蒴果盖裂 ………… **番杏科 Aizoaceae**
（**海马齿属 *Sesuvium***）

44. 植物体为其他情形；花萼裂片不呈花瓣状。

45. 叶为偶数羽状复叶、互生；花萼裂片呈覆瓦状排列；果实为荚果；常绿乔木 ………… **豆科 Leguminosae**
（**云实亚科 Caesalpinoideae**）

45. 叶为对生或轮生单叶；花萼裂片呈镊合状排列；非荚果。

46. 雄蕊为不定数；子房10室或更多室；果实浆果状 …… **海桑科 Sonneratiaceae**

46. 雄蕊4～12（不超过花萼裂片的2倍）；子房1室至数室；果实蒴果状。

47. 花杂性或雌雄异株，微小，呈穗状花序，再成总状或圆锥状排列 ………… **隐翼科 Crypteroniaceae**
（**隐翼属 *Crypteronia***）

47. 花两性，中型，单生至排列成圆锥花序 ………… **千屈菜科 Lythraceae**

42. 雄蕊下位，即着生于扁平或凸起的花托上。

48. 木本；叶为单叶。

49. 乔木或灌木；雄蕊常多数，离生；胚珠生于侧膜胎座或隔膜上 ………… **大风子科 Flacourtiaceae**

49. 木质藤本；雄蕊4或5，基部连合成杯状或环状；胚珠基生（即位于子房室的基底） ………… **苋科 Amaranthaceae**
（**浆果苋属 *Deeringia***）

48. 草本或亚灌木。

50. 植物体沉没水中，常为一具背腹面呈原叶体状的构造，象苔藓 ………… **川苔草科 Podostemaceae**

50. 植物体非如上述情形。

51. 子房3～5室。

52. 食虫植物；叶互生；雌雄异株 ………………………… **猪笼草科 Nepenthaceae**
**（猪笼草属 *Nepenthes*）**

52. 非为食虫植物；叶对生或轮生；花两性 ………………………… **番杏科 Aizoaceae**
**（粟米草属 *Mollugo*）**

51. 子房1～2室。

53. 叶为复叶或多少有些分裂 ………………………………… **毛茛科 Ranunculaceae**

53. 叶为单叶。

54. 侧膜胎座。

55. 花无花被 ………………………………………… **三白草科 Saururaceae**

55. 花具4离生萼片 ………………………………………… **十字花科 Cruciferae**

54. 特立中央胎座。

56. 花序呈穗状、头状或圆锥状；萼片多少为干膜 … **苋科 Amaranthaceae**

56. 花序呈聚伞状；萼片草质 ………………………… **石竹科 Caryophyllaceae**

23. 子房或其子房室内仅有1至数个胚珠。

57. 叶片中常有透明微点。

58. 叶为羽状复叶 ………………………………………………………………………… **芸香科 Rutaceae**

58. 叶为单叶，全缘或有锯齿。

59. 草本植物或有时在金粟兰科为木本植物；花无花被，常呈简单或复合的穗状花序，但在胡椒科齐头绒属 *Zippelia* 则呈疏松总状花序。

60. 子房下位；仅1室有1胚珠；叶对生，叶柄基部连合 ……………… **金粟兰科 Chloranthaceae**

60. 子房上位；叶如为对生时，叶柄也不在基部连合。

61. 雌蕊由3～6近于离生心皮组成，每心皮各有2～4胚珠 …………… **三白草科 Saururaceae**
**（三白草属 *Saururus*）**

61. 雌蕊由1～4合生心皮组成，仅1室，有1胚珠 ………………………… **胡椒科 Piperaceae**
**（齐头绒属 *Zippelia*，豆瓣绿属 *Peperomia*）**

59. 乔木或灌木；花具一层花被；花序有各种类型，但不为穗状。

62. 花萝裂片常3片，呈镊合状排列；子房为1心皮所组成，成熟时肉质，常以2瓣裂开；雌雄异株 ……………………………………………………………………… **肉豆蔻科 Myristicaceae**

62. 花萼裂片4～6片，呈覆瓦状排列；子房为2～4合生心皮所组成。

63. 花两性；果实仅1室，蒴果状，2～3瓣裂开 ………………………… **大风子科 Flacourtiaceae**
**（山羊角树属 *Casearia*）**

63. 花单性，雌雄异株；果实2～4室，肉质或革质，较迟裂开………… **大戟科 Euphorbiaceae**
**（白树属 *Gelonium*）**

57. 叶片中无透明微点。

64. 雄蕊连为单体，至少在雄花中有这种现象，花丝互相连合成筒状或成一中柱。

65. 肉质寄生草本植物，具退化呈鳞片状的叶片，无叶绿素 ………………… **蛇菇科 Balanophoraceae**

65. 植物体非为寄生性，有绿叶。

66. 雌雄同株，雄花呈球形头状花序，雌花以2个同生于1个有2室而具钩状芒刺的果壳中 …… ……………………………………………………………………… **菊科 Compositae**
**（苍耳属 *Xanthium*）**

66. 花两性，如为单性时，雄花及雌花也无上述情形。

67. 草本植物；花两性。

68. 叶互生 ……………………………………………………………… **藜科 Chenopodiaceae**

68. 叶对生。

69. 花显著，有连合成花萼状的总苞 ……………………………… **紫茉莉科 Nyctaginaceae**

69. 花微小，无上述情形的总苞……………………………………… **苋科 Amaranthaceae**

67. 乔木或灌木，稀可为草本；花单性或杂性；叶互生。

70. 萼片呈覆瓦状排列，至少在雄花中如此 ………………………… **大戟科 Euphorbiaceae**

70. 萼片呈镊合状排列。

71. 雌雄异株；花萼常具3裂片；雌蕊为1心皮所组成，成熟时肉质，且常以2瓣裂开 ……………………………………………………………… **肉豆蔻科 Myristicaceae**

71. 花单性或雄花和两性花同株；花萼具4～5裂片或裂齿；雌蕊为3～6近于离生的心皮所组成，各心皮于成熟时为革质或木质，呈蓇葖果状而不裂开 ………………… ……………………………………………………………………… **梧桐科 Sterculiaceae**

**（苹婆族 *Sterculieae*）**

64. 雄蕊各自分离，有时仅为1个，或花丝成分枝的簇丛（如大戟科的蓖麻属 *Ricinus*）。

72. 每花有雌蕊2个至多数，近于或完全离生；或花的界限不明显时，则雌蕊多数，呈1球形头状花序。

73. 花托下陷，呈杯状或坛状。

74. 灌木；叶对生；花被片在坛状花托的外侧排列成数层 ……………… **蜡梅科 Calycanthaceae**

74. 草本或灌木；叶互生；花被片在杯或坛状花托的边缘排列成一轮 ……… **蔷薇科 Rosaceae**

73. 花托扁平或隆起，有时可延长。

75. 乔木、灌木或木质藤本。

76. 花有花被 ………………………………………………………………… **木兰科 Magnoliaceae**

76. 花无花被。

77. 落叶灌木或小乔木；叶卵形，具羽状脉和锯齿缘；无托叶；花两性或杂性，在叶腋中丛生；翅果无毛，有柄 ………………………………… **昆栏树科 Trochodendraceae**

**（领春木属 *Euptelea*）**

77. 落叶乔木；叶广阔，掌状分裂，叶缘有缺刻或大锯齿；有托叶围茎成鞘，易脱落；花单性，雌雄同株，分别聚成球形头状花序；小坚果，围以长柔毛而无柄 ………………………………………………………………… **悬铃木科 Platanaceae**

**（悬铃木属 *Platanus*）**

75. 草本或稀为亚灌木，有时为攀援性。

78. 胚珠倒生或直生。

79. 叶片多少有些分裂或为复叶；无托叶或极微小；有花被（花萼）；胚珠倒生；花单生或成各种类型的花序 ………………………………………… **毛茛科 Ranunculaceae**

79. 叶为全缘单叶；有托叶；无花被；胚珠直生；花呈穗形总状花序 ………………… ……………………………………………………………………… **三白草科 Saururaceae**

78. 胚珠常弯生；叶为全缘单叶。

80. 直立草本；叶互生，非肉质 ……………………………………… **商陆科 Phytolaccaceae**

80. 平卧草本；叶对生或近轮生，肉质 ………………………………… **番杏科 Aizoaceae**

**（针晶粟草属 *Gisekia*）**

72. 每花仅有1个复合或单雌蕊，心皮有时于成熟后各自分离。

81. 子房下位或半下位。

82. 草本。

83. 水生或小形沼泽植物。

84. 花柱2个或更多；叶片（尤其沉没水中的）常成羽状细裂或为复叶 ……………… ……………………………………………………………… **小二仙草科 Haloragidaceae**

84. 花柱1个；叶为线形全缘单叶 ·································· 杉叶藻科 **Hippuridaceae**

83. 陆生草本。

85. 寄生性肉质草本，无绿叶。

86. 花单性，雌花常无花被；无珠被及种皮 ··················· 蛇菰科 **Balanophoraceae**

86. 花杂性，有一层花被，两性花有1雄蕊；有珠被及种皮 ··························································································· 锁阳科 **Cynomoriaceae**（锁阳属 ***Cynomorium***）

85. 非寄生性植物，或于百蕊草属 *Thesium* 为半寄生性，但均有绿叶。

87. 叶对生，其形宽广而有锯齿缘 ···························· 金粟兰科 **Chloranthaceae**

87. 叶互生。

88. 平铺草本（限于我国植物），叶片宽，三角形，多少有些肉质 ······························································································· 番杏科 **Aizoaceae**（番杏属 ***Tetragonia***）

88. 直立草本，叶片窄而细长 ················································ 檀香科 **Santalaceae**（百蕊草属 ***Thesium***）

82. 灌木或乔木。

89. 子房3～10室。

90. 坚果1～2个，同生在一个木质且可裂为4瓣的壳斗里 ··············· 壳斗科 **Fagaceae**（水青冈属 ***Fagus***）

90. 核果，并不生在壳斗里。

91. 雌雄异株，呈顶生的圆锥花序，后者并不为叶状苞片所托 ··························································································· 山茱萸科 **Cornaceae**（鞘柄木属 ***Torricellia***）

91. 花杂性，形成球形的头状花序，后者为2～3白色叶状苞片所托 ··························································································· 珙桐科 **Nyssaceae**（珙桐属 ***Davidia***）

89. 子房1或2室，或在铁青树科的青皮木属 *Schoepfia* 中，子房的基部可为3室。

92. 花柱2个。

93. 蒴果，2瓣裂开 ·················································· 金缕梅科 **Hamamelidaceae**

93. 果实呈核果状，或为蒴果状的瘦果，不裂开 ··················· 鼠李科 **Rhamnaceae**

92. 花柱1个或无花柱。

94. 叶片下面多少有些具皮屑状或鳞片状的附属物 ············ 胡颓子科 **Elaeagnaceae**

94. 叶片下面无皮屑状或鳞片状的附属物。

95. 叶缘有锯齿或圆锯齿，稀可在荨麻科的紫麻属 *Oreocnide* 中有全缘者。

96. 叶对生，具羽状脉；雄花裸露，有雄蕊1～3个 ·························································································· 金粟兰科 **Chloranthaceae**

96. 叶互生，大都于叶基具三出脉；雄花具花被及雄蕊4个（稀可3或5个） ··························································································· 荨麻科 **Urticaceae**

95. 叶全缘，互生或对生。

97. 植物体寄生在乔木的树干或枝条上；果实呈浆果状 ··························································································· 桑寄生科 **Loranthaceae**

97. 植物体大都陆生，或有时可为寄生性；果实呈坚果状或核果状，胚珠1～5个。

98. 花多为单性；胚珠垂悬于基底胎座上 ··············· 檀香科 **Santalaceae**

98. 花两性或单性；胚珠垂悬于子房室的顶端或中央胎座的顶端

99. 雄蕊10个，为花萼裂片的2倍数 ……… 使君子科 Combretaceae
（诃子属 *Terminalia*）

99. 雄蕊4或5个，和花萼裂片同数且对生 …… 铁青树科 Olacaceae

81. 子房上位，如有花萼时，和它相分离，或在紫茉莉科及胡颓子科中，当果实成熟时，子房为宿存萼筒所包围。

100. 托叶鞘围抱茎的各节；草本，稀可为灌木 ……………………………… 蓼科 Polygonaceae

100. 无托叶鞘，在悬铃木科有托叶鞘但易脱落。

101. 草本，或有时在藜科及紫茉莉科中为亚灌木。

102. 无花被。

103. 花两性或单性；子房1室，内仅有1个基生胚珠。

104. 叶基生，由3小叶而成，穗状花序在一个细长基生无叶的花梗上 ………… ……………………………………………………… 小檗科 Berberidaceae
（裸花草属 *Achlys*）

104. 叶茎生，单叶；穗状花序顶生或腋生，但常和叶相对生 ……………………… …………………………………………………………… 胡椒科 Piperaceae

103. 花单性；子房3或2室。

105. 水生或微小的沼泽植物，无乳汁；子房2室，每室内含2个胚珠 ………… ………………………………………………… 水马齿科 Callitrichaceae
（水马齿属 *Callitriche*）

105. 陆生植物；有乳汁，子房3室，每室内仅含1个胚珠 ……………………… …………………………………………………… 大戟科 Euphorbiaceae

102. 有花被，当花为单性时，特别是雄花是如此。

106. 花萼呈花瓣状，且呈管状。

107. 花有总苞，有时这总苞类似花萼 ………………… 紫茉莉科 Nyctaginaceae

107. 花无总苞。

108. 胚珠1个，在子房的近顶端处 ………………… 瑞香科 Thymelaeaceae

108. 胚珠多数，生在特立中央胎座上 ……………… 报春花科 Primulaceae
（海乳草属 *Glaux*）

106. 花萼非如上述情形。

109. 雄蕊周位，即位于花被上。

110. 叶互生，羽状复叶而有草质的托叶；花无膜质苞片；瘦果 …………… …………………………………………………… 蔷薇科 Rosaceae
（地榆族 *Sanguisorbieae*）

110. 叶对生，或在蓼科的冰岛蓼属 *Koenigia* 为互生，单叶无草质托叶；花有膜质苞片。

111. 花被片和雄蕊各为5或4个，对生；囊果；托叶膜质…………… ……………………………………… 石竹科 Caryophyllaceae

111. 花被片和雄蕊各为3个，互生；坚果；无托叶……………………… ………………………………………………… 蓼科 Polygonaceae
（冰岛蓼属 *Koenigia*）

109. 雄蕊下位，即位于子房下。

112. 花柱或其分枝为2或数个，内侧常为柱头面。

113. 子房常为数个至多数心皮连合而成 ………… 商陆科 Phytolaccaceae

113. 子房常为2或3（或5）心皮连合而成。

114. 子房3室，稀可2或4室 ………………… 大戟科 Euphorbiaceae

114. 子房1或2室。

115. 叶为掌状复叶或具掌状脉而有宿存托叶 …… **桑科 Moraceae**

**（大麻亚科 *Cannaboideae*）**

115. 叶具羽状脉，或稀可为掌状脉而无托叶，也可在藜科中叶退化成鳞片或为肉质而形如圆筒。

116. 花有革质而带绿色或灰绿色的花被及苞片 ………………………………………………………… **藜科 Chenopodiaceae**

116. 花有干膜质而常有色泽的花被及苞片 ……………………………………………………………… **苋科 Amaranthaceae**

112. 花柱1个，常顶端有柱头，也可无花柱。

117. 花两性。

118. 雌蕊为单心皮；花萼由2膜质且宿存的萼片而成；雄蕊2个………………………………………………………… **毛茛科 Ranunculaceae**

**（星叶草属 *Circaeaster*）**

118. 雌蕊由2合生心皮而成。

119. 萼片2片；雄蕊多数 ………………… **罂粟科 Papaveraceae**

**（博落回属 *Macleaya*）**

119. 萼片4片；雄蕊2或4 ………………… **十字花科 Cruciferae**

**（独行菜属 *Lepidium*）**

117. 花单性。

120. 沉没于淡水中的水生植物；叶细裂成丝状 ………………………………………………………………… **金鱼藻科 Ceratophyllaceae**

**（金鱼藻属 *Ceratophyllum*）**

120. 陆生植物；叶为其他情形。

121. 叶含多量水分；托叶连接叶柄的基部；雄花的花被2片；雄蕊多数 ……………………………… **假牛繁缕科 Theligonaceae**

**（假牛繁缕属 *Theligonum*）**

121. 叶不含多量水分；如有托叶时，也不连接叶柄的基部；雄花的花被片和雄蕊均各为4或5个，二者相对生 ……………………………………………………………… **荨麻科 Urticaceae**

101. 木本植物或亚灌木。

122. 耐寒旱性的灌木，或在藜科的琐琐属 *Haloxylon* 为乔木；叶微小，细长或呈鳞片状，也可有时（如藜科）为肉质而成圆筒形或半圆筒形。

123. 雌雄异株或花杂性；花萼为三出数，萼片微呈花瓣状，和雄蕊同数且互生；花柱1，极短，常有6~9放射状且有齿裂的柱头；核果；胚体劲直；常绿而基部偃卧的灌木；叶互生，无托叶 ……………………………………………………………………………… **岩高兰科 Empetraceae**

**（岩高兰属 *Empetrum*）**

123. 花两性或单性，花萼为五出数，稀可三出或四出数，萼片或花萼裂片草质或革质，和雄蕊同数且对生；或在藜科申雄蕊由于退化而数较少，甚或1个；花柱或花柱分枝2或3个，内侧常为柱头面；胞果或坚果；胚体弯曲如环或弯曲成螺旋形。

124. 花无膜质苞片；雄蕊下位；叶互生或对生，无托叶，枝条常具关节 ……………………………………………………………………………… **藜科 Chenopodiaceae**

124. 花有膜质苞片；雄蕊周位；叶对生，基部常互相连合；有膜质托叶；枝条不具关节 …… ……………………………………………………………………………… **石竹科 Caryophyllaceae**

122. 不是上述的植物；叶片矩圆形或披针形，或宽广至圆形。
125. 果实及子房均为 2 至数室，或在大风子科中为不完全的 2 至数室。
126. 花常为两性。
127. 萼片 4 或 5 片，稀可 3 片，呈覆瓦状排列。
128. 雄蕊 4 个；4 室的蒴果 ………………………………………… **木兰科 Magnoliaceae**
（水青树属 *Tetracentron*）
128. 雄蕊多数；浆果状的核果 ………………………………………… **大戟科 Euphorbiaceae**
127. 萼片多 5 片，呈镊合状排列。
129. 雄蕊为不定数；具刺的蒴果 ………………………………………… **杜英科 Elaeocarpaceae**
（猴欢喜属 *Sloanea*）
129. 雄蕊和萼片同数；核果或坚果。
130. 雄蕊和萼片对生，各为 3～6 ………………………………………… **铁青树科 Olacaceae**
130. 雄蕊和萼片互生，各为 4 或 5 ………………………………………… **鼠李科 Rhamnaceae**
126. 花单性（雌雄同株或异株）或杂性。
131. 果实各种；种子无胚乳或有少量胚乳。
132. 雄蕊常 8 个；果实坚果状或为有翅的蒴果；羽状复叶或单叶 ………………………………………… **无患子科 Sapindaceae**
132. 雄蕊 5 或 4 个，且和萼片互生；核果有 2～4 个小核；单叶 ………………………………………… **鼠李科 Rhamnaceae**
（鼠李属 *Rhamnus*）
131. 果实多呈蒴果状，无翅；种子常有胚乳。
133. 果实为具 2 室的蒴果，有木质或革质的外种皮及角质的内果皮 ………………………………………… **金缕梅科 Hamamelidaceae**
133. 果实纵为蒴果时，也不象上述情形。
134. 胚珠具腹脊；果实有各种类型，但多为胞间裂开的蒴果 ………………………………………… **大戟科 Euphorbiaceae**
134. 胚珠具背脊；果实为胞背裂开的蒴果，或有时呈核果状 …… **黄杨科 Buxaceae**
125. 果实及子房均为 1 或 2 室，稀可在无患子科的荔枝属 *Litchi* 及韶子属 *Nephelium* 中为 3 室，或在卫矛科的十齿花属 *Dipentodon* 及铁青树科的铁青树属 *Olax* 中，子房的下部为 3 室，而上部为 1 室。
135. 花萼具显著的萼筒，且常呈花瓣状。
136. 叶无毛或下面有柔毛；萼筒整个脱落 ………………………………………… **瑞香科 Thymelaeaceae**
136. 叶下面具银白色或棕色的鳞片；萼筒或其下部永久宿存，当果实成熟时，变为肉质而紧密包着子房 ………………………………………… **胡颓子科 Elaeagnaceae**
135. 花萼不是象上述情形，或无花被。
137. 花药以 2 或 4 舌瓣裂开 ………………………………………… **樟科 Lauraceae**
137. 花药不以舌瓣裂开。
138. 叶对生。
139. 果实为有双翅或呈圆形的翅果 ………………………………………… **槭树科 Aceraceae**
139. 果实为有单翅而呈细长形兼矩圆形的翅果 ………………………………………… **木犀科 Oleaceae**
138. 叶互生。
140. 叶为羽状复叶。
141. 叶为二回羽状复叶，或退化仅具叶状柄（特称为叶状叶柄 phyllodia） ………………………………………… **豆科 Leguminosae**
（金合欢属 *Acacia*）

141. 叶为一回羽状复叶。
142. 小叶边缘有锯齿；果实有翅 ………………………… **马尾树科 Rhoipteleaceae**
（马尾树属 *Rhoiptelea*）
142. 小叶全缘；果实无翅。
143. 花两性或杂性 ……………………………………………… **无患子科 Sapindaceae**
143. 雌雄异株 ……………………………………………………… **漆树科 Anacardiaceae**
（黄连木属 *Pistacia*）
140. 叶为单叶。
144. 花均无花被。
145. 多为木质藤本；叶全缘；花两性或杂性，呈紧密的穗状花序 …………………
……………………………………………………………………………… **胡椒科 Piperaceae**
（胡椒属 *Piper*）
145. 乔木；叶缘有锯齿或缺刻；花单性。
146. 叶宽广，具掌状脉及掌状分裂，叶缘具缺刻或大锯齿；有托叶，围茎成鞘，但易脱落；雌雄同株，雌花和雄花分别成球形的头状花序；雌蕊为单心皮而成；小坚果为倒圆锥形而有棱角，无翅也无梗，但围以长柔毛 ………
…………………………………………………………………… **悬铃木科 Platanaceae**
（悬铃木属 *Platanus*）
146. 叶椭圆形至卵形，具羽状脉及锯齿缘；无托叶；雌雄异株，雄花聚成疏松有苞片的簇丛，雌花单生于苞片的腋内；雌蕊为2心皮丽成；小坚果扁平，具翅且有柄，但无毛 ………………………………… **杜仲科 Eucommiaceae**
（杜仲属 *Eucommia*）
144. 花常有花萼，尤其在雄花。
147. 植物体内有乳汁 …………………………………………………… **桑科 Moraceae**
147. 植物体内无乳汁。
148. 花柱或其分枝2或数个，但在大戟科的核实树属 *Drypetes* 中则柱头几无柄，呈盾状或肾脏形。
149. 雌雄异株或有时为同株；叶全缘或具波状齿。
150. 矮小灌木或亚灌木；果实干燥，包藏于具有长柔毛而互相连合成双角状的2苞片中；胚体弯曲如环……………… **藜科 Chenopodiaceae**
（优若藜属 *Eurotia*）
150. 乔木或灌木；果实呈核果状，常为1室含1种子，不包藏于苞片内；胚体颈直 ……………………………………… **大戟科 Euphorbiaceae**
149. 花两性或单性；叶缘多有锯齿或具齿裂，稀可全缘。
151. 雄蕊多数 …………………………………… **大风子科 Flacourtiaceae**
151. 雄蕊10个或较少。
152. 子房2室，每室有1个至数个胚珠；果实为木质蒴果 …………
……………………………………………… **金缕梅科 Hamamelidaceae**
152. 子房1室，仅含1胚珠；果实不是木质蒴果 ……………………
……………………………………………………………… **榆科 Ulmaceae**
148. 花柱1个，也可有时（如荨麻属）不存，而柱头呈画笔状。
153. 叶缘有锯齿；子房为1心皮组成。
154. 花两性 ……………………………………………… **山龙眼科 Proteaceae**
154. 雌雄异株或同株。

155. 花生于当年新枝上；雄蕊多数 ………………… **蔷薇科 Rosaceae**

**（假稠李属 *Maddenia*）**

155. 花生于老枝上；雄蕊和萼片同数……………… **荨麻科 Urticaceae**

153. 叶全缘或边缘有锯齿，子房为 2 个以上连合心皮所成。

156. 果实呈核果状或坚果状，内有 1 种子；无托叶。

157. 子房具 2 或 2 个胚珠；果实于成熟后由萼筒包围 ……………………………………………………………… **铁青树科 Olacaceae**

157. 子房仅具 1 个胚珠；果实和花萼相分离，或仅果实基部由花萼衬托之………………………………………… **山柚仔科 Opiliaceae**

156. 果实呈蒴果状或浆果状，内含数个至 1 个种子。

158. 花下位，雌雄异株，稀可杂性，雄蕊多数；果实呈浆果状；无托叶 ……………………………………… **大风子科 Flacourtiaceae**

**（柞木属 *Xylosma*）**

158. 花周位，两性；雄蕊 5 ~ 12 个；果实呈蒴果状；有托叶，易脱落。

159. 花为腋生的簇丛或头状花序；萼片 4 ~ 6 片 ……………………………………………………… **大风子科 Flacourtiaceae**

159. 花为腋生的伞形花序；萼片 10 ~ 14 片 … **卫矛科 Celastraceae**

2. 花具花萼也具花冠，或有两层以上的花被片，有时花冠可为蜜腺叶所代替。

160. 花冠常为离生的花瓣所组成。

161. 成熟雄蕊（或单体雄蕊的花药）多在 10 个以上，通常多数，或其数超过花瓣的 2 倍。

162. 花萼和 1 个或更多的雌蕊多少有些互相愈合，即子房下位或半下位。

163. 水生草本植物，子房多室 ……………………………………………… **睡莲科 Nymphaeaceae**

163. 陆生植物；子房 1 至数室，也可心皮为 1 至数个，或在海桑科中为多室。

164. 植物体具肥厚的肉质茎，多有刺，常无真正叶片 …………………………… **仙人掌科 Cactaceae**

164. 植物体为普通形态，不是仙人掌状，有真正的叶片。

165. 草本植物或稀可为亚灌木。

166. 花单性

167. 雌雄同株；花鲜艳，多呈腋生聚伞花序；子房 2 ~ 4 室………… **秋海棠科 Begoniaceae**

**（秋海棠属 *Begonia*）**

167. 雌雄异株；花小而不显著，呈腋生穗状或总状花序 …………… **四数木科 Datiscaceae**

166. 花常两性。

168. 叶基生或茎生，呈心形，或在阿柏麻属 *Apama* 为长形，不为肉质；花为三出数 ……………………………………………………………………… **马兜铃科 Aristolochiaceae**

**（细辛族 *Asareae*）**

168. 叶茎生，不呈心形，多少有些肉质，或为圆柱形；花不是三出数。

169. 花萼裂片常为 5，叶状；蒴果 5 室或更多室，在顶端呈放射状裂开 ……………………………………………………………………… **番杏科 Aizoaceae**

169. 花萼裂片 2；蒴果 1 室，盖裂 ……………………………… **马齿苋科 Portulacaceae**

**（马齿苋属 *Portulaca*）**

165. 乔木或灌木（但在虎耳草科的银梅草属 *Deinanthe* 及草绣球属 *Cardiandra* 为亚灌木，黄山梅属 *Kirengeshoma* 为多年生高大草本），有时以气生小根而攀援。

170. 叶通常对生（虎耳草科的草绣球属 *Cardiandra* 为例外），或在石榴科的石榴属 *Punica* 中有时可互生。

171. 叶缘常有锯齿或全缘；花序（除山梅花属 *Philadelpheae* 外）常有不孕的边缘花 ……………………………………………………………………… **虎耳草科 Saxifragaceae**

171. 叶全缘；花序无不孕花。

172. 叶为脱落性；花萼呈朱红色 ……………………………… **石榴科 Punicaceae**

172. 叶为常绿性；花萼不呈朱红色。

173. 叶片中有腺体微点；胚珠常多数……………………… **桃金娘科 Myrtaceae**

173. 叶片中无微点。

174. 胚珠在每子房室中为多数 ……………………… **海桑科 Sonneratiaceae**

174. 胚珠在每子房室中仅 2 个，稀可较多 …………… **红树科 Rhizophoraceae**

170. 叶互生。

175. 花瓣细长形兼长方形，最后向外翻转 ………………… **八角枫科 Alangiaceae**

175. 花瓣不呈细长形，或纵为细长形时，也不向外翻转。

176. 叶无托叶。

177. 叶全缘；果实肉质或木质 ………………………… **玉蕊科 Lecythidaceae**

**（玉蕊属 *Barringtonia*）**

177. 叶缘有些锯齿或齿裂；果实呈核果状，其形歪斜 ……… **山矾科 Symplocaceae**

**（山矾属 *Symplocos*）**

176. 叶有托叶。

178. 花瓣呈旋转状排列；花药隔向上延伸；花萼裂片中 2 个或更多个在果实上变大而呈翅状 ……………………………………………………………… **龙脑香科 Dipterocarpaceae**

178. 花瓣呈覆瓦状或旋转状排列（如蔷薇科的火棘属 *Pyracantha*）；花药隔并不向上延伸；花萼裂片也无上述变大情形。

179. 子房 1 室，内具 2～6 侧膜胎座，各有 1 个至多数胚珠；果实为革质蒴果，自顶端以 2～6 片裂开 ……………………………………………… **大风子科 Flacourtiaceae**

**（天料木属 *Homalium*）**

179. 子房 2～5 室，内具中轴胎座，或其心皮在腹面互相分离而具边缘胎座。

180. 花呈伞房、圆锥、伞形或总状等花序，稀可单生；子房 2～5 室，或心皮 2～5 个，下位，每室或每心皮有胚珠 1～2 个，稀可有时为 3～10 个或为多数；果实为肉质或木质假果；种子无翅 …………………………………… **蔷薇科 Rosaceae**

**（梨亚科 Pomoideae）**

180. 花呈头状或肉穗花序；子房 2 室，半下位，每室有胚珠 2～6 个；果为木质蒴果；种子有或无翅 ……………………………………… **金缕梅科 Hamamelidaceae**

**（马蹄荷亚科 Bucklandioideae）**

162. 花萼和 1 个或更多的雌蕊互相分离，即子房上位。

181. 花为周位花。

182. 萼片和花瓣相似，覆瓦状排列成数层，着生于坛状花托的外侧 ………… **蜡梅科 Calycanthaceae**

**（洋蜡梅属 *Calycanthus*）**

182. 萼片和花瓣有分化，在萼筒或花托的边缘排列成 2 层。

183. 叶对生或轮生，有时上部者可互生，但均为全缘单叶；花瓣常于蕾中呈皱折状。

184. 花瓣无爪，形小，或细长；浆果 ………………………… **海桑科 Sonneratiaceae**

184. 花瓣有细爪，边缘具腐蚀状的波纹或具流苏；蒴果 ………………… **千屈菜科 Lythraceae**

183. 叶互生；单叶或复叶；花瓣不呈皱折状。

185. 花瓣宿存；雄蕊的下部连成一管 ……………………………… **亚麻科 Linaceae**

**（黏木属 *Ixonanthes*）**

185. 花瓣脱落性；雄蕊互相分离。

186. 草本植物，具二出数的花朵；萼片 2 片，早落性；花瓣 4 个 … 罂粟科 **Papaveraceae**
（花菱草属 *Eschscholzia*）

186. 木本或草本植物，具五出或四出数的花朵。

187. 花瓣镊合状排列；果实为荚果；叶多为二回羽状复叶，有时叶片退化，而叶柄发育为叶状柄；心皮 1 个…………………………………………… 豆科 **Leguminosae**
（含羞草亚科 **Mimosoideae**）

187. 花瓣覆瓦状排列；果实为核果、蓇葖果或瘦果，叶为单叶或复叶；心皮 1 个至多数 …………………………………………………………………… 蔷薇科 **Rosaceae**

181. 花为下位花，或至少在果实时花托扁平或隆起。

188. 雌蕊少数至多数，互相分离或微有连合。

189. 水生植物。

190. 叶片呈盾状，全缘 ………………………………………………… 睡莲科 **Nymphaeaceae**

190. 叶片不呈盾状，多少有些分裂或为复叶 ……………………………… 毛茛科 **Ranunculaceae**

189. 陆生植物。

191. 茎为攀援性。

192. 草质藤本。

193. 花显著，为两性花 …………………………………………… 毛茛科 **Ranunculaceae**

193. 花小形，为单性，雌雄异株 ……………………………………… 防己科 **Menispermaceae**

192. 木质藤本或为蔓生灌木。

194. 叶对生，复叶由 3 小叶组成，或顶端小叶形成卷须 ……… 毛茛科 **Ranunculaceae**
（锡兰莲属 *Naravelia*）

194. 叶互生，单叶。

195. 花单性。

196. 心皮多数，结果时聚生成一球状的肉质体或散布于极延长的花托上 ……… ……………………………………………………………… 木兰科 **Magnoliaceae**
（五味子亚科 *Schisandroideae*）

196. 心皮 3 ~ 6，果为核果或核果状 …………………… 防己科 **Menispermaceae**

195. 花两性或杂性；心皮数个，果为蓇葖果 ……………… 五桠果科 **Dilleniaceae**
（锡叶藤属 *Tetracera*）

191. 茎直立，不为攀援性。

197. 雄蕊的花丝连成单体 …………………………………………… 锦葵科 **Malvaceae**

197. 雄蕊的花丝互相分离。

198. 草本植物，稀可为亚灌木；叶片多少有些分裂或为复叶。

199. 叶无托叶；种子有胚乳 …………………………………… 毛茛科 **Ranunculaceae**

199. 叶多有托叶；种子无胚乳 ………………………………………… 蔷薇科 **Rosaceae**

198. 木本植物；叶片全缘或边缘有锯齿，也稀有分裂者。

200. 萼片及花瓣均为镊合状排列；胚乳具嚼痕 ……………… 番荔枝科 **Annonaceae**

200. 萼片及花瓣均为覆瓦状排列；胚乳无嚼痕。

201. 萼片及花瓣相同，三出数，排列成 3 层或多层，均可脱落 ………………… ……………………………………………………………… 木兰科 **Magnoliaceae**

201. 萼片及花瓣甚有分化，多为五出数，排列成 2 层，萼片宿存。

202. 心皮 3 个至多数；花柱互相分离；胚珠为不定数 ………………… …………………………………………………… 五桠果科 **Dilleniaceae**

202. 心皮 3 ~ 10 个；花柱完全合生；胚珠单生 ……… 金莲木科 **Ochnaceae**
（金莲木属 O*chna*）

188. 雌蕊1个，但花柱或柱头为1至多数。
203. 叶片中具透明微点。
204. 叶互生，羽状复叶或退化为仅有1顶生小叶 ………………………………… **芸香科 Rutaceae**
204. 叶对生，单叶 ………………………………………………………………………… **藤黄科 Guttiferae**
203. 叶片中无透明微点。
205. 子房单纯，具1子房室。
206. 乔木或灌木；花瓣呈镊合状排列；果实为荚果 ……………………………… **豆科 Leguminosae**
**（含羞草亚科 *Mimosoideae*）**
206. 草本植物；花瓣呈覆瓦状排列；果实不是荚果。
207. 花为五出数；蓇葖果 ……………………………………………………… **毛茛科 Ranunculaceae**
207. 花为三出数；浆果 ………………………………………………………… **小檗科 Berberidaceae**
205. 子房为复合性。
208. 子房1室，或在马齿苋科的土人参属 *Talinum* 中子房基部为3室。
209. 特立中央胎座。
210. 草本；叶互生或对生；子房的基部3室，有多数胚珠 ……… **马齿苋科 Portulacaceae**
**（土人参属 *Talinum*）**
210. 灌木；叶对生；子房1室，内有成为3对的6个胚珠………… **红树科 Rhizophoraceae**
**（秋茄树属 *Kandelia*）**
209. 侧膜胎座。
211. 灌木或小乔木（在半日花科中常为亚灌木或草本植物），子房柄不存在或极短；果实为蒴果或浆果。
212. 叶对生；萼片不相等，外面2片较小，或有时退化，内面3片呈旋转状排列 ……
……………………………………………………………………… **半日花科 Cistaceae**
**（半日花属 *Helianthemum*）**
212. 叶常互生；萼片相等，呈覆瓦状或镊合状排列。
213. 植物体内含有色泽的汁液；叶具掌状脉，全缘；萼片5片，互相分离，基部有腺体；种皮肉质，红色 ……………………………………………… **红木科 Bixaceae**
**（红木属 *Bixa*）**
213. 植物体内不含有色泽的汁液；叶具羽状脉或掌状脉；叶缘有锯齿或全缘；萼片3～8片，离生或合生；种皮坚硬，干燥 ……………… **大风子科 Flacourtiaceae**
211. 草本植物，如为木本植物时，则具有显著的子房柄；果实为浆果或核果。
214. 植物体内含乳汁；萼片2～3 ……………………………………… **罂粟科 Papaveraceae**
214. 植物体内不含乳汁；萼片4～8。
215. 叶为单叶或掌状复叶；花瓣完整，长角果 …………… **白花菜科 Capparidaceae**
215. 叶为单叶，或为羽状复叶或分裂；花瓣具缺刻或细裂；蒴果仅于顶端裂开 …
……………………………………………………………………… **木犀草科 Resedaceae**
208. 子房2室至多室，或为不完全的2至多室。
216. 草本植物，具多少有些呈花瓣状的萼片。
217. 水生植物；花瓣为多数雄蕊或鳞片状的蜜腺叶所代替 …………… **睡莲科 Nymphaeaceae**
217. 陆生植物；花瓣不为蜜腺叶所代替。
218. 一年生草本植物；叶呈羽状细裂；花两性 ……………………… **毛茛科 Ranunculaceae**
**（黑种草属 *Nigella*）**
218. 多年生草本植物；叶全缘而呈掌状分裂；雌雄同株 ……………… **大戟科 Euphorbiaceae**
**（麻疯树属 *Jatropha*）**
216. 木本植物，或陆生草本植物，常不具呈花瓣状的萼片。

219. 萼片于蕾内呈镊合状排列。

220. 雄蕊互相分离或连成数束。

221. 花药 1 室或数室；叶为掌状复叶或单叶，全缘，具羽状脉 ………………… **木棉科 Bombacaceae**

221. 花药 2 室；叶为单叶，叶缘有锯齿或全缘。

222. 花药以顶端 2 孔裂开 ……………………………………………………… **杜英科 Elaeocarpaceae**

222. 花药纵长裂开 ………………………………………………………………… **椴树科 Tiliaceae**

220. 雄蕊连为单体，至少内层者如此，并且多少有些连成管状。

223. 花单性；萼片 2 或 3 片 …………………………………………………… **大戟科 Euphorbiaceae**

**（油桐属 *Vernicia*）**

223. 花常两性；萼片多 5 片，稀可较少。

224. 花药 2 室或更多室。

225. 无副萼；多有不育雄蕊；花药 2 室；叶为单叶或掌状分裂 ……… **梧桐科 Sterculiaceae**

225. 有副萼；无不育雄蕊；花药数室；叶为单叶，全缘且具羽状脉 ………………………
……………………………………………………………………… **木棉科 Bombacaceae**

224. 花药 1 室。

226. 花粉粒表面平滑；叶为掌状复叶 …………………………………… **木棉科 Bombacaceae**

**（木棉属 *Bombax*）**

226. 花粉粒表面有刺；叶有各种情形 ……………………………………… **锦葵科 Malvaceae**

219. 萼片于蕾内呈覆瓦状或旋转状排列，或有时近于呈镊合状排列。

227. 雌雄同株或稀可异株；果实为蒴果，由 2 ~ 4 个各自裂为 2 片的离果所成 …………………
……………………………………………………………………………… **大戟科 Euphorbiaceae**

227. 花常两性或在猕猴桃科的猕猴桃属 *Actinidia* 中为杂性或雌雄异株；果实为其他情形。

228. 萼片在果实时增大且成翅状；雄蕊具伸长的花药隔 ……………… **龙脑香科 Dipterocarpaceae**

228. 萼片及雄蕊二者不为上述情形。

229. 雄蕊排列成二层，外层 10 个和花瓣对生，内层 5 个和萼片对生…………………………
………………………………………………………………………… **蒺藜科 Zygophyllaceae**

**（骆驼蓬属 *Peganum*）**

229. 雄蕊的排列为其他情形。

230. 食虫的草本植物；叶基生，呈管状，其上再具有小叶片 …… **瓶子草科 Sarraceniaceae**

230. 不是食虫植物；叶茎生或基生，但不呈管状。

231. 植物体呈耐寒旱状；叶为全缘单叶。

232. 叶对生或上部者互生；萼片 5 片，互不相等，外面 2 片较小或有时退化，内面 3 片较大，呈旋转状排列，宿存；花瓣早落 ………………… **半日花科 Cistaceae**

232. 叶互生；萼片 5 片，大小相等；花瓣宿存；在内侧基部各有 2 舌状物 ………
……………………………………………………………………… **柽柳科 Tamaricaceae**

**（琵琶柴属 *Reaumuria*）**

231. 植物体不是耐寒旱状；叶常互生；萼片 2 ~ 5 片，彼此相等；呈覆瓦状或稀可呈镊合状排列。

233. 草本或木本植物；花为四出数，或其萼片多为 2 片且早落。

234. 植物体内含乳汁；无或有极短子房柄；种子有丰富胚乳 ……………………
……………………………………………………………… **罂粟科 Papaveraceae**

234. 植物体内不含乳汁；有细长的子房柄；种子无或有少量胚乳 ………………
…………………………………………………………… **白花菜科 Capparidaceae**

233. 木本植物；花常为五出数，萼片宿存或脱落。

235. 果实为具 5 个棱角的蒴果，分成 5 个骨质各含 1 或 2 种子的心皮后，再各

沿其缝线而2瓣裂开 ………………………………………………… 蔷薇科 Rosaceae
（白鹃梅属 *Exochorda*）

235. 果实不为蒴果，如为蒴果时则为胞背裂开。

236. 蔓生或攀援的灌木；雄蕊互相分离；子房5室或更多室；浆果，常可食 ……………………………………………………… 猕猴桃科 Actinidiaceae

236. 直立乔木或灌木；雄蕊至少在外层者连为单体，或连成3～5束而着生于花瓣的基部；子房3～5室。

237. 花药能转动，以顶端孔裂开；浆果；胚乳颇丰富 …………………………………………………… 猕猴桃科 Actinidiaceae
（水冬哥属 *Saurauia*）

237. 花药能或不能转动，常纵长裂开；果实有各种情形；胚乳通常量微小 ……………………………………………………… 山茶科 Theaceae

161. 成熟雄蕊10个或较少，如多于10个时，其数并不超过花瓣的2倍。

238. 成熟雄蕊和花瓣同数，且和它对生。

239. 雌蕊3个至多数，离生。

240. 直立草本或亚灌木；花两性，五出数 ………………………………………… 蔷薇科 Rosaceae
（地蔷薇属 *Chamaerhodos*）

240. 木质或草质藤本；花单性，常为三出数。

241. 叶常为单叶；花小型；核果；心皮3～6个，呈星状排列，各含1胚珠 ……………………………………………………………… 防己科 Menispermaceae

241. 叶为掌状复叶或由3小叶组成；花中型；浆果；心皮3个至多数，轮状或螺旋状排列，各含1个或多数胚珠 ……………………………………………… 木通科 Lardizabalaceae

239. 雌蕊1个。

242. 子房2至数室。

243. 花萼裂齿不明显或微小；以卷须缠绕它物的灌木或草本植物 ………………… 葡萄科 Vitaceae

243. 花萼具4～5裂片；乔木、灌木或草本植物，有时虽也可为缠绕性，但无卷须。

244. 雄蕊连成单体。

245. 叶为单叶；每子房室内含胚珠2～6个（或在可可树亚族 *Theobromineae* 中为多数）…… ……………………………………………………………… 梧桐科 Sterculiaceae

245. 叶为掌状复叶；每子房室内含胚珠多数 ………………………………… 木棉科 Bombacaceae
（吉贝属 *Ceiba*）

244. 雄蕊互相分离，或稀可在其下部连成一管。

246. 叶无托叶；萼片各不相等，呈覆瓦状排列；花瓣不相等，在内层的2片常很小 …… ……………………………………………………………… 清风藤科 Sabiaceae

246. 叶常有托叶；萼片同大，呈镊合状排列；花瓣均大小同形。

247. 叶为单叶 ……………………………………………………… 鼠李科 Rhamnaceae

247. 叶为1～3回羽状复叶 …………………………………………………… 葡萄科 Vitaceae
（火筒树属 *Leea*）

242. 子房1室（在马齿苋科的土人参属 *Talinum* 及铁青树科的铁青树属 *Olax* 中则子房的下部多少有些成为3室）。

248. 子房下位或半下位。

249. 叶互生，边缘常有锯齿；蒴果 ………………………………………… 大风子科 Flacourtiaceae

249. 叶多对生或轮生，全缘；浆果或核果 ……………………………………… 桑寄生科 Loranthaceae

248. 子房上位。

250. 花药以舌瓣裂开 …………………………………………………… 小檗科 Berberidaceae

250. 花药不以舌瓣裂开。

251. 缠绕草本；胚珠 1 个；叶肥厚，肉质 ………………………………… **落葵科 Basellaceae**

（**落葵属 *Basella***）

251. 直立草本，或有时为木本；胚珠 1 个至多数。

252. 雄蕊连成单体；胚珠 2 个 ………………………………………… **梧桐科 sterculiaceae**

252. 雄蕊互相分离；胚珠 1 个至多数。

253. 花瓣 6 ~ 9 片；雌蕊单纯 ……………………………………… **小檗科 Berberidaceae**

253. 花瓣 4 ~ 8 片；雌蕊复合。

254. 常为草本；花萼有 2 个分离萼片。

255. 花瓣 4 片；侧膜胎座 ……………………………… **罂粟科 Papaveraceae**

（**角茴香属 *Hypecoum***）

255. 花瓣常 5 片；基底胎座 ………………………… **马齿苋科 Portulacaceae**

254. 乔木或灌木，常蔓生；花萼呈倒圆锥形或杯状。

256. 通常雌雄同株；花萼裂片 4 ~ 5；花瓣呈覆瓦状排列；无不育雄蕊；胚珠有 2 层珠被……………………………………… **紫金牛科 Myrsinaceae**

（**信筒子属 *Embelia***）

256. 花两性；花萼于开花时微小，而具不明显的齿裂；花瓣多为镊合状排列；有不育雄蕊（有时代以蜜腺）；胚珠无珠被。

257. 花萼于果时增大；子房的下部为 3 室，上部为 1 室，内含 3 个胚珠 ……………………………………………………… **铁青树科 Olacaceae**

（**铁青树属 *Olax***）

257. 花萼于果时不增大；子房 1 室，内仅含 1 个胚珠…………………… ……………………………………………………… **山柚子科 Opiliaceae**

238. 成熟雄蕊和花瓣不同数，如同数时则雄蕊和它互生。

258. 雌雄异株；雄蕊 8 个，不相同，其中 5 个较长，有伸出花冠外的花丝，且和花瓣相互生，另 3 个则较短而藏于花内；灌木或灌木状草本；互生或对生单叶；心皮单生；雌花无花被，无梗，贴生于宽圆形的叶状苞片上 …………………………………………………… **漆树科 Anacardiaceae**

258. 花两性或单性，纵然为雌雄异株时，其雄花也无上述情形的雄蕊。

259. 花萼或其筒部和子房多少有些相愈合。

260. 每子房室内含胚珠或种子 2 至多数。

261. 花药以顶端孔裂；草本或木本植物；叶对生或轮生，大都于叶片基部具 3 ~ 9 脉 ……… ……………………………………………………… **野牡丹科 Melastomaceae**

261. 花药纵长裂开。

262. 草本或亚灌木；有时为攀援性。

263. 具卷须的攀援草本；花单性………………………………… **葫芦科 Cucurbitaceae**

263. 无卷须的植物；花常两性。

264. 萼片或花萼裂片 2 片；植物体多少肉质而多水分…… **马齿苋科 Portulacaceae**

264. 萼片或花萼裂片 4 ~ 5 片；植物体常不为肉质。

265. 花萼裂片呈覆瓦状或镊合状排列；花柱 2 个或更多；种子具胚乳 ……… ……………………………………………… **虎耳草科 Saxifragaceae**

265. 花萼裂片呈镊合状排列；花柱 1 个，具 2 ~ 4 裂，或为 1 个呈头状的柱头；种子无胚乳 ………………………………………… **柳叶菜科 Onagraceae**

262. 乔木或灌木，有时为攀援性。

266. 叶互生。

267. 花数朵至多数呈头状花序；常绿乔木；叶革质，全缘或具浅裂 ………………

…………………………………………………… 金缕梅科 Hamamelidaceae

267. 花呈总状或圆锥花序。

268. 灌木；叶为掌状分裂，基部具3~5脉；子房1室，有多数胚珠；浆果 ……………………………………………………… 虎耳草科 Saxifragaceae （茶藨子属 *Ribes*）

268. 乔木或灌木；叶缘有锯齿或细锯齿，有时全缘，具羽状脉；子房3~5室，每室内含2至数个胚珠，或在山茉莉属 *Huodendrom* 为多数；干燥或木质核果，或蒴果，有时具棱角或有翅 ………………… 野茉莉科 Styracaceae

266. 叶常对生（使君子科的榄李树属 *Lumnitzera* 例外，同科的风车子属 *Combretum* 也可有时为互生，或互生和对生共存于一枝上）。

269. 胚珠多数，除冠盖藤属 *Pileostegia* 自子房室顶端垂悬外，均位于侧膜或中轴胎座上；浆果或蒴果；叶缘有锯齿或为全缘。但均无托叶；种子含胚乳 ……… …………………………………………………… 虎耳草科 Saxifragaceae

269. 胚珠2至数个，近于自房室顶端垂悬；叶全缘或有圆锯齿；果实多不裂开，内有种子1至数个。

270. 乔木或灌木，常为蔓生，无托叶，不为形成海岸林的组成分子（榄李树属 *Lumnitzera* 例外）；种子无胚乳，落地后始萌芽 ……………………… ………………………………………………… 使君子科 Combretaceae

270. 常绿灌木或小乔木，具托叶；多为形成海岸林的主要组成分子；种子常有胚乳，在落地前即萌芽（胎生） ………………… 红树科 Rhizophoraceae

260. 每子房室内仅含胚珠或种子1个。

271. 果实裂开为2个干燥的离果，并共同悬于一果梗上；花序常为伞形花序（在变豆菜属 *Sanicula* 及鸭儿芹属 *Cryptotaenia* 中为不规则的花序，在刺芫荽属 *Eryngium* 中，则为头状花序） …………………………………………………………… 伞形科 Umbelliferae

271. 果实不裂开或裂开而不是上述情形；花序可为各种型式。

272. 草本植物。

273. 花柱或柱头2~4个；种子具胚乳；果实为小坚果或核果，具棱角或有翅 …………… ………………………………………………… 小二仙草科 Haloragidaceae

273. 花柱1个，具有1头状或呈2裂的柱头；种子无胚乳。

274. 陆生草本植物，具对生叶；花为二出数；果实为一具钩状刺毛的坚果 …………… ……………………………………………………… 柳叶菜科 Onagraceae （露珠草属 *Circaea*）

274. 水生草本植物，有聚生而漂浮水面的叶片；花为四出数，果实为具2~4刺的坚果（栽培种果实可无显著的刺） …………………………………… 菱科 Trapaceae （菱属 *Trapa*）

272. 木本植物。

275. 果实干燥或为蒴果状。

276. 子房2室；花柱2个 ………………………………… 金缕梅科 Hamamelidaceae

276. 子房1室；花柱1个。

277. 花序伞房状或圆锥状 ……………………………… 莲叶桐科 Hernandiaceae

277. 花序头状 ……………………………………………………… 珙桐科 Nyssaceae

275. 果实核果状或浆果状。

278. 叶互生或对生；花瓣呈镊合状排列；花序有各种型式，但稀为伞形或头状，有时且可生于叶片上。

279. 花瓣3~5片，卵形至披针形；花药短 ……………………… 山茱萸科 Cornaceae

279. 花瓣 4～10 片，狭窄形并向外翻转；花药细长 ………… **八角枫科 Alangiaceae**
**（八角枫属 *Alangium*）**
278. 叶互生；花瓣呈覆瓦状或镊合状排列；花序常为伞形或呈头状。
280. 子房 1 室；花柱 1 个；花杂性兼雌雄异株，雌花单生或以少数朵至数朵聚生，雌花多数，腋生为有花梗的簇丛 ……………………………… **珙桐科 Nyssaceae**
280. 子房 2 室或更多室；花柱 2～5 个；如子房为 1 室而具 1 花柱时（例如马蹄参属 *Diplopanax*），则花两性，形成顶生类似穗状的花序 …… **五加科 Araliaceae**
259. 花萼和子房相分离。
281. 叶片中有透明微点。
282. 花整齐，稀可两侧对称；果实不为荚果 ……………………………… **芸香科 Rutaceae**
282. 花整齐或不整齐；果实为荚果 ………………………………………… **豆科 Leguminosae**
281. 叶片中无透明微点。
283. 雌蕊 2 个或更多，互相分离或仅有局部的连合；也可子房分离而花柱连合成 1 个。
284. 多水分的草本，具肉质的茎及叶 ………………………………… **景天科 Crassulaceae**
284. 植物体为其他情形。
285. 花为周位花。
286. 花的各部分呈螺旋状排列，萼片逐渐变为花瓣；雄蕊 5 或 6 个；雌蕊多数 … …………………………………………………………… **蜡梅科 Calycanthaceae**
**（蜡梅属 *Chimonanthus*）**
286. 花的各部分呈轮状排列，萼片和花瓣甚有分化。
287. 雌蕊 2～4 个，各有多数胚珠；种子有胚乳；无托叶 ……………………… ……………………………………………………… **虎耳草科 Saxifragaceae**
287. 雌蕊 2 个至多数，各有 1 至数个胚珠；种子无胚乳；有或无托叶 ………… ……………………………………………………………… **蔷薇科 Rosaceae**
285. 花为下位花，或在悬铃木科中微呈周位。
288. 草本或亚灌木。
289. 各子房的花柱互相分离。
290. 叶常互生或基生，多少有些分裂；花瓣脱落性，较萼片为大，或于天葵属 *Semiaquilegia* 稍小于成花瓣状的萼片 ……………… **毛茛科 Ranunculaceae**
290. 叶对生或轮生，为全缘单叶；花瓣宿存性，较萼片小 …………………… …………………………………………………… **马桑科 Coriariaceae**
**（马桑属 *Coriaria*）**
289. 各子房合具 1 个共同的花柱或柱头；叶为羽状复叶；花为五出数；花萼宿存；花中有和花瓣互生的腺体；雄蕊 10 个 ……………… **牻牛儿苗科 Geraniaceae**
**（熏倒牛属 *Biebersteinia*）**
288. 乔木、灌木或木本的攀援植物。
291. 叶为单叶。
292. 叶对生或轮生 …………………………………………… **马桑科 Coriariaceae**
**（马桑属 *Coriaria*）**
292. 叶互生。
293. 叶为脱落性，具掌状脉；叶柄基部扩张成帽状以覆盖腋芽 ……………… ………………………………………………… **悬铃木科 Platanaceae**
**（悬铃木属 *Platanus*）**
293. 叶为常绿性或脱落性，具羽状脉。
294. 雌蕊 7 个至多数（稀可少至 5 个）；直立或缠绕性灌木；花两性或

单性…………………………………………………… 木兰科 **Magnoliaceae**

294. 雌蕊4~6个；乔木或灌木；花两性。

295. 子房5或6个，以1共同的花柱而连合，各子房均可成熟为核果…………………………………………………… 金莲木科 **Ochaceae**（赛金莲木属 ***Ouratea***）

295. 子房4~6个，各具1花柱，仅有1子房可成熟为核果…………………………………………………… 漆树科 **Anacardiaceae**

291. 叶为复叶。

296. 叶对生…………………………………………………… 省沽油科 **Staphyleaceae**

296. 叶互生。

297. 木质藤本；叶为掌状复叶或三出复叶 ………… 木通科 **Lardizabalaceae**

297. 乔木或灌木（有时在牛栓藤科中有缠绕性者）；叶为羽状复叶。

298. 果实为1含多数种子的浆果，状似猫屎 … 木通科 **Lardizabalaceae**（猫儿屎属 ***Decaisnea***）

298. 果实为其他情形。

299. 果实为蓇葖果 ……………………………… 牛栓藤科 **Connaraceae**

299. 果实为离果，或在臭椿属 *Ailanthus* 中为翅果 …………………………………………………… 苦木科 **Simaroubaceae**

283. 雌蕊1个，或至少其子房为1个。

300. 雌蕊或子房确是单纯的，仅1室。

301. 果实为核果或浆果。

302. 花为三出数，稀可二出数；花药以舌瓣裂开…………………………………… 樟科 **Lauraceae**

302. 花为五出或四出数；花药纵长裂开。

303. 落叶具刺灌木；雄蕊10个，周位，均可发育 ……………………………… 蔷薇科 **Rosaceae**

303. 常绿乔木；雄蕊1~5个，下位，常仅其中1或2个可发育 ……………… 漆树科 **Anacardiaceae**（杧果属 ***Mangifera***）

301. 果实为蓇葖果或荚果。

304. 果实为蓇葖果。

305. 落叶灌木；叶为单叶；蓇葖果内含2至数个种子…………………………… 蔷薇科 **Rosaceae**（绣线菊亚科 **Spiraeoideae**）

305. 常为木质藤本；叶多为单数复叶或具3小叶，有时因退化而只有1小叶；蓇葖果内仅含1个种子 …………………………………………………………… 牛栓藤科 **Connaraceae**

304. 果实为荚果 ………………………………………………………………… 豆科 **Leguminosae**

300. 雌蕊或子房并非单纯者，有1个以上的子房室或花柱、柱头、胎座等部分。

306. 子房1室或因有1假隔膜而成2室，有时下部2~5室，上部1室。

307. 花下位，花瓣4片，稀可更多。

308. 萼片2片…………………………………………………………… 罂粟科 **Papaveraceae**

308. 萼片4~8片。

309. 子房柄常细长，呈线状 ……………………………………… 白花菜科 **Capparidaceae**

309. 子房柄极短或不存在。

310. 子房为2个心皮连合组成，常具2子房室及1假隔膜 ………… 十字花科 **Cruciferae**

310. 子房3~6个心皮连合组成，仅1子房室。

311. 叶对生，微小，为耐寒旱性；花为辐射对称；花瓣完整，具瓣爪，其内侧有舌状的鳞片附属物 ……………………………………………… 瓣鳞花科 **Frankeniaceae**

311. 叶互生，显著，非为耐寒旱性；花为两侧对称；花瓣常分裂，但其内侧并无鳞片状的

附属物 ……………………………………………………… 木犀草科 **Resedaceae**

307. 花周位或下位，花瓣 3～5 片，稀可 2 片或更多。

312. 每子房室内仅有胚珠 1 个。

313. 乔木，或稀为灌木；叶常为羽状复叶。

314. 叶常为羽状复叶，具托叶及小托叶 ……………………………… 省沽油科 **Staphyleaceae**

（银鹊树属 *Tapiscia*）

314. 叶为羽状复叶或单叶，无托叶及小托叶 ……………………… 漆树科 **Anacardiaceae**

313. 木本或草本；叶为单叶。

315. 通常均为木本，稀可在樟科的无根藤属 *Cassytha* 则为缠绕性寄生草本；叶常互生，无膜质托叶。

316. 乔木或灌木；无托叶；花为三出或二出数，萼片和花瓣同形，稀可花瓣较大；花药以舌瓣裂开；浆果或核果 ………………………………………………… 樟科 **Lauraceae**

316. 蔓生性的灌木，茎为合轴型，具钩状的分枝；托叶小而早落；花为五出数，萼片和花瓣不同形，前者且于结实时增大成翅状；花药纵长裂开；坚果 ……………………
…………………………………………………………………… 钩枝藤科 **Ancistrocladaceae**

（钩枝藤属 *Ancistrocladus*）

315. 草本或亚灌木；叶互生或对生，具膜质托叶……………………………… 蓼科 **Polygonaceae**

312. 每子房室内有胚珠 2 个至多数。

317. 乔木、灌木或木质藤本。

318. 花瓣及雄蕊均着生于花萼上 ……………………………………… 千屈菜科 **Lythraceae**

318. 花瓣及雄蕊均着生于花托上（或于西番莲科中雄蕊着生于子房柄上）。

319. 核果或翅果，仅有 1 种子。

320. 花萼具显著的 4 或 5 裂片或裂齿，微小而不能长大………… 茶茱萸科 **Icacinaceae**

320. 花萼呈截平头或具不明显的萼齿，微小，但在果实上增大…………………………
…………………………………………………………………… 铁青树科 **Olacaceae**

（铁青树属 *Olax*）

319. 蒴果或浆果，内有 2 个至多数种子。

321. 花两侧对称。

322. 叶为 2～3 回羽状复叶；雄蕊 5 个……………………………… 辣木科 **Moringaceae**

（辣木属 *Moringa*）

322. 叶为全缘的单叶；雄蕊 8 个 ………………………………… 远志科 **Polygalaceae**

321. 花辐射对称；叶为单叶或掌状分裂。

323. 花瓣具有直立而常彼此衔接的瓣爪 ………………… 海桐花科 **Pittosporaceae**

（海桐花属 *Pittosporum*）

323. 花瓣不具细长的瓣爪。

324. 植物体为耐寒旱性，有鳞片状或细长形的叶片；花无小苞片 ……………
…………………………………………………………………… 柽柳科 **Tamariceae**

324. 植物体非为耐寒旱性，具有较宽大的叶片。

325. 花两性。

326. 花萼和花瓣不甚分化，且前者较大……… 大风子科 **Flacourtiaceae**

（红子木属 ***Erythrospermum***）

326. 花萼和花瓣很有分化，前者很小……………………… 堇菜科 **Violaceae**

（雷诺木属 ***Rinorea***）

325. 雌雄异株或花杂性。

327. 乔木；花的每一花瓣基部各具位于内方的一鳞片；无子房柄 ……

…………………………………………………… **大风子科 Flacourtiaceae**

**（大风子属 *Hydnocarpus*）**

327. 多为具卷须而攀援的灌木；花常具一为 5 鳞片所成的副花冠，各鳞片和萼片相对生；有子房柄 …………… **西番莲科 Passifloraceae**

**（蒴莲属 *Adenia*）**

317. 草本或亚灌木。

328. 胎座位于子房室的中央或基底。

329. 花瓣着生于花萼的喉部 …………………………………………………… **千屈菜科 Lythraceae**

329. 花瓣着生于花托上。

330. 萼片 2 片；叶互生，稀可对生 ………………………………… **马齿苋科 Portulacaceae**

330. 萼片 5 或 4 片；叶对生 ………………………………………… **石竹科 Caryophyllaceae**

328. 胎座为侧膜胎座。

331. 食虫植物，具生有腺体刚毛的叶片 ………………………………… **茅膏菜科 Droseraceae**

331. 非为食虫植物，也无生有腺体毛茸的叶片。

332. 花两侧对称。

333. 花有一位于前方的距状物；蒴果 3 瓣裂开 ………………………… **堇菜科 Violaceae**

333. 花有一位于后方的大型花盘；蒴果仅于顶端裂开 ………… **木犀草科 Resedaceae**

332. 花整齐或近于整齐。

334. 植物体为耐寒旱性；花瓣内侧各有 1 舌状的鳞片 ……… **瓣鳞花科 Frankeniaceae**

**（瓣鳞花属 *Frankenia*）**

334. 植物体非为耐寒旱性；花瓣内侧无鳞片的舌状附属物。

335. 花中有副花冠及子房柄……………………………… **西番莲科 Passifloraceae**

**（西番莲属 *Passiflora*）**

335. 花中无副花冠及子房柄……………………………… **虎耳草科 Saxifragaceae**

306. 子房 2 室或更多室。

336. 花瓣形状彼此极不相等。

337. 每子房室内有数个至多数胚珠。

338. 子房 2 室 ……………………………………………………………… **虎耳草科 Saxifragaceae**

338. 子房 5 室……………………………………………………………… **凤仙花科 Balsaminaceae**

337. 每子房室内仅有 1 个胚珠。

339. 子房 3 室；雄蕊离生；叶盾状，叶缘具棱角或波纹 ………………… **旱金莲科 Tropaeolaceae**

**（旱金莲属 *Tropaeolum*）**

339. 子房 2 室（稀可 1 或 3 室）；雄蕊连合为一单体；叶不呈盾状，全缘 … **远志科 Polygalaceae**

336. 花瓣形状彼此相等或微有不等，且有时花也可为两侧对称。

340. 雄蕊数和花瓣数既不相等，也不是它的倍数。

341. 叶对生。

342. 雄蕊 4 ~ 10 个，常 8 个。

343. 蒴果 ……………………………………………………… **七叶树科 Hippocastanaceae**

343. 翅果 ……………………………………………………………… **槭树科 Aceraceae**

342. 雄蕊 2 或 3 个，也稀可 4 或 5 个。

344. 萼片及花瓣均为五出数；雄蕊多为 3 个…………………… **翅子藤科 Hippocrateaceae**

344. 萼片及花瓣常均为四出数；雄蕊 2 个，稀可 3 个 …………………… **木犀科 Oleaceae**

341. 叶互生。

345. 叶为单叶，多全缘，或在油桐属 *Aleurites* 中可具 3 ~ 7 裂片；花单性 ………………………………………………………………………………… **大戟科 Euphorbiaceae**

345. 叶为单叶或复叶；花两性或杂性。
346. 萼片为镊合状排列；雄蕊连成单体 …………………………………… 梧桐科 **Sterculiaceae**
346. 萼片为覆瓦状排列；雄蕊离生。
347. 子房 4 或 5 室，每子房室内有 8 ~ 12 胚珠；种子具翅 ……………… 楝科 **Meliaceae**
（香椿属 *Toona*）
347. 子房常 3 室，每子房室内有 1 至数个胚珠；种子无翅。
348. 花小型或中型，下位，萼片互相分离或微有连合 …… 无患子科 **Sapindaceae**
348. 花大型，美丽，周位，萼片互相连合成一钟形的花萼 ……………………………
……………………………………………………………… 钟萼木科 **Bretschneideraceae**
（钟萼木属 *Bretschneidera*）
340. 雄蕊数和花瓣数相等，或是它的倍数。
349. 每子房室内有胚珠或种子 3 个至多数。
350. 叶为复叶。
351. 雄蕊连合成为单体 ……………………………………………………… 酢浆草科 **Oxalidaceae**
351. 雄蕊彼此相互分离。
352. 叶互生。
353. 叶为 2 ~ 3 回的三出叶，或为掌状叶 ………………… 虎耳草科 **Saxifragaceae**
（落新妇亚族 *Astilbinae*）
353. 叶为 1 回羽状复叶 …………………………………………………… 楝科 **Meliaceae**
（香椿属 *Toona*）
352. 叶对生。
354. 叶为双数羽状复叶 …………………………………… 蒺藜科 **Zygophyllaceae**
354. 叶为单数羽状复叶………………………………………… 省沽油科 **Staphyleaceae**
350. 叶为单叶。
355. 草本或亚灌木。
356. 花周位；花托多少有些中空。
357. 雄蕊着生于杯状花托的边缘…………………………… 虎耳草科 **Saxifragaceae**
357. 雄蕊着生于杯状或管状花萼（或花托）的内侧 ……… 千屈菜科 **Lythraceae**
356. 花下位；花托常扁平。
358. 叶对生或轮生，常全缘。
359. 水生或沼泽草本，有时为亚灌木；有托叶 ………… 沟繁缕科 **Elatinaceae**
359. 陆生草本；无托叶 ………………………………… 石竹科 **Caryophyllaceae**
358. 叶互生或基生；稀可对生，边缘有锯齿，或叶退化为无绿色组织的鳞片。
360. 草本或亚灌木；有托叶；萼片呈镊合状排列，脱落性 … 椴树科 **Tiliaceae**
（黄麻属 *Corchorus*，田麻属 *Corchoropsis*）
360. 多年生常绿草本，或为死物寄生植物而无绿色组织；无托叶；萼片呈覆瓦状排列，宿存 ……………………………………………… 鹿蹄草科 **Pyrolaceae**
355. 木本植物。
361. 花瓣常有彼此衔接或其边缘互相依附的柄状瓣爪 ……… 海桐花科 **Pittosporaceae**
（海桐花属 *Pittosporum*）
361. 花瓣无瓣爪，或仅具互相分离的细长柄状瓣爪。
362. 花托空凹；萼片呈镊合状或覆瓦状排列。
363. 叶互生，边缘有锯齿，常绿性 ………………… 虎耳草科 **Saxifragaceae**
363. 叶对生或互生，全缘，脱落性。
364. 子房 2 ~ 6 室，仅具 1 花柱；胚珠多数生于中轴胎座上 ………………

……………………………………………………… **千屈菜科 Lythraceae**

364. 子房 2 室，具 2 花柱；胚珠数个垂悬于中轴胎座……………………

…………………………………………………… **金缕梅科 Hamamelidaceae**

362. 花托扁平或微凸起，萼片呈覆瓦状或于杜英科中呈镊合状排列。

365. 花为四出数；果实呈浆果状或核果状；花药纵长裂开或顶端舌瓣裂开。

366. 穗状花序腋生于当年新枝上；花瓣先端具齿裂……………………

……………………………………………………… **杜英科 Elaeocarpaceae**

**（杜英属 *Elaeocarpus*）**

366. 穗状花序腋生于昔年老枝上；花瓣完整 …… **旌节花科 Stachyuraceae**

**（旌节花属 *Stachyurus*）**

365. 花为五出数；果实呈蒴果状；花药顶端孔裂。

367. 花粉粒单纯，子房 3 室 ……………………………… **山柳科 Clethraceae**

**（山柳属 *Clethra*）**

367. 花粉粒复合，成为四合体；子房 5 室 …………… **杜鹃花科 Ericaceae**

349. 每子房室内有胚珠或种子 1 或 2 个。

368. 草本植物，有时基部呈灌木状。

369. 花单性或杂性，或雌雄异株。

370. 具卷须的藤本；叶为二回三出复叶 …………………………… **无患子科 Sapindaceae**

**（倒地铃属 *Cardiospermum*）**

370. 直立草本或亚灌木；叶为单叶 ……………………………… **大戟科 Euphorbiaceae**

369. 花两性。

371. 萼片呈镊合状排列；果实有刺 ………………………………………… **椴树科 Tiliaceae**

**（刺蒴麻属 *Triumfetta*）**

371. 萼片呈覆瓦状排列，果实无刺。

372. 雄蕊彼此分离；花柱互相连合 ………………………… **牻牛儿苗科 Geraniaceae**

372. 雄蕊互相连合；花柱彼此分离 …………………………………… **亚麻科 Linaceae**

368. 木本植物。

373. 叶肉质，通常仅为 1 对小叶所组成的复叶 ……………………… **蒺藜科 Zygophyllaceae**

373. 叶为其他情形。

374. 叶对生；果实为 1、2 或 3 个翅果所组成。

375. 花瓣细裂或具齿裂；每果实有 3 个翅果 ………………… **金虎尾科 Malpighiaceae**

375. 花瓣全缘；每果实具 2 个或连合为 1 个的翅果 ………………… **槭树科 Aceraceae**

374. 叶互生，如为对生时，则果实不为翅果。

376. 叶为复叶，或稀可为单叶而有具翅的果实。

377. 雄蕊连为单体。

378. 萼片及花瓣均为三出数；花药 6 个，花丝生于雄蕊管的口部 ……………

……………………………………………………………… **橄榄科 Burseraceae**

378. 萼片及花瓣均为四出至六出数；花药 8～12 个，无花丝，直接着生于雄蕊管的喉部或裂齿之间 ……………………………………………………… **楝科 Meliaceae**

377. 雄蕊各自分离。

379. 叶为单叶；果实为一具 3 翅而其内仅有 1 个种子的小坚果 ……………

……………………………………………………………… **卫矛科 Celastraceae**

**（雷公藤属 *Tripterygium*）**

379. 叶为复叶；果实无翅。

380. 花柱 3～5 个；叶常互生，脱落性……………… **漆树科 Anacardiaceae**

380. 花柱 1 个；叶互生或对生。

381. 叶为羽状复叶，互生，常绿性或脱落性；果实有各种类型 ………………………………………………………… **无患子科 Sapindaceae**

381. 叶为掌状复叶，对生，脱落性；果实为蒴果 ……………………………………………………………………… **七叶树科 Hippocastanaceae**

376. 叶为单叶；果实无翅。

382. 雄蕊连成单体，或如为 2 轮时，至少其内轮者如此，有时其花药无花丝（例如大戟科的三宝木属 *Trigonastemon*）。

383. 花单性；萼片或花萼裂片 2 ~ 6 片，呈镊合状或覆瓦状排列 ……………………………………………………………………… **大戟科 Euphorbiaceae**

383. 花两性；萼片 5 片，呈覆瓦状排列。

384. 果实呈蒴果状；子房 3 ~ 5 室，各室均可成熟 ……… **亚麻科 Linaceae**

384. 果实呈核果状；子房 3 室，大都其中的 2 室为不孕性，仅另 1 室可成熟，而有 1 或 2 个胚珠 ……………………… **古柯科 Erythroxylaceae**
**（古柯属 *Erythroxylum*）**

382. 雄蕊各自分离，有时在毒鼠子科中可和花瓣相连合而形成 1 管状物。

385. 果呈蒴果状。

386. 叶互生或稀可对生；花下位。

387. 叶脱落性或常绿性；花单性或两性；子房 3 室，稀可 2 或 4 室，有时可多至 15 室（例如算盘子属 *Glochidion*） ……………………………………………………………… **大戟科 Euphorbiaceae**

387. 叶常绿性；花两性；子房 5 室 ……… **五列木科 Pentaphylacaceae**

386. 叶对生或互生；花周位 ………………………………… **卫矛科 Celastraceae**

385. 果呈核果状，有时木质化，或呈浆果状。

388. 种子无胚乳，胚体肥大而多肉质。

389. 雄蕊 10 个 ………………………………………… **蒺藜科 Zygophyllaceae**

389. 雄蕊 4 或 5 个。

390. 叶互生；花瓣 5 片，各 2 裂或成 2 部分 ……………………………………………………………… **毒鼠子科 Dichapetalaceae**
**（毒鼠子属 *Dichapetalum*）**

390. 叶对生；花瓣 4 片，均完整 ………… **刺茉莉科 Salvadoraceae**
**（刺茉莉属 *Azima*）**

388. 种子有胚乳，胚体有时很小。

391. 植物体为耐寒旱性；花单性，三出或二出数 ……………………………………………………………… **岩高兰科 Empetraceae**

391. 植物体为普通形状；花两性或单性，五出或四出数。

392. 花瓣呈镊合状排列。

393. 雄蕊和花瓣同数 ……………………… **茶茱萸科 Icacinaceae**

393. 雄蕊为花瓣的倍数。

394. 枝条无刺，而有对生的叶片 …… **红树科 Rhizophoraceae**
**（红树族 *Gynotrocheae*）**

394. 枝条有刺，而有互生的叶片 ……… **铁青树科 Olacaceae**
**（海檀木属 *Ximenia*）**

392. 花瓣呈覆瓦状排列，或在大戟科的小束花属 *Microdesmis* 中为扭转兼覆瓦状排列。

395. 花单性，雌雄异株，花瓣较小于萼片 ………………………………………………………………… 大戟科 Euphorbiaceae
（小盘木属 *Microdesmis*）

395. 花两性或单性；花瓣常较大于萼片。

396. 落叶攀援灌木，雄蕊 10 个；子房 5 室，每室内有胚珠 2 个 …………………………………………… 猕猴桃科 Actinidiaceae
（藤山柳属 *Clematoclethra*）

396. 多为常绿乔木或灌木；雄蕊 4 或 5 个。

397. 花下位，雌雄异株或杂性；无花盘 ……………………………………………………… 冬青科 Aquifoliaceae
（冬青属 *Ilex*）

397. 花周位，两性或杂性；有花盘…… 卫矛科 Celastraceae

160. 花冠为多少有些连合的花瓣所组成。

398. 成熟雄蕊或单体雄蕊的花药数多于花冠裂片。

399. 心皮 1 个至数个，互相分离或大致分离。

400. 叶为单叶或有时可为羽状分裂，对生，肉质 ………………………………… 景天科 Crassulaceae

400. 叶为二回羽状复叶，互生。不呈肉质 ………………………………………… 豆科 Leguminosae
（含羞草亚科 *Mimosoideae*）

399. 心皮 2 个或更多，连合成一复合性子房。

401. 雌雄同株或异株，有时为杂性。

402. 子房 1 室；无分枝而呈棕榈状的小乔木 ……………………………… 番木瓜科 Caricaceae
（番木瓜属 *Carica*）

402. 子房 2 室至多室；具分枝的乔木或灌木。

403. 雄蕊连成单体，或至少内层者如此；蒴果 ……………………… 大戟科 Euphorbiaceae
（麻疯树科 Jatropha）

403. 雄蕊各自分离；浆果 ……………………………………………… 柿树科 Ebenaceae

401. 花两性。

404. 花瓣连成一盖状物，或花萼裂片及花瓣均可合成为 1 或 2 层的盖状物。

405. 叶为单叶，具有透明微点 ………………………………………… 桃金娘科 Myrtaceae

405. 叶为掌状复叶，无透明微点 ……………………………………… 五加科 Araliaceae
（多蕊木属 *Tupidanthus*）

404. 花瓣及花萼裂片均不连成盖状物。

406. 每子房室中有 3 个至多数胚珠。

407. 雄蕊 5～10 个或其数不超过花冠裂片的 2 倍，稀可在野茉莉科的银钟花属 *Halesia* 其数可达 16 个，而为花冠裂片的 4 倍。

408. 雄蕊连成单体或其花丝于基部互相连合；花药纵裂；花粉粒单生。

409. 叶为复叶；子房上位；花柱 5 个 ……………………………… 酢浆草科 0xalidaceae

409. 叶为单叶；子房下位或半下位；花柱 1 个；乔木或灌木，常有星状毛 ……………………………………………………………… 野茉莉科 Styracaceae

408. 雄蕊各自分离；花药顶端孔裂；花粉粒为四合型 ……………… 杜鹃花科 Ericaceae

407. 雄蕊为不定数。

410. 萼片和花瓣常各为多数，而无显著的区分；子房下位；植物体肉质，绿色，常具棘针，而其叶退化 ……………………………………………… 仙人掌科 Cactaceae

410. 萼片和花瓣常各为 5 片，而有显著的区分；子房上位。

411. 萼片呈镊合状排列；雄蕊连成单体 ………………………… 锦葵科 Malvaceae

411. 萼片呈显著的覆瓦状排列。

412. 雄蕊连成5束，且每束着生于1花瓣的基部；花药顶端孔裂开；浆果 ………………………………………………………………………… 猕猴桃科 **Actinidiaceae**

（水冬哥属 *Saurauia*）

412. 雄蕊的基部连成单体；花药纵长裂开；蒴果 ………………… 山茶科 **Theaceae**

（紫茎木属 *Stewartia*）

406. 每子房室中常仅有1或2个胚珠。

413. 花萼中的2片或更多片于结实时能长大成翅状 ……………… 龙脑香科 **Dipterocarpaceae**

413. 花萼裂片无上述变大的情形。

414. 植物体常有星状毛茸 ………………………………………… 野茉莉科 **Styracaceae**

414. 植物体无星状毛茸。

415. 子房下位或半下位；果实歪斜 ……………………………… 山矾科 **Symplocaceae**

（山矾属 *Symplocos*）

415. 子房上位。

416. 雄蕊相互连合为单体；果实成熟时分裂为离果……………… 锦葵科 **Malvaceae**

416. 雄蕊各自分离；果实不是离果。

417. 子房1或2室；蒴果 ………………………………… 瑞香科 **Thymelaeaceae**

（沉香属 *Aquilaria*）

417. 子房6～8室；浆果 ………………………………………… 山榄科 **Sapotaceae**

（紫荆木属 *Madhuca*）

398. 成熟雄蕊并不多于花冠裂片或有时因花丝的分裂则可过之。

418. 雄蕊和花冠裂片为同数且对生。

419. 植物体内有乳汁 …………………………………………………… 山榄科 **Sapotaceae**

419. 植物体内不含乳汁。

420. 果实内有数个至多数种子。

421. 乔木或灌木；果实呈浆果状或核果状 ……………………… 紫金牛科 **Myrsinaceae**

421. 草本；果实呈蒴果状 ………………………………………… 报春花科 **Primulaceae**

420. 果实内仅有1个种子。

422. 子房下位或半下位。

423. 乔木或攀援性灌木；叶互生……………………………………… 铁青树科 **Olacaceae**

423. 常为半寄生性灌木；叶对生 ………………………………… 桑寄生科 **Loranthaceae**

422. 子房上位。

424. 花两性。

425. 攀援性草本；萼片2；果为肉质宿存花萼所包围 …………………… 落葵科 **Basellaceae**

（落葵属 *Basella*）

425. 直立草本或亚灌木，有时为攀援性；萼片或萼裂片5；果为蒴果或瘦果，不为花萼所包围 ……………………………………………………………… 蓝雪科 **Plumbaginaceae**

424. 花单性，雌雄异株；攀援性灌木。

426. 雄蕊连合成单体；雌蕊单纯性 ………………………… 防己科 **Menispermaceae**

（锡生藤亚族 **Cissampelinae**）

426. 雄蕊各自分离；雌蕊复合性 ………………………………… 茶茱萸科 **Icacinaceae**

（微花藤属 *Iodes*）

418. 雄蕊和花冠裂片为同数且互生，或雄蕊数较花冠裂片为少。

427. 子房下位。

428. 植物体常以卷须而攀援或蔓生；胚珠及种子皆为水平生长于侧膜胎座上……………

……………………………………………………………………………… 葫芦科 **Cucurbitaceae**

428. 植物体直立，如为攀援时也无卷须，胚珠及种子并不为水平生长。

429. 雄蕊互相连合。

430. 花整齐或两侧对称。呈头状花序，或在苍耳属 *Xanthium* 中，雌花序为一仅含 2 花的果壳，其外生有钩状刺毛；子房 1 室，内仅有 1 个胚珠 ………………………… 菊科 **Compositae**

430. 花多两侧对称，单生或呈总状或伞房花序；子房 2 或 3 室，内有多数胚珠。

431. 花冠裂片呈镊合状排列；雄蕊 5 个，具分离的花丝及连合的花药 ……………………………………………………………………………………………… 桔梗科 **Campanulaceae**

（半边莲亚科 *Lobelioideae*）

431. 花冠裂片呈覆瓦状排列；雄蕊 2 个，具连合的花丝及分离的花药 ……………………………………………………………………………………………… 花柱草科 **Stylidiaceae**

（花柱草属 *Stylidium*）

429. 雄蕊各自分离。

432. 雄蕊和花冠相分离或近于分离。

433. 花药顶端孔裂开；花粉粒连合成四合体，灌木或亚灌木 ………… 杜鹃花科 **Ericaceae**

（乌饭树亚科 *Vaccinioideae*）

433. 花药纵长裂开，花粉粒单纯；多为草本。

434. 花冠整齐；子房 2 ~ 5 室，内有多数胚珠…………………… 桔梗科 **Campanulaceae**

434. 花冠不整齐；子房 1 ~ 2 室，每子房室内仅有 1 或 2 个胚珠 ……………………………………………………………………………………… 草海桐科 **Goodeniaceae**

432. 雄蕊着生于花冠上。

435. 雄蕊 4 或 5 个，和花冠裂片同数。

436. 叶互生；每子房室内有多数胚珠 ……………………………… 桔梗科 **Campanulaceae**

436. 叶对生或轮生；每子房室内有 1 个至多数胚珠。

437. 叶轮生，如为对生时，则有托叶存在 ………………………… 茜草科 **Rubiaceae**

437. 叶对生，无托叶或稀可有明显的托叶。

438. 花序多为聚伞花序 ……………………………………… 忍冬科 **Caprifoliaceae**

438. 花序为头状花序 ……………………………………… 川续断科 **Dipsacaceae**

435. 雄蕊 1 ~ 4 个，其数较花冠裂片为少。

439. 子房 1 室。

440. 胚珠多数，生于侧膜胎座上……………………………… 苦苣苔科 **Gesneriaceae**

440. 胚珠 1 个，垂悬于子房的顶端 ………………………… 川续断科 **Dipsacaceae**

439. 子房 2 室或更多室，具中轴胎座。

441. 子房 2 ~ 4 室，所有的子房室均可成熟；水生草本 ………… 胡麻科 **Pedaliaceae**

（茶菱属 *Trapella*）

441. 子房 3 或 4 室，仅其中 1 或 2 室可成熟。

442. 落叶或常绿的灌木；叶片全缘或边缘有锯齿 ………… 忍冬科 **Caprifoliaceae**

442. 陆生草本；叶片常有很多的分裂 ……………………… 败酱科 **Valerianaceae**

427. 子房上位。

443. 子房深裂为 2 ~ 4 部分；花柱或数花柱均自子房裂片之间伸出。

444. 花冠两侧对称或稀可整齐；叶对生 ……………………………………… 唇形科 **Labiatae**

444. 花冠整齐；叶互生。

445. 花柱 2 个；多年生匍匐性小草本；叶片呈圆肾形…………………… 旋花科 **Convolvulaceae**

（马蹄金属 *Dichondra*）

445. 花柱 1 个…………………………………………………………………… 紫草科 **Boraginaceae**

443. 子房完整或微有分割，或为 2 个分离的心皮所组成；花柱自子房的顶端伸出。

446. 雄蕊的花丝分裂。

447. 雄蕊 2 个，各分为 3 裂 ………………………………………………… **罂粟科 Papaveraceae**

**（紫堇亚科 *Fumarioideae*）**

447. 雄蕊 5 个，各分为 2 裂 ………………………………………………… **五福花科 Adoxaceae**

**（五福花属 *Adoxa*）**

446. 雄蕊的花丝单纯。

448. 花冠不整齐，常多少有些呈二唇状。

449. 成熟雄蕊 5 个。

450. 雄蕊和花冠离生 ……………………………………………………… **杜鹃花科 Ericaceae**

450. 雄蕊着生于花冠上 …………………………………………………… **紫草科 Boraginaceae**

449. 成熟雄蕊 2 或 4 个，退化雄蕊有时也可存在。

451. 每子房室内仅含 1 或 2 个胚珠（如为后一情形时，也可在次 451 项检索之）。

452. 叶对生或轮生；雄蕊 4 个，稀可 2 个；胚珠直立，稀可垂悬。

453. 子房 2～4 室，共有 2 个或更多的胚珠 …………… **马鞭草科 Verbenaceae**

453. 子房 1 室，仅含 1 个胚珠 ………………………… **透骨草科 Phrymataceae**

**（透骨草属 *Phryma*）**

452. 叶互生或基生；雄蕊 2 或 4 个，胚珠垂悬；子房 2 室，每子房室内仅有 1 个胚珠 …………………………………………………… **玄参科 scrophulariaceae**

451. 每子房室内有 2 个至多数胚珠。

454. 子房 1 室具侧膜胎座或特立中央胎座（有时可因侧膜胎座的深入而为 2 室）。

455. 草本或木本植物，不为寄生性，也非食虫性。

456. 多为乔木或木质藤本，叶为单叶或复叶，对生或轮生，稀可互生，种子有翅，但无胚乳 ……………………………… **紫葳科 Bignoniaceae**

456. 多为草本；叶为单叶，基生或对生；种子无翅，有或无胚乳…………………………………………………………… **苦苣苔科 Gesneriaceae**

455. 草本植物，为寄生性或食虫性。

457. 植物体寄生于其他植物的根部，而无绿叶存在；雄蕊 4 个；侧膜胎座 …………………………………………………… **列当科 Orobanchaceae**

457. 植物体为食虫性，有绿叶存在；雄蕊 2 个，特立中央胎座；多为水生或沼泽植物，且有具距的花冠 ……………… **狸藻科 Lentibulariaceae**

454. 子房 2～4 室，具中轴胎座，或于角胡麻科中为子房 1 室而具侧膜胎座。

458. 植物体常具分泌黏液的腺体毛茸，种子无胚乳或具一薄层胚乳。

459. 子房最后成为 4 室；蒴果的果皮质薄而不延伸为长喙；油料植物……………………………………………………………… **胡麻科 Pedaliaceae**

**（胡麻属 *Sesamum*）**

459. 子房 1 室；蒴果的内皮坚硬而呈木质，延伸为钩状长喙；栽培花卉 ……………………………………………………… **角胡麻科 Martyniaceae**

**（角胡麻属 *Proboscidea*）**

458. 植物体不具上述的毛茸；子房 2 室。

460. 叶对生；种子无胚乳，位于胎座的钩状突起上……… **爵床科 Acanthaceae**

460. 叶互生或对生；种子有胚乳，位于中轴胎座上。

461. 花冠裂片具深缺刻；成熟雄蕊 2 个…………………… **茄科 Solanaceae**

**（蝴蝶花属 *Schizanthus*）**

461. 花冠裂片全缘或仅其先端具一凹陷；成熟雄蕊 2 或 4 个……………

…………………………………………………… **玄参科 Scrophulariaceae**

448. 花冠整齐，或近于整齐。

462. 雄蕊数较花冠裂片为少。

463. 子房 2 ~ 4 室，每室内仅含 1 或 2 个胚珠。

464. 雄蕊 2 个 …………………………………………………………… **木犀科 Oleaceae**

464. 雄蕊 4 个。

465. 叶互生，有透明腺体微点存在 …………………… **苦槛蓝科 Myoporaceae**

465. 叶对生，无透明微点 ……………………………… **马鞭草科 Verbenaceae**

463. 子房 1 或 2 室，每室内有数个至多数胚珠。

466. 雄蕊 2 个；每子房室内有 4 ~ 10 个胚珠垂悬于室的顶端 …… **木犀科 Oleaceae**

466. 雄蕊 4 或 2 个；每子房室内有多数胚珠着生于中轴或侧膜胎座上。

467. 子房 1 室，内具分歧的侧膜胎座，或因胎座深入而使子房成 2 室 ………

……………………………………………………… **苦苣苔科 Gesneriaceae**

467. 子房为完全的 2 室，内具中轴胎座。

468. 花冠于蕾中常折迭；子房 2 心皮的位置偏斜 ………… **茄科 Solanaceae**

468. 花冠于蕾中不折迭，而呈覆瓦状排列；子房的 2 心皮位于前后方……

…………………………………………………… **玄参科 scrophulariaceae**

462. 雄蕊和花冠裂片同数。

469. 子房 2 个，或为 1 个而成熟后呈双角状。

470. 雄蕊各自分离；花粉粒也彼此分离 …………………… **夹竹桃科 Apocynaceae**

470. 雄蕊互相连合；花粉粒连成花粉块 …………………… **萝藦科 Asclepiadaceae**

469. 子房 1 个，不呈双角状。

471. 子房 1 室或因 2 侧膜胎座的深入而成 2 室。

472. 子房为 1 心皮所成。

473. 花显著，呈漏斗形而簇生；果实为 1 瘦果，有棱或有翅………………

…………………………………………………… **紫茉莉科 Nyctaginaceae**

**（紫茉莉属 *Mirabilis*）**

473. 花小型而形成珠形的头状花序；果实为 1 瘦果，成熟后则裂为仅含 1 种子的节荚 ……………………………………………… **豆科 Leguminosae**

**（含羞草属 *Mimosa*）**

472. 子房为 2 个以上连合心皮所成。

474. 乔木或攀援性灌木，稀可为一攀援性草本，而体内具有乳汁（例如心翼果属 *Cardiopteris*）；果实呈核果状（但心翼果属则为干燥的翅果），内有 1 个种子 ……………………………………… **茶茱萸科 Icacinaceae**

474. 草本或亚灌木，或于旋花科的麻辣仔藤属 *Erycibe* 中为攀援灌木，果实呈蒴果状（或于麻辣仔藤属中呈浆果状），内有 2 个或更多的种子。

475. 花冠裂片呈覆瓦状排列。

476. 叶茎生，羽状分裂或为羽状复叶…… **田基麻科 Hydrophyllaceae**

**（水叶族 *Hydrophylleae*）**

476. 叶基生，单叶，边缘具齿裂 …………… **苦苣苔科 Gesneriaceae**

**（苦苣苔属 *Conandron*，黔苣苔属 *Tengia*）**

475. 花冠裂片常呈旋转状或内折的镊合状排列。

477. 攀援性灌木；果实浆果状，内有少数种子 ………………………

………………………………………………… **旋花科 Convolvulaceae**

**（麻辣仔藤属 *Erycibe*）**

477. 直立陆生或漂浮水面的草本；果实呈蒴果状，内有少数至多数种子 ………………………………………………………………………………… **龙胆科 Gentianaceae**

471. 子房 2～10 室。

478. 无绿叶而为缠绕性的寄生植物 ……………………………… **旋花科 Convolvulaceae**

**（菟丝子亚科 *Cuscutoideae*）**

478. 不是上述的无叶寄生植物。

479. 叶常对生，且多在两叶之间具有托叶所组成的连接线或附属物 ………………………………………………………………………………… **马钱科 Loganiaceae**

479. 叶常互生，或有时基生，如为对生时，其两叶之间也无托叶所组成的连系物，有时其叶也可轮生。

480. 雄蕊和花冠离生或近于离生。

481. 灌木；花药顶端孔裂；花粉粒为四合体；子房常 5 室 ………………………………………………………………………………… **杜鹃花科 Ericaceae**

481. 一年或多年生草本，常为缠绕性，花药纵长裂开；花粉粒单纯；子房常 3～5 室 ……………………………………………… **桔梗科 Campanulaceae**

480. 雄蕊着生于花冠的筒部。

482. 雄蕊 4 个，稀可在冬青科为 5 个或更多。

483. 无主茎的草本，具由少数至多数花朵所形成的穗状花序生于一基生花葶上 ……………………………………………… **车前科 Plantaginaceae**

**（车前属 *Plantago*）**

483. 乔木、灌木，或具有主茎的草本。

484. 叶互生，多常绿 ……………………………… **冬青科 Aquifoliaceae**

**（冬青属 *Ilex*）**

484. 叶对生或轮生。

485. 子房 2 室，每室内有多数胚珠 ………………………………………………………… **玄参科 Scrophulariaceae**

485. 子房 2 室至多室，每室内有 1 或 2 个胚珠 ………………………………………………………… **马鞭草科 Verbenaceae**

482. 雄蕊常 5 个，稀可更多。

486. 每子房室内仅有 1 或 2 个胚珠。

487. 子房 2 或 3 室；胚珠自子房室近顶端垂悬；木本植物；叶全缘。

488. 每花瓣 2 裂或 2 分；花柱 1 个；子房无柄，2 或 3 室，每室内各有 2 个胚珠；核果；有托叶 ………… **毒鼠子科 Dichapetalaceae**

**（毒鼠子属 *Dichapetalum*）**

488. 每花瓣均完整；花柱 2 个；子房具柄，2 室，每室内仅有 1 个胚珠；翅果；无托叶 …………………… **茶茱萸科 Icacinaceae**

487. 子房 1～4 室；胚珠在子房室基底或中轴的基部直立或上举；无托叶；花柱 1 个，稀可 2 个，有时在紫草科的破布木属 *Cordia* 中其先端可成两次的 2 分。

489. 果实为核果；花冠有明显的裂片，并在蕾中呈覆瓦状或旋转状排列；叶全缘或有锯齿；通常均为直立木本或草本，多粗壮或具刺毛 ……………………………………… **紫草科 Boraginaceae**

489. 果实为蒴果；花瓣完整或具裂片；叶全缘或具裂片，但无锯齿缘。

490. 通常为缠绕性稀可为直立草本，或为半木质的攀援植物至大型木质藤本（例如盾苞藤属 *Neuropeltis*）；萼片多互相分离；花冠常完整而几无裂片，于蕾中呈旋转状排列，也可有时深裂而其裂片成内折的镊合状排列（例如盾苞藤属）………………………………………………… **旋花科 Convolvulaceae**

490. 通常均为直立草本；萼片连合成钟形或筒状；花冠有明显的裂片，唯于蕾中也呈旋转状排列 …… **花荵科 Polemoniaceae**

486. 每子房室内有多数胚珠，或在花荵科中有时为 1 至数个；多无托叶。

491. 高山区生长的耐寒旱性低矮多年生草本或丛生亚灌木；叶多小型，常绿，紧密排列成覆瓦状或莲座式；无花盘；花单生至聚集成头状花序；花冠裂片呈覆瓦状排列；子房 3 室；花柱 1 个；柱头 3 裂；蒴果室背开裂 ………………………………… **岩梅科 Diapensiaceae**

491. 草本或木本，不为耐寒旱性；叶常为大型或中型，脱落性。疏松排列而各自展开；花多有位于子房下方的花盘。

492. 花冠不于蕾中折迭，其裂片呈旋转状排列，或在田基麻科中为覆瓦状排列。

493. 叶为单叶，或在花荵属 *Polemonium* 为羽状分裂或为羽状复叶；子房 3 室；花柱 1 个；柱头 3 裂；蒴果多室背开裂 ……………………………………………………… **花荵科 Polemoniaceae**

493. 叶为单叶，且在田基麻属 *Hydrolea* 为全缘，子房 2 室；花柱 2 个；柱头呈头状；蒴果室间开裂 ………………………………………………………………………… **田基麻科 Hydrophyllaceae**
**（田基麻族 *Hydroleeae*）**

492. 花冠裂片呈镊合状或覆瓦状排列，或其花冠于蕾中折迭，且呈旋转状排列；花萼常宿存；子房 2 室，或在茄科中为假 3 室至假 5 室；花柱 1 个；柱头完整或 2 裂。

494. 花冠多于蕾中折迭，其裂片呈覆瓦状排列；或在曼陀罗属 *Datura* 呈旋转状排列，稀可在枸杞属 *Lycium* 和颠茄属 *Atropa* 等属中，并不于蕾中折迭，而呈覆瓦状排列，雄蕊的花丝无毛；浆果，或为纵裂或横裂的蒴果 ………… **茄科 Solanaceae**

494. 花冠不于蕾中折迭，其裂片呈覆瓦状排列；雄蕊的花丝具毛茸。

495. 室间开裂的蒴果 …………………… **玄参科 Scrophulariaceae**
**（毛蕊花属 *Verbascum*）**

495. 浆果，有刺灌木…………………………… **茄科 Solanaceae**
**（枸杞属 *Lycium*）**

1. 子叶 1 个；茎无中央髓部，也无呈年轮状的生长；叶多具平行叶脉；花为三出数，有时为四出数，但极少为五出数 ………………………………………………………………………………………… **单子叶植物纲 Monocotyledoneae**

496. 木本植物，或其叶于芽中呈折迭状。

497. 灌木或乔木；叶细长或呈剑状，在芽中不呈折迭状 ……………………………… **露兜树科 Pandanaceae**

497. 木本或草本；叶甚宽，常为羽状或扇形的分裂，在芽中呈折迭状而有强韧的平行脉或射出脉。

498. 植物体多甚高大，呈棕榈状，具简单或分枝少的主干；花为圆锥或穗状花序，托以佛焰状苞片 ……………………………………………………………………………………… **棕榈科 Palmae**

498. 植物体常为无主茎的多年生草本，具常深裂为 2 片的叶片；花为紧密的穗状花序 ………………………………………………………………………………… **环花科 Cyclanthaceae**
**（巴拿马草属 *Carludovica*）**

496. 草本植物或稀可为木质茎，但其叶于芽中从不呈折迭状。
499. 无花被或在眼子菜科中很小。
500. 花包藏于或附托以呈覆瓦状排列的壳状鳞片（特称为颖）中，由多花至 1 花形成小穗。
501. 秆多少有些呈三棱形，实心；茎生叶呈三行排列；叶鞘封闭；花药以基底附着花丝；果实为瘦果或囊果 ………………………………………………………………………………… **莎草科 Cyperaceae**
501. 秆常呈圆筒形；中空；茎生叶呈二行排列；叶鞘常在一侧纵裂开；花药以其中部附着花丝；果实通常为颖果 ………………………………………………………………………………… **禾本科 Gramineae**
500. 花虽有时排列为具总苞的头状花序，但并不包藏于呈壳状的鳞片中。
502. 植物体微小，无真正的叶片，无茎而具漂浮水面或沉没水中的叶状体 …………… **浮萍科 Lemnaceae**
502. 植物体常具茎，也具叶，其叶有时可呈鳞片状。
503. 水生植物，具沉没水中或漂浮水面的叶片。
504. 花单性，不排列成穗状花序。
505. 叶互生，花呈球形的头状花序 ……………………………………………… **黑三棱科 Sparganiaceae**
（黑三棱属 *Sparganium*）
505. 叶多对生或轮生；花单生，或在叶腋间形成聚伞花序。
506. 多年生草本，雌蕊为 1 个或更多而互相分离的心皮所组成；胚珠自子房室顶端垂悬 ……
…………………………………………………………………………… **眼子菜科 Potamogetonaceae**
（角果藻族 *Zannichellieae*）
506. 一年生草本；雌蕊 1 个，具 2～4 柱头，胚珠直立于子房室基底 ……… **茨藻科 Najadaceae**
（茨藻属 *Najas*）
504. 花两性或单性，排列成简单或分歧的穗状花序。
507. 花排列于 1 扁平穗轴的一侧。
508. 海水植物；穗状花序不分歧，但具雌雄同株或异株的单性花；雄蕊 1 个，具无花丝而为 1 室的花药；雌蕊 1 个，具 2 柱头；胚珠 1 个，垂悬于子房室的顶端 …………………
…………………………………………………………………………… **眼子菜科 Potamogetonaceae**
（大叶藻属 *Zostera*）
508. 淡水植物；穗状花序常分为二歧而具两性花；雄蕊 6 个或更多，具极细长的花丝和 2 室的花药；雌蕊为 3～6 个离生心皮所成；胚珠在每室内 2 个或更多，基生 ………………
…………………………………………………………………………… **水蕹科 Aponogetonaceae**
（水蕹属 *Aponogeton*）
507. 花排列于穗轴的周围，多为两性花；胚珠常仅 1 个 …………… **眼子菜科 Potamogetonaceae**
503. 陆生或沼泽植物，常有位于空气中的叶片。
509. 叶有柄，全缘或有各种形状的分裂，具网状脉，花形成一肉穗花序，后者常有一大型而常具色彩的佛焰苞片 ………………………………………………………………… **天南星科 Araceae**
509. 叶无柄，细长形、剑形，或退化为鳞片状，其叶片常具平行脉。
510. 花形成紧密的穗状花序，或在帚灯草科为疏松的圆锥花序。
511. 陆生或沼泽植物；花序为由位于苞腋间的小穗所组成的疏散圆锥花序；雌雄异株；叶多呈鞘状 ………………………………………………………………… **帚灯草科 Restionaceae**
（薄果草属 *Leptocarpus*）
511. 水生或沼泽植物；花序为紧密的穗状花序。
512. 穗状花序位于一呈二棱形的基生花葶的一侧，而另一侧则延伸为叶状的佛焰苞片；花两性 ……………………………………………………………………… **天南星科 Araceae**
（石葛蒲属 *Acorus*）
512. 穗状花序位于一圆柱形花梗的顶端，形如蜡烛而无佛焰苞；雌雄同株 ………………
……………………………………………………………………………… **香蒲科 Typhaceae**

510. 花序有各种型式。
513. 花单性，成头状花序。
514. 头状花序单生于基生无叶的花葶顶端；叶狭窄，呈禾草状，有时叶为膜质…………………………………………………………………………………… 谷精草科 **Eriocaulaceae**
（谷精草属 *Eriocaulon*）
514. 头状花序散生于具叶的主茎或枝条的上部，雄性者在上，雌性者在下；叶细长，呈扁三棱形，直立或漂浮水面，基部呈鞘状……………………… 黑三棱科 **Sparganiaceae**
（黑兰棱属 *Sparganium*）
513. 花常两性。
515. 花序呈穗状或头状，包藏于 2 个互生的叶状苞片中；无花被，叶小，细长形或呈丝状；雄蕊 1 或 2 个；子房上位，1～3 室，每子房室内仅有 1 个垂悬胚珠……………………………………………………………………………… 刺鳞草科 **Centrolepidaceae**
515. 花序不包藏于叶状的苞片中；有花被。
516. 子房 3～6 个，至少在成熟时互相分离 ……………………… 水麦冬科 **Juncaginaceae**
（水麦冬属 *Triglochin*）
516. 子房 1 个，由 3 心皮连合所组成 ……………………………… 灯心草科 **Juncaceae**
499. 有花被，常显著，且呈花瓣状。
517. 雌蕊 3 个至多数，互相分离。
518. 死物寄生性植物，具呈鳞片状而无绿色叶片。
519. 花两性，具 2 层花被片；心皮 3 个，各有多数胚珠…………………………… 百合科 **Liliaceae**
（无叶莲属 *Petrosavia*）
519. 花单性或稀可杂性，具一层花被片；心皮数个，各仅有 1 个胚珠 …………… 霉草科 **Triuridaceae**
（喜阴草属 *Sciaphila*）
518. 不是死物寄生性植物，常为水生或沼泽植物，具有发育正常的绿叶。
520. 花被片彼此相同；叶细长，基部具鞘 ………………………………… 水麦冬科 **Juncaginaceae**
（芝莱属 *Scheuchzeria*）
520. 花被片分化为萼片和花瓣 2 轮。
521. 叶呈细长形，直立；花单生或成伞形花序；蓇葖果 ………………………… 菝葜科 **Butomaceae**
（菝葜属 *Butomus*）
521. 叶呈细长兼披针形至卵圆形，常为箭镞状而具长柄；花常轮生，呈总状或圆锥花序；瘦果 ……………………………………………………………………………………… 泽泻科 **Alismataceae**
517. 雌蕊 1 个，复合性或于百合科的岩菖蒲属 *Tofieldia* 中其心皮近于分离。
522. 子房上位，或花被和子房相分离。
523. 花两侧对称；雄蕊 1 个，位于前方，即着生于远轴的 1 个花被片的基部 …… 田葱科 **Philydraceae**
（田葱属 *philydrum*）
523. 花辐射对称，稀可两侧对称；雄蕊 3 个或更多。
524. 花被分化为花萼和花冠 2 轮，后者于百合科的重楼族中，有时为细长形或线形的花瓣所组成，稀可缺如。
525. 花形成紧密而具鳞片的头状花序；雄蕊 3 个；子房 1 室 ……………… 黄眼草科 **Xyridaceae**
（黄眼草属 *Xyris*）
525. 花不形成头状花序；雄蕊数在 3 个以上。
526. 叶互生，基部具鞘，平行脉；花为腋生或顶生的聚伞花序；雄蕊 6 个，或因退化而较少……………………………………………………………………………… 鸭跖草科 **Commelinaceae**
526. 叶以 3 个或更多个生于茎的顶端而成一轮，网状脉而于基部具 3～5 脉，花单独顶生；雄蕊 6 个、8 个或 10 个……………………………………………………… 百合科 **Liliaceae**
（重楼族 *Parideae*）

524. 花被裂片彼此相同或近于相同，或于百合科的白丝草属 *Chinographis* 中则极不相同，又在同科的油点草属 *Tricyrtis* 中其外层 3 个花被裂片的基部呈囊状。

527. 花小型，花被裂片绿色或棕色。

528. 花位于一穗形总状花序上；蒴果自一宿存的中轴上裂为 3～6 瓣，每果瓣内仅有 1 个种子 ………………………………………………………………………… **水麦冬科 Juncaginaceae**

**（水麦冬属 *Triglochin*）**

528. 花位于各种型式的花序上；蒴果室背开裂为 3 瓣，内有多数至 3 个种子 ……………………………………………………………………………………… **灯心草科 Juncaceae**

527. 花大型或中型，或有时为小型，花被裂片多少有些具鲜明的色彩。

529. 叶（限于我国植物）的顶端变为卷须，并有闭合的叶鞘；胚珠在每室内仅为 1 个；花排列为顶生的圆锥花序 ……………………………………………… **须叶藤科 Flagellariaceae**

**（须叶藤属 *Flagellaria*）**

529. 叶的顶端不变为卷须；胚珠在每子房室内为多数，稀可仅为 1 个或 2 个。

530. 直立或漂浮的水生植物；雄蕊 6 个，彼此不相同，或有时有不育者 ……………………………………………………………………………… **雨久花科 Pontederiaceae**

530. 陆生植物；雄蕊 6 个，4 个或 2 个，彼此相同。

531. 花为四出数，叶（限于我国植物）对生或轮生，具有显著纵脉及密生的横脉 ……………………………………………………………………………………… **百部科 Stemonaceae**

**（百部属 *Stemona*）**

531. 花为三出或四出数；叶常基生或互生 ……………………………… **百合科 Liliaceae**

522. 子房下位，或花被多少有些和子房相愈合。

532. 花两侧对称或为不对称形。

533. 花被片均成花瓣状；雄蕊和花柱多少有些互相连合 ……………………… **兰科 Orchidaceae**

533. 花被片并不是均呈花瓣状，其外层者形如萼片；雄蕊和花柱相分离。

534. 后方的 1 个雄蕊常为不育性，其余 5 个则均发育而具有花药。

535. 叶和苞片排列成螺旋状；花常因退化而为单性；浆果；花管呈管状，其一侧不久即裂开 ………………………………………………………………………………… **芭蕉科 Musaceae**

**（芭蕉属 *Musa*）**

535. 叶和苞片排列成 2 行；花两性，蒴果。

536. 萼片互相分离或至多可和花冠相连合；居中的 1 花瓣并不成为唇瓣 ……………………………………………………………………………………… **芭蕉科 Musaceae**

**（鹤望兰属 *Strelitzia*）**

536. 萼片互相连合成管状；居中（位于远轴方向）的 1 花瓣为大形而成唇瓣 ……………………………………………………………………………………… **芭蕉科 Musaceae**

**（兰花蕉属 *Orchidantha*）**

534. 后方的 1 个雄蕊发育而具有花药，其余 5 个则退化，或变形为花瓣状。

537. 花药 2 室；萼片互相连合为一萼筒，有时呈佛焰苞状 ……………………… **姜科 Zingiberaceae**

537. 花药 1 室；萼片互相分离或至多彼此相衔接。

538. 子房 3 室，每子房室内有多数胚珠位于中轴胎座上；各不育雄蕊呈花瓣状，互相于基部简短连合 ………………………………………………………………… **美人蕉科 Cannaceae**

**（美人蕉属 *Canna*）**

538. 子房 3 室或因退化而成 1 室，每子房室内仅含 1 个基生胚珠；各不育雄蕊也呈花瓣状，唯多少有些互相连合 …………………………………………………… **竹芋科 Marantaceae**

532. 花常辐射对称，也即花整齐或近于整齐。

539. 水生草本，植物体部分或全部沉没水中……………………………… **水鳖科 Hydrocharitaceae**

539. 陆生草本。

540. 植物体为攀援性；叶片宽广，具网状脉（还有数主脉）和叶柄……… **薯蓣科 Dioscoreaceae**

540. 植物体不为攀援性；叶具平行脉。

541. 雄蕊3个。

542. 叶2行排列，两侧扁平而无背腹面之分，由下向上重叠跨覆，雄蕊和花被的外层裂片相对生 ……………………………………………………………… **鸢尾科 Iridaceae**

542. 叶不为2行排列；茎生叶呈鳞片状；雄蕊和花被的内层裂片相对生。

541. 雄蕊6个。

543. 果实为浆果或蒴果，花被残留物多少和它相合生，或果实为聚花果；花被的内层裂片各于其基部有2舌状物；叶呈带形，边缘有刺齿或全缘………… **凤梨科 Bromeliaceae**

543. 果实为蒴果或浆果，仅为1花所成；花被裂片无附属物。

544. 子房1室，内有多数胚珠位于侧膜胎座上；花序为伞形，具长丝状的总苞片 ……………………………………………………………………… **蒟蒻薯科 Taccaceae**

544. 子房3室，内有多数至少数胚珠位于中轴胎座上。

545. 子房部分下位 ……………………………………………………… **百合科 Liliaceae**

**（肺筋草属 *Aletris*，沿阶草属 *Ophiopogon*，球子草属 *Peliosanthes*）**

545. 子房完全下位 ………………………………………………… **石蒜科 Amaryllidaceae**

（李　珍）

# 参考文献


［1］郑小吉，王李俊．药用植物学［M］．5版．北京：人民卫生出版社，2023.
［2］王峰祥，林美珍．药用植物鉴别技术［M］．南京：江苏教育出版社，2012.
［3］林美珍．药用植物学实验实习指导［M］．北京：科学出版社，2009.
［4］潘凯元．药用植物学基础［M］．北京：人民卫生出版社，2009.
［5］王宁．天然药物学［M］．北京：化学工业出版社，2013.
［6］艾继周．天然药物学［M］．北京：高等教育出版社，2012.
［7］张钦德．中药鉴定技术［M］．北京：人民卫生出版社，2014.
［8］郑汉臣．药用植物学与生药学［M］．北京：人民卫生出版社，2007.
［9］陆时万，吴国芳．植物学（上、下册）［M］．北京：高等教育出版社，1991，1992.
［10］林美珍，林汉钦．青草药实用图典［M］．福州：福建科学技术出版社，2024.
［11］钱信忠．中国本草彩色图鉴常用中药篇［M］．北京：人民卫生出版社，1996.